“社会人”
职场必备秘籍

令人效率倍增的EXCEL技能

冯涛　辛晨 / 著

中国青年出版社

Introduction

商务专业人士 = Excel 专业人士

商务人士的常识

Excel的必修技能

1 制作表格

表格是商务办公中不可或缺的要素。不仅要表示数字，还要总结要点，这都是信息整理不可或缺的

2 图表

图表可以将隐藏在数值背后的意义直观地展示出来。而且图表的说服力要强于数值

3 统计・分析

销售总计、市场调查、预算等商务数据，可以使用Excel强有力的统计和分析功能来进行操作

4 方格纸

在商务活动中A4纸是经常使用的。将表格中的单元格调整为方格，更有利于制作不同的复杂表格

5 轻松便捷

使用Excel的目的是提高效率、提高生产率。掌握轻松便捷的操作，可以节省操作时间

6 函数

从字符串的整理到小数的处理、表格查找、时间计算，以公式实现的函数在工作中发挥其威力

7 宏

能够实现独立的、适合个人或职场的操作画面及功能。因常用到，所以希望能够掌握

在商务办公场所，最为常用的软件就是Excel。使用Excel不仅仅是为了计算数值，还可以整理信息制作表格、制作资料、打印等，适合各种各样的场合。如在公司内部或客户间进行数据共享以及交换，或发送、接收Excel的文件等。总之，Excel软件已经成为商务人士必备的工具之一。从这个层面来说，能够熟练掌握和运用Excel处理数据是商务办公的基本技能，也是商务人士的基本能力。

看看身边工作效率高和工作能力强的人吧！都能熟练使用Excel的各项功能，在工作表大展拳脚。收集、整理信息、数据的统计、分析、使用函数计算以及使用图表将数据可视化，会议和营业额的展示等，在各个方面，使用Excel都可以有效、快速地完成。

工作能力强的和弱的人、能干活的和做不到的、工作效率高的和工作效率底的其差别就在于掌握Excel的技能上。前者都是Excel的专业人士，都能很好地利用Excel实现工作中的需求。

因此，本书将依次介绍在工作中要想取得成功必须掌握的7个Excel技能（**上图**）。分别为：制作表格、使用图表、统计・分析数据、方格纸的应用、轻松便捷的操作、函数的应用和宏。

学习7类必修的技能

首先介绍“制作表格”和“图表”的技能，它们是活用Excel的基础。如果商务人士不会这两项技能，那商务文件和发表的资料都不会做。让我们现在开始学习通过表格和具有说服力的图表展示数据的诀窍吧！

其次，“统计・分析”是处理与商务有关的数字技能。数据分类统计、交叉统计等都是必要的操作。

使用Excel制作A4纸的文件时，需要掌握Excel方格纸的技能。为了实现轻松便捷的操作，也该好好学习吧！

Excel表格中的自动输入功能、自动计算功能等，在“函数”的公式下可以轻松实现。如果将函数无法实现的独立处理功能，通过“宏”完成，无论什么样的业务都将轻松搞定。

您通过对本书中7类Excel技能的学习，可以成为受周围人信赖的商务人士。

希望您学完本书后工作效率得到质的提升，本书第1章至第4章由河北水利电力学院冯涛老师编写，约18万字；本书第5章至第7章由河北水利电力学院辛晨老师编写，约11万字。本书在编写过程中力求严谨，但由于时间和精力有限，书中纰漏和考虑不周之处在所难免，敬请广大读者予以批评、指正。

“知识拓展链接”获取的方法

本书中的所有案例均会录制成视频，以动态方式详细介绍操作方法。通过微信扫描每部分标题右侧的二维码即可查看视频，轻松、快速地掌握所学的Excel知识。

为了扩展读者的Excel知识面，并更加深刻掌握相关知识点，本书还添加了“知识拓展链接”。读者可以通过该部分内容学习到更多、更实用的Excel知识，从而全面地学习办公技巧，让工作变得轻松。

接着介绍获取“知识拓展链接”内容的方法，首先打开微信，点击右上角的加号，在列表中选择“添加朋友”选项。然后在列表中选择“公众号”选项。在打开的界面中输入“未蓝文化”，并搜索公众号。选择公众号并点击关注即可。在公众号界面下方的文本框中输入“知识拓展链接”。系统会回复关键字所链接的学习资料或视频，读者只需轻松点击链接资源，即可查看详细的制作过程及拓展知识。真正让读者获得实惠，花一本书的钱，学到更多的知识。

关注“未蓝文化”读者服务号，利用每天的零碎时间学习办公、平面以及各类设计知识，各类软件初、中、高级教程的在线学习和下载，并提供各种视频、实例、素材。可以让读者最大限度地学习知识，快速进步，成为职场精英。

● 选择数据范围，再插入图表

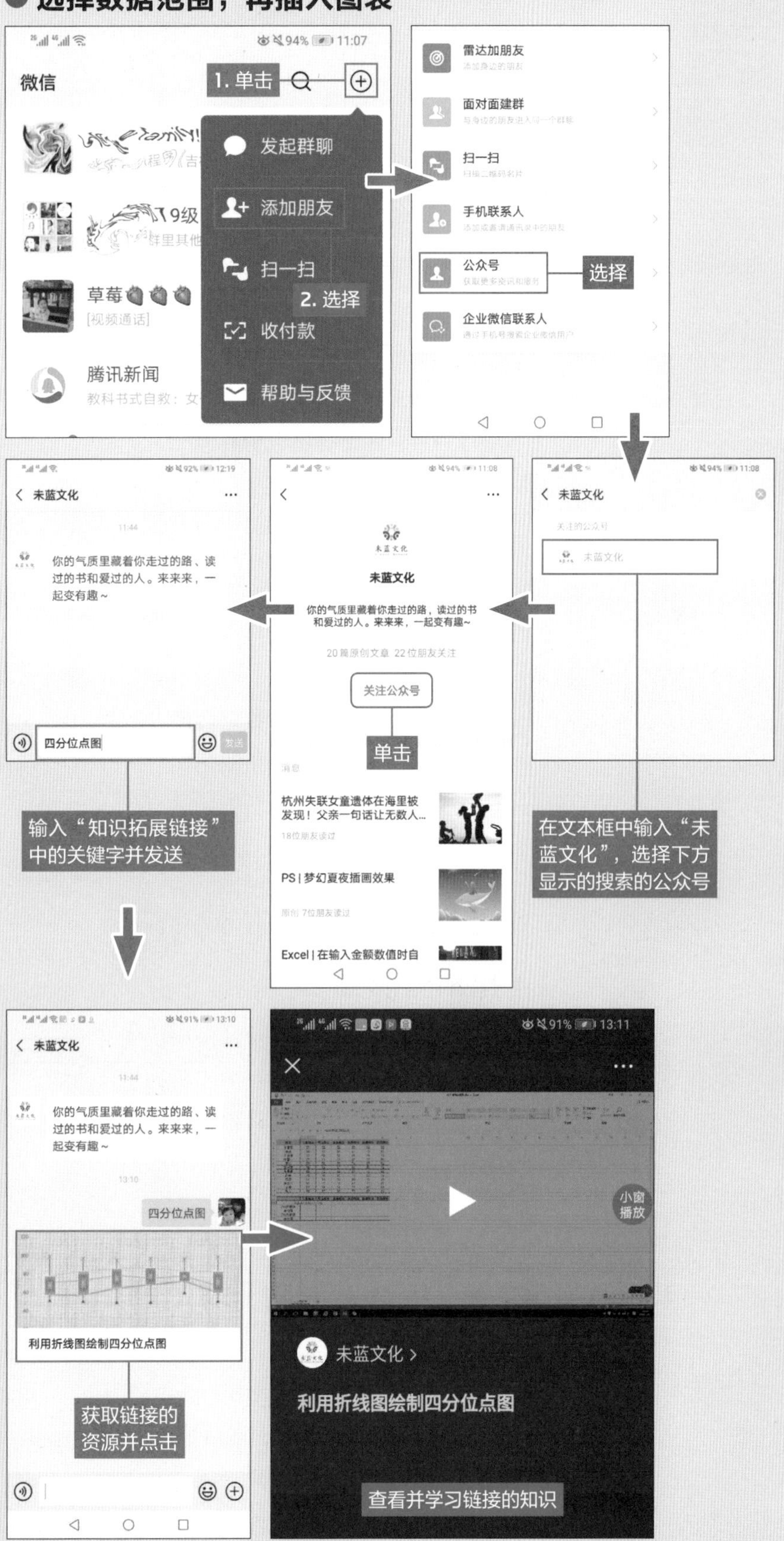

CONTENTS

第1章

制作表格的基础知识

随着科技的发展，Excel已经在各行各业中得到广泛的应用，为人们的工作和生活带来很多便利。
Excel表格通常也叫电子表格，使用Excel表格不仅可以制作表格、数据的输入和打印，
还可以对表格中的数据进行分析和计算操作。
Excel操作很方便、简洁，再加上Excel强大的数据处理能力，
是其成为商务办公中不可缺少的工具的重要原因。
在学习Excel之前，首先要学习数据的输入、公式函数计算的结构、工作表的保护和打印等相关知识。

商务资料
最基本的操作

理解Excel中数据的种类和单元格格式的设置

在Excel表格中输入数据的种类有很多种，如数据、文本、日期和货币等。针对不同类型的数据，我们还可以设置对应的单元格格式。

安装完Excel 2019后，用户可以在桌面上创建快捷方式然后双击打开文挡，或在“开始”菜单中选择Excel选项，即可启动Excel 2019应用程序。在创建的空白工作簿中只包含Sheet1工作表，用户可以根据需要单击右侧“新工作表”按钮创建新的空白工作表。

打开Excel工作簿后，可见表格中包含行和列，其中行用数据1、2……表示，列是用A、B……表示的。行和列相交的格子被称作“单元格”，是组中工作表的最小单位。单元格是由列标和行号表示，如C列和第5行相交的单元格称为C5单元格。

用户在工作表中输入数据，就是在单元格中输入数据。数据的类型不同，在单元格中显示的效果也不同。用户只要理解数据的类型和格式的设置，就可以很快制作出完美的表格（图1）。

设置表格标题的格式

在制作表格时，表格的标题最为醒目，所以用户在设置表格标题时，需要对标题文字的字体、字号以及颜色进行设置。在本案例中，还需要将标题位于表格的中间位置，使其更加突出，快速吸引浏览者的眼球。通过表格的标题也能快速向浏览者表明该表格的相关内容。

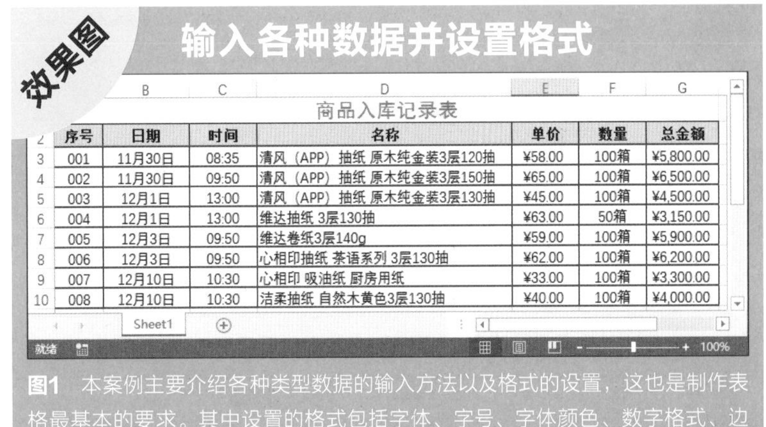

商品入库记录表

序号	日期	时间	名称	单价	数量	总金额
001	11月30日	08:35	清风（APP）抽纸 原木纯金装3层120抽	¥58.00	100箱	¥5,800.00
002	11月30日	09:50	清风（APP）抽纸 原木纯金装3层150抽	¥65.00	100箱	¥6,500.00
003	12月1日	13:00	清风（APP）抽纸 原木纯金装3层130抽	¥45.00	100箱	¥4,500.00
004	12月1日	13:00	维达抽纸 3层130抽	¥63.00	50箱	¥3,150.00
005	12月3日	09:50	维达卷纸3层140g	¥59.00	100箱	¥5,900.00
006	12月3日	09:50	心相印抽纸 茶语系列 3层130抽	¥62.00	100箱	¥6,200.00
007	12月10日	10:30	心相印 吸油纸 厨房用纸	¥33.00	100箱	¥3,300.00
008	12月10日	10:30	洁柔抽纸 自然木黄色3层130抽	¥40.00	100箱	¥4,000.00

图1 本案例主要介绍各种类型数据的输入方法以及格式的设置，这也是制作表格最基本的要求。其中设置的格式包括字体、字号、字体颜色、数字格式、边框和填充等

输入各种数据并设置格式

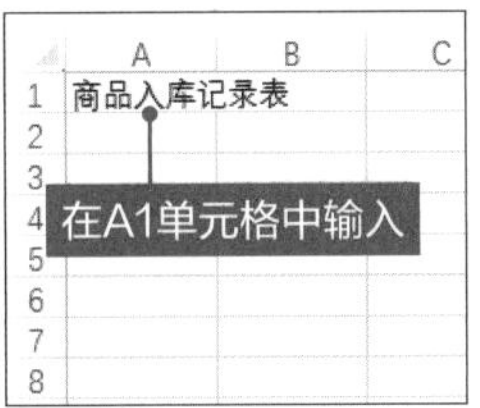

图2 输入表格的标题前，需要确定输入的位置，即选中某单元格。选中某单元格后，该单元格四周变为粗的线条，如选中A1单元格，然后输入对应的文字“商品入库记录表”，输入完成后按Enter键确认输入即可

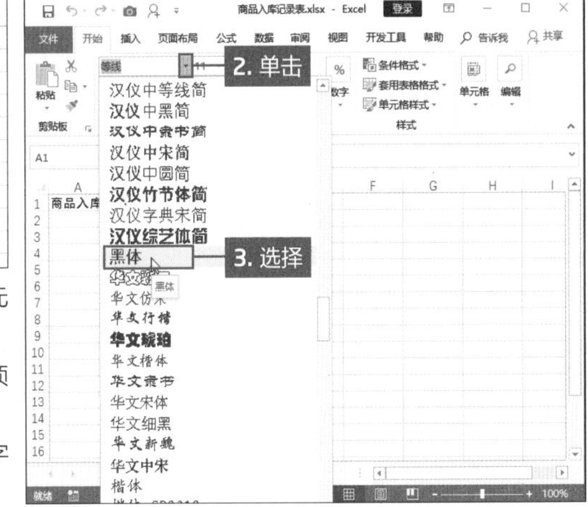

图3 再次选择A1单元格，然后切换至“开始”选项卡，在“字体”选项组中单击其下三角按钮，在列表中选择适合的字体，此处选择“黑体”

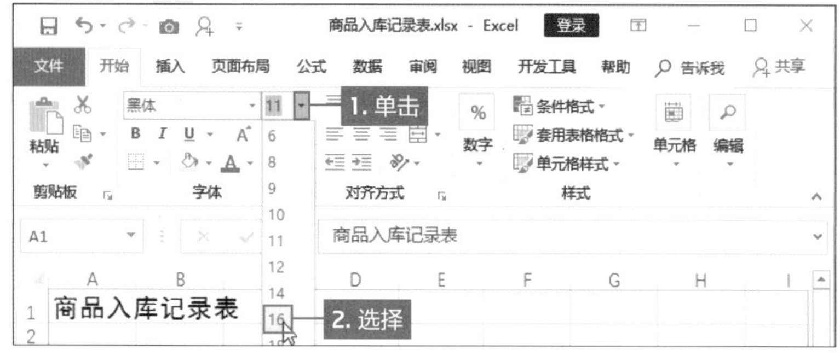

图4　保持A1单元格为选中状态，再单击“字号”下三角按钮，在列表中选择合适的字号，此处选择16

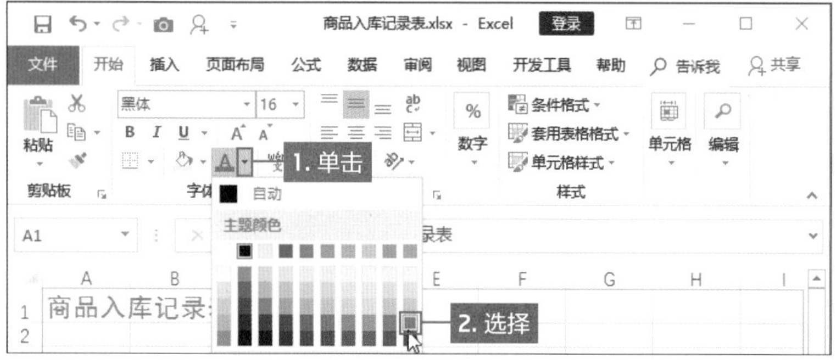

图5　保持A1为选中状态，然后再设置文字的颜色，单击“字体”选项组中“字体颜色”下三角按钮，在打开的颜色面板中选择绿色

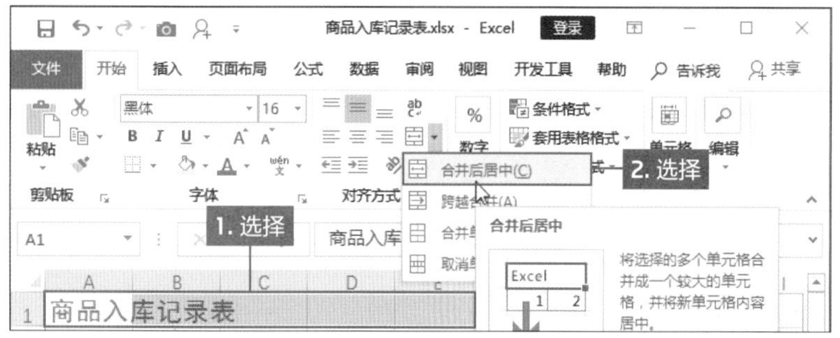

图6　选择A1:G1单元格区域，单击“对齐方式”选项组中“合并后居中”下三角按钮，在列表中选择“合并后居中”选项

设置表格的边框和底纹

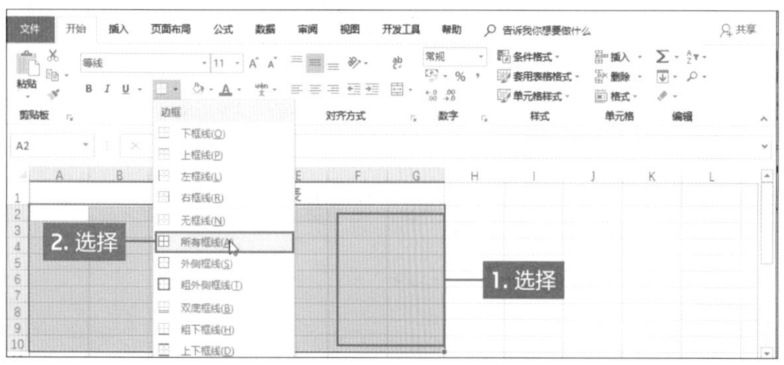

图7　选择A1:G10单元格区域，单击“字体”选项组中边框下三角按钮，在列表中选择“所有边框”选项

本案例为制作商品入库记录，其中包括商品名称、入库日期和时间、价格和数量等信息，可数据的类型比较复杂。首先，为商品入库记录表制作醒目的标题。

选择A1单元格，然后输入名称“商品入库记录表”，按Enter键确认，则自动选择下一个A2单元格（图2）。

需要将A1单元格中的内容作为表格的标题，所以还需要进一步设置，使其更突出。选中该单元格，使其成为当前活动单元格，然后单击“字体”选项组中“字号”的下三角按钮，在列表中选择“黑体”选项，可见标题的字体被修改（图3）。

为了使用标题更加突出，还需要将标题加大并且修改文字的颜色。保持A1单元格为选中状态，在“字体”选项组中将默认的11号修改为16号，使标题文字增大（图4）。然后在“字体颜色”列表中选择合适的字体颜色，字体的颜色由默认的黑色改为绿色（图5）。

最后将标题设置居中对齐，在位置上突出标题，选中A1:G1单元格区域，然后设置合并后居中对齐（图6）。此处选择单元格范围是根据整个表格的宽度决定的。

设置表格格式并输入数据

创建表格首先需要创建表格的范围，然后再输入相关的数据。用户根据实际情况选择表格行和列的数量，并为其设置边框或底纹颜色。在Excel工作表中的网格线只是起辅助作用，在打印工作表时是不显示出来的，所以需要设置表格的边框。

在工作表中选任意单元格，按住鼠标左键拖曳即可创建表格范围，选中的区域为浅灰色。本例中选中A2，再按住鼠标拖曳至G10，即可选中A2:G10单元格区域，在四周同样被粗的深绿色的实线围着。

下面再为其创建边框，单击“字体”选项组的下拉列表中选择“所有框线”选项，即可为选中的区域添加框线（图7）。此处为表格应用的是普通的边框线。

在制作表格的时候为了使标题行和正文区分开，用户可以为其加粗显示并且填充对应的底纹颜色。在“商品入库记录表”中包含“序号”“日期”“时间”“名称”“单价”“数量”和“总金额”，分别将标题输入到A2:G2单元格区域内。然后再设置标题行的格式，选中A2:G2单元格区域，切换至“开始”选项卡，在“字体”选项组中单击“加粗”按钮，可见标题行的文字已加粗显示（图8）。下面为标题行的单元格添加底纹颜色，选中标题行的单元格区域，单击“字体”选项组中“填充颜色”下三角按钮，在列表中选择合适的颜色，如浅蓝色（图9）。

表格的标题行制作完成后，下面开始输入表格的内容，从表格的整体来看其中包含文本、数值、日期时间、货币等。首先需要输入入库商品的名称，在“名称”标题列中输入，选中D3单元格输入“清风（APP）抽纸 原木纯金装3层120抽”文本，可见该文本较长，已经到达G3单元格了（图10）。如果在G3单元格的右侧单元格中输入文字，则G3单元格中的内容将不能完全显示。文本数据默认情况下是靠单元格左侧对齐的。

下面输入表格的数据部分，如商品的单价、数量和总金额，在E3单元格直接输入58，在F3单元格中输入100，在G3单元格中输入5800（图11）。Excel中数值默认为右对齐，而且如果在单元格中输入长数值数据，按Enter键后系统会自动调整列宽以显示所有数值，这点和文本数据不同。但是当数值输入的位数大于11位时，则会自动以科学计数法显示。

输入标题行并设置格式

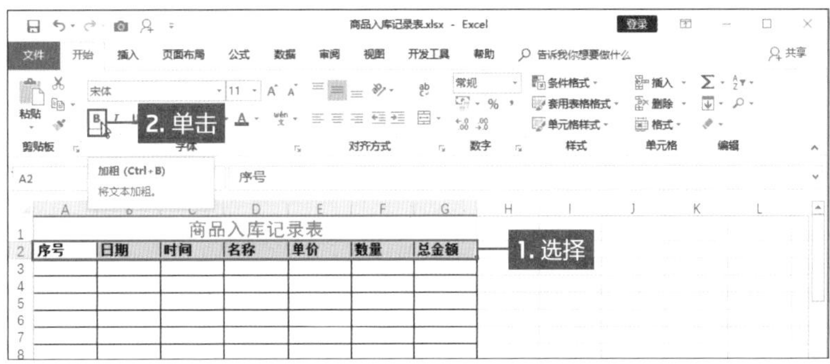

图8 在A2:G2单元格区域中输入标题的内容，然后选中标题行A2:G2单元格区域，单击“字体”选项组中的“加粗”按钮

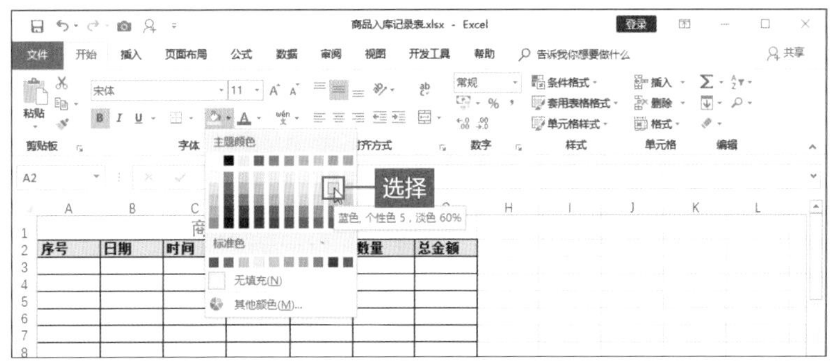

图9 保持标题行为选中状态，单击“字体”选项组中“填充颜色”下三角按钮，在列表中选择浅蓝色

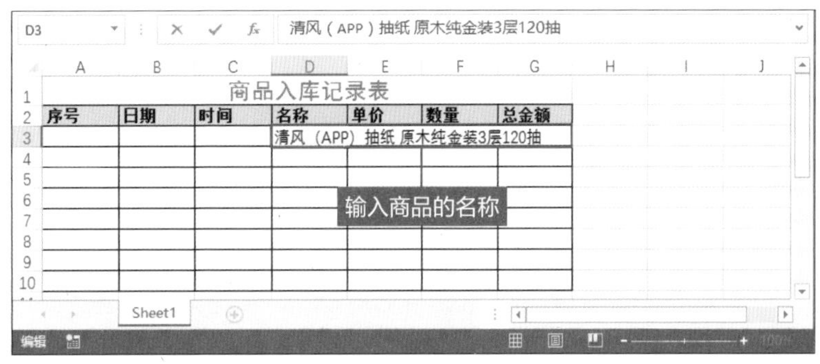

图10 首先输入商品的名称，在D3单元格中输入，因为名称比较长已经占用到其他单元格。默认情况下文本数据是靠单元格左侧对齐的

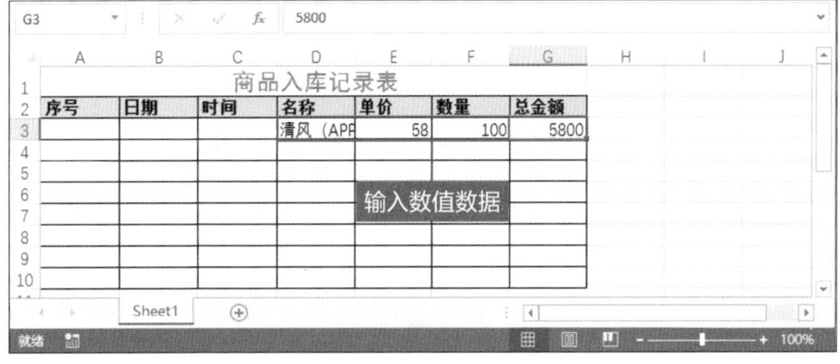

图11 然后输入表格中单价、数量和总金额，它们都是数值，在对应的单元格中输入数值。默认情况下数值是靠单元格的右侧对齐的

为了更好、更清晰地管理商品，还需要输入商品入库的日期和时间。在Excel中日期的格式较多，可用数字+符号或者数字+汉字表示，也可以用大写数字表示等。在本案例中的“日期”列输入“2018-11-30”表示2018年11月30日，输入完成后按Enter键，可见Excel自动调整列宽以显示全部日期数据（图12）。日期类型的数据和数值一样，默认为右对齐。在Excel中输入日期后，单元格的数字格式由默认的“常规”格式自动修改为“日期”格式。

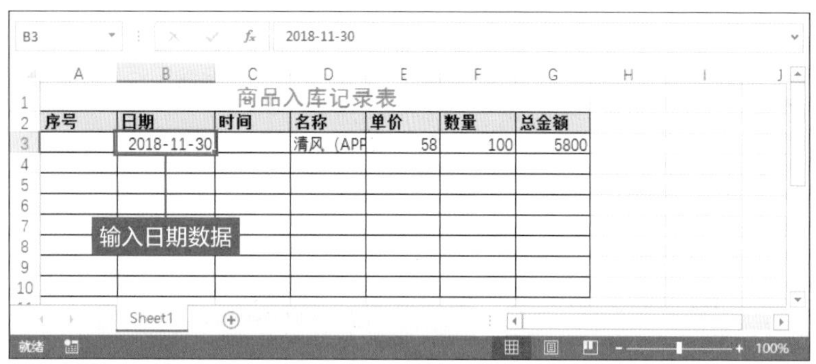

图12　在表格中还需要输入商品入库的日期，在“日期”列输入相关日期，选中B3，然后输入“2018-11-30”，按Enter键确认，可见日期用#号代替，因为单元格的宽度不够

在Excel中日期数据是可以参与计算的，如两个日期相减的结果表示两个日期之间相关的天数。Excel也提供很多关于日期计算的函数。

按照同样的方法在C3单元格中输入“08:35”表示是时间，完成后按Enter键，则自动靠左对齐（图13）。时间数据和日期数据一样都可以参于计算。

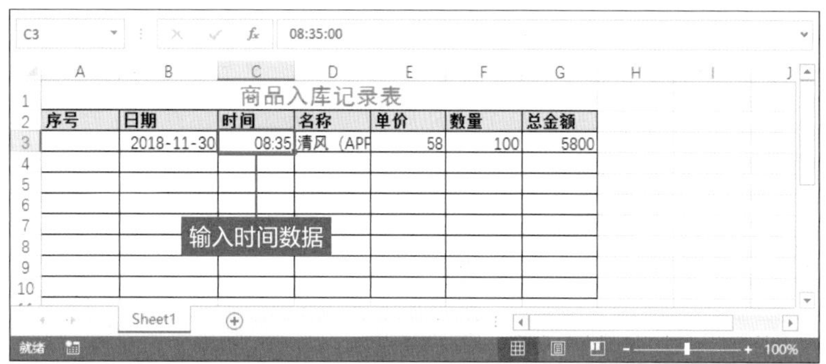

图13　在统计商品入库时，具体到入库的时间，需在“时间”列输入入库的时间，在C3单元格中输入“08:35”，按Enter键即可

在“商品入库记录表”中还包含“序号”列，即表格的第一列，主要显示入库商品的序号。本案例为数值表示序号，我们还需设置使序号显示为3位数。

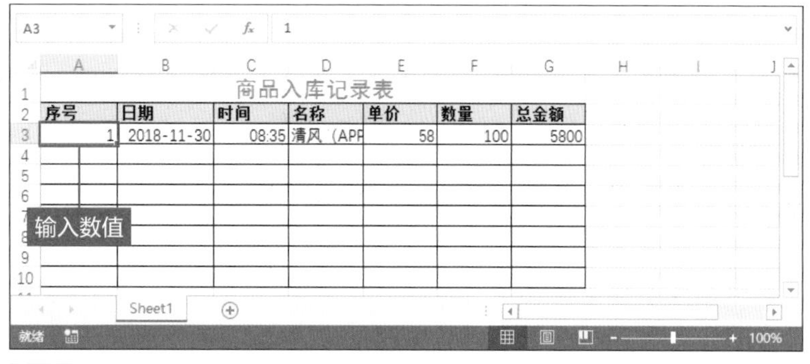

在Excel中如果在数字前输入0，如001，按Enter键后单元格内只显示1，前面的0将会被省略。用户可以通过设置单元格的格式保留数字前面的0。在A3中输入数字1，然后选中A3:A10单元格区域，按Ctrl+1组合键打开“设置单元格格式”对话框，切换至“数字”选项卡，在“分类”列表框中选择“自定义”选项，然后在“类型”文本框中输入000，最后单击“确定”按钮（图14）。

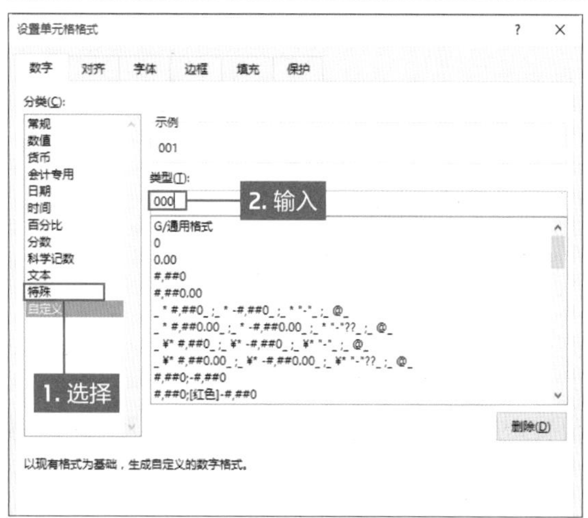

图14　在A3单元格中输入数字1，按Ctrl+1组合键打开“设置单元格格式”对话框，在“数字”选项卡中选择“自定义”选项，在“类型”文本框中输入000，然后单击“确定”按钮

对单元格的格式设置完成后，可见在A3单元格中显示001，而在编辑栏中则显示1（图15）。

设置表格列宽和行高

单元格的行高和列宽均为默认数值。在单元格中输入太长的文本超出单元格的部分则将被隐藏，如D3单元格；若输入的方本太少则单元格显行很空，如A3、C3、E3等单元格。用户可根据表格的实际情况再进行设置列宽和行高。

首先，我们需要将A列适当缩小，因为A列的宽度相对于文字较宽。将光标移到A列右侧的分界线上，此时光标变为水平方向的双向箭头，向左拖曳至合适的位置，然后释放鼠标即可，在光标的右上角则显示调整列的宽度（图16）。

当列中的文本长短不一，用户不方便通过拖曳的方法调整列宽时，可以让Excel自动调整列宽以适用文本的长度。

在表格中将各种信息输入，可见在“名称”列文本都很长，超出了单元格。将光标移至D列，当其变为向下的黑色箭头时并单击选中列，然后切换至“开始”选项卡，单击“单元格”选项组中“格式”的下拉菜单中选择“自动调整列宽”选项，其将自动根据文本的长度调整列宽（图17）。

如果用户使用拖曳的方法调整该列的列宽，则将D列右侧分界线向右拖曳至能够完全显示该列最长的文本即可。

此处介绍通过功能区的命令自动调整列宽的方法，其实用户也可以通过双击的方法快速自动调整列宽。先选中需要调整列宽的列，可以是连续的列，也可以是不连续的列，选中后将光标移至任意选中列的右侧的分界线上并双击，选中的列则自动调整列宽，以最合适的宽度显示文本。

行高的调整和列宽的调整方法相同，可以自行进行设置。下面将为用户介绍如何精确设置行高的方法。

图15 对“序号”列的单元格设置自定义的格式后，则显示3位数，位数不够的则在数字的左侧添加0

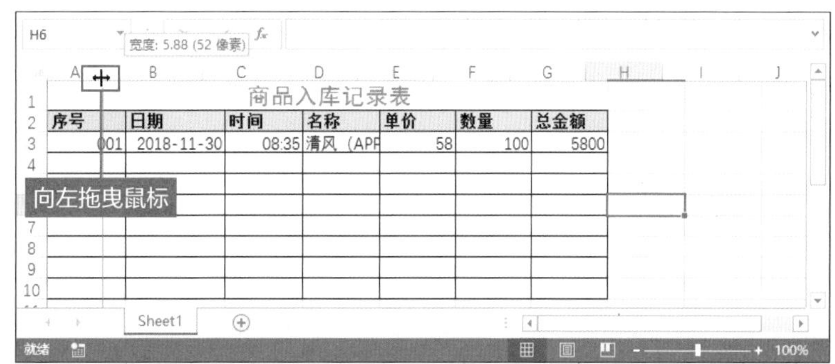

图16 使用拖曳的方法调整列宽，将光标移至列的右侧分界线上，按住鼠标左键并拖曳，向左拖曳则缩小列宽，向右拖曳则增加列宽。本案例为将A列进行适当缩小

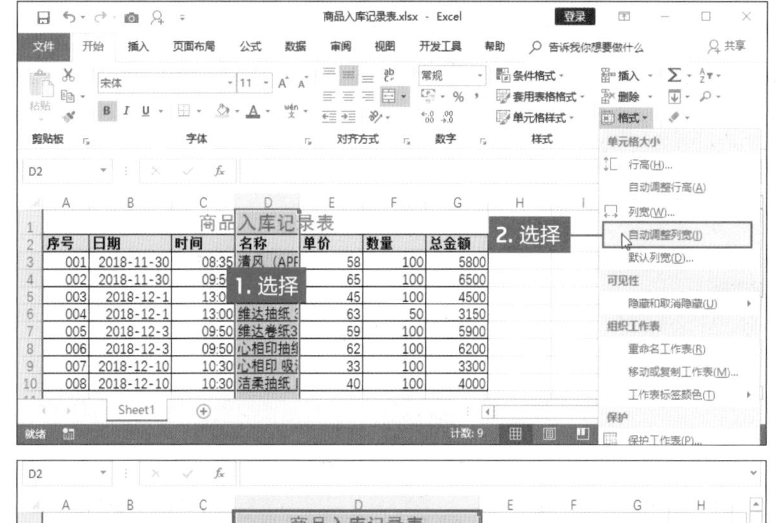

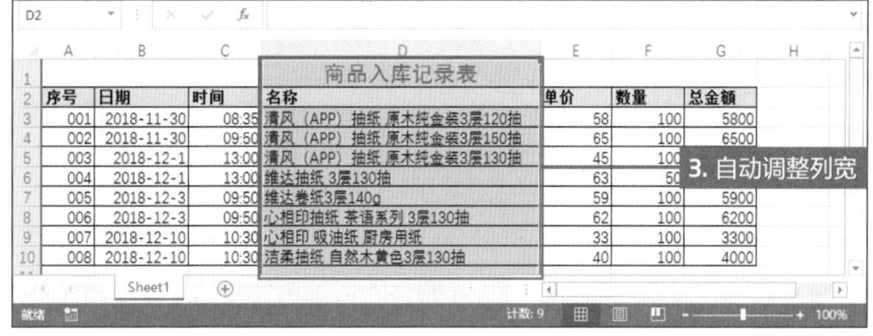

图17 选择需要自动调整列宽的列，如D列，单击“单元格”选项组中“格式”下三角按钮，在列表中选择“自动调整列宽”选项，可见选中的列以合适的宽度显示文本

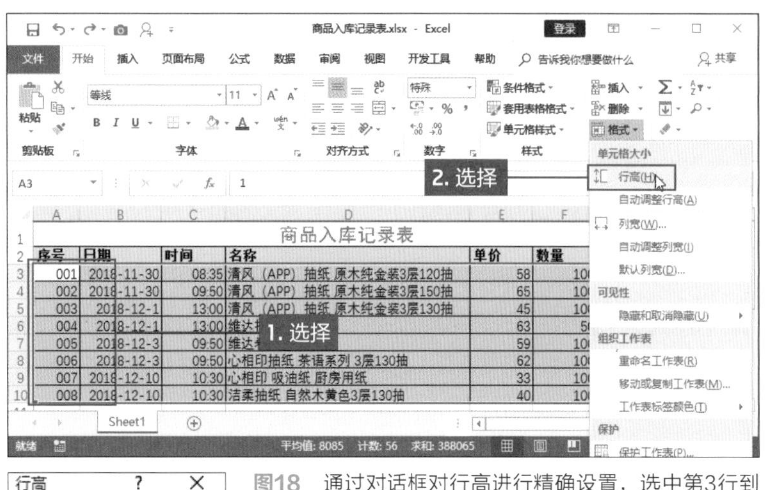

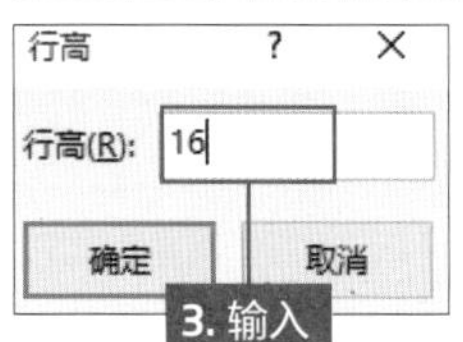

图18　通过对话框对行高进行精确设置，选中第3行到第10行，然后在“单元格”选项组的“格式”下拉列表中选择“行高”选项，打开“行高”对话框，在“行高”数值框中输入16，然后单击“确定”按钮

图19　设置完成后，再根据相同的方法设置标题行的行高为18。可见表格中的文字表现很舒适

设置表格中文字的对齐方式

图20　需要将部分文本设置成居中显示。选择单元格区域，然后在“对齐方式”选项组中单击“居中”按钮

因单元格高度不够高，表格内的文字显得比较压抑。调整时首先选中需要设置行高的行，然后切换至“开始”选项卡，选择“单元格”选项组中“格式”下拉列表中的“行高”选项。在打开的“行高”对话框输入数值16，再单击“确定”按钮（图18）。完成后即可为选中的行设置行高为16，文字在单元格中显得很合理、舒适。可再根据相同的方法设置标题行的行高为18（图19）。用户还可以用同样的方法对表格中的列宽进行调整，使表格显得更加自然、舒适。

至此，表格的数据和结构制作完成，可见表格中文本数据为左对齐，数值和日期时间数据为右对齐，从而使整个表格显得比较乱。下面我们需要将表格的标题行“序号”“日期”“时间”“单价”“数量”和“总金额”相关的数据设置为居中显示。

选中设置的3个数据区域，首先选中A2:G2单元格区域，然后按住Ctrl键再分别选择A3:C10单元格区域和E3:G10单元格区域，再切换至“开始”选项卡，在“对齐方式”选项组中分别单击“垂直居中”和“居中”按钮，即可将选中的单元格区域内的文本设置居中显示，表格整体显得比较整齐（图20）。

在Excel的“对齐方式”选项组中有6种对齐方式，分别为顶端对齐、垂直居中、底端对齐、左对齐、居中和右对齐。前3种是纵向对齐方式，后3种是横向对齐方式，可同时设置纵向和横向的对齐方式，不可以同时设置两纵向或横向的对齐方式。此外还可以在“设置单元格格式”中的“对齐”选项卡内设置，如分散对齐、两端对齐等。

设置数值和日期的显示方式

在Excel中用户可以设置数值的显示方式，使数值更形象地展示出来，且不影响其计算。在“商品入库记录表”中E、F和G列均显示数值，如果不看标题的话很难辨认数值的含义，要是为价格添加货币符号就可以很直观地表现其含义了。对于设置显示方式的数值，在编辑栏中则显示数值本身，是不会显示货币符号的。

用户也可以为“数量”列的数值添加单位，因为所有商品都是成箱入库的，所以统一在数量右侧添加“箱”单位。添加单位和添加货币符号一样不影响数值参于计算，而且在编辑栏中是不显示单位的。

为“单价”和“总金额”列中的数值添加货币符号并设置两位小数。选择E3:E10单元格区域，按住Ctrl键再选中G3:G10单元格区域。切换至“开始”选项卡，在“数字”选项组中单击“数字格式”下三角按钮，在列表中选择“货币”选项（图21）。即可为选中单元格中的数值添加货币符号，并且保留两位小数。

添加货币符号后，再为“数量”列中的数值添加单位“箱”，使其更清晰地显示出数值的含义。选中F3:F10单元格区域，然后单击“数字”选项组中对话框启动器按钮（图22）。

打开“设置单元格格式”对话框，在“数字”选项卡的“分类”列表框中选择“自定义”选项，然后在“类型”文本框中输入“#‘箱’”，单击“确定”按钮（图23）。

在“设置单元格格式”对话框中可见数据的格式包括“数值”“货币”“会计专用”“日期”“时间”“百分比”“分数”“科学记数”“文本”“特殊”和“自定义”。用户根据需要对单元格的格式进行设置。

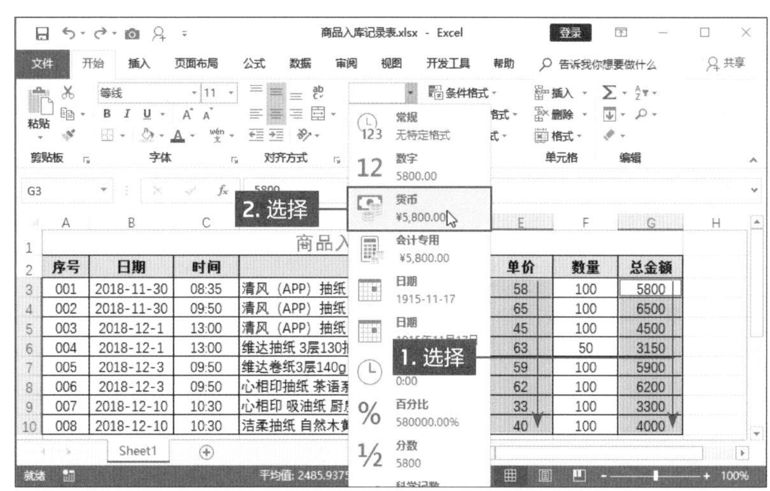

图21 选择需要添加货币符号的单元格区域，然后在“数字”选项中单击“数字格式”下三角按钮，选择“货币”选项

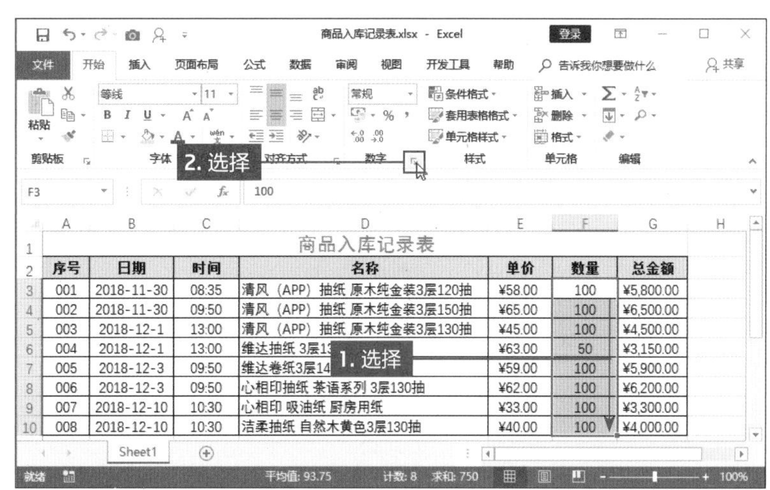

图22 选择E3:E10单元格区域，然后单击“数字”选项组中对话框启动按钮

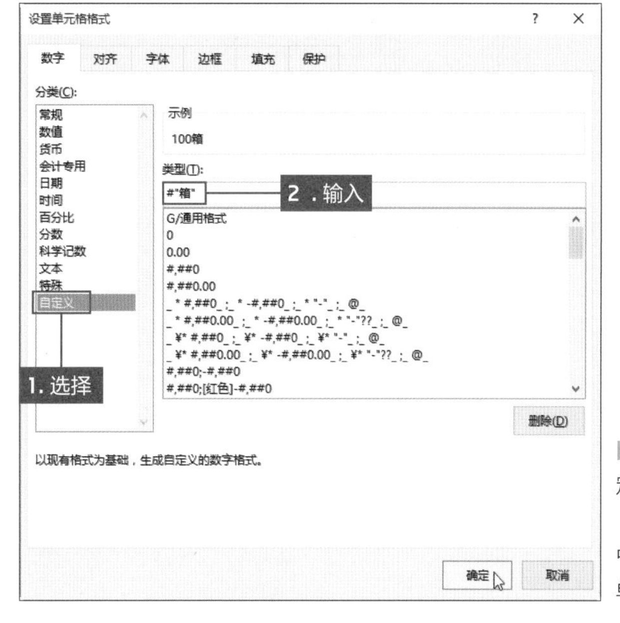

图23 选择“自定义”选项，在“类型”文本框中输入“# ‘箱’”，单击“确定”按钮

序号	日期	时间	名称	单价	数量	总金额
001	2018-11-30	08:35	清风（APP）抽纸 原木纯金装3层120抽	¥58.00	100箱	¥5,800.00
002	2018-11-30	09:50	清风（APP）抽纸 原木纯金装3层150抽	¥65.00	100箱	¥6,500.00
003	2018-12-1	13:00	清风（APP）抽纸 原木纯金装3层130抽	¥45.00	100箱	¥4,500.00
004	2018-12-1	13:00	维达抽纸 3层130	¥63.00	50箱	¥3,150.00
005	2018-12-3	09:50	维达卷纸3层140g	¥59.00	100箱	¥5,900.00
006	2018-12-3	09:50	心相印抽纸 茶语系列 3层130抽	¥62.00	100箱	¥6,200.00
007	2018-12-10	10:30	心相印 吸油纸 厨房用纸	¥33.00	100箱	¥3,300.00
008	2018-12-10	10:30	洁柔抽纸 自然木黄色3层130抽	¥40.00	100箱	¥4,000.00

图24 设置完成后，在“数量”列中均添加了单位“箱”，但是在编辑栏中则显示数据本身的形式

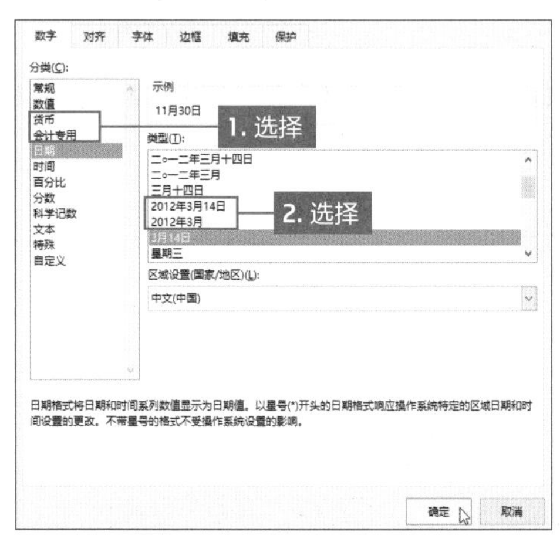

图25 选择B3:B10单元格区域，在“设置单元格格式”对话框中设置日期的类型为“3月14日”，设置完成后单击“确定”按钮

图26 选择A3:G10单元格区域，单击边框下三角按钮，在列表中选择“其他边框”选项

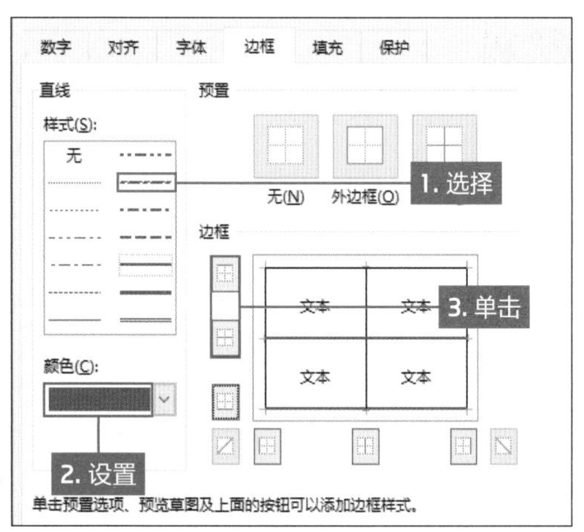

图27 在打开的“设置单元格格式”对话框中，设置线条样式和颜色，然后单击对应的按钮

设置完成后，可见在“数量”列的数据右侧添加“箱”单位。选中数量列任意单元格，如F3单元格，可见在编辑栏中显示数据本身的形式（图24）。

用户也可根据相同方法在“单位”和“总金额”的数据右侧添加“元”单位。

在表格中用户还发现“日期”列的数据都是2018年的日期，所以将日期显示方式设置为只显示月份和天数，隐藏年份。

选择B3:B10单元格区域，然后按Ctrl+1组合键打开“设置单元格格式”对话框，在“数字”选项卡的“分类”列表框中选择“日期”选项，在右侧“类型”列表框中选择日期的类型，如“3月14日”，然后单击“确定”按钮（图25）。设置完成后，选中的单元格区域中日期只显示月份和天数，但是在编辑栏中还是显示全部的日期。

表格内数据的格式设置完成，为了使表的层次分明，还需要添加边线。其中边线要求比边框线粗点，并填充颜色。

先选择A2:G10单元格区域，单击“字体”选项组中边框下三角按钮，在列表中选择“其他边框”选项（图26）。然后打开“设置单元格格式”对话框，在“边框”选项卡的“样式”列表框中择稍粗点的实线，然后单击“颜色”下三角按钮，在打开颜色面板中选择紫色，在“边框”选项区域中单击中线和底线对应的按钮，并在右侧预览设置的效果。用户对设置的效果满意后，单击“确定”按钮（图27）。

操作完成后，即可为选中的单元格区域中的每行下边线应用设置的线条样式，使表格的层次感增强。其中线条的样式和颜色，可根据用户需要自行设置，从而制作出满意的表格。至此，“商品入库记录表”制作完成，然后单击快速访问工具栏中“保存”按钮对文件进行保存即可。

利用“复制”功能和自动输入使工作简单化

扫码看视频

在Part2中主要介绍使用“复制”功能复制表格，自动输入规则数据的方法，大大提高用户制作表格的效率。

在Part1中介绍了各种类型数据的输入方法以及格式的设置，用户可以制作各种表格了。为提高用户制作表格的效率，在Part2中将介绍使用“复制”功能和自动输入快速制作表格，学会各种技巧后大家可以快速完成工作，使工作更轻松。用户使用“复制”功能可以快速利用现成的表格制作结构相同的表格（图1）。

当需要制作的表格与现有表格的结构以及各种属性相同时，可以使用“复制”和“粘贴”功能快速完成表格的制作。其中“复制”和“粘贴”功能是每个软件中必备的、最基本的功能之一。

打开“磁性传感器产量统计表.xlsx”工作表，选择需要复制的单元格区域，如A3:C13单元格区域，然后切换至“开始”选项卡，单击“剪贴板”选项组中“复制”按钮（图2）。可见选中的单元格区域的四周出现滚动的虚线，说明已经复制了该区域。然后选择需要粘贴的位置，如E3单元格，再单击“剪贴板”选项组中“粘贴”按钮（图3）。操作完成后，A3:C13单元格区域内的数据和格式均被粘贴至E3:G13单元格区域内（图4）。

效果图　有效地输入和编辑数据

磁性传感器产量统计表

一车间

月份	生产小组	产量
1月	生产1组	22043
	生产2组	20772
	生产3组	29700
2月	生产1组	21422
	生产2组	23583
	生产3组	20646
3月	生产1组	22075
	生产2组	25980
	生产3组	29016

二车间

月分	生产小组	产量
1月	生产3组	26998
	生产4组	24688
	生产5组	20180
2月	生产3组	24368
	生产4组	23824
	生产5组	21940
3月	生产3组	23131
	生产4组	22173
	生产5组	23520

图1　本案例主要介绍使用复制功能快速根据现有的表格制作新表格的操作方法。在执行“复制”和“粘贴”的过程中，用户可以根据需要粘贴源表格的格式或源表格的列宽等

复制并粘贴表格的格式和文本

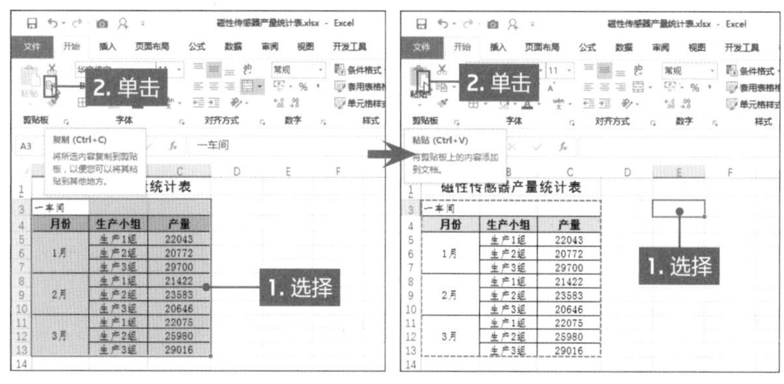

图2　选择需要复制的单元格区域，然后单击“复制”按钮

图3　选择需要粘贴的单元格，然后单击“粘贴”按钮

在指定区域粘贴数据

图4　在E3:G13单元格区域中复制A3:C13单元格区域中的内容，同时格式也被复制过来

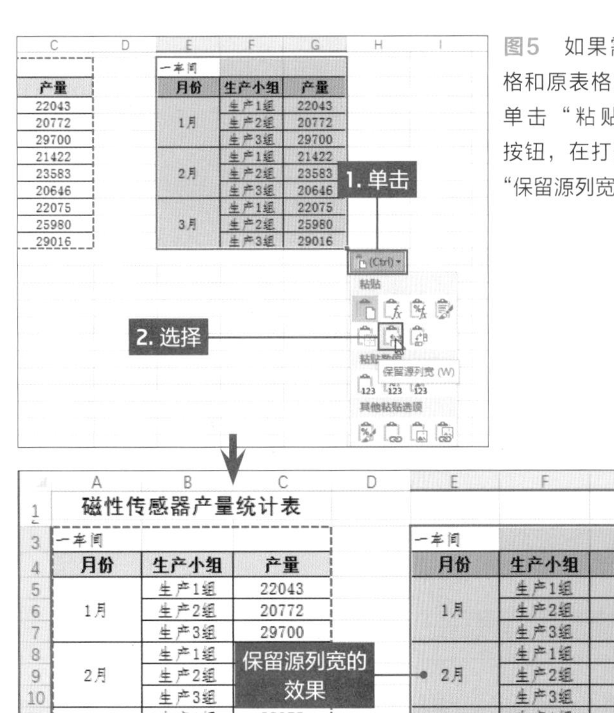

图5　如果需要使复制的表格和原表格的宽度相同，则单击“粘贴选项”下三角按钮，在打开的面板中选择“保留源列宽”选项

图6　选择“保留源列宽”选项后，可见复制表格的列宽和源表格的列宽一致

通过移动操作复制表格

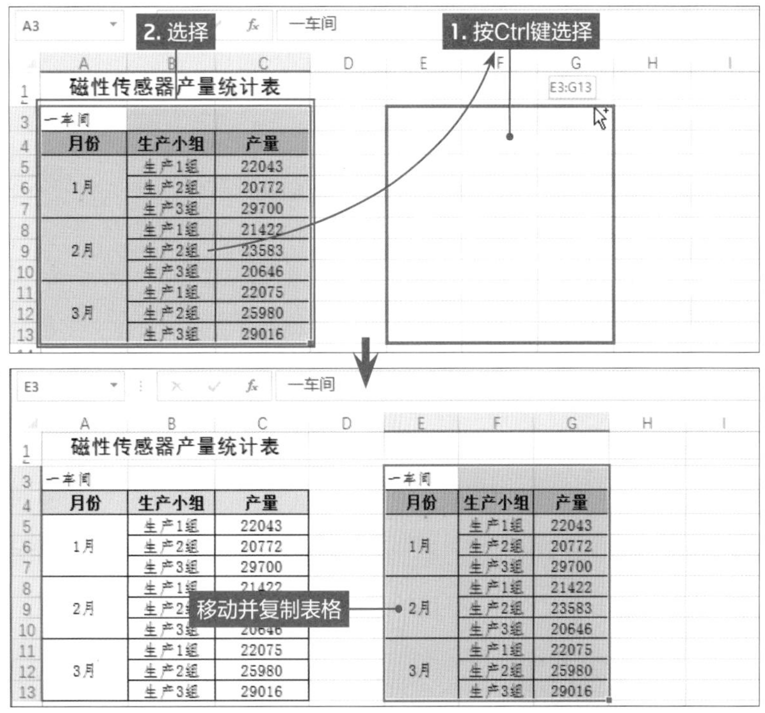

图7　选中需要移动的单元格区域，然后按住Ctrl键拖曳表格的边框进行移动，当移到合适的位置时，释放鼠标左键即可完成移动操作。可见保留了源表格的数据和格式

用户可以发现粘贴后的表格的宽度和源表格的宽度不一致，这是因为在执行“粘贴”命令时没粘贴列宽，只需要在“粘贴选项”中选择“保留源列宽”选项（图5）。即可将复制后表格的列宽调整至和源表格列宽一样（图6）。在“粘贴选项”列表中包含各种各样的粘贴方式，用户可以根据需要进行选择并使用。

当执行“复制”操作后，可以在复制的期限内进行多次粘贴操作。如果按Esc键即可退出复制模式。

若用户需要将源表格的内容和格式复制到其他目标位置，且源表格内容和格式不存在，则可使用“剪切”功能。选择单元格区域后，单击“剪贴板”选项组中的“剪切”按钮，然后在目标位置粘贴内容即可。在使用“复制”、“剪切”和“粘贴”功能时，用户也可通过快捷键快速实现。“复制”的快捷键为Ctrl+C；“剪切”的快捷键为Ctrl+X；“粘贴”的快捷键为Ctrl+V。在使用Ctrl+V组合键进行粘贴时，相当于“粘贴”列表中的“粘贴”功能。

除了上述介绍的方法外，用户还可以使用移动的方法复制或剪切表格。使用移动方法之前也需要选中单元格区域，选中A3:C13单元格区域，然后将光标移至选中单元格区域任意边上，光标由十字形状变为✥形状时，按住Ctrl键不放再按住鼠标左键拖曳到合适的位置，在光标的左上方出现表格移动的单元格区域，如显示E3:G13。此时光标的右上角出加号的标志，则表示为复制该表格。在拖曳的过程中可以预览表格在Excel中的位置。

拖至合适的位置后，释放鼠标左键即可将源表格移至指定的位置（图7）。可见移动后的表格保留了源表格的数据和格式，相当于“粘贴”功能。如果在移动过程中不按Ctrl键则相当于“剪切”功能。

“复制”和“剪切”操作，都可以将指定单元格区域的内容粘贴到任意指定的位置，如不同的工作表，不同的工作簿。使用移动操作时，可以在同一个工作表或不同的工作簿中移动，但是不可以在同一个工作簿不同工作表中移动单元格。

只复制表格的格式到另一表格

如果用户需要制作表格的格式以及结构和现有的某表格的格式一样，只是内容不同，此时可以先复制源表格的格式，然后再填写内容，或者选输入表格的内容然后再复制源表格的格式。

下面介绍一下先复制源表格的格式然后再输入数据的方法。首先需要创建源表格选择范围，选中A3:C13单元格区域，按Ctrl+C组合键进行复制，可见在选中单元格区域的四周出现滚动的虚线，然后选择需要粘贴格式的位置，如E3单元格（图8）。

在E3单元格中右击，在快捷菜单的“粘贴选项”选项区域中选择“格式”命令（图9）。可见在E3:G13单元格区域中显示源表格的格式，而没粘贴其数据。

格式复制完成后，在E3单元格输入“二车间”文本，在E3:G3单元格区域中输入表格的标题，可见单元格中的字体格式和源表格中对应单元格的字体格式一致。然后在其他单元格中输入对应的数据，验证复制格式的效果（图10）。

用户也可以在指定的单元格区域内先输入数据，如在E3:G13单元格中输入数据，可见数据格式都是默认的。然后选中A3:C13单元格区域并复制，选中E3单元格并右击，在快捷菜单中选择“格式”命令。操作完成后，可见默认的数据格式均被应用了A3:C13单元格区域中的格式（图11）。

可以复制表格的格式

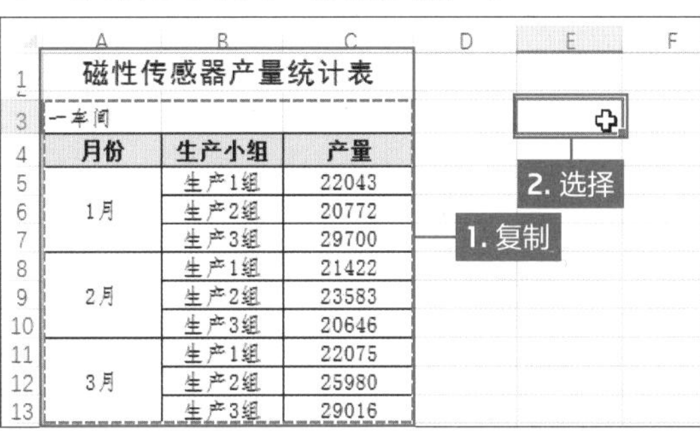

图8 选择需要复制格式的单元格区域，如A3:C13单元格区域，再按Ctrl+C组合键进行复制，最后选择粘贴的位置

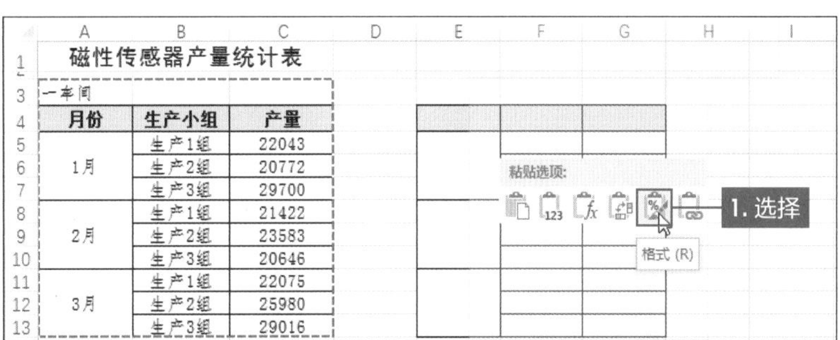

图9 然后右击目录单元格，在快捷菜单中选择“格式”命令

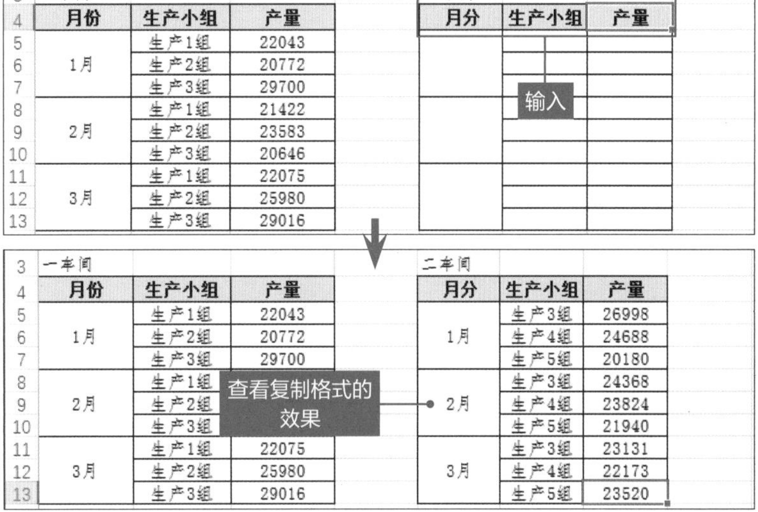

图10 源表格的格式复制完成后，在表格中输入相关数据，可见其字体格式与源表格的格式是一致的

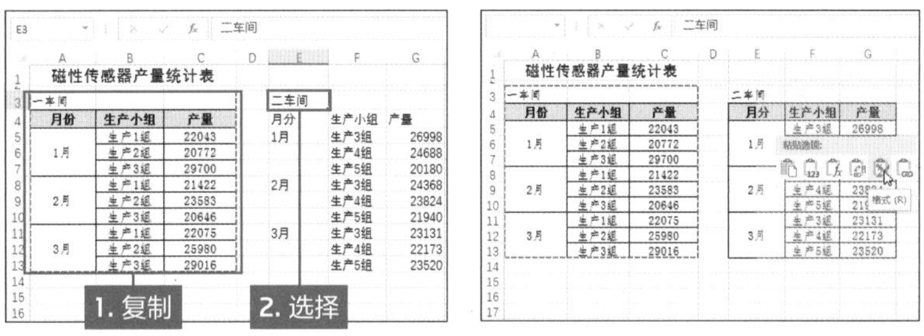

图11 首先在E3:G13单元格区域中输入表格中的相关数据，然后再复制A3:C13单元格区域，最后将复制的格式粘贴在数据区域即可

快速输入规则的文本数据

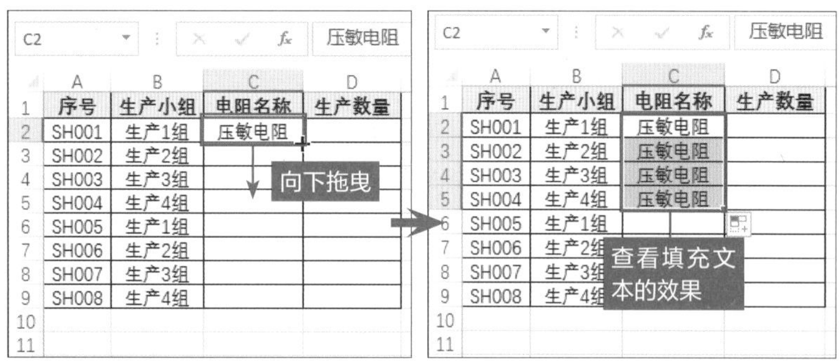

图12　在C2单元格中输入“压敏电阻”文本，然后拖曳该单元格的填充柄向下至C5单元格，释放鼠标左键，即可将C2单元格内的文本填充至C3:C5单元格区域内

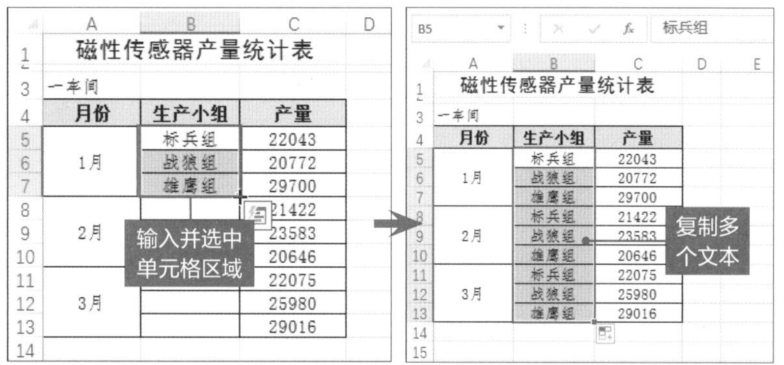

图13　在B5:B7单元格区域中输入“标兵组”“战狼组”和“雄鹰组”文本，然后选中该区域并拖曳填充柄向下至C13单元格，可见输入的3个文本依次重复填充

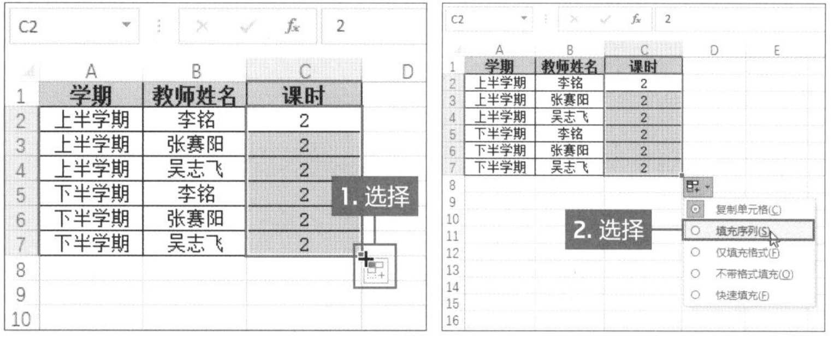

图14　在C2单元格中输入2，然后填充至C7单元格，在单元格右下角显示“自动填充选项”按钮，在其列表中选择“填充序列”选项

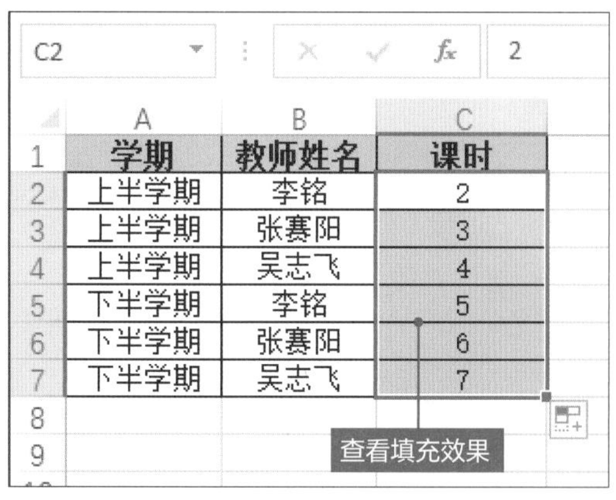

图15　操作后，数据为以2为起始值，步长值为1的等差序列填充数值

规则文本数据的输入

在Excel中包含的数据类型很多，各种类型的数据按规则显示数据时，用户可以采用多种快捷的操作方法。下面将介绍最常见的几种输入方法，如文本、数值和日期。

在制作表格时，如果需要在连续的单元格区域输入相同的文本时，只需要第一个单元格内输入文本，如在C2单元格输入“压敏电阻”，然后选中该单元格，将光标移至右下角的填充柄上，按住鼠标左键向下拖曳至C5单元格，即可将C2单元格内的文本填充至C5单元格（图12）。

如果用户需要在表格的连续单元格区域内将几个文本重复输入时，首先从第一个单元格输入文本，如在B5:B7单元格内输入文本，然后选中该单元格区域，拖曳填充柄向下至B13单元格，可见B5:B7单元格区域内的文本分别连续并重复输入至B7单元格内（图13）。根据所学的文本快速填充的方法，相信用户在制作表格时会节省很多时间，从而提高工作的效率。

规则数值数据的输入

如果根据文本填充的方法来填充数值，可以填充相同的数值，也可以填充等差的数值。下面介绍第二种情况，首先在C2单元格中输入数字2，然后将C2单元格向下填充至C7单元格，可见均充数字2。单击单元格区域右下角“自动填充选项”下三角按钮，在列表中选择“填充序列”选项（图14）。在列表中包含6个选项，其中默认为“复制单元格”选项。

选择“填充序列”选项后，可见由C2到C7单元格中的数值，是以2为起始值，步长值为1的等差序列，即在C3单元格中显示数值3、C4单元格中显示4……以此填充至C7单元格（图15）。

用户可以根据需要设置步长的值，进行等差填充，如在C2和C3单元格分别输入2、4数值，然后选中该单元格区域，拖曳该单元格区域右下角的填充柄，向下至C7单元格，释放鼠标左键，可见以步长为2进行等差填充（图16）。此处步长计算方法为C3单元格数值减去C2单元格数值的结果，即4-2=2。

用户也可使用“序列”对话框设置步长值和终止值。下面介绍通过“序列”对话框在C2:C7单元格区域中填充和上一案例一样的效果。先在C2单元格中输入2以确定起始的值，选中C2单元格，并切换至“开始”选项卡，单击“编辑”选项组中的“填充”下三角按钮，在列表中选择“序列”选项（图17），即可打开“序列”对话框，在设置步长值和终止值之前设置其他参数，在“序列产生在”选项区域中选中“列”单选按钮，在“类型”选项区域中选中“等差序列”单选按钮，然后在“步长值”文本框中输入2，在“终止值”数值框中输入12，单击“确定”按钮，从C2单元格中的数字2开始自动向下填充数值，以步长值为2填充到数字12为止（图18）。在等差序列数值中的最后一个数值等于终止值，如果终止值不在等差序列数范围内，则最后的数值小于终止值中最大的等差序列数值的值。如在本案例设置终止值为13，则等差序列中最后一个值为12。

对数值与文本相结合的数据进行填充时，可对数值进行序列填充。在C2单元格中输入“2课时”，然后将C2单元格向下填充至C7单元格，可见数值进行等差序列填充，而文本不变（图19）。

在“序列”对话框中，用户可以根据需要设置按行填充，或者进行等比排序。

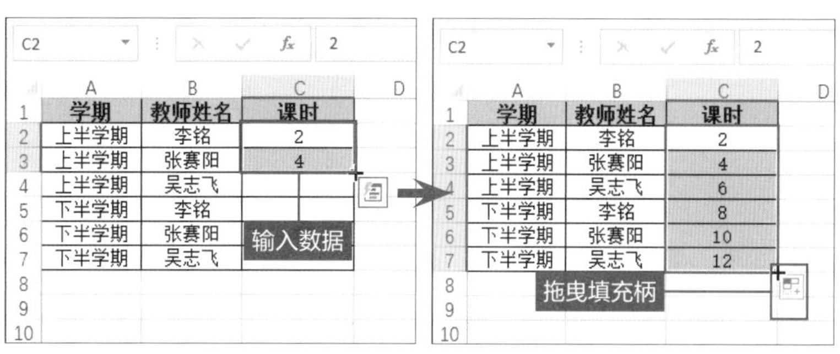

图16 分别在C2和C3单元格内输入数值2和4，然后将该单元格区域向下填充至C7单元格，即可按步长为2进行等差填充

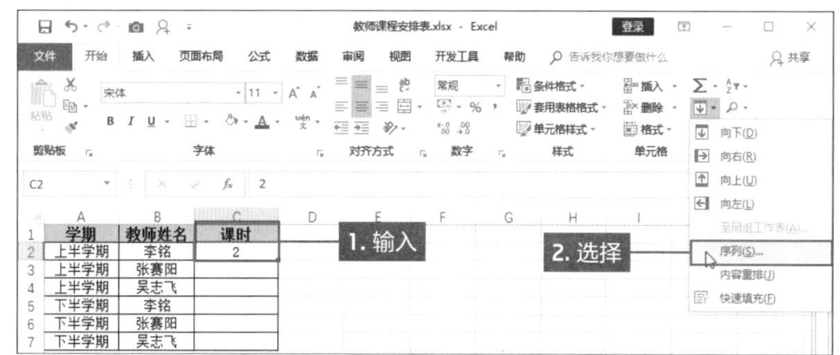

图17 在C2单元格中输入2，单击“编辑”选项组中“填充”下三角按钮，在列表中选择“序列”选项

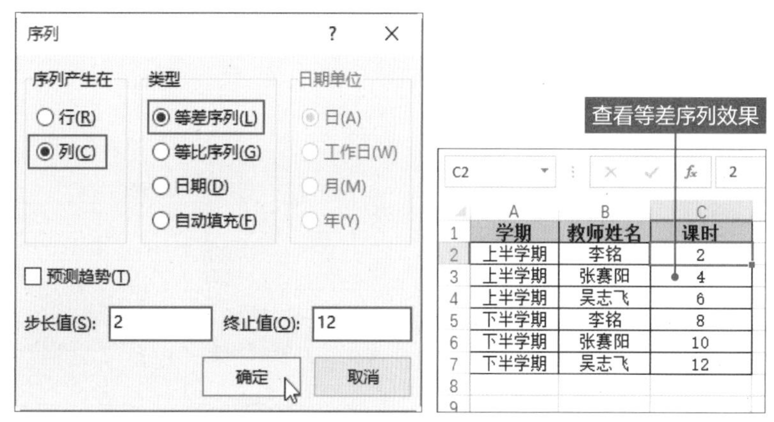

图18 在打开的“序列”对话框中，选择“列”和“等差序列”单选按钮，设置步长值为2，终止值为12，单击“确定”按钮后，查看设置等差序列的结果

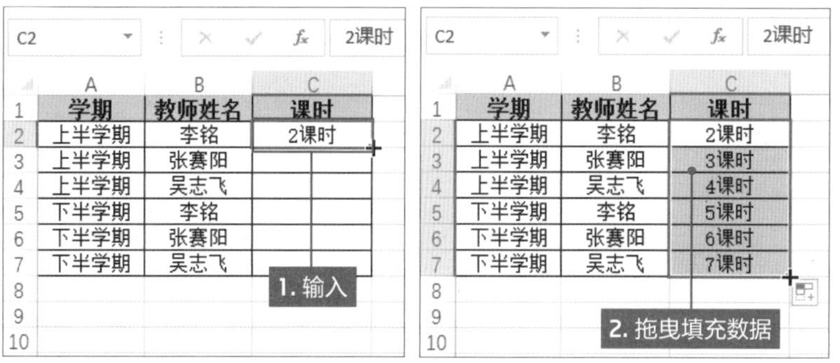

图19 当文本中包含数值时，如果对其进行填充，即可按照设置的序列对数值部分进行填充。如在C2单元格中输入“2课时”，然后向下填充至C7单元格，可见只填充数值部分

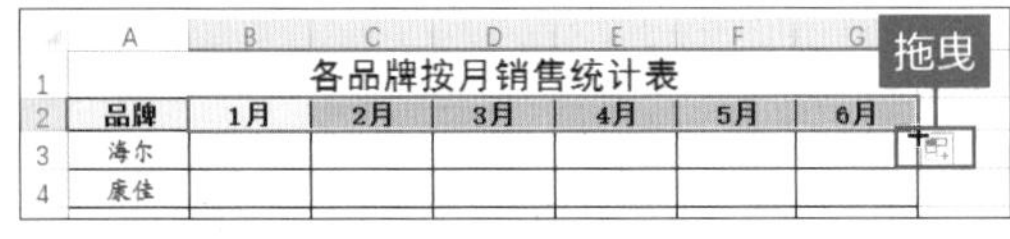

图20 在B2单元格中输入“1月”，然后将该单元格向右填充至G2单元格

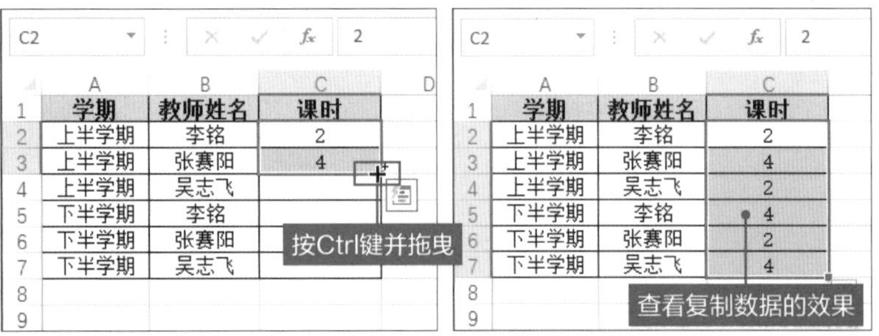

图21 在C2和C3单元格中输入2和4，在拖曳填充柄时按住Ctrl键即可复制C2:C3单元格中的数据

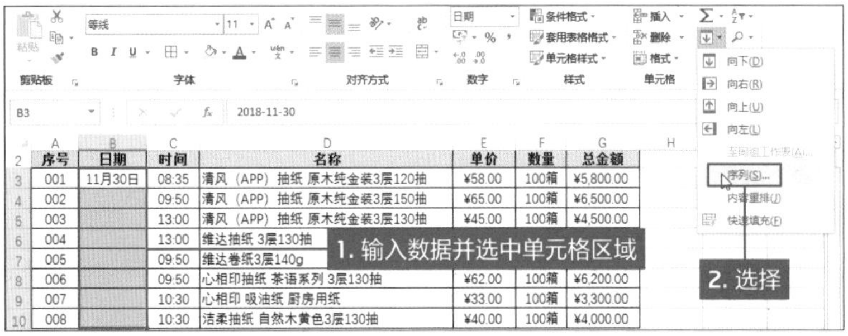

图22 下面设置日期的序列填充，在B3单元格中输入日期，然后在“填充”的列表中选择“序列”选项

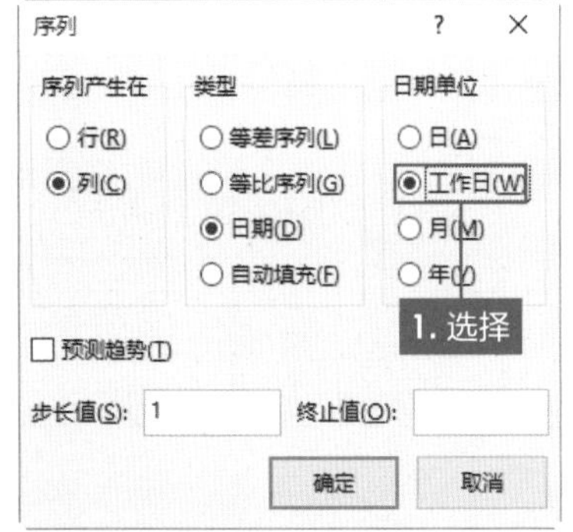

图23 在“序列”对话框中，选中“工作日”单选按钮，即可将日期向下填充并不显示周末的日期

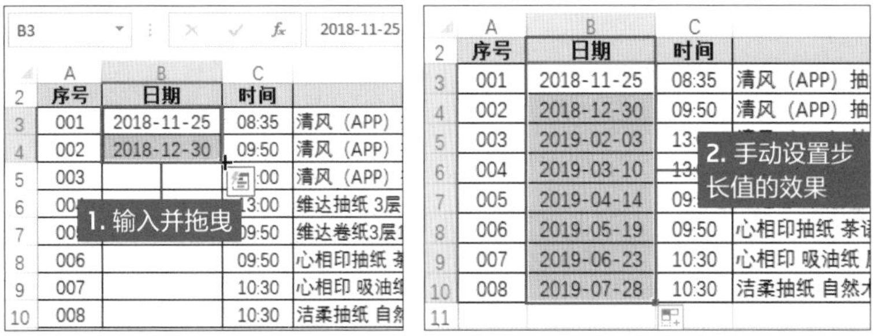

图24 在B3和B4单元格中输入日期，然后选中该单元格区域，拖曳填充柄向下拖至B10单元格，即可完成日期的填充

在统计各月的销售时，需要将标题设置为月份，如果直接输入数据会比较耗时，使用序列填充则可以大大提高效率。在B2单元格中输入“1月”，然后拖曳该单元格的填充柄向右至G2单元格，即可进行按行填充（图20）。

如果用户在填充数值时，不想进行等差序列的填充，想使用填充的方法快速填充数据，此时该如何操作呢？在拖曳填充柄时按住Ctrl键，即可只复制选中单元格或选中区域内的数据而不进行填充（图21）。使用此方法复制数据时，按住Ctrl键，当光标右上角显示黑色小加号，表示进行复制操作。

规则日期数据的输入

在“商品入库记录表.xlsx”工作表的B3单元格中输入“2018年11月30日”，并设置只显示月份和天数，然后选中B3:B10单元格区域，单击“编辑”选项组中“填充”下三角按钮，在列表中选择“序列”选项（图22）。然后在“序列”对话框的“类型”选项区域中设置“日期”单选按钮，然后在“日期单位”选项区域中勾选“工作日”，表示在填充的日期中只显示工作日，根据需要设置步长值，单击“确定”按钮，即可完成日期的填充（图23）。

如果手动拖曳填充柄填充日期时，单击“自动填充选项”下三角按钮，在其列表中包含的“以天数填充”“填充工作日”“以月填充”“以年填充”选项和“序列”对话框中相关选项一致。用户也可以同时对日期中的年、月和日的步长值进行设置，先在相邻的单元格中输入日期，其中年、月、日的差值即为步长值，然后将单元格区域进行填充即可（图24）。

理解公式、函数和数组以及单元格的引用

在Excel中还可以根据公式、函数，以及数组公式对数据进行计算。在计算过程中用户还要充分考虑到单元格的引用，只有正确地引用单元格才能计算出正确的结果。

Excel之所以应用广泛，除了可以制作基本的表格和存储数据外，还在于其强大的计算功能。使用公式、函数可以快速、准确地对数据进行计算，并得到用户需要的结果。

下面以员工销售产品时，根据流水计算出各产品的提成金额为例，介绍公式、函数以及单元格的引用方法，右图为最终的计算结果（图1）。

Excel中只需在输入数据之前输入“=”，系统默认为是输入公式并且会计算出结果。从这点来看Excel中的每个单元格都是一个小小的计算器，可以对数值、日期等数据进行计算。在“=”后面可以输入数值或日期，也可以是单元格的引用。

打开“员工销售提成表.xlsx”工作簿，在“员工销售统计表”中计算出各商品的销售金额。销售金额=销售单价*销售数量，用户根据计算公式需要在指定的单元格中输入“=3588*12”（图2），其中3588表示销售单价，12表示销售的数量。计算公式输入完成，再按Enter键即可计算出销售金额（图3）。在E4单元格中显示为43056，同时在编辑栏中显示输入的计算公式。

效果图　使用公式和函数计算数据

	B	C	D	E	F	G	H
						提成率	3%
3	日期	员工姓名	品牌	商品名称	销售数量	销售单价	销售总金额	提成
4	2018-11-30	李志成	海尔	洗衣机	10	¥ 3,588.00	¥ 35,880.00	¥ 1,076.40
5	2018-11-30	张斌	海尔	空调	20	¥ 3,688.00	¥ 73,760.00	¥ 2,212.80
6	2018-11-30	王飞	海尔	洗衣机	13	¥ 2,699.00	¥ 35,087.00	¥ 1,052.61
7	2018-11-30	郭靖	海尔	空调	11	¥ 3,088.00	¥ 33,968.00	¥ 1,019.04
8	2018-11-30	李志成	海尔	空调	16	¥ 2,688.00	¥ 43,008.00	¥ 1,290.24
9	2018-11-30	张斌	海尔	洗衣机	19	¥ 3,299.00	¥ 62,681.00	¥ 1,880.43
10	2018-11-30	王飞	海尔	空调	15	¥ 2,988.00	¥ 44,820.00	¥ 1,344.60
11	2018-11-30	郭靖	海尔	洗衣机	19	¥ 3,188.00	¥ 60,572.00	¥ 1,817.16
12	2018-11-30	余男	海尔	电视	19	¥ 4,588.00	¥ 87,172.00	¥ 2,615.16
13						合计	¥ 14,308.44

图1　本案例根据公式和SUM函数分别计算出销售总金额、提成和提成合计金额，在执行计算过程中还学习单元格的引用。无论使用公式还是函数，则在单元格中显示计算的结果，在编辑栏中显示计算公式

在单元格中进行数值的运算

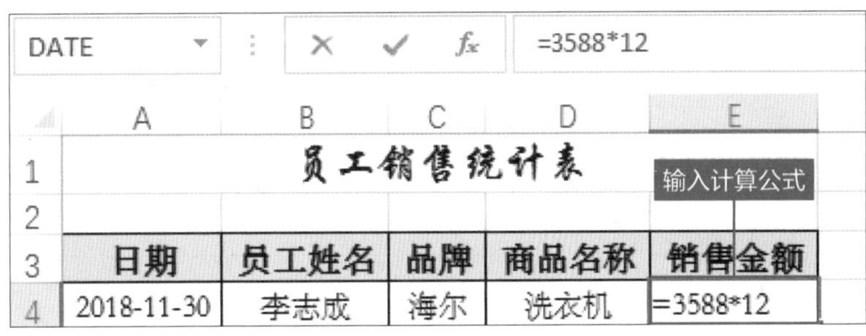

图2　在E4单元格中输入“=”，然后再输入“3588*12”其中“*”符号表示乘号

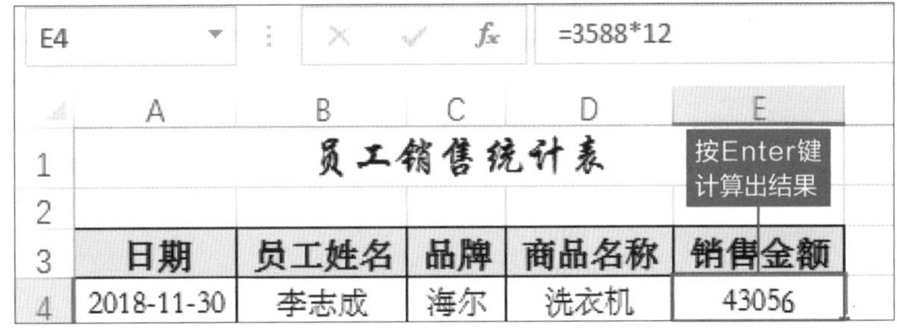

图3　执行计算，可见在E4单元格中并没有显示计算公式，而显示计算的结果

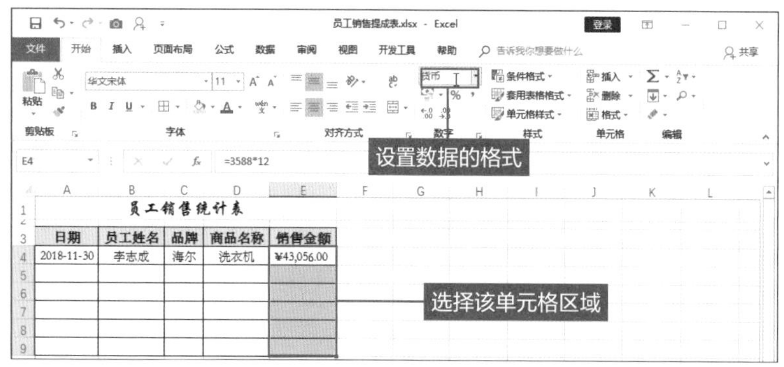

图4　选择E4:E9单元格区域，单击“数字”选项组中“数字格式”下三角按钮，在列表中选择“货币”选项，即可完成该单元格区域的格式设置，为数值添加货币符号和小数的位数

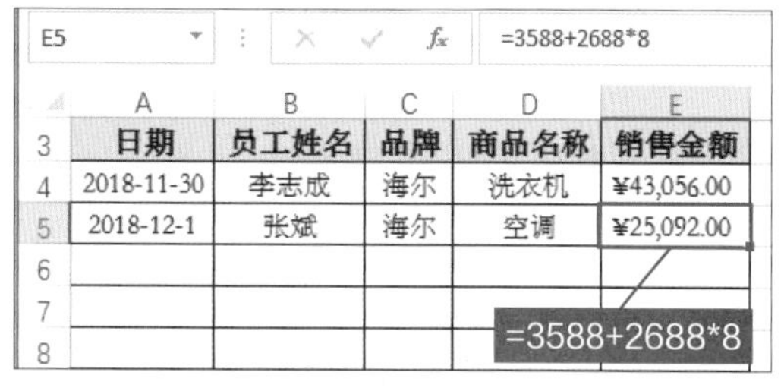

图5　在E5单元格中输入“=3588+2688*8”公式，则系统自动先对乘法“*”进行运算，然后将计算的结果再进行加法“+”运算

E5　=(3588+2688)*8

日期	员工姓名	品牌	商品名称	销售金额
2018-11-30	李志成	海尔	洗衣机	¥43,056.00
2018-12-1	张斌	海尔	空调	¥50,208.00

=(3588+2688)*8

图6　在E5单元格中输入“=(3588+2688)*8”公式，则系统自动先对括号内的加法进行运算，然后将结果再进行乘法运算

在公式中引用单元格

F4　=F4

日期	员工姓名	品牌	商品名称	销售数量	销售单价	销售总金额	提成
2018-11-30	李志成	海尔	洗衣机	10	¥3,588.00	=F4	
2018-11-30	张斌	海尔	空调	20	¥3,688.00		
2018-11-30	王飞	海尔	洗衣机	13	¥2,699.00		
2018-11-30	郭靖	海尔	空调	11	¥3,088.00		
2018-11-30	李志成	海尔	空调	16	¥2,688.00		
2018-11-30	张斌	海尔	洗衣机	19	¥3,299.00		
2018-11-30	王飞	海尔	空调	15	¥2,9[illegible]		
2018-11-30	郭靖	海尔	洗衣机	19	¥3,1[illegible]		
2018-11-30	余男	海尔	电视	19	¥4,588.00		

提成率 3%

2. 单击　1. 输入“=”

图7　在G4单元格中输入“=”，然后将光标移到F4单元格上单击，即可在“=”右侧显示F4

运算符	含义	实例	结果
+	加法	8+3	11
−	减法	8−3	5
*	乘法	8*3	24
/	除法	8/2	4
^	幂	8^3	512

表格1　各种运算符号

用户如果需要修改输入的公式，可以在编辑栏中修改，也可以双击E4单元格再修改公式，选择E4单元格然后按F2功能键也可以修改公式。

从计算结果的显示形式来看，其格式与该单元格相同，为了更准确地表现数据，用户可以根据之前所学的知识改变数据的格式。将“销售金额”列的数值修改为“货币”格式（图4）。

理解公式中的运算符号

公式中的运算符号包括加法、减法、乘法、除法，其加法的符号为“+”，减法的符号为“-”，而乘法和除法的符号在公式中不能用“×”“÷”的数学运算符号，只能使用“*”和“/”符号。下面以表格的形式介绍各种运算符号。

公式中的运算顺序和数学运算顺序一样，先进行乘法和除法运算，再进行加法和减法运算（图5）。在“=3588+2688*8”的公式中，首先运算级别高的乘法，即2688*8，再进行加法运算，最终结果为25092。

用户可以通过添加括号改变运算的顺序。如果在E5单元格中输入“=（3588+2688）*8”公式，则先对括号内的加法进行运算，然后再将计算结果和数字8进行乘法运算，结果为50208。当公式中包含多个括号时，其运算顺序应用从里向外依次运算。

单元格的值参与公式计算

公式也可以引用单元格内的值参与计算，如引用F4单元格，即F4单元格内的数值参与计算。

在公式中引用单元格时，可以直接输入单元格名称，即列标和行号，也可以单击需要引用的单元格。

下面通过计算员工的销售总金额来介绍单元格引用的具体操作。在“员工提成表”中选择G4单元格，先输入“=”，然后将光标移至F4单元格上并单击，可见在“=”右侧显示F4，并且F4单元格被滚动的虚线选中（图7）。然后即输入乘法键，并将光标移到E4单元格上单击，即可在乘号右侧输入E4，最后按Enter键执行计算（图8）。在G4单元格显示“=F4*E4”公式的计算结果。

在Part2中用户学习了填充相关知识，在Excel中公式也可以通过填充的方法快速计算其他数据。在填充公式的时候需要特别注意单元格的引用，引用的方式主要包括相对引用、绝对引用和混合引用3种。

相对引用：公式在填充时，其引用的单元格会随着公式所在单元格的变化而变化。下面通过计算出所有员工的销售总额为例介绍单元格相对引用。

在G4单元格中计算出销售总金额，然后选中G4单元格，并拖曳填充柄向下至G12单元格（图9）。在此只将G4单元格中的公式向下填充，并不是将G4单元格中的数值按照序列填充。公式填充后可见在G5:G12单元格区域中分别计算出其他员工的销售金额，当选中G5单元格时编辑栏显示“=F5*E5”公式，选中G10单元格编辑栏显示“=F10*E10”公式，由此可见，当公式单元格纵向填充时，其引用的单元格的列保持不变，而行号则根随公式所在的单元格而变化。同理，若公式单元格横向移动，则列标会发生变化，行号不变。

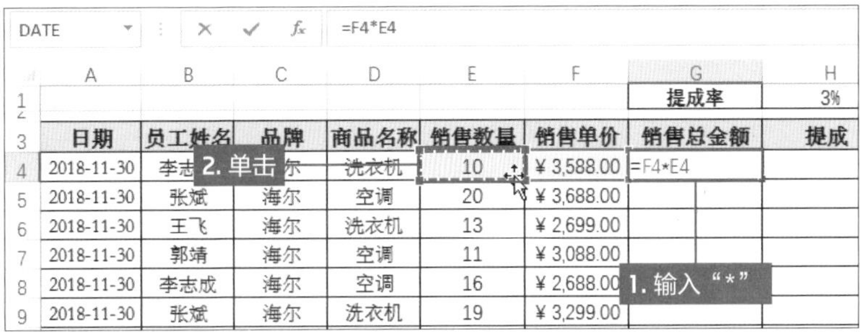

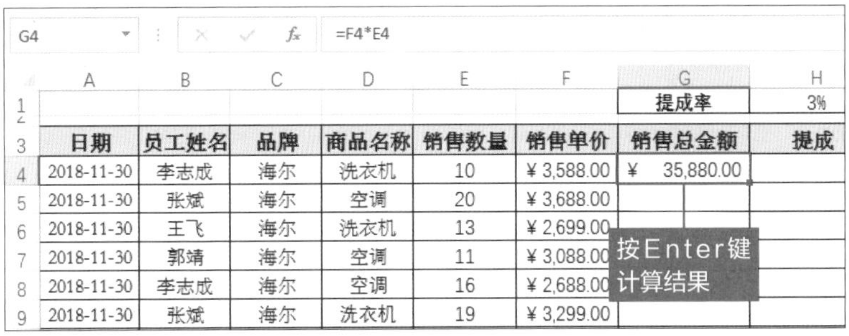

DATE =F4*E4

	A	B	C	D	E	F	G	H
1							提成率	3%
3	日期	员工姓名	品牌	商品名称	销售数量	销售单价	销售总金额	提成
4	2018-11-30	李志成	海尔	洗衣机	10	¥ 3,588.00	=F4*E4	
5	2018-11-30	张斌	海尔	空调	20	¥ 3,688.00		
6	2018-11-30	王飞	海尔	洗衣机	13	¥ 2,699.00		
7	2018-11-30	郭靖	海尔	空调	11	¥ 3,088.00		
8	2018-11-30	李志成	海尔	空调	16	¥ 2,688.00		
9	2018-11-30	张斌	海尔	洗衣机	19	¥ 3,299.00		

2. 单击
1. 输入“*”

G4 =F4*E4

	A	B	C	D	E	F	G	H
1							提成率	3%
3	日期	员工姓名	品牌	商品名称	销售数量	销售单价	销售总金额	提成
4	2018-11-30	李志成	海尔	洗衣机	10	¥ 3,588.00	¥ 35,880.00	
5	2018-11-30	张斌	海尔	空调	20	¥ 3,688.00		
6	2018-11-30	王飞	海尔	洗衣机	13	¥ 2,699.00		
7	2018-11-30	郭靖	海尔	空调	11	¥ 3,088.00		
8	2018-11-30	李志成	海尔	空调	16	¥ 2,688.00		
9	2018-11-30	张斌	海尔	洗衣机	19	¥ 3,299.00		

按Enter键计算结果

图8 再输入“*”，并在E4单元格上单击即可完成公式的输入，最后按Enter键即可计算出销售总金额

单元格的相对引用

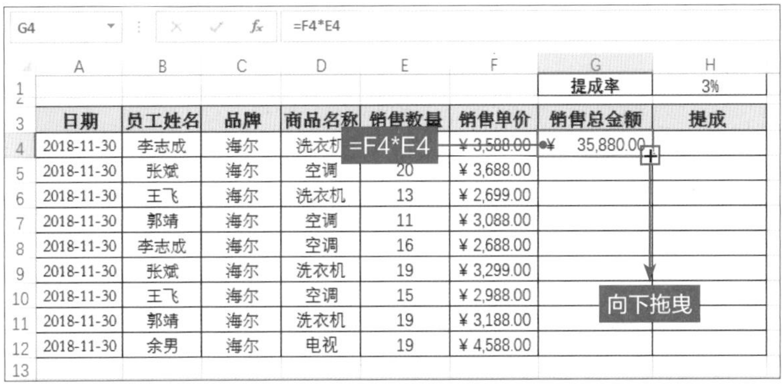

G4 =F4*E4

	A	B	C	D	E	F	G	H
1							提成率	3%
3	日期	员工姓名	品牌	商品名称	销售数量	销售单价	销售总金额	提成
4	2018-11-30	李志成	海尔	洗衣机	10	¥ 3,588.00	¥ 35,880.00	
5	2018-11-30	张斌	海尔	空调	20	¥ 3,688.00		
6	2018-11-30	王飞	海尔	洗衣机	13	¥ 2,699.00		
7	2018-11-30	郭靖	海尔	空调	11	¥ 3,088.00		
8	2018-11-30	李志成	海尔	空调	16	¥ 2,688.00		
9	2018-11-30	张斌	海尔	洗衣机	19	¥ 3,299.00		
10	2018-11-30	王飞	海尔	空调	15	¥ 2,988.00		
11	2018-11-30	郭靖	海尔	洗衣机	19	¥ 3,188.00		
12	2018-11-30	余男	海尔	电视	19	¥ 4,588.00		

=F4*E4
向下拖曳

图9 选中G4单元格，然后拖曳填充柄向下到G12单元格，即可将G4单元格中的公式向下填充

G4 =F4*E4

	A	B	C	D	E	F	G	H
1							提成率	3%
3	日期	员工姓名	品牌	商品名称	销售数量	销售单价	销售总金额	提成
4	2018-11-30	李志成	海尔	洗衣机	10	¥ 3,588.00	¥ 35,880.00	
5	2018-11-30	张斌	海尔	空调	20	¥ 3,688.00	¥ 73,760.00	
6	2018-11-30	王飞	海尔	洗衣机	13	¥ 2,699.00	¥ 35,087.00	
7	2018-11-30	郭靖	海尔	空调	11	¥ 3,088.00	¥ 33,968.00	
8	2018-11-30	李志成	海尔	空调	16	¥ 2,688.00	¥ 43,008.00	
9	2018-11-30	张斌	海尔	洗衣机	19	¥ 3,299.00	¥ 62,681.00	
10	2018-11-30	王飞	海尔	空调	15	¥ 2,988.00	¥ 44,820.00	
11	2018-11-30	郭靖	海尔	洗衣机	19	¥ 3,188.00	¥ 60,572.00	
12	2018-11-30	余男	海尔	电视	19	¥ 4,588.00	¥ 87,172.00	

=F5*E5
=F10*E10

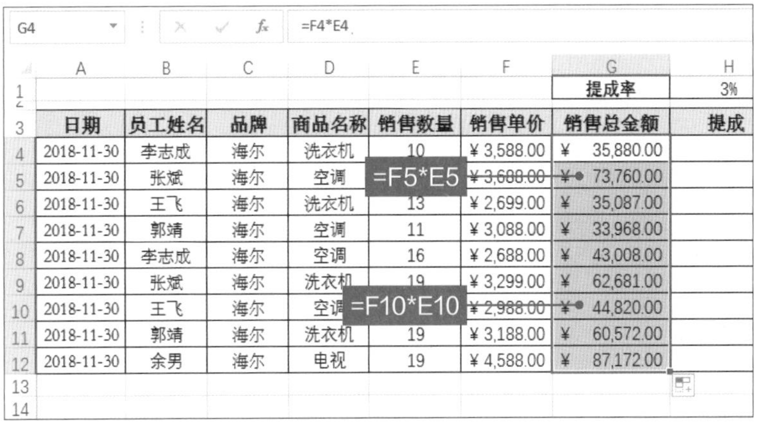

图10 G4单元格中的公式会填充到G5:G12单元格区域，其中公式所在的单元格不同，其中单元格的引用也不同

单元格的绝对引用

DATE | =G4*H1

	A	B	C	D	E	F	G	H
1							提成率	3%
3	日期	员工姓名	品牌	商品名称	销售数量	销售单价	销售总金额	提成
4	2018-11-30	李志成	海尔	洗衣机	10	¥3,588.00	¥ 35,880.00	=G4*H1
5	2018-11-30	张斌	海尔	空调	20	¥3,688.00	¥ 73,760.00	
6	2018-11-30	王飞	海尔	洗衣机	13	¥2,699.00	¥ 35,087.00	
7	2018-11-30	郭靖	海尔	空调	11	¥3,088.00	¥ 33,968.00	
8	2018-11-30	李志成	海尔	空调	16	¥2,688.00	¥ 43,008.00	
9	2018-11-30	张斌	海尔	洗衣机	19	¥3,299.00	¥ 62,681.00	
10	2018-11-30	王飞	海尔	空调	15	¥2,988.00	¥ 44,820.00	
11	2018-11-30	郭靖	海尔	洗衣机	19	¥3,188.00	¥ 60,572.00	
12	2018-11-30	余男	海尔	电视	19	¥4,588.00	¥ 87,172.00	

输入计算提成的公式

图11 选中H4单元格，然后输入“=G4*H1”公式，表示销售总金额乘以3%，即员工的提成

DATE | =G4*$H$1

	A	B	C	D	E	F	G	H
1							提成率	3%
3	日期	员工姓名	品牌	商品名称	销售数量	销售单价	销售总金额	提成
4	2018-11-30	李志成	海尔	洗衣机	10	¥3,588.00	¥ 35,880.00	=G4*$H$1
5	2018-11-30	张斌	海尔	空调	20	¥3,688.00	¥ 73,760.00	
6	2018-11-30	王飞	海尔	洗衣机	13	¥2,699.00	¥ 35,087.00	
7	2018-11-30	郭靖	海尔	空调	11	¥3,088.00	¥ 33,968.00	
8	2018-11-30	李志成	海尔	空调	16	¥2,688.00	¥ 43,008.00	
9	2018-11-30	张斌	海尔	洗衣机	19	¥3,299.00	¥ 62,681.00	
10	2018-11-30	王飞	海尔	空调	15	¥2,988.00	¥ 44,820.00	
11	2018-11-30	郭靖	海尔	洗衣机	19	¥3,188.00	¥ 60,572.00	
12	2018-11-30	余男	海尔	电视	19	¥4,588.00	¥ 87,172.00	

按1次F4功能键

图12 因为H1在公式中的引用是不发生变化的，所以需要将其修改为绝对引用，将光标定位在H1文本内，然后按1次F4功能键，即可变为“$H$1”，表示该单元格引用为绝对引用

H4 | =G4*$H$1

	A	B	C	D	E	F	G	H
1							提成率	3%
3	日期	员工姓名	品牌	商品名称	销售数量	销售单价	销售总金额	提成
4	2018-11-30	李志成	海尔	洗衣机	10	¥3,588.00	¥ 35,880.00	¥ 1,076.40
5	2018-11-30	张斌	海尔	空调	20	¥3,688.00	¥ 73,760.00	
6	2018-11-30	王飞	海尔	洗衣机	13	¥2,699.00	¥ 35,087.00	
7	2018-11-30	郭靖	海尔	空调	11	¥3,088.00	¥ 33,968.00	
8	2018-11-30	李志成	海尔	空调	16	¥2,688.00	¥ 43,008.00	
9	2018-11-30	张斌	海尔	洗衣机	19	¥3,299.00	¥ 62,681.00	
10	2018-11-30	王飞	海尔	空调	15	¥2,988.00	¥ 44,820.00	
11	2018-11-30	郭靖	海尔	洗衣机	19	¥3,188.00	¥ 60,572.00	
12	2018-11-30	余男	海尔	电视	19	¥4,588.00	¥ 87,172.00	

1. 按Enter键计算

2. 向下拖曳

图13 按Enter键执行计算，然后将H4单元格中的公式向下填充至H12单元格

H4 | =G4*$H$1

	A	B	C	D	E	F	G	H
1							提成率	3%
3	日期	员工姓名	品牌	商品名称	销售数量	销售单价	销售总金额	提成
4	2018-11-30	李志成	海尔	洗衣机	10	¥3,588.00	¥ 35,880.00	¥ 1,076.40
5	2018-11-30	张斌	海尔	空调	20	¥3,688.00	¥ 73,760.00	¥ 2,212.80
6	2018-11-30	王飞	海尔	洗衣机	13	¥2,699.00	¥ 35,087.00	¥ 1,052.61
7	2018-11-30	郭靖	海尔	空调	11	¥3,088.00	¥ 33,968.00	¥ 1,019.04
8	2018-11-30	李志成	海尔	空调	16	¥2,688.00	¥ 43,008.00	¥ 1,290.24
9	2018-11-30	张斌	海尔	洗衣机	19	¥3,299.00	¥ 62,681.00	¥ 1,880.43
10	2018-11-30	王飞	海尔	空调	15	¥2,988.00	¥ 44,820.00	¥ 1,344.60
11	2018-11-30	郭靖	海尔	洗衣机	19	¥3,188.00	¥ 60,572.00	¥ 1,817.16
12	2018-11-30	余男	海尔	电视	19	¥4,588.00	¥ 87,172.00	¥ 2,615.16

=G10*$H$1

图14 完成计算后，选择公式所在不同的单元格，在编辑栏中可见H1的引用没有变化

填充公式也可引用相同的单元格

之前介绍单元格的相对引用，下面将介绍填充公式时，部分单元格引用不变，即单元格不随公式所在单元格的变化而变化，即绝对引用。在Excel的公式，主要通过添加“$”符号来改变单元格的引用类型。在公式中添加“$”符号最常用的方法是按F4功能键，当然也可以直接输入该符号。在“员工提成表”中，每位员工销售商品的提成均为销售总金额的3%。如果需要计算员工销售不同商品的提成则将不同的销售金额乘以3%，由此可见3%是永远不会变化的。

下面介绍绝对引用的具体操作方法，首先在H4单元格中输入“=”，然后再输入“G4*H1”（图11）。H1单元格中显示3%，所以需要将H1单元格的引用类型修改为绝对引用。将光标定位在“H1”，然后按1次F4功能键，可见“H1”变为“$H$1”（图12）。在列标和行号前均添加“$”符号，表示H1单元格为绝对引用类型，然后按Enter键执行计算，即可计算出员工的提成金额。选中H4单元格将公式向下填充至H12单元格，自动计算出结果。选择H5单元格时，编辑栏中显示“=G5*$H$1”公式，可见“$H$1”是没有发生变化的（图13、图14）。当行号和列标前都添加“$”符号时，表示绝对引用。

混合引用的应用

混合引用就是即包括相对引用也包括绝对引用。在引用某单元格时，如D3单元格，其混合引用有两种情况，一种为绝对列相对行，其表示为“$D3”，另一种为绝对行相对列，为“D$3”。

在进行产品销售时，都会根据促销手段进行折扣活动，下面我们为某手机销售商制作不同折扣的商品的价格。打开“手机销售折扣价格表.xlsx”，各商品的价格以列的形式显示，折扣以行的形式显示，如果计算不同折扣的商品的价格，需要将价格分别乘以除去折扣的值，折扣价格=商品价格*（1-折扣）。在D4单元格中输入“=C4*(1-D3)”公式（图15）。将光标定位在C4文本上，然后按3次F4功能键，即可将其修改为“$C4”，在列前添加“$”符号，则列是绝对引用，行是相对引用。再将光标定位在D3文本上，按两次F4功能键，即可修改为“D$3”，在行前面添加“$”符号，则行是绝对引用列是相对引用（图16）。

单元格的引用设置完成后，按Enter键即可计算出华为8X手机3%折后的价格。然后选中该单元格，向右拖曳填充柄至F4单元格，即可计算出华为8X手机折扣3%、5%和8%的价格（图17）。当选择E4单元格时，在编辑栏中显示“=$C4*（1-E$3）”公式，可见D4单元格公式中的“D$3”变为“E$3”，相对列发生变化而绝对行不变。

然后保持D4:F4单元格区域为选中状态，向下拖曳填充柄至F11单元格，即可计算出所有商品的不同折扣后的价格（图18）。选中F7单元格，在编辑栏中显示“=$C7*（1-F$3）”公式，可见所有的行或列前面添加“$”符号的不随公式所在单元格的变化而变化，如公式中的“$C7”，只有行号发生变化，C列是不变的；“F$3”中只有列标是发生变化的，第3行是不会发生变化。

DATE =C4*(1-D3)

	A	B	C	D	E	F
1	商品折扣价格表					
2	品牌	型号	价格	折扣价格		
3				3%	5%	8%
4	华为	8X	¥1,488.00	=C4*(1-D3)		
5	华为	荣耀10	¥2,388.00			
6	华为	荣耀9i	¥1,38			
7	华为	荣耀V10	¥2,18			
8	小米	小米8	¥2,588.00			
9	小米	8SE	¥1,688.00			
10	小米	红米6	¥988.00			

在D4单元格中输入计算公式

图15 在D4单元格，输入“=”，然后再输入“C4*（1-D3）”，该公式即可计算出折扣为3%时的商品的价格

	A	B	C	D	E	F	G	H
1	商品折扣价格表							
2	品牌	型号	价格	折扣价格				
3						8%		
4				=$C4*(1-D$3)				
5			¥2,388.00					
6	华为	荣耀9i	¥1,388.00					
7	华为	荣耀V10	¥2,188.00					
8	小米	小米8	¥2,588.00					
9	小米	8SE	¥1,688.00					
10	小米	红米6	¥988.00					

1. 按3次F4功能键

1. 按2次F4功能键

图16 将光标移至C4文本并按3次F4功能键，设置成绝对列相对行，在D3文本按2次F4功能键，设置成绝对行相对列

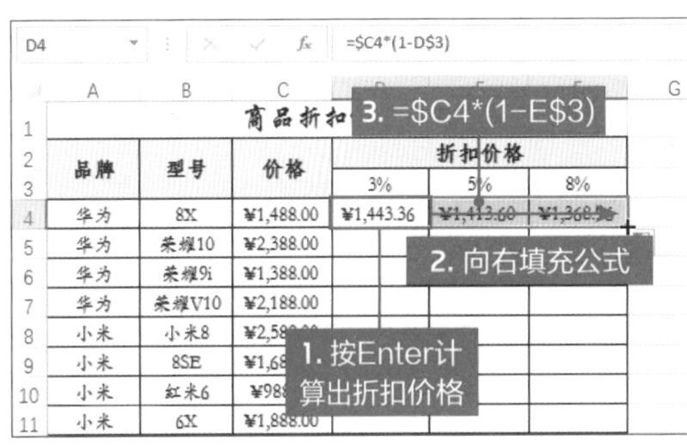

D4 =$C4*(1-D$3)

	A	B	C	D	E	F
1		商品折扣				
2	品牌	型号	价格	折扣价格		
3				3%	5%	8%
4	华为	8X	¥1,488.00	¥1,443.36	¥1,413.60	¥1,368.96
5	华为	荣耀10	¥2,388.00			
6	华为	荣耀9i	¥1,388.00			
7	华为	荣耀V10	¥2,188.00			
8	小米	小米8	¥2,58			
9	小米	8SE	¥1,68			
10	小米	红米6	¥98			
11	小米	6X	¥1,888.00			

图17 按Enter键执行计算，将D4单元格中的公式向右填充至F4单元格，选中E4单元格查看单元格引用的变化情况

	A	B	C	D	E	F	G	H
1	商品折扣价格表							
2	品牌	型号	价格	折扣价格				
3				3%	5%	8%		
4	华为	8X	¥1,488.00	¥1,443.36	¥1,413.60	¥1,368.96		
5	华为	荣耀10	¥2,388.00	¥2,316.36	¥2,268.60	¥2,196.96		
6	华为	荣耀9i	¥1,388.00	¥1,346.36	¥1,318.60	¥1,276.96		
7	华		.00	¥2,122.36	¥2,078.60	¥2,012.96		
8	小米	小米8	¥2,588.00	¥2,510.36	¥2,458.60	¥2,380.96		
9	小米	8SE	¥1,688.00	¥1,637.36	¥1,603.60	¥1,552.96		
10	小米	红米6	¥988.00	¥958.36	¥938.60	¥908.96		
11	小米	6X	¥1,888.00	¥1,831.36	¥1,793.60	¥1,736.96		
12								

2. =$C7*(1-F$3)

1. 向下填充公式

图18 将D4:F4单元格区域中的公式向下填充至F11单元格区域，选择F7单元格，可见添加“$”的列或行不变

知识拓展链接

关注“未蓝文化”（ID:WeiLanWH)读者服务号并发送“单元格引用”关键字，查看关于单元格引用的相关教学视频。

运用单元格区域进行计算

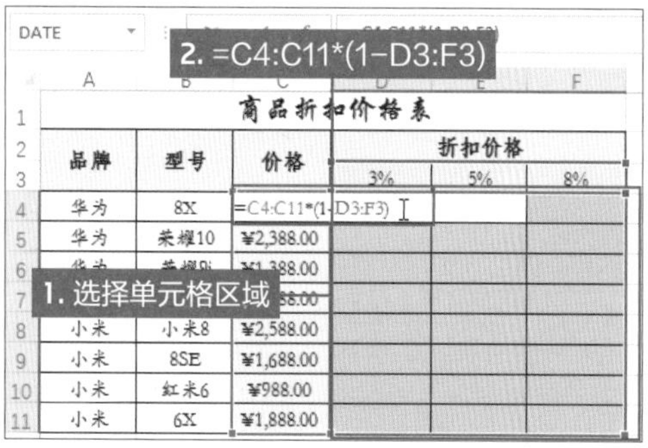

DATE

2. =C4:C11*(1−D3:F3)

1. 选择单元格区域

商品折扣价格表					
品牌	型号	价格	折扣价格		
			3%	5%	8%
华为	8X	=C4:C11*(1-D3:F3)			
华为	荣耀10	¥2,388.00			
小米	小米8	¥2,588.00			
小米	8SE	¥1,688.00			
小米	红米6	¥988.00			
小米	6X	¥1,888.00			

图19 选择D4:F11单元格区域，输入“=C4:C11*(1−D3:F3)”公式

D4 {=C4:C11*(1-D3:F3)}

按Ctrl+Shift+Enter组合键计算结果

商品折扣价格表					
品牌	型号	价格	折扣价格		
			3%	5%	8%
华为	8X	¥1,488.00	¥1,443.36	¥1,413.60	¥1,368.96
华为	荣耀10	¥2,388.00	¥2,316.36	¥2,268.60	¥2,196.96
		,388.00	¥1,346.36	¥1,318.60	¥1,276.96
		,188.00	¥2,122.36	¥2,078.60	¥2,012.96
		,588.00	¥2,510.36	¥2,458.60	¥2,380.96
		,688.00	¥1,637.36	¥1,603.60	¥1,552.96
小米	红米6	¥988.00	¥958.36	¥938.60	¥908.96
小米	6X	¥1,888.00	¥1,831.36	¥1,793.60	¥1,736.96

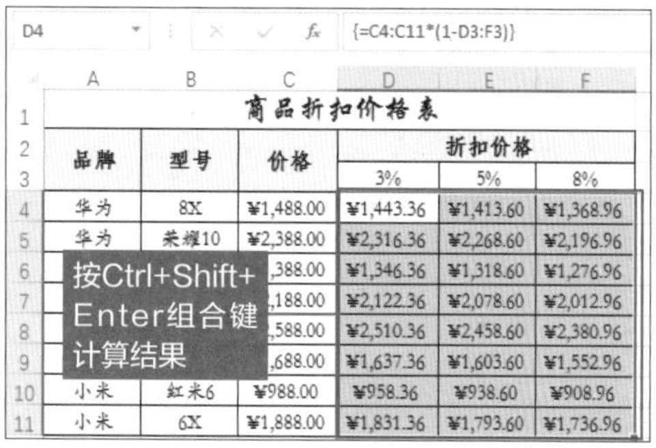

图20 数组公式结束是按Ctrl+Shift+Enter组合键，同时在选中的单元格区域中计算出结果

计算出所有员工的提成金额

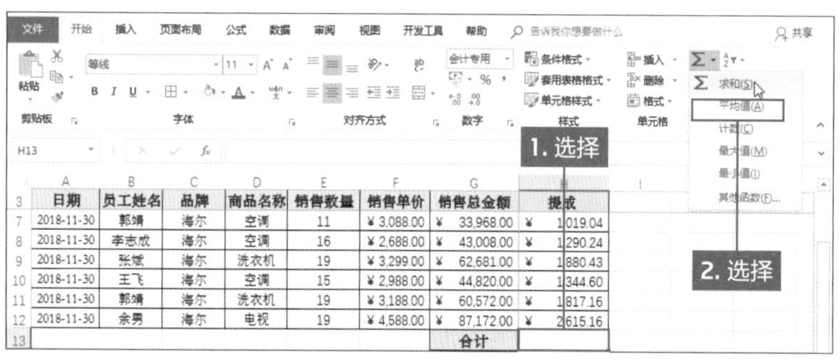

图21 下面对员工的提成进行求和计算，选择H11单元格区域，然后单击“编辑”选项组中的“求和”下三角按钮，在列表中选择“求和”选项

1. 显示SUM函数计算范围

2. 按Enter键计算

销售单价	销售总金额	提成
¥ 3,588.00	¥ 35,880.00	¥ 1,076.40
¥ 3,688.00	¥ 73,760.00	¥ 2,212.80
¥ 2,699.00	¥ 35,087.00	
¥ 3,088.00	¥ 33,968.	
¥ 2,688.00	¥ 43,008.	
¥ 3,299.00	¥ 62,681.	
¥ 2,988.00	¥ 44,820.00	¥ 1,344.60
¥ 3,188.00	¥ 60,572.00	¥ 1,817.16
		¥ 2,615.16
		=SUM(H4:H12)

SUM(number1, [number2], ...)

3. 计算结果

销售数量	销售单价	销售总金额	提成
10	¥ 3,588.00	¥ 35,880.00	¥ 1,076.40
20	¥ 3,688.00	¥ 73,760.00	¥ 2,212.80
13	¥ 2,699.00	¥ 35,087.00	¥ 1,052.61
11	¥ 3,088.00	¥ 33,968.00	¥ 1,019.04
16	¥ 2,688.00	¥ 43,008.00	¥ 1,290.24
19	¥ 3,299.00	¥ 62,681.00	¥ 1,880.43
15	¥ 2,988.00	¥ 44,820.00	¥ 1,344.60
19	¥ 3,188.00	¥ 60,572.00	¥ 1,817.16
19	¥ 4,588.00	¥ 87,172.0	
		合计	

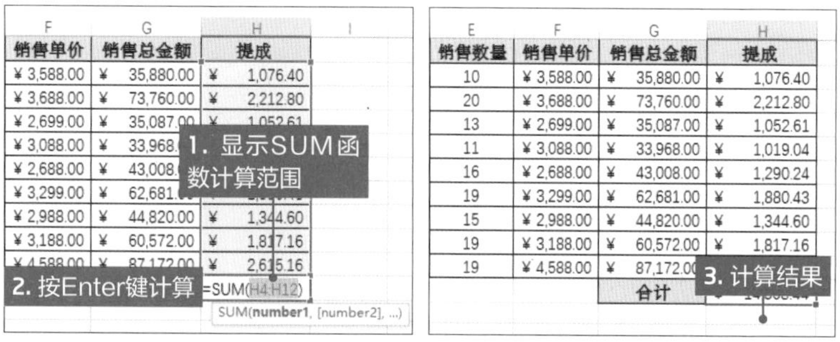

图22 在H13单元格中显示计算的函数公式，按Enter键即可计算出结果

SUM函数

=SUM(number1,number2,……)

该函数用于计算某单元格区域内的值的和，其中number最多255个参数

数组公式的应用

之前介绍的公式都是以“=”开始，按Enter键结束，这种公式是普通的公式，数组公式引用的是单元格的区域进行计算，并按Ctrl+Shift+Enter组合键结束。

同样是计算各商品的折扣后的价格，使用数组公式就相对简单。选择D4:F11单元格区域，使用数据公式之前先选择结果所在的区域，然后输入“=C4:C11*(1-D3:F3)”公式（图19），可见其中包括的单元格区域。按Ctrl+Shift+Enter组合键，即可在选中的区域中同时计算出不同折扣后的商品的价格（图20）。在使用数组公式计算时，用户可以不考虑单元格的引用类型。

自动对数据进行求和运算

在Excel中对数据进行求和是最常见的操作之一，如果对复制的数据进行求和计算，手动输入公式很是麻烦，此时，可用“求和”功能快速计算出结果。

如需要统计出所有员工提成的总金额，首先完善表格，在G13:H13单元格区域中输入数据并设置格式，然后选中H13单元格，切换至“开始”选项卡，在“编辑”选项组中单击“求和”下三角按钮，在列表中选择“求和”选项（图21）。

可见在H11单元格中显示“=SUM（H4:H12）”公式，其中SUM是求和函数，H4:H12表示求和的单元格区域。最后按Enter键即可在H13单元格中显示所有员工提成的总和（图22）。如果用户不使用“求和”功能，则需要输入“=H4+H5+……H12”公式，操作比较麻烦。在“求和”的列表中还包括“平均值”“计数”“最大值”和“最小值”，使用方法和“求和”一样，用户根据需要选择相应的选项。

Part 4

对工作表实施保护 并调整布局进行打印

扫码看视频

表格制作完成后，为了保护工作表信息不被泄漏，可以为其加密保存。
对需要打印的工作表，可以对其打印范围、大小等进行设置。

在第1章中介绍了各种类型数据的输入、自动输入、公式和函数，在Part4中将介绍如何保护完成的工作表和如何输入打印工作表。

Part4首先介绍保护工作表，如对工作表进行加密和设置允许用户编辑的单元格区域，然后再介绍打印工作表，如设置打印的范围、添加页眉等。

使用手机采购统计明细为例，在工作表显示采购的详细信息和商品价格对照表的信息。此时，只需要打印采购统计明细（图1）。如果不进行设置，直接打印则将两个表格都打印出来。

当表格中有重要的信息时，为了防止他人打开工作簿并浏览信息，用户可以为其添加密码，只有授权密码的人员才能打开工作簿并查看信息。

打开“采购统计表.xlsx”，单击“文件”标签，打开“信息”选项面板，单击“保护工作簿”下三角按钮，在列表中选择“用密码进行加密”选项（图2）。

在“保护工作簿”列表中还包括“始终以只读方式打开”“保护当前工作表”“保护工作簿结构”“限制访问”和“标记为最终状态”选项，用户可以根据需要进行设置。

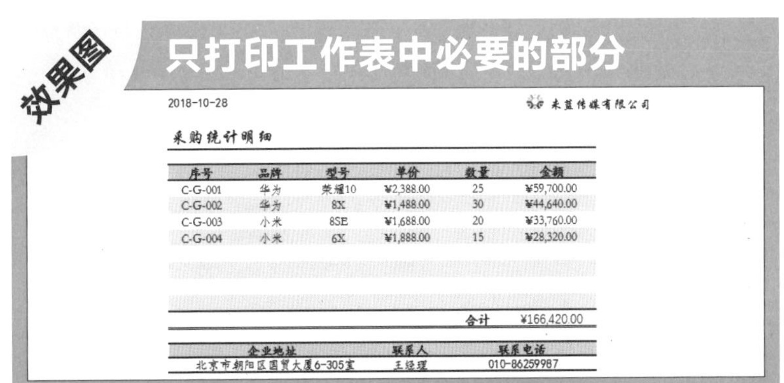

图1 本案例主要涉及到工作簿的保护和打印，介绍了加密保护、允许编辑区域、添加页眉信息、设置打印方向、分隔符和打印区域等知识。用户可以根据本章内容对需要打印的工作表进行设置

●防止他人查看工作表中信息

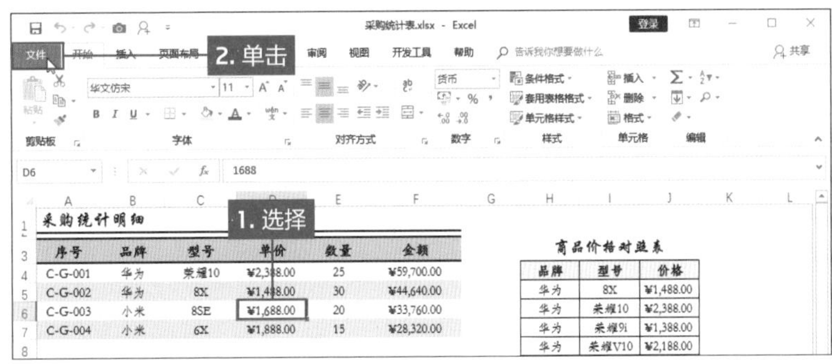

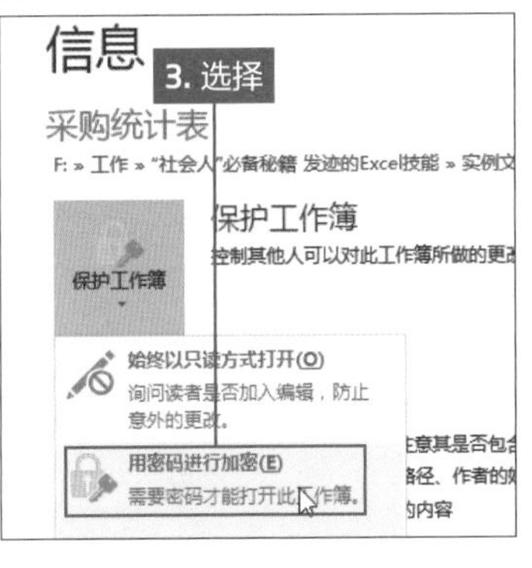

图2 打开需要设置密码保护的工作表，单击“文件”标签，在“信息”选项面板中单击“保护工作簿”下三角按钮，在列表中选择“用密码进行加密”选项

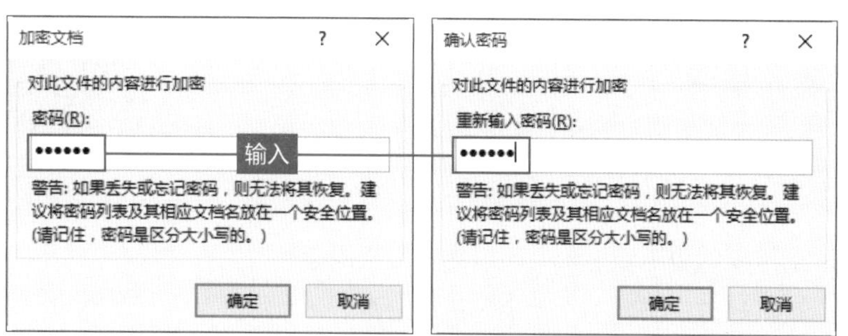

图3　下面将为工作簿设置密码，在该步骤设置的密码，用户一定要牢记。在打开的对话框中依次输入密码，单击“确定”按钮

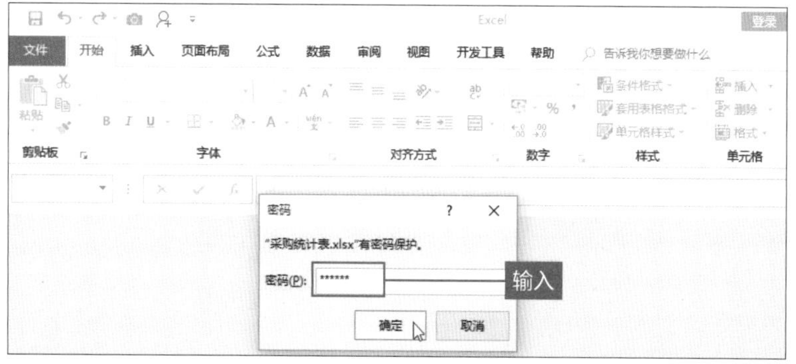

图4　再次打开工作簿时，会弹出“密码”对话框，只有输入正确的密码，才能打开该工作簿

打开“加密文档”对话框，在“对此文件的内容进行加密”选项区域的“密码”数值框中输入密码，在对话框下方显示警告相关文字，若丢失或忘记密码，则无法将其恢复。因此，在设置密码时，用户一定要牢记。单击“确定”按钮，打开“确认密码”对话框，在“重新输入密码”的数值框中再次输入，单击“确定”按钮，即可完成保护工作簿的设置（图3）。

密码设置完成后，关闭该工作簿并保存，当用户再次打开该工作簿时，则弹出“密码”对话框（图4）。只有授权密码的人员才能打开该工作簿。如果用户单击“取消”按钮，则只能新建空白的工作簿。如果用户需要取消密码保护，则再次“加密文档”对话框，清除“密码”数值框中密码，单击“确定”按钮即可。

●允许他人编辑只指定的区域

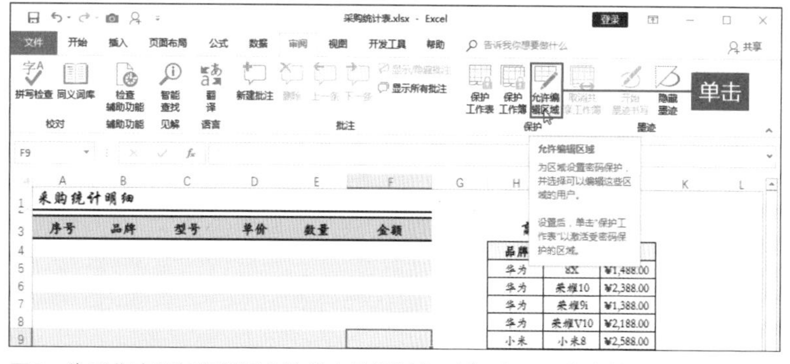

图5　为工作表添加保护只允许他人编辑指定区域，打开工作表单击“保护”选项组中“允许编辑区域”按钮

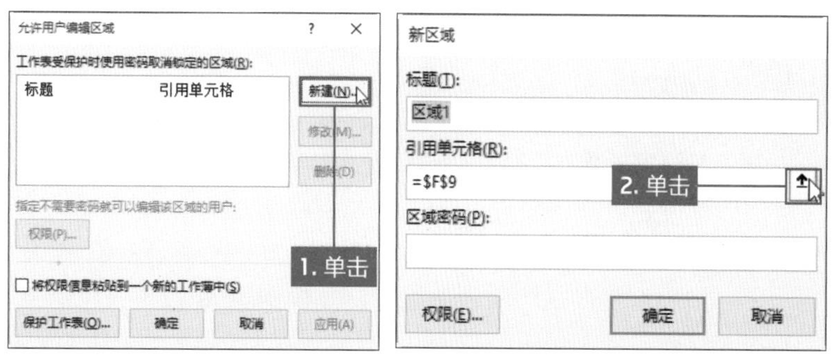

图6　在打开“允许用户编辑区域”对话框中单击“新建”按钮，在打开的对话框中再单击“引用单元格”右侧的折叠按钮

设置允许编辑的单元格区域

如果表格中有部分信息需要保护，不能被修改，另一部分需要输入信息时，可以通过“允许编辑区域”功能来实现。如在采购统计明细工作表中，用户可以输入采购商品的信息，其他内容则不能编辑。打开工作表，切换至“审阅”选项卡，单击“保护”选项组中“允许编辑区域”按钮（图5）。打开“允许用户编辑区域”对话框，单击“新建”按钮，用于新建可编辑的单元格区域。打开“新区域”对话框，单击“引用单元格”右侧折叠按钮（图6）。返回工作表中选中A4:F11单元格区域，然后按住Ctrl键再选中F12单元格，在“新区域”对话框的文本框中显示“=A4:F11,F12”，再次单击折叠按钮（图7）。

返回“新区域”对话框中，在“引用单元格”文本框中显示选中的单元格区域和单元格，用户也可以在“区域密码”数值框中输入密码，以设置编辑该区域的密码。本案例并不设置密码，单击“确定”按钮，返回“允许用户编辑区域”对话框，可见在“工作表受保护时使用密码取消锁定的区域”列表框中显示刚才选择的引用的单元格，然后单击“保护工作表”按钮（图8）。

工作表密码设置完成后，再对其进行验证，首先在设置的允许编辑单元格区域中输入相关数据，可见一切正常。如果修改允许编辑范围之外的单元格时，则弹出提示对话框，显示该工作表受保护，如果要更改，先取消对工作表的保护，可能需要输入密码（图10）。用户只能单击“确定”按钮，不能对允许编辑单元格区域外进行任何操作。也可以取消对工作表的保护，切换至“审阅”选项卡，单击“保护”选项组中“撤销工作表保护”按钮，即可打开“撤销工作表保护”对话框，在“密码”数值框中输入保护的密码，最后单击“确定”按钮，操作完成后，用户可以在任何位置编辑。Excel为用户提供很多种保护工作表的方法，除了上述介绍的两种方法外，还可以对工作表进行加密，如图9所示。在“允许此工作表的所有用户进行”列表框中，设置对工作表保护后可以执行的操作，如设置单元格格式、插入列、使用自动筛选等，只需勾选对应的复选框即可。

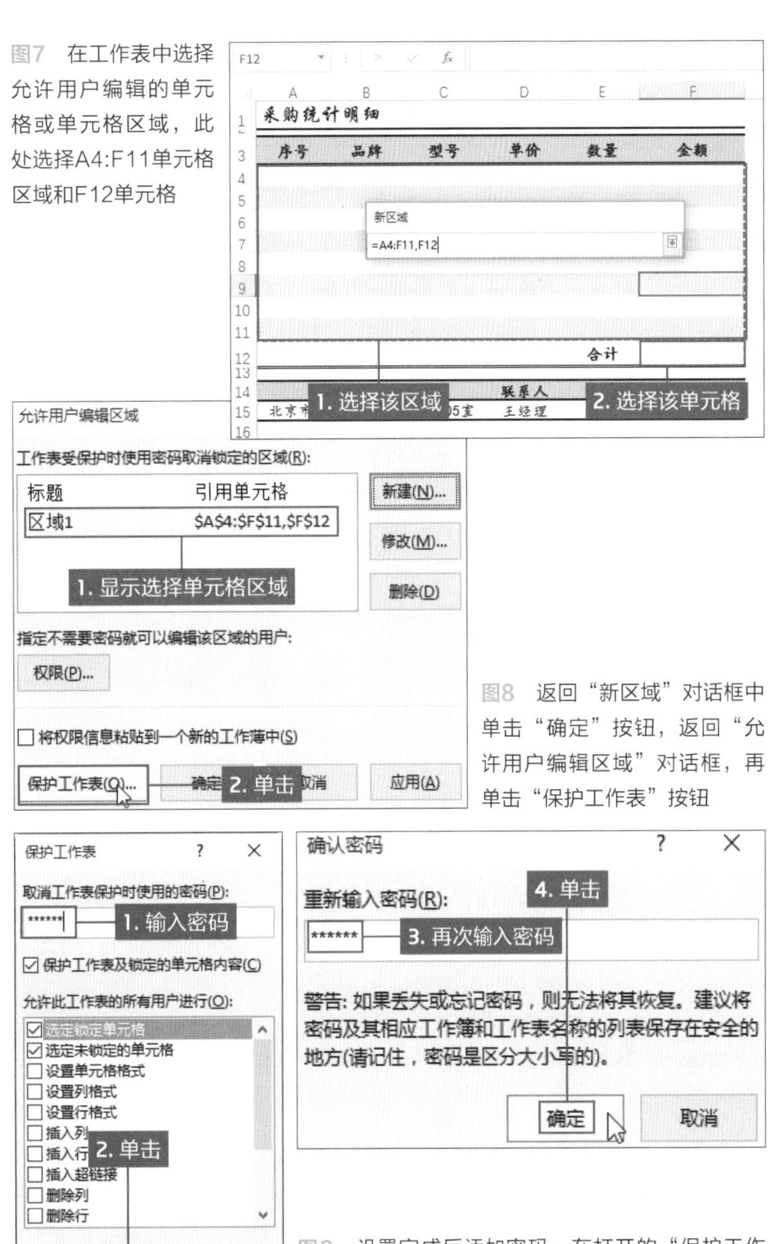

图7 在工作表中选择允许用户编辑的单元格或单元格区域，此处选择A4:F11单元格区域和F12单元格

图8 返回“新区域”对话框中单击“确定”按钮，返回“允许用户编辑区域”对话框，再单击“保护工作表”按钮

图9 设置完成后添加密码，在打开的“保护工作表”对话框中输入密码，然后根据操作确认密码

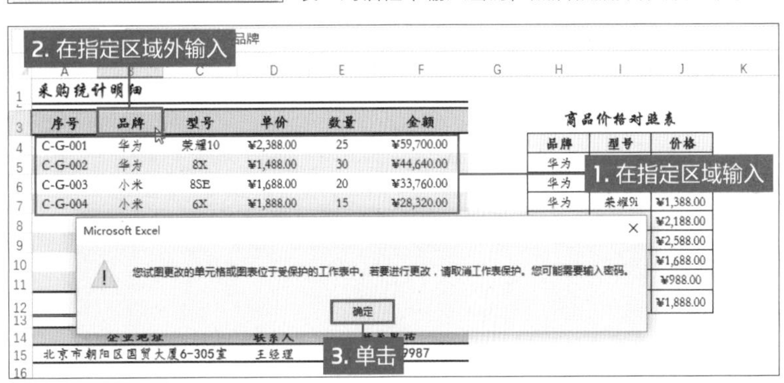

图10 设置完成后，用户可以在指定位置输入数据并计算，在其他位置编辑时，则弹出提示对话框

切换工作簿不同的视图

Excel表格常为普通视图，用户在输入数据和处理数据均在普通视图下操作。如果用户需要设置打印操作时，普通视图就不是很方便操作。

如果用户想确认打印分页的效果，可以通过“分布预览”功能实现。打开“采购统计表.xlsx”，切换至“视图”选项卡，单击“工作簿视图”选项组中“分页预览”按钮。即可切换至“分页预览”视图，其白色区域为打印区域，灰色区域为非打印区域，其中蓝色的虚线表示分页的范围，同时在不同区域显示页数（图11）。

若需要更接近打印的效果，可以将工作簿切换至“页面布局”视图。单击“工作簿视图”选项组中“页面布局”按钮，即可切换至“页面布局”视图（图12）。在左侧和上方显示标尺，可以很清晰地显示打印后在纸张的位置和效果。

在工作簿不同视图之间切换的方法，还可以在状态栏中单击对应的按钮来实现。

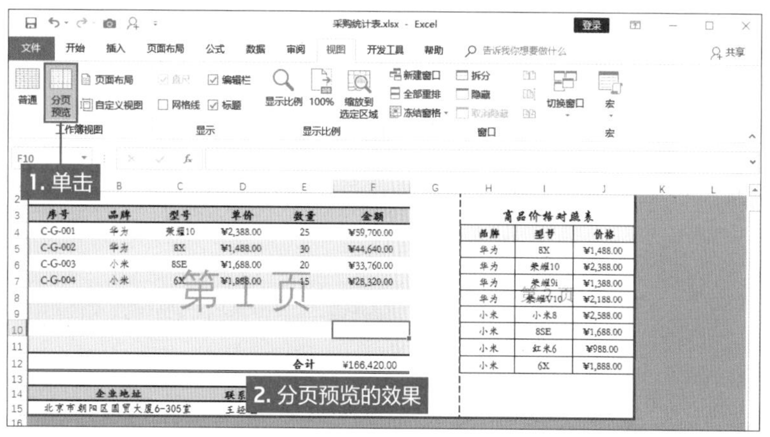

图11 在“视图”选项卡中单击“分页预览”按钮后，工作簿变为“分页预览”视图，在白色区域中显示打印时的分页情况

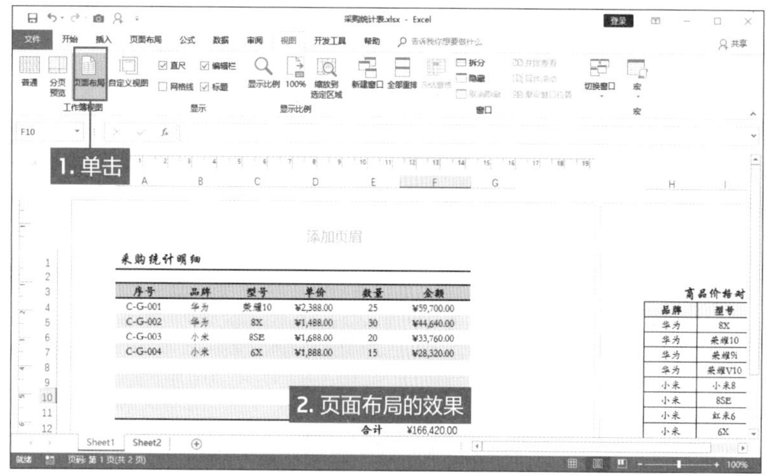

图12 将工作簿切换至“页面布局”视图，显示表格在不同页面中打印的效果

为打印的工作表添加页眉

在打印工作表时，用户可以为每页添加相同的打印元素，如在纸张上方添加公司名称和日期。这些在“页面布局”视图即可实现。“页面布局”视图中在页面的上方显示“添加页眉”文本，光标在上方移动可发现总共包括3个区域。移至页面的底部时，显示“添加页脚”文本，也包括3个区域。如果需要在左侧区域内添加日期时，单击该区域，在功能区切换至“页眉和页脚工具-设计”选项卡，单击“页眉和页脚元素”选项组中“当前日期”按钮。在左侧区域内显示“&[日期]”，然后在“字体选项组中设置字体格式，确认后即可在左侧区域中显示当前日期。同时应用设置的字体格式（图13）。用户也可以直接在页眉中输入日期，然后再设置日期

切换工作簿不同的视图

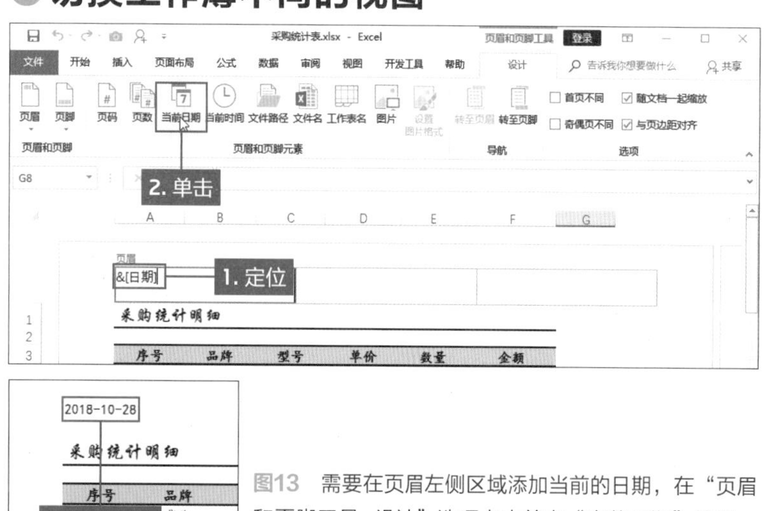

图13 需要在页眉左侧区域添加当前的日期，在“页眉和页脚工具-设计”选项卡中单击“当前日期”按钮，即可添加日期

的格式。

用户也可以将公司的Logo以及公司的名称添加在页眉的右侧区域，将光标定位在该区域，单击“页眉和页脚元素”选项组中“图片”按钮，打开“插入图片”面板，选择企业Logo的图片，然后单击“插入”按钮（图14）。在右侧区域中显示“&[图片]”。图片插入后，还需要对图片的大小进行设置，单击“页眉和页脚元素”选项组中“设置图片格式”按钮。在打开的“设置图片格式”对话框的“大小”选项组中设置图片的高度值，在“高度”和“宽度”数值框中显示照片原始的大小，需要将其缩小至页眉中能显示的大小，设置高度为0.58厘米，可见其宽度等比缩放（图15）。在图片的右侧输入“未蓝传媒有限公司”文本，在“字体”选项组中设置字体、字号和颜色，在页眉的右侧区域显示企业的Logo和名称（图16）。

设置打印的方向

Excel默认情况下是A4纸纵向打印的，用户可以根据需要将纸张方向设置为横排。改后其宽度增大，横向打印范围扩大。“采购统计表.xlsx”在“分页预览”视图时打印在两页。通过切换至“页面布局”选项卡，在“页面设置”选项组中单击“纸张方向”下三角按钮，在列表中选择“横向”选项（图17）。切换为横向显示后可见“采购统计明细”和“商品价格对照表”在一页内显示（图18）。当对该工作表进行打印时，只需打印一页。

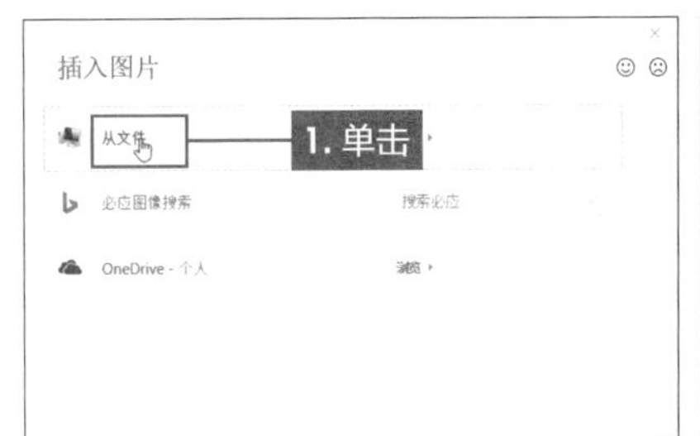

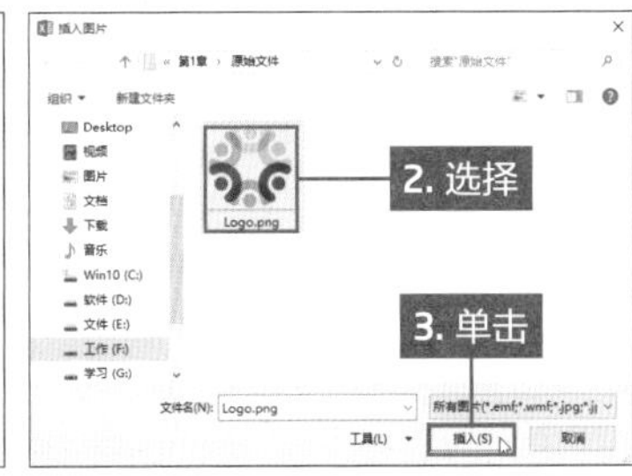

图14　在页眉的右侧区域添加企业Logo，只需要单击“页眉和页脚元素”选项组中“图片”按钮，在打开的面板中单击“从文件”按钮，打开“插入图片”对话框，选择合适的图片并插入

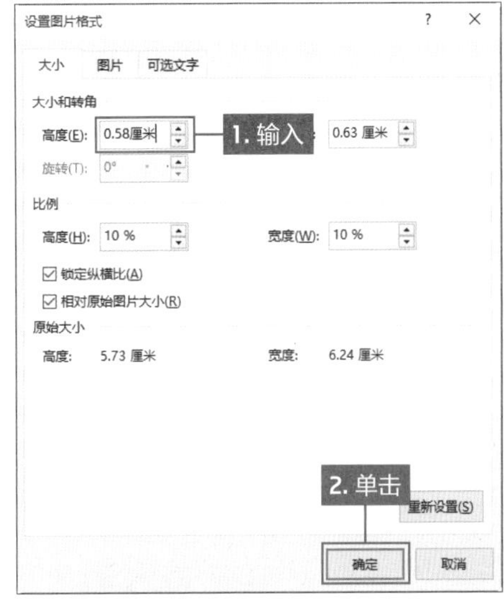

图15　单击“设置图片格式”按钮，在打开的对话框的“大小”选项卡中设置高度值为0.58厘米

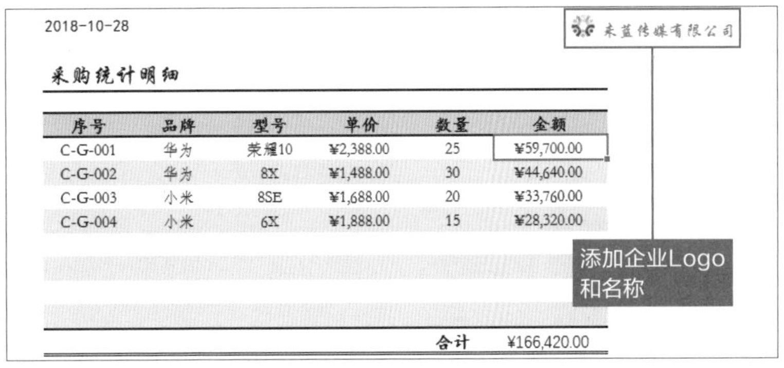

序号	品牌	型号	单价	数量	金额
C-G-001	华为	荣耀10	¥2,388.00	25	¥59,700.00
C-G-002	华为	8X	¥1,488.00	30	¥44,640.00
C-G-003	小米	8SE	¥1,688.00	20	¥33,760.00
C-G-004	小米	6X	¥1,888.00	15	¥28,320.00
				合计	¥166,420.00

图16　输入企业的名称，并设置文本的格式，然后查看添加Logo和企业名称的效果

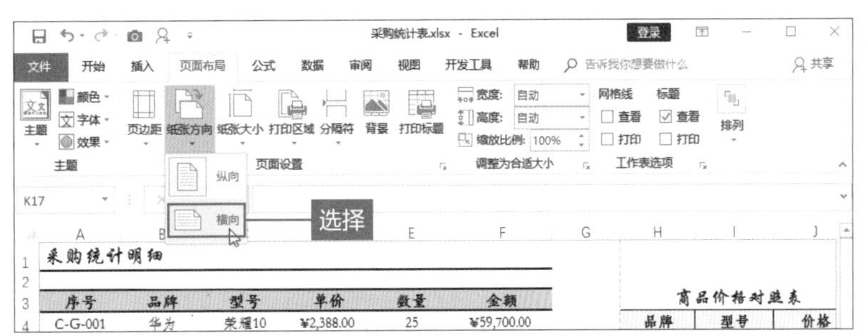

图17　切换至“页面布局”选项卡，单击“页面设置”选项组中“纸张方向”下三角按钮，在列表中选择“横向”选项

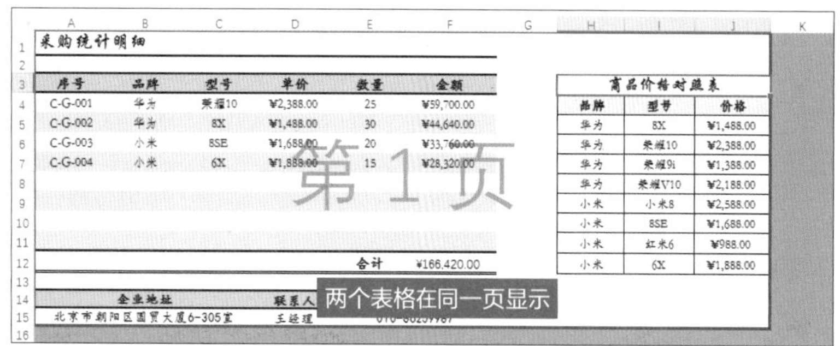

图18　单击“分页预览”按钮，可见工作表中的两个表格均在一页显示

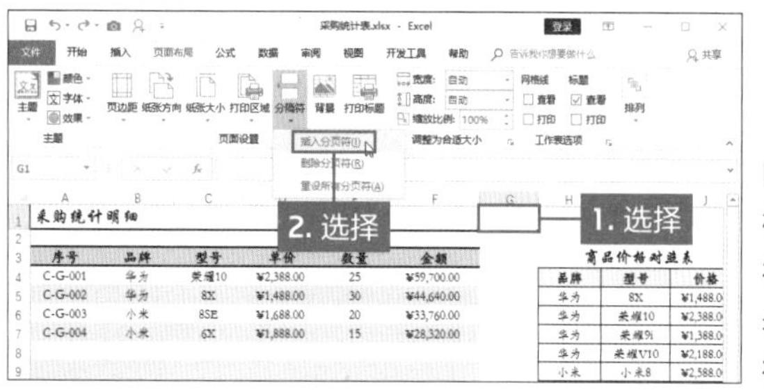

图19　先选中G1单元格，然后再单击“分隔符”下三角按钮，在列表中选择“插入分页符”选项

图20　分页符设置完成后，然后单击“文件”标签，选择“打印”选项，在右侧预览打印效果

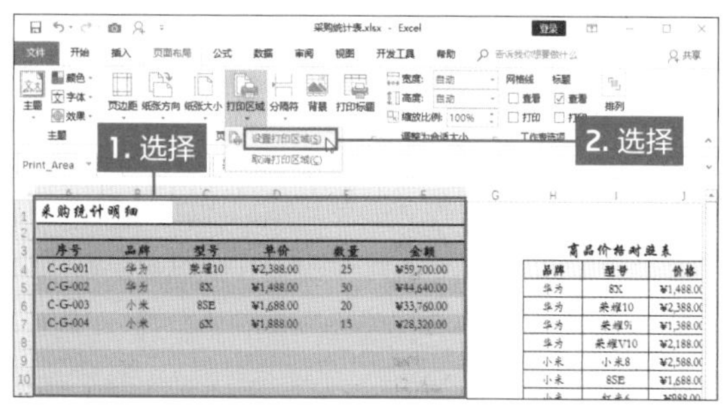

图21　选择A1:F15单元格区域，单击“打印区域”下三角按钮，在列表中选择“设置打印区域”选项

2018-10-28　　木笪传媒有限公司

采购统计明细

序号	品牌	型号	单价	数量	金额
C-G-001	华为	荣耀10	¥2,388.00	25	¥59,700.00
C-G-002	华为	8X	¥1,488.00	30	¥44,640.00
C-G-003	小米	8SE	¥1,688.00	20	¥33,760.00
C-G-004	小米	6X	¥1,888.00	15	¥28,320.00
				合计	¥166,420.00

企业地址　北京市朝阳区国贸……　联系电话　010-86259987

打印选中的单元格区域

图22　打印预览，只打印选中的“采购统计明细”表格

若横向打印工作表时，将两个表格分别打印在不同的纸张上，此时用户可以插入分页符。用户根据打印页面的需要，插入分页符，对工作表进行强制分页打印。

在工作表中选择G1单元格，然后在“页面设置”选项组中单击“分隔符”下三角按钮，在列表中选择“插入分页符”选项（图19）。分页符插入后，单击“文件”标签，在列表中选择“打印”选项，在右侧打印预览区域可见两个表格分别打印在不同页面，并且为横向打印（图20）。

在同一工作表中可以插入多个分页符，根据需要进行分页。如果用户不需要对其进行分页打印，可以删除插入的分页符。首先选择插入分页符的单元格，然后单击“分隔符”下三角按钮，在列表中选择“删除分页符”选项，即可将选中的分页符删除。如果工作表中包括多个分页符，则选择工作表中任意单元格，单击“分隔符”下三角按钮，在列表中选择“重设所有分页符”选项，即可删除工作表中所有的分页符。

用户也可以选择打印的区域，在本案例中只需要打印“采购统计明细”表格，选择表格的数据区域，单击“页面设置”选项组中“打印区域”下三角按钮，在列表中选择“设置打印区域”选项（图21），然后再预览打印效果，可见只打印选中的单元格区域（图22）。如果取消打印区域的设置，单击“打印区域”下三角按钮，在列表中选择“取消打印区域”选项即可。

Q&A

输入的数据并不是想要的

当用户在工作表中输入数据时，发现输入的数据和显示的数据是完全不同的，比如输入员工18位身份证号码时，输入110125198208120615，按Enter键后则显示“1.10125E+17”，但编辑栏中显示110125198208120000（图1）。在单元格中输入“2-03”数据时，按Enter键后则显示“2月3日”（图2）。相信很多人在使用Excel时都会遇到这种情况。

这是因为Excel具有数据的自动识别功能，Excel将输入的数据作为数值、日期等进行保存。还会将其设定为标准的显示方式。在Excel中，如果输入超过11位的数据，系统会自动将其转换为科学记数格式，如果输入的超过15位，则15位以后的数值均转换成0，而且这是不可逆的。也就是说输入11-15位数据时，在单元格中显示科学记数，编辑栏中显示真实的数据；若输入大于15位数据，则在编辑栏中显示的数据不是真实的。

在输入数据前，可先设置单元格的格式，这样就会避免显示错误。下面介绍两种解决方法：第1种是选择需要输入数据的单元格区域，按Ctrl+1组合键打开“设置单元格格式”对话框，在“数字”选项卡的“分类”列表框中选择“文本”选项，然后单击“确定”按钮（图3）；第2种方法是在输入需要身份证号码或门牌号之前，输入英文状态下的单引号，然后再输入数据（图4）。英文状态下的单引号对于Excel来说，相当于发的一个通知，说明后面输入的内容为文本。

疑问 输入的身份证号和门牌号为什么不能正确显示呢？

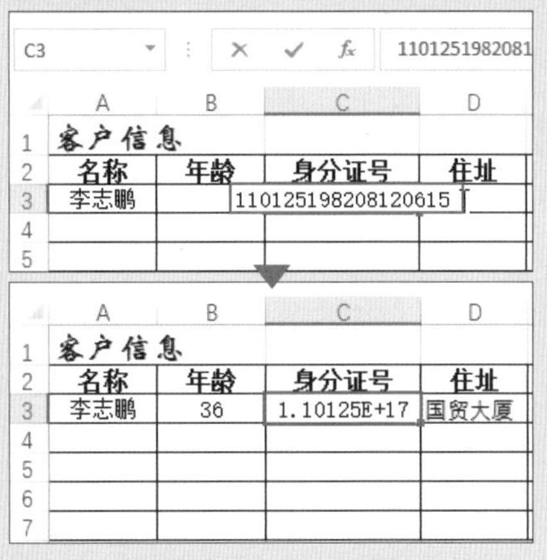

图1 在C3单元格中输入18位身份证号码，单元格中则显示“1.10125E+17”

图2 在E3单元格中输入2-03，则在单元格中显示“2月3日”

疑问 显示错误数据的解决方法

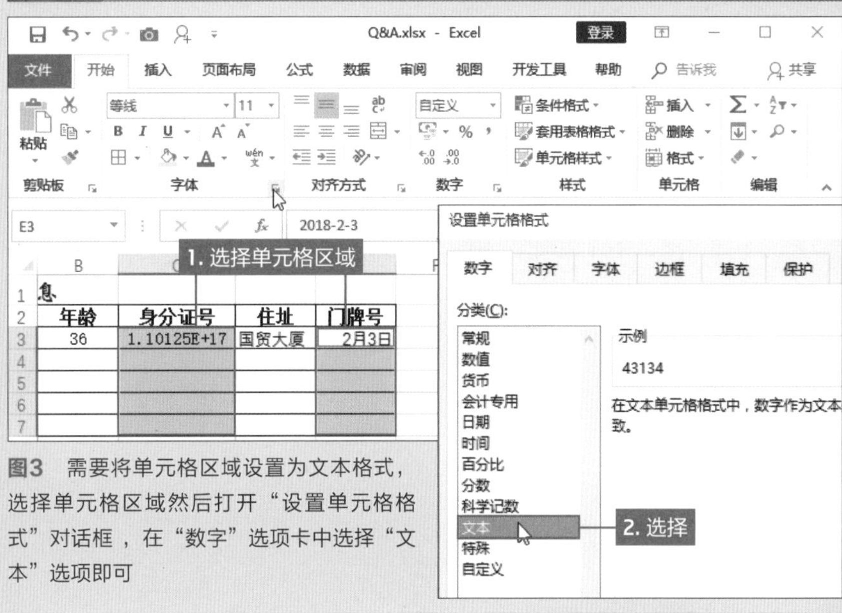

图3 需要将单元格区域设置为文本格式，选择单元格区域然后打开“设置单元格格式”对话框，在“数字”选项卡中选择“文本”选项即可

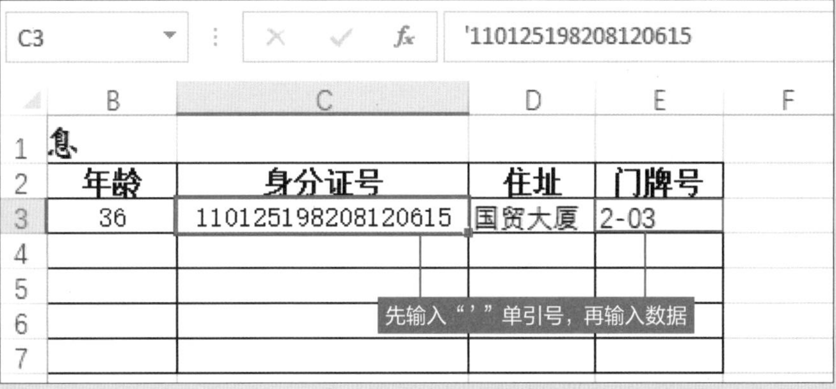

图4 在C3单元格中先输入“'”英文状态单引号，然后再输入身份证号码，E3单元格按照相同的方法输入

第2章

用图表可视化数据

要想了解数据所隐藏的意义，使用“图表”是不可缺少的。
在Excel中通过数据，从视觉上看不出来各数据之间的差异和变化程度。
通过数据，很难比较各部分之间的比重，即每个部分所占总体的百分比。
无论自己分析数据，还是向他人展示数据的意义，图表是最好的选择。
在进行演讲时，通过图表表现数据，会让浏览者清晰、愉快地了解数据。
从现在开始让我们学习和掌握并提高诉求力的表现手法吧！

说服力倍增的表现魔法

Part 1

创建和认识图表

图表是数据可视化的最好工具。
在不同场合分析数据时，将数据可视化是最好的选择。
用户需要掌握各种图表的使用方法，才能更好地将数据可视化。

图表是Excel电子表格中的又一重要工具，是数据图形的可视化，对于一些十分抽象的数据来说，用图表形式来表达会更直观。

使用Excel可以制作基本的图表，如果用户需要完善图表细节，制作出更具有诉求力的图表，还需要对图表的各个构成元素进行学习。

Excel 2019支持16种类型的图表，分别包括：柱形图、折线图、条形图、面积图、股价图、地图、散点图、漏斗图等。各不同类型的图表展示的数据和含义各不相同。

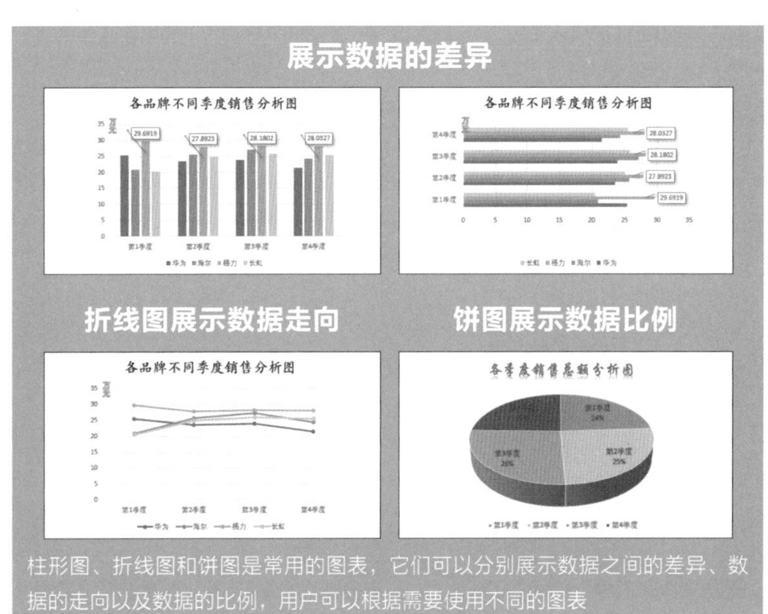

柱形图、折线图和饼图是常用的图表，它们可以分别展示数据之间的差异、数据的走向以及数据的比例，用户可以根据需要使用不同的图表

创建柱形图

在Excel 2019中有两种创建图表的方法：第一种是通过“推荐的图表”功能来创建；第二种是直接选择图表类型。在创建图表之前首先要选择图表的数据范围。打开“各品牌销售统计表.xlsx”，选择A2:E6单元格区域，然后单击“插入”选项卡中“推荐的图表”按钮（图1）。如果使用第二种方法，选择数据区域后，单击“图表”选项组中对应图表类型下三角按钮，在列表中选择合适的图表即可。

●选择数据范围，再插入图表

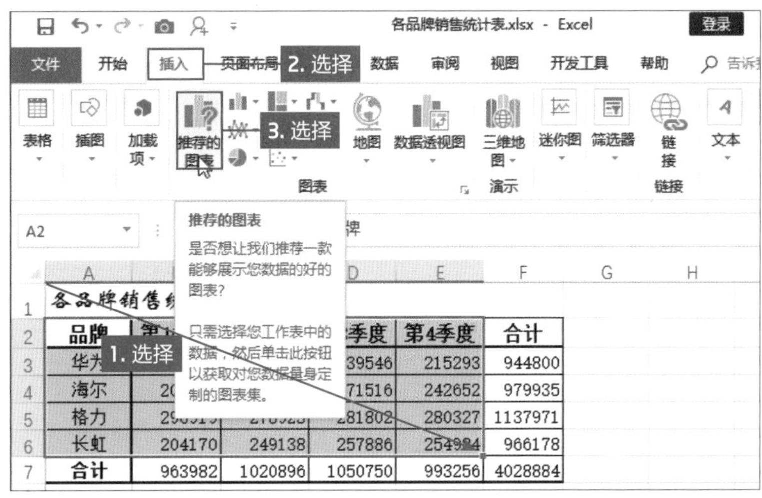

图1　再次选择A1单元格，然后切换至“开始”选项卡，在“字体”选项组中单击“字体”下三角按钮，在列表中选择合适字体，此处选择“黑体”

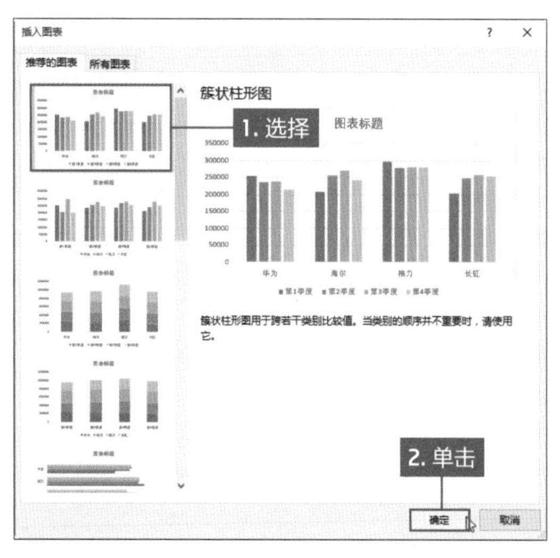

图2 打开“插入图表”对话框，在“推荐的图表”列表框中选择合适的图表样式，在右侧预览效果，然后单击“确定”按钮

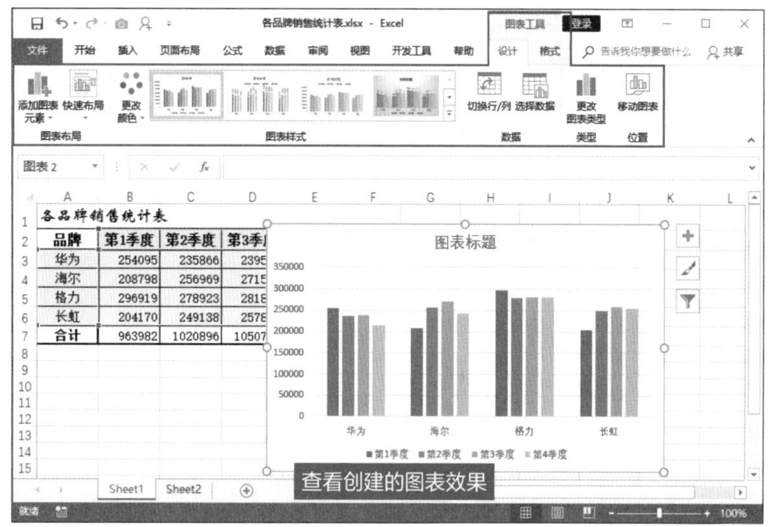

图3 查看创建的柱形图，同时在功能区显示“图表工具”选项卡，在该选项卡中可以对图表进一步设置和美化

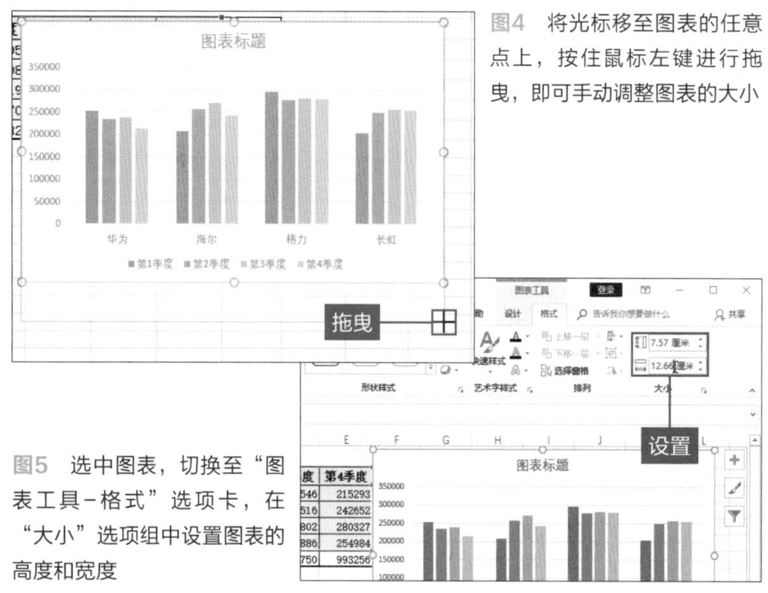

图4 将光标移至图表的任意点上，按住鼠标左键进行拖曳，即可手动调整图表的大小

图5 选中图表，切换至“图表工具-格式”选项卡，在“大小”选项组中设置图表的高度和宽度

用户在创建图表时，最重要的事情就是选择合适的图表类型。当使用“推荐的图表”时，可以在打开的“插入图表”对话框的“推荐的图表”选项卡中选择图表样式。拖动滚动条向下移动可以查看推荐图表的缩略图，并在右侧面板中预览效果，在右侧图表的下方显示该图表类型的应用范围（图2）。

经过上述的操作即可在当前工作表中创建柱形图表，同时在功能区显示“图表工具”选项卡（图3）。如果选择工作表中任意单元格，则该选项卡消失，只有选中图表时才显示。选中图表时，在数据区域选中图表的源数据，当源数据被修改时，图表中对应的数据会自动修改。选中图表时，源数据中红色区域的数据与图表中图例相对应，紫色区域的数据与图表中横坐标相对应，蓝色区域的数据与图表中数据系列相对应。

在打开的“图表工具”选项卡中还包括“设计”和“格式”子选项卡，通过这两个选项卡可以对图表进一步设置或美化。

用户如果需要对图表进行移动，将光标移至图表的绘图区，此时光标变为形状，按住鼠标左键拖曳至合适的位置，最后释放鼠标即可。

选中图表时，图表的四周出现8个控制点，将光标移至控制点上拖曳即可手动调整图表的大小（图4）。

用户也可以对图表的高度和宽度进行精确设置。首先选择图表，然后切换至“图表工具-格式”选项卡，在“大小”选项组中的“高度”和“宽度”数值框中输入数值即可（图5）。

介绍图表的构成

图表的构成元素很多，如图表区、绘图区、坐标轴、图例等。在创建的图表中只包含部分元素，其他元素用户可以根据需要进行添加。将光标移至图表的不同元素上，则会显示元素的名称，以方便用户查找图表元素（图6）。

1. 图表区

图表区是图表的全部范围，在图表区从上到下分别为“图表元素”“图表样式”“图表筛选器”按钮。

2. 绘图区

绘图区是指图表区内图形的表示区域，包括坐标轴、坐标轴标题、数据系列、刻度线等。绘图区主要显示数据表中的数据，其数据根据数据表中数据的变化而变化。

3. 模拟运算表

模拟运算在图表元素中叫做数据表，在图6中没有显示该元素。模拟运算表显示数据系列的所有源数据，固定显示在绘图区的下方。

快速切换图表的行/列

数据系列是在图表中绘制的相关数据点，这些数据源自数据表的行或列。在本案例中“华为”的数据系列则是显示4个季度的销售金额，其中数据系列的高矮表示源数据的大小，展示“华为”的源数据为行。

如果需要切换图表的行列，在“图表工具-设计”选项卡中，单击“数据”选项组的“切换行/列”按钮（图7）。即可将列设为系列，数据系列显示各品牌不同季度的销售金额（图8）。

理解图表的组成元素

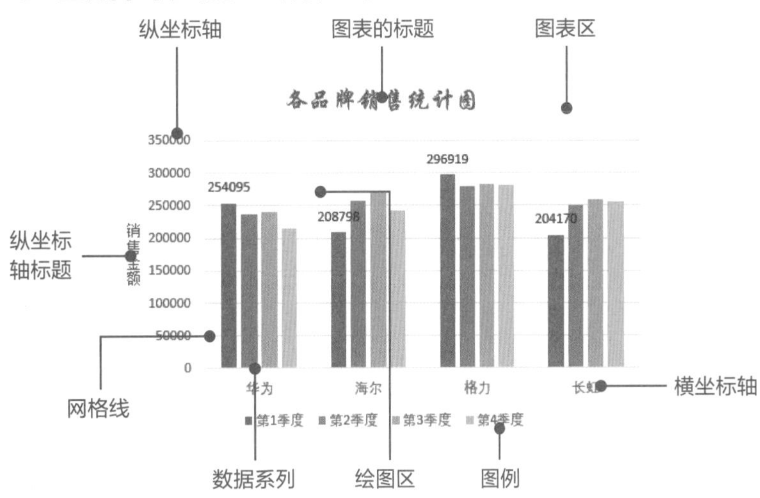

图6 本案例的图表包含标题、图表区、绘图区、坐标轴、数据系列、数据标签、网格线、图例等元素

切换图表行列，查看方向的变化

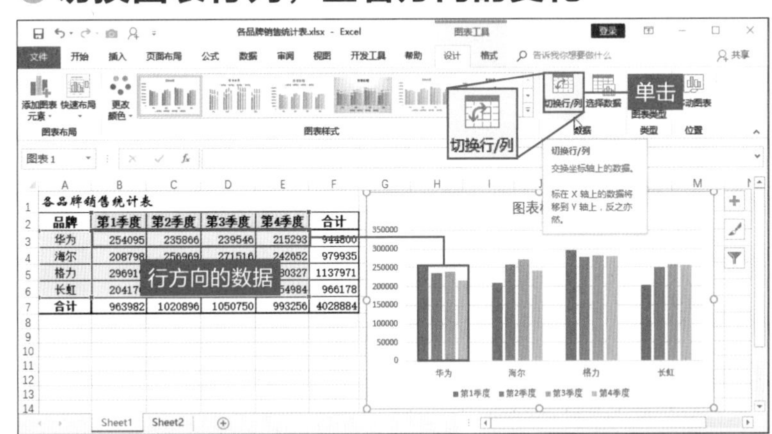

图7 选中图表切换至“图表工具-设计”选项卡，在“数据”选项组中单击“切换行/列”按钮

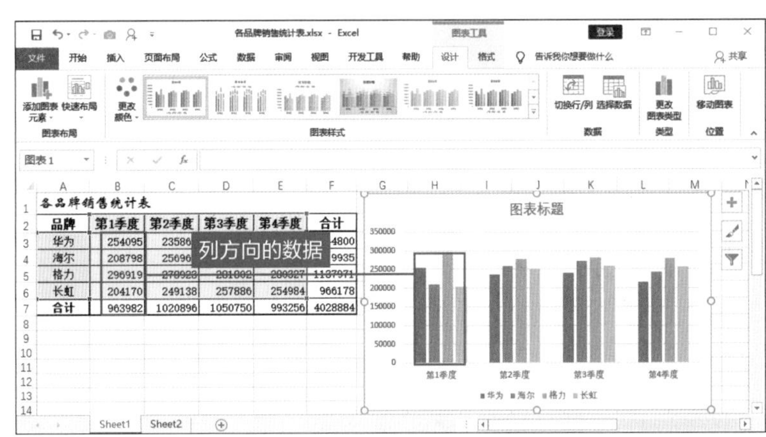

图8 柱形图的图例由季度变为品牌，横坐标标由品牌变为了季度，数据系列由各品牌不同季度值变为每个季度不同品牌的值

为图表设计标题

创建图表后，可以根据需要添加图表的标题并设置标题文本的格式，进一步美化图表。

如果创建的图表没有标题，可以通过添加图表元素的方法添加标题，并设置其位置。选中图表，切换至“图表工具-设计”选项卡，单击“图表布局”选项组中“添加图表元素”下三角按钮，在列表中选择“图表标题”选项，然后在子列表中用户可以选择标题的位置或者无标题（图9）。在Excel 2019软件中当选中图表后，在右侧显示3个按钮，分别为“图表元素”“图表样式”“图表筛选器”。单击“图表元素”按钮，在列表中也可以为图表添加标题等元素。

图表标题添加完成后，在图表的上方中间位置显示标题框，然后输入“各品牌不同季度销售分析图”文本。图表标题文本默认为宋体、14号，用户可以根据需要进行设置。图表标题是文本形式，也可以设置艺术字，使用图表更美观。选中输入的标题，切换至“图表工具-格式”选项卡，在“艺术字样式”选项组中单击“其他”按钮，在列表中选择预设的艺术字样式，用户也可以通过“文本填充”“文本轮廓”“文本效果”3个按钮，进一步设置艺术字样式（图10）。

在设置标题文本的格式时，选中文本在显示浮动工具栏中也可以设置字体、字号、颜色、对齐方式等。

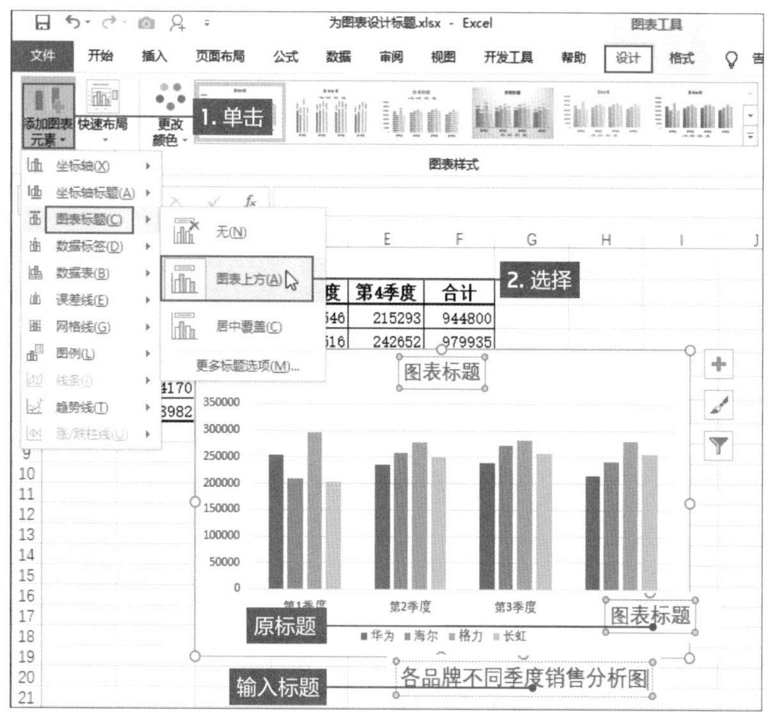

图9　在“图表工具-设计”选项卡的“图表布局”选项组中，单击“添加图表元素”下三角按钮，在列表中选择“图表标题>图表上方”选项，即可添加标题框

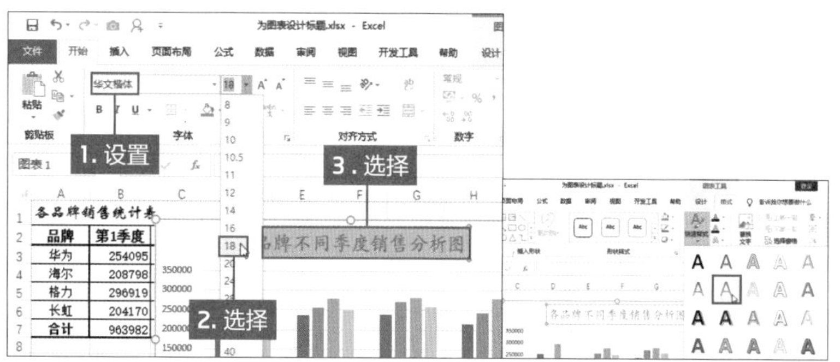

图10　输入图表标题，切换至“开始”选项卡，在“字体”选项组中设置字体为“华文楷体”、字号为18，也可以在“图表工具-格式”选项卡的“艺术字样式”选项组中应用并设置艺术字

设置纵坐标以“千”为单位

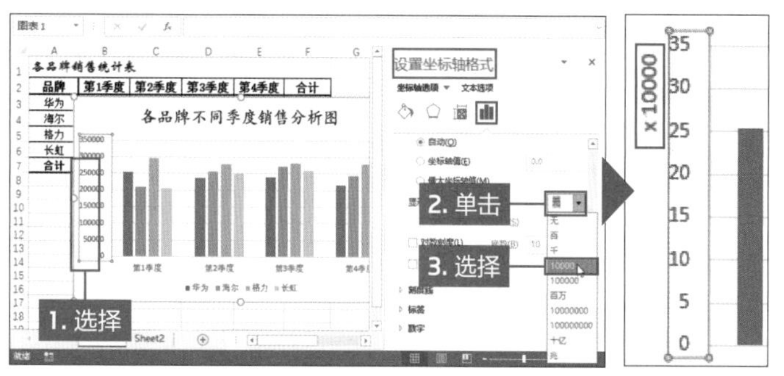

图11　选择纵坐标轴，打开“设置坐标轴格式”导航窗格，在“坐标轴选项”选项区域中，单击“显示单位”下三角按钮，在列表中选择10000

设置纵坐标轴的显示方式

创建图表后，可销售金额都很庞大，在纵坐标轴显示的数值也比较长，会影响图表的展示效果。在Excel中可以设置纵坐标轴数值的单位，如百、千、10000、百万等。

选中纵坐标轴标题并右击，在快捷菜单中选择“设置坐标轴格式”命令，打开“设置坐标轴格式”导航窗格，自动切换至“坐标轴选项”选项卡，然后在“坐标轴选项”选项组中单击“显示单位”右侧下三角按钮，在打开的列表中包括所有的纵坐标轴的单位，根据需要选择即可。选择完成后，可见纵坐标轴的数值发生了变化，而且在坐标轴的左上角显示单位，本案例选择10000，所在单位为×10000（图11）。

在添加的坐标轴单位文本框中输入“万元”并右击，在快捷菜单中选择“设置显示单位格式”命令，在打开的导航窗格的“对齐方式”选项区域中设置文字方向（图12）。然后单击“文本选项”文本，在下方显示“文本填充与轮廓”“文字效果”“文本框”，在不同选项卡中设置单位的效果（图13）。设置完成后关闭导航窗格，将光标移至单位文本框的边框上，按住鼠标左键并拖曳将其移至合适的位置。

为了能查看某品牌的具体销售金额，还可以为对应的数据系列添加数据标签。如选中“格式”数据系列，切换至“图表工具-设计”选项卡，单击“添加图表元素”下三角按钮，在列表中选择“数据标签”选项，在子列表中选择合适的选项，然后选择添加的数据标签，在“图表工具-格式”选项卡的“插入形状”选项组中更改形状，然后在“形状样式”选项组中设置标签形状的边框颜色、样式，以及形状

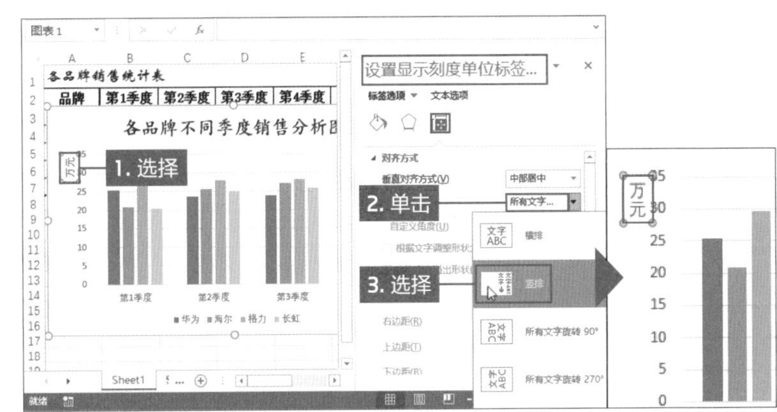

图12 在纵坐标轴单位中输入“万元”，然后打开“设置显示刻度单位标签”导航窗格，在“大小与属性”选项卡的“对齐方式”选项组中单击“文字方向”下三角按钮，在列表中选择“竖排”选项，可见单位的方向发生相应变化

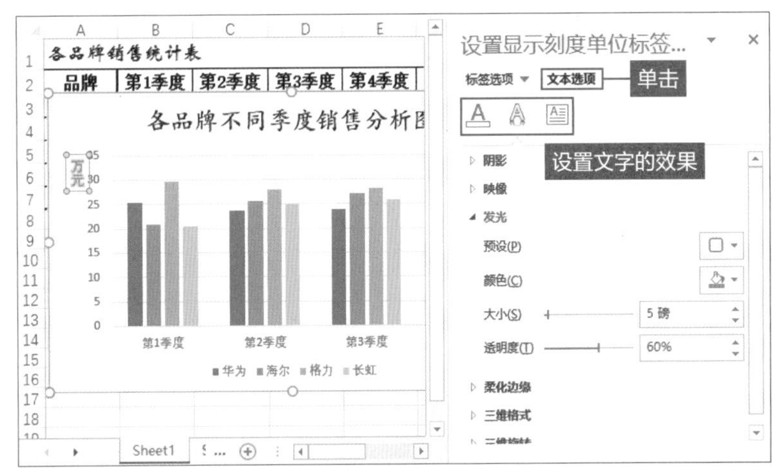

图13 在“设置显示刻度单位标签”导航窗格中单击“文本选项”，并设置文本的填充和边框颜色；在“文本效果”选项卡中设置效果；在“文本框”选项卡中设置对齐方式、文字方向等

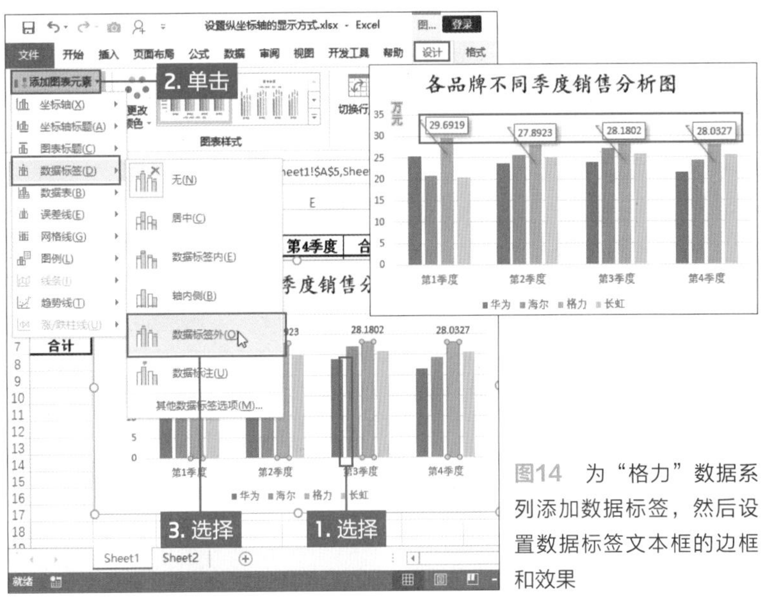

图14 为“格力”数据系列添加数据标签，然后设置数据标签文本框的边框和效果

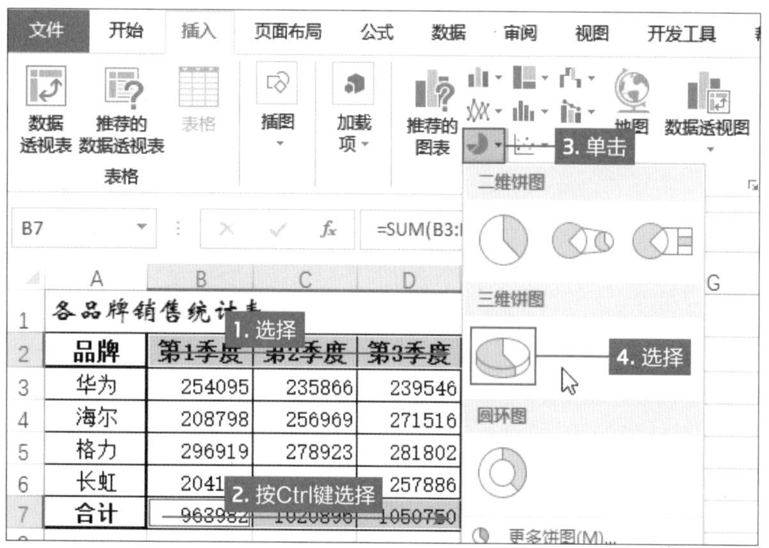

图15 分别选中B2:E2和B7:E7单元格区域，切换至“插入”选项卡，单击“图表”选项组中的“插入饼图或圆环图”下三角按钮，在列表中选择“三维饼图”图表

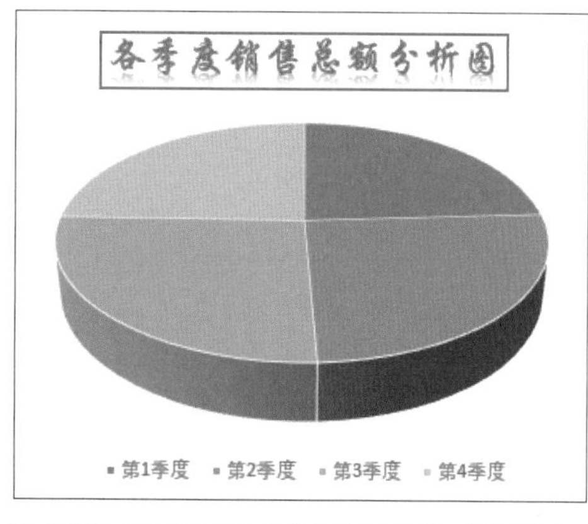

图16 在插入的饼图中输入标题文本，设置字体、字号和颜色，并且添加映像的效果

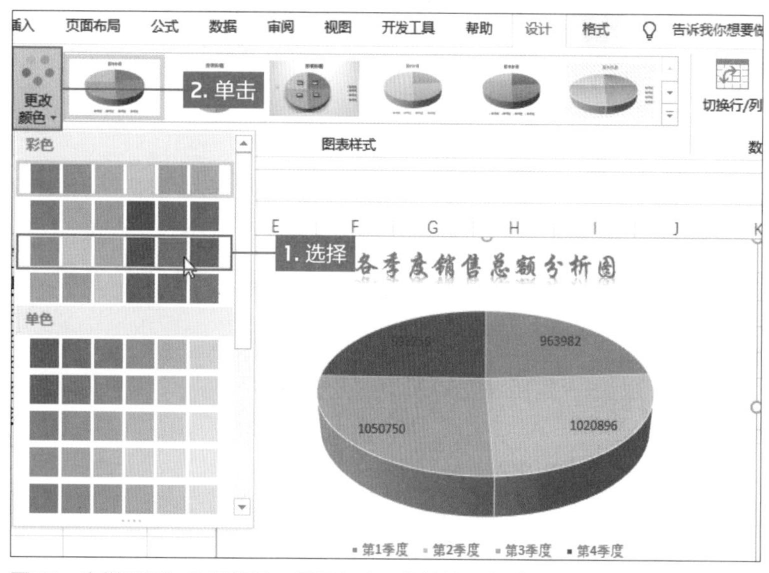

图17 为饼图添加数据标签，显示各扇区的数值。在“图表样式”选项组中设置饼图各扇区的颜色

的效果，设置完成后，可见“格力”品牌各季度的销售金额非常直观（图14）。

本部分主要介绍图表的创建和组成元素。在创建图表时，首先选择数据区域，在介绍插入柱形图时，选择的是连续的多个数据，那么可以为数据区域中某部分数据应用图表吗？当然可以，下面以“各品牌销售统计表.xlsx”为例，介绍只统计各季度中所有品牌的销售总金额的图表，我们以创建饼图为例介绍具体操作方法。

打开“各品牌销售统计表.xlsx”，首先选择B2:E2单元格区域，然后按住Ctrl键再选中B7:E7单元格区域。用户可以根据之前所学方法通过“推荐的图表”功能插入图表，本案例需要创建饼图，所以直接切换至“插入”选项卡，单击“图表”选项组中“插入饼图或圆环图”下三角按钮，然后在列表中选择合适的图表类型即可（图15），再根据设计标题的知识，为插入的饼图添另标题并设置文本的格式（图16）。

从插入的图表可见各扇区的大小都差不多，很难分清楚各季度的销售金额，此时需要添加数据标签。选中饼图，在“图表工具-设计”选项卡的“图表布局”选项组中，单击“添加图表元素”下三角按钮，在列表中选择“数据标签>数据标签内”选项，然后在“图表样式”选项组中单击“更改颜色”下三角按钮，在列表中选择合适的颜色，可见饼图中各扇区的颜色发生了变化（图17）。饼图的知识将在Part4中详细介绍。

增强柱形图展示数据表现力的方法

柱形图用于显示一段时间内数据的变化情况。
根据对柱形图的要求或展示数据的特征，
对柱形图快速调整，从而更完美地展示数据。

Part2主要介绍增强柱形图展示数据表现力的方法，如果仅是插入柱形图，只需选择数据，然后在“插入”选项卡的“图表”选项组中插入对应的柱形图即可，但真正地制作图表将从现在开始。对使用Excel制作的标准图表进行加工，只有真正做到易懂且具有很强表现力的图表，才能更有效地分析和展示数据。

在对柱形图进行加工时，先确定需要强调的某数据然后再进行修改。在本部分将标注最高数据系列、修改坐标轴、设置纵坐标最小值以及添加趋势线等方法进行增强柱形图的表现力。

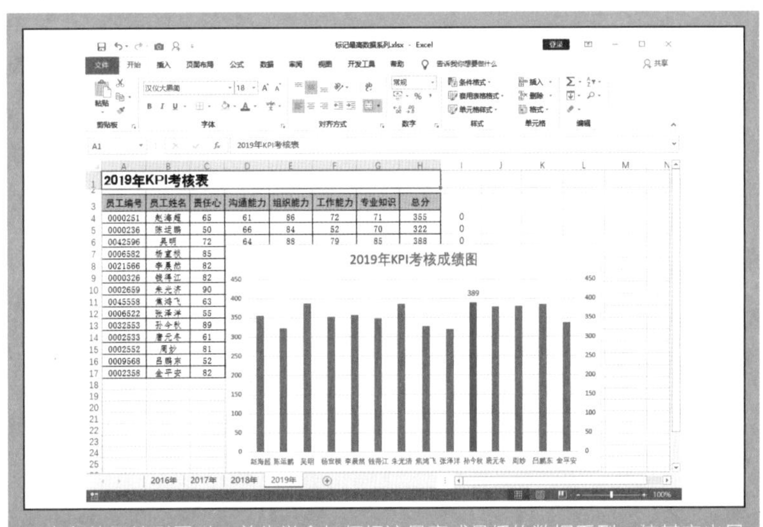

用户在使用柱形图时，首先学会如何标注最高或最低的数据系列，使其突出显示；其次掌握纵横坐标轴的设置方法以及图表的分析，为了满足柱形图需要进行合理设置；最后学会条形图的使用

准确标记最高数据系列

在柱形图中通过为最高数据系列填充不同的颜色从而突出显示，提高图表的表现力。如果数据很少或数据的差异很大时，可以很明显地选中最高数据系列，只需要连续两次单击即可，然后切换至“图表工具-格式”选项卡，在“形状样式”选项组中设置填充颜色（图1），即可将选中的数据系列填充不一样的颜色，浏览者很清楚地看到该数据系列。

填充最高的数据系列

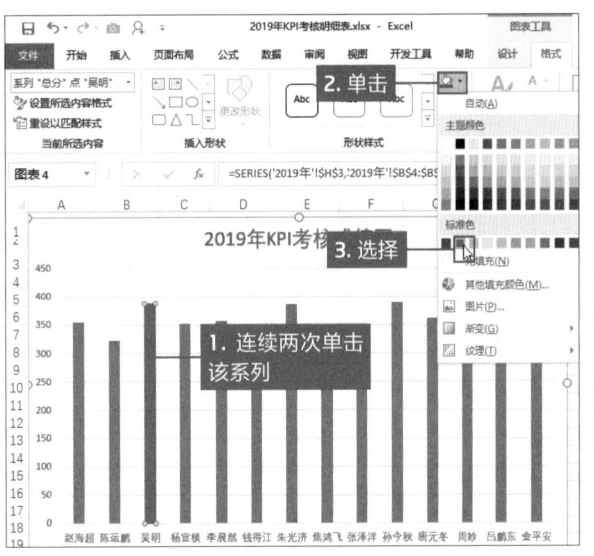

图1　单击“形状样式”选项组中“形状填充”下三角按钮，在打开的颜色板上选择红色

I4 =IF(H4=MAX($H$4:$H$17),H4,"0")

2019年KPI考核表								
员工编号	员工姓名	责任心	沟通能力	组织能力	工作能力	专业知识	总分	
0000251	赵海超	65	61	86	72	71	355	0
0000236	陈运鹏	50	66	84	52	70	322	0
0042596	吴明	72	64	88	79	85	388	0
0006582	杨宣枝	85	75	61	51	81	353	0
0021566	李晨然	82	90	59	63	63	357	0
0000326	钱得江	82	62	56	88	60	348	0
0002659	朱光济	90	68	70	74	76	387	0
0045558	熊鸿飞	63	73	59	51	81	327	0
0006522	张泽洋	55	66	78	58	63	320	0
0032553	孙今秋	89	90	78	79	85	389	389
0002533	唐元冬	61	59	74	81	87	378	0
0002552	周妙	81	69	61	55	88	380	0
0009568	吕鹏东	52	90	60	85	72	385	0
0002358	金平安	82	56	58	59	81	336	0

图2　在工作表中添加辅助列，使用IF和MAX函数计算出所有员工的最高分数，并将其他员工分数看作0

●添加数据系列的数据

图3　为图表添加系列数据，即创建的辅助列的数据

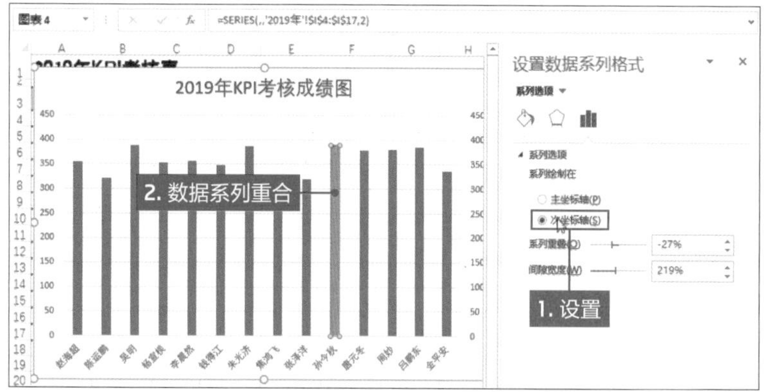

图4　选择橙色数据系列，打开“设置数据系列格式”导航窗格，设置该数据系列绘制在次坐标轴上，这样两组数据系列即可重合在一起

如果柱形图展示的数据很多，而且数据差异不是很大时，如何快速准确地找到最高数据系列并填充颜色呢？

此时，可以为数据添加辅助列，使用MAX函数快速查找出最大值，然后为图表添加数据即可，下面介绍具体的操作。

打开“2019年KPI考核明细表.xlsx”，从柱形图很难看出哪条数据系列最高。选中I4单元格并输入“=IF（H4=MAX（$H$4:$H$17）,H4,"0"）”公式，按Enter键进行计算，然后将公式向下填充至I17单元格。即可计算出最高的总分，别的均显示0（图2）。然后再为原柱形图添加辅助列的数据。选中柱形图，在“图表工具-设计”选项卡的“数据”选项组中单击“选择数据”按钮。打开“选择数据源”对话框，我们需要添加系列的数据，所以单击“图例项（系列）”选项区域中“添加”按钮，打开“编辑数据系列”对话框，单击“系列值”折叠按钮，在工作表中选择辅助列的数据I4:I17单元格区域，然后依次单击“确定”按钮（图3）。操作完成后可见柱形图中出现橙色的数据系列，其为孙今秋总分，说明该员工的总分最高。右击橙色的数据系列，在快捷菜单中选择“设置数据系列格式”命令，打开“设置数据系列格式”导航窗格。在“系列选项”选项区域中选中“次坐标轴”单选按钮，可见橙色的数据系列与原孙今秋数据系列重合（图4）。

选择橙色的数据系列，在“形状样式”选项组中设置形状填充颜色为红色，即可突出该数据系列是最高的。

为了更完整地显示最高数据系列，我们还可以添加数据标签以显示该员工的总分。保持橙色数据系列为选中状态，然后单击“添加图表元素”下三角按钮，在列表中选择“数据标签>数据标签外”选项，即可在该数据标签上方显示数值（图5）。添加完成后，用户还可以对其进行编辑操作，如设置字体格式，操作步骤为在“格式”选项卡的“形状样式”选项组中，设置填充颜色，或在“插入形状”选项组中更改标签形状等。

同样用户可以根据需要突出显示最小的数据系列，只需要将添加辅助列函数公式中的MAX函数修改为MIN函数即可。

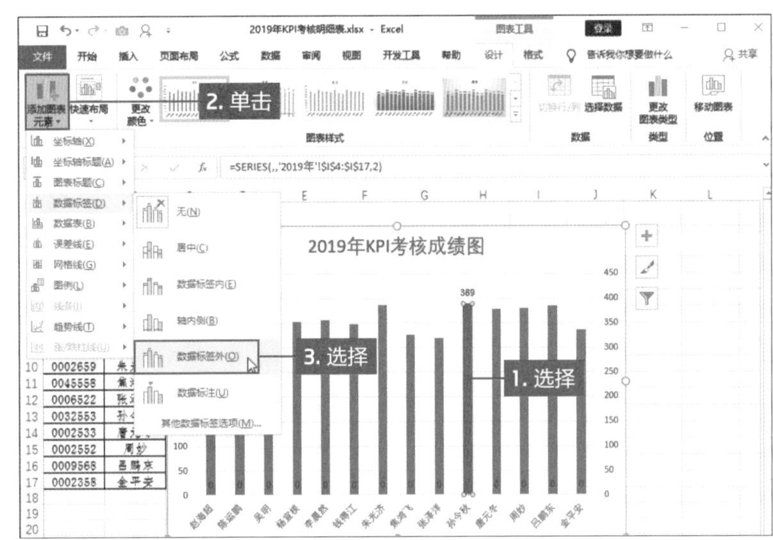

图5 选择最高数据系列，切换至“图表工具-设计”选项卡，单击“图表布局”选项组中的“添加图表元素”下三角按钮，在列表中选择“数据标签>数据标签外”选项，即可添加数据标签

设置横坐标显示方式

在创建柱形图时，相信很多用户都遇到过横坐标轴的名称太多，都是斜着显示的现象。用户可以设置横坐标轴的文字方向，来固定横坐标显示方式，当然也可以设置文字的旋转角度。用户还可以使用小技巧让横坐标分两层显示。

打开“2019年KPI考核明细表.xlsx”，可见横坐标轴为倾斜显示。选中该横坐标轴，切换至“图表工具-格式”选项卡，单击“当前所选内容”选项组中“设置所选内容格式”按钮（图6）。打开“设置坐标轴格式”导航窗格，在“大小与属性”选项卡的“对齐方式”选项区域中单击“文字方向”下三角按钮，在列表中选择“竖排”选项（图7），操作完成后可见横坐标轴的文字为竖排显示（图8）。

用户可以设置文字方向为“横排”，然后在“自定义角度”数值框中设置倾斜的角度，其中角度的正负影响文字的倾斜方向。如果设置的旋转角度是负数，则横坐标文字逆时针旋转指定的角度，如果角度是正数则顺时针旋转指定的角度。在

设置横坐标文字方向

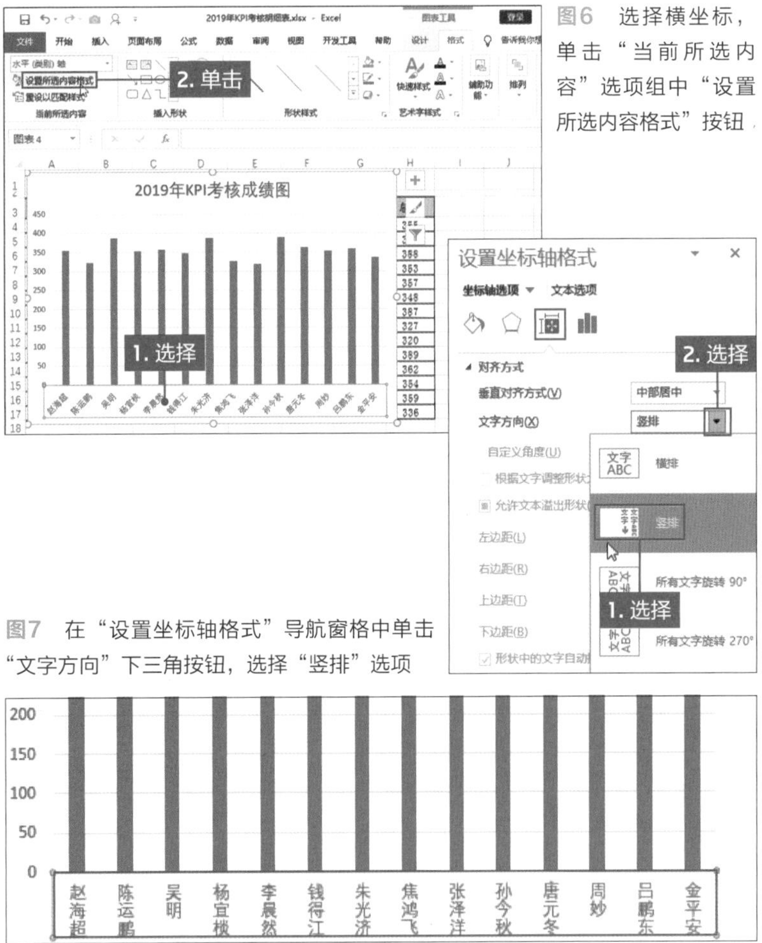

图6 选择横坐标，单击“当前所选内容”选项组中“设置所选内容格式”按钮

图7 在“设置坐标轴格式”导航窗格中单击“文字方向”下三角按钮，选择“竖排”选项

图8 可见原来斜着的横坐标变为竖排显示

“文字方向”列表中还包含“所有文字旋转90°”“所有文字旋转270°”和“堆积”选项。

设置横坐标双行显示

用户习惯文字横向显示，但是显示的效果不是很好，因此可以设置分行显示。双击B5单元格，并将光标定位在员工姓名最左侧，然后按Alt+Enter组合键，强制换行，在图表中即可将该员工的姓名显示在第二行。根据相同的方法每隔一个员工将其姓名强制换行即可（图9）。

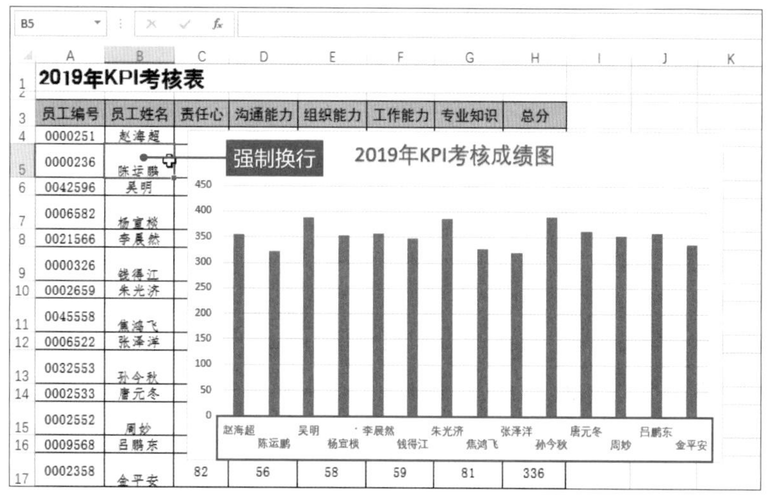

图9　在工作表中将对应的员工姓名进行强制换行，表中横坐标轴的文字即可双行显示

设置纵坐标轴的最小值

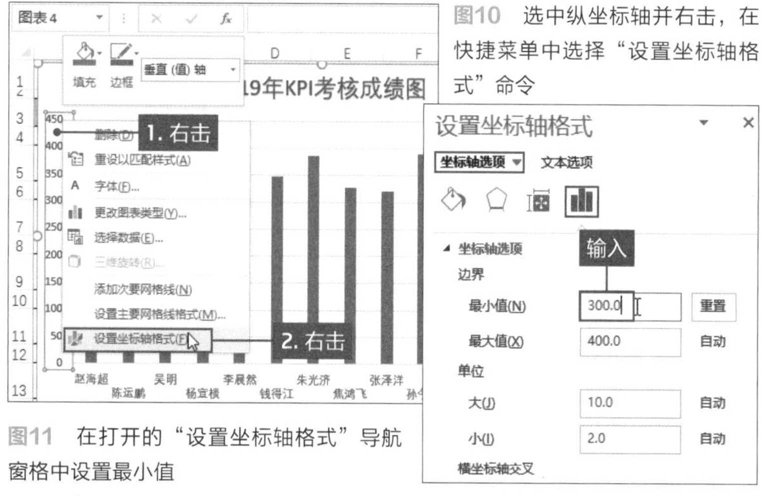

图10　选中纵坐标轴并右击，在快捷菜单中选择“设置坐标轴格式”命令

图11　在打开的“设置坐标轴格式”导航窗格中设置最小值

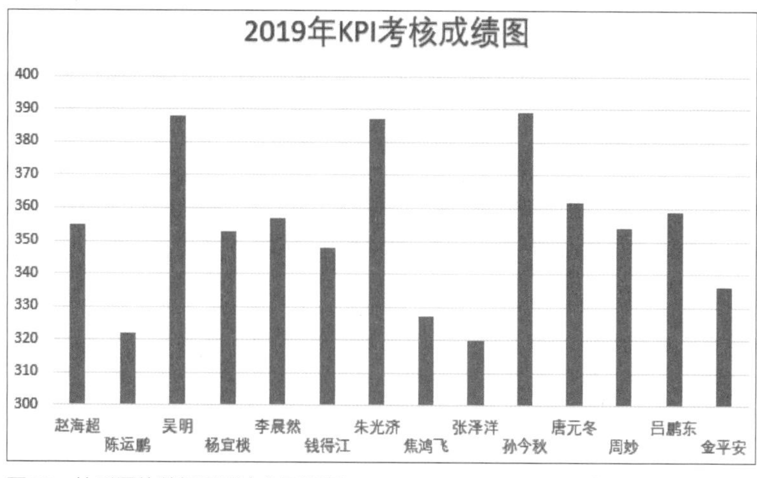

图12　柱形图的数据系列变化更明显

让数据系列变化更明显

柱形图中各数据系列的变化不是很大，这样很难让浏览者快速看到变化。在设置纵、横坐标轴时都需要在“设置坐标轴格式”导航窗格中设置。打开“2019年KPI考核明细表.xlsx”，选中柱形图的纵坐标轴并右击，在快捷菜单中选择“设置坐标轴格式”命令（图10）。打开“设置坐标轴格式”导航窗格，在“坐标轴选项”区域中设置“最小值”为300（图11）。设置完成后可见柱形图的数据系列变化比较明显，比较各数据之间的关系也更方便了（图12）。通过很好地设置纵坐标轴的最小值，可以调整柱形图数据的长短。

当用户在制作柱形图时，可以根据纵坐标轴的最小值制作不同要求的图表。如果需要体现柱形图中各数据是一种平稳的状态时，可以将最小值设置小点；如果需要体现各数据之间变化比较剧烈时，可以将纵坐标轴的最小值设置得大点。

设置纵坐标轴的单位

当纵坐标轴的数值比较大时，用户可以为其设置单位，如百、千、万、十万等，也是在“设置坐标轴格式”导航窗格中完成。

打开“上半年销售分析.xlsx”，可见纵坐标轴数据都是百万的，看起来很复杂。右击纵坐标轴，在快捷菜单中选择“设置坐标轴格式”命令。在打开的导航窗格的“坐标轴选项”选项区域中，单击“显示单位”下三角按钮，在列表中用户可以根据需要选择设置的单位，此处选择10000选项，即将坐标轴数值以10000为单位显示（图13）。可见柱形图的纵坐标轴刻度数值以万为单位显示。

为了让浏览者更清晰地看懂图表，还需要在图表上添加形状，并标注纵坐标轴的单位。首先插入合适的形状，然后在形状中添加指定的文本，最后再对形状进行美化即可。选中D2单元格并输入“单位:万”文本，然后在“插入”选项卡下插入“思想气泡:云”形状（图14），然后在纵坐标轴的上方绘制该形状，通过调整控制点来设置形状的大小，调整黄色控制点调整指示的位置（图15）。

下面还需要在形状内输入文字，选中绘制的形状，在编辑栏中输入“=”等号，然后选中D2单元格按Enter键即可显示。最后设置形状中的文字格式，在“绘图工具-格式”选项卡中设置绘制形状的格式即可（图16）。根据显示效果的需要调整形状的大小和位置。

在形状中输入文字的方法很多，本案例的方法可以使形状内文字随着D2单元格内文字的变化而变化。

●设置纵坐标轴以万为单位

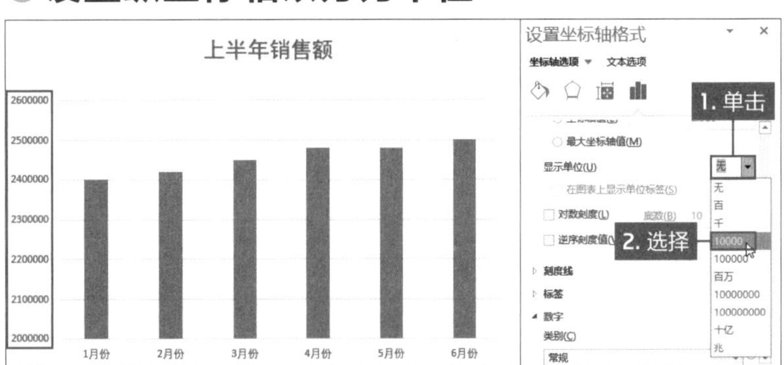

图13 打开“设置坐标轴格式”导航窗格，单击“坐标轴选项”选项区域中“显示单位”下三角按钮，选择10000选项

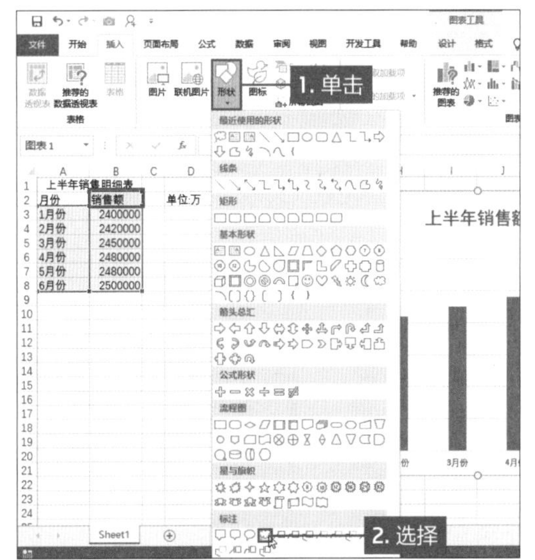

图14 切换至“插入”选项卡，单击“插图”选项组中的“形状”下三角按钮，在列表中选择“思想气泡:云”形状

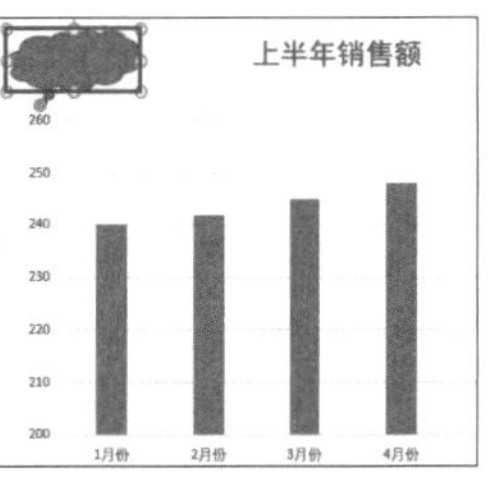

图15 在纵坐标轴上方绘制形状并调整其大小

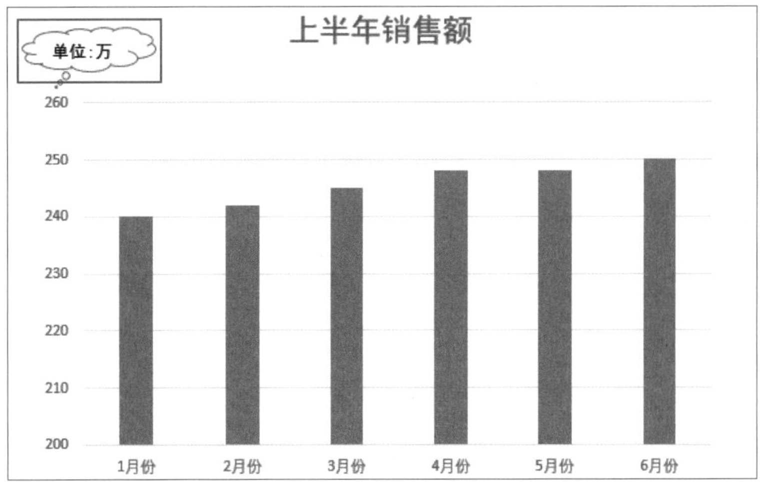

图16 链接D2单元格设置文字的格式，在“绘图工具-格式”选项卡中设置形状的填充和形状的轮廓

●添加线性趋势线

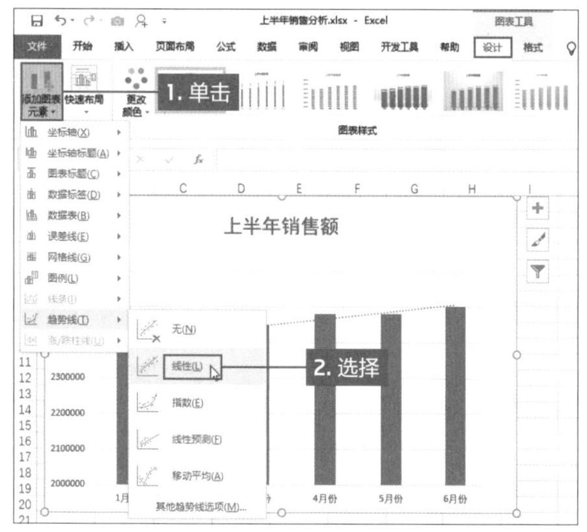

图17　选中图表，切换至“图表工具-设计”选项卡，单击“图表布局”选项组中“添加图表元素”下三角按钮，在列表中选择“趋势线>线性”选项

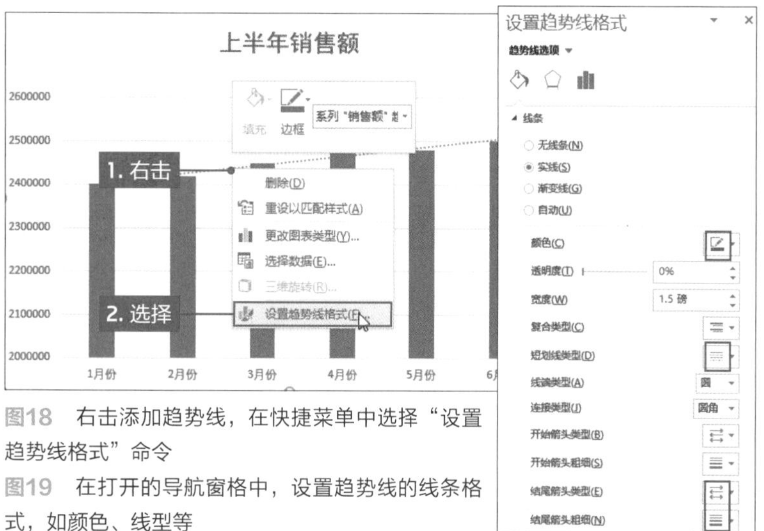

图18　右击添加趋势线，在快捷菜单中选择“设置趋势线格式”命令

图19　在打开的导航窗格中，设置趋势线的线条格式，如颜色、线型等

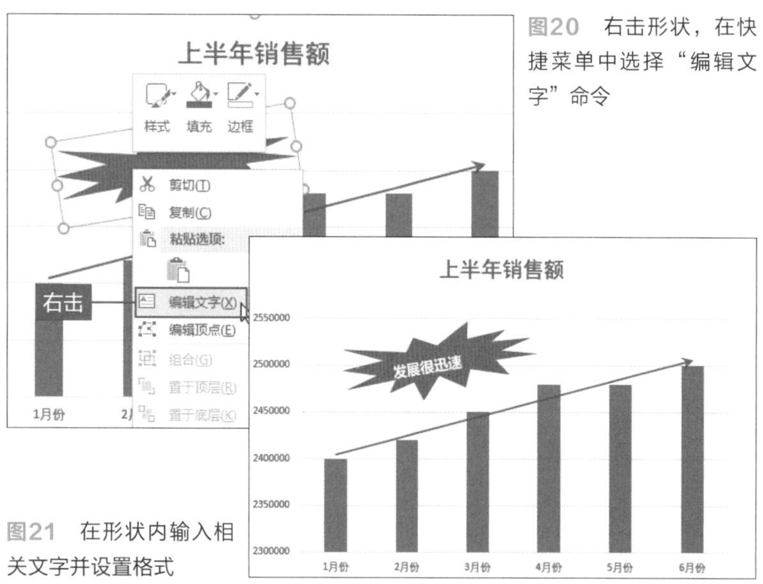

图20　右击形状，在快捷菜单中选择“编辑文字”命令

图21　在形状内输入相关文字并设置格式

让数据系列变化更明显

图表不仅可以直观地展示数据，还可以通过分析数据所要传达的信息，以利用所得数据总结或安排接下来的工作。

柱状图可以通过添加趋势线展示数据的变化趋势或者根据现有数据预测将来的数据变化。打开“上半年销售分析.xlsx”，选择柱形图，在“图表工具-设计”选项卡中通过添加图表元素的方法添加线性趋势线（图17）。可见在图表中显示一条缓慢向下的虚线，表示上半年各月的销售金额是逐渐上涨的。为了更好地标记出趋势线，还可以对趋势线进行设置，选中趋势线并右击，在快捷菜单中选择“设置趋势线格式”命令（图18）。打开“设置趋势线格式”导航窗格，切换至“填充与线条”选项卡，在“线条”选项区域中设置趋势线的颜色为红色、“短划线类型”为实线、结尾箭头类型和结尾箭头粗线（图19）。可见图中添加了一条红色实线，并且在结尾处有箭头的趋势线。浏览者在查看该柱形图时，可以很直观地发现数据的变化趋势。

为了使用展示的效果更加完美，可以设置纵坐标轴的最小值，使数据系列变化更强烈，从而更好地突出数据的趋势。然后在“插入”选项卡中插入“爆炸形:8pt”形状，在趋势线的上方绘制，并在“绘图工具-格式”选项卡中设置形状的样式，最后再适当旋转形状使其和趋势线走势一致。右击该形状，在快捷菜单中选择“编辑文字”命令（图20）。光标即可定位在形状内，然后输入相关的文字，并在“开始”选项卡的“字体”选项组中设置格式（图21）。

在添加趋势线时，我们可以通过添加线性预测趋势线对未来的销售额进行预估。只需在“添加图表元素”下拉列表中选择“线性预测”选项，即可预测未来两个月的销售额趋势。当然用户可以根据需要预测指定时间的数量。打开“设置趋势线格式”导航窗格，在“趋势线选项”选项区域的“前推”数值框中输入1即可，可见显示7月份销售额是继续上升的（图22）。用户还可以对趋势线进适当美化。

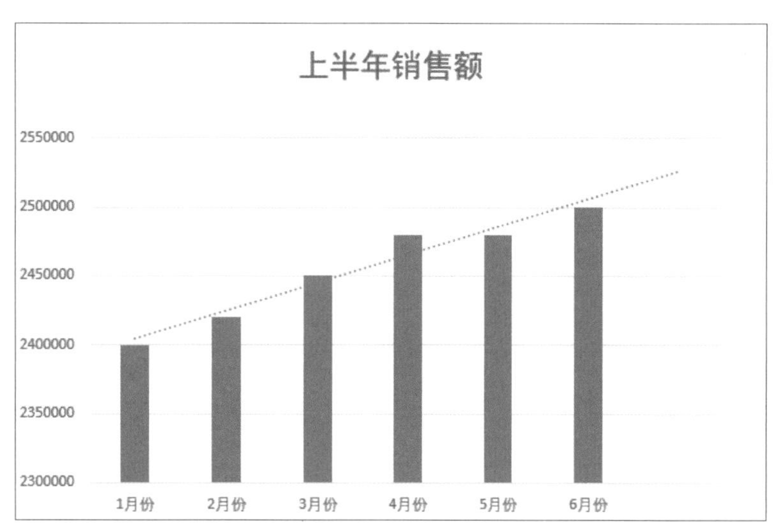

图22 为柱形图添加线性预测趋势线，并预测7月份的销售趋势

调整条形图系列的顺序

在柱形图中还包含条形图，它可以看作是柱形图顺时针旋转90°。但是工作表中第一行数据，在条形图中将显示在左下角最后一个数据系列；工作表中第二行数据在条形图左下角倒数第二个数据系列显示，并以此类推。下面介绍如何调整至按工作表中数据的顺序显示在条形图中。

打开“上半年销售分析.xlsx”，选择条形图中的纵坐标轴，然后在“图表工具-格式”选项卡中单击“当前所选内容”选项组中“设置所选内容格式”按钮（图23）。在打开的“设置坐标轴格式”导航窗格中，选中“横坐标轴交叉”选项区域中的“最大分类”单选按钮，可见条形图的横坐标轴显示上方。然后再勾选“逆序类别”复选框（图24）。操作完成后，可见条形图中数据系列的顺序和工作表中数据的顺序是一致的（图25）。

对条形图的操作和柱形图是一样的，用户可以自行对条形图进行编辑或美化操作。条形图在我们日常工作和生活都很常见。

消除条形图中数据系列的颠倒

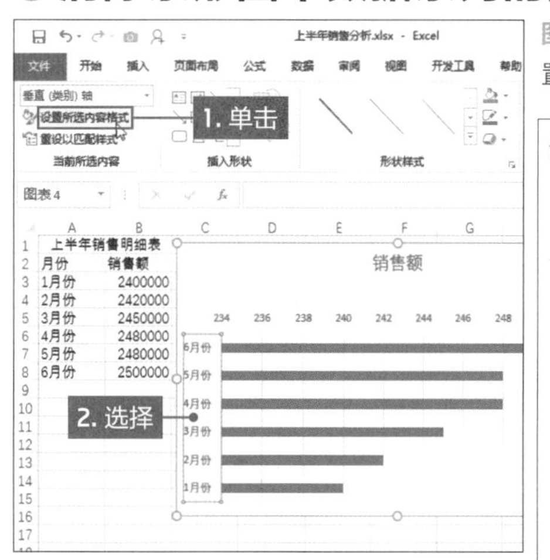

图23 选择纵坐标轴，单击“设置所选内容格式”按钮

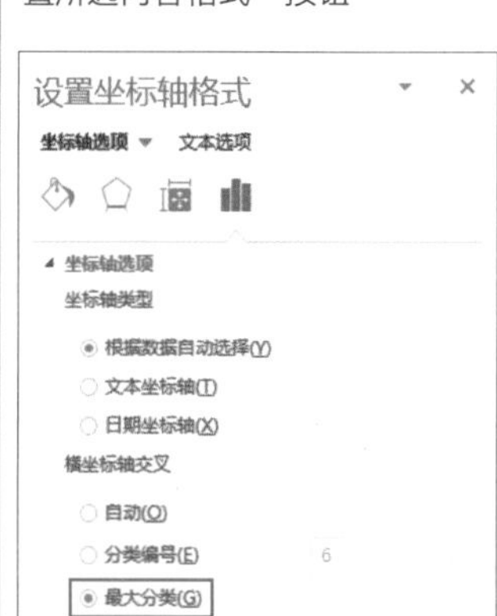

图24 打开“设置坐标轴格式”导航窗格，在“坐标轴选项”选项区域中选中“最大分类”单选按钮，再勾选“逆序类别”复选框

图25 条形图中数据系列上下颠倒的情况被消除了

美化柱形图

当我们创建好图表后，其默认的背景色为白色，字体也是默认的，为了使图表展示更漂亮，用户可以适当进行美化，如填充背景图片、为标题设置艺术字等。

下面以柱形图为例介绍数据系列、绘图区和图表区填充以及艺术字应用等操作。打开“各品牌销售统计表.xlsx”，选中“各品牌年销售统计图”柱形图表并右击，在快捷菜单中选择“设置图表区格式”命令（图26）。打开“设置图表区格式”导航窗格，在“填充与线条”选项卡下“填充”选项区域内选中“渐变填充”单选按钮，设置渐变类型为射线，然后设置渐变光圈的颜色和位置（图27）。设置完成后，可见柱形图的图表区域填充了设置的渐变色（图28）。

接着再来美化图表的绘图区，我们将通过填充图片的方式进行美化。选择柱形图的绘图区，“设置图表区格式”导航窗格变为“设置绘图区格式”导航窗格。在“填充与线条”选项卡的“填充”选项区域中选中“图片或纹理填充”单选按钮，然后再单击“插入图片来自”选项区域中的“文件”按钮（图29）。如果用户单击“联机”按钮，可以通过在网络上搜索想要的图片。打开“插入图片”对话框，选择准备好的图片，单击“插入”按钮（图30）。在准备图片的时候，用户需要注意图片的长宽比例尽量和填充区域的长宽比例差不多，而且尽量选择高清的图片，防止插入图片模糊影响效果。

为柱形图图表区填充渐变色

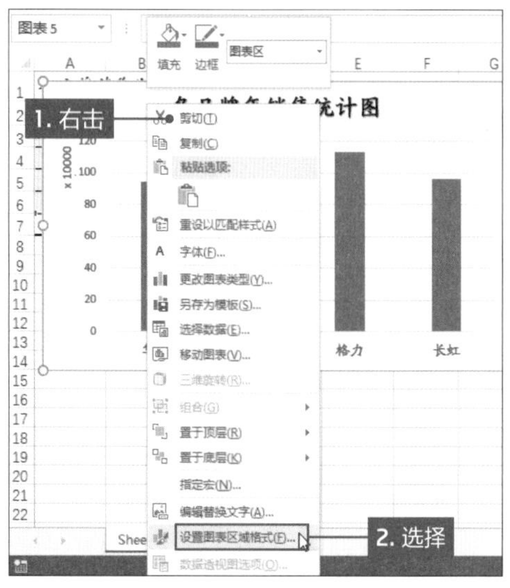

图27　打开工作簿选中相应的图表，并右击，在快捷菜单中选择“设置图表区格式”命令

图26　在打开的“设置图表区格式”中选择“渐变填充”单选按钮，然后设置渐变的类型和渐变的颜色

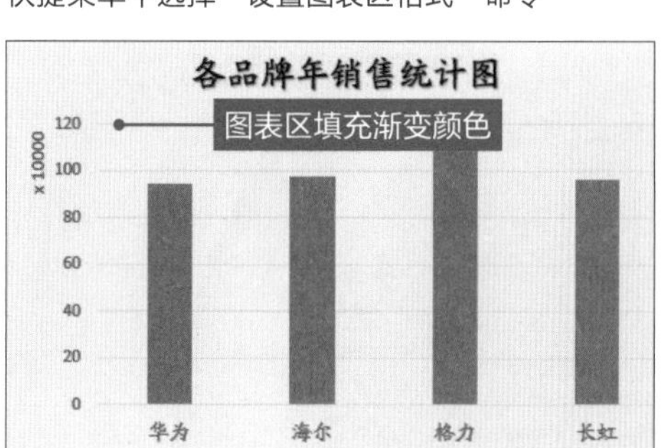

图28　操作完成后，柱形图的图表区域填充了渐变色，使图表不再单调

为柱形图绘图区填充图片

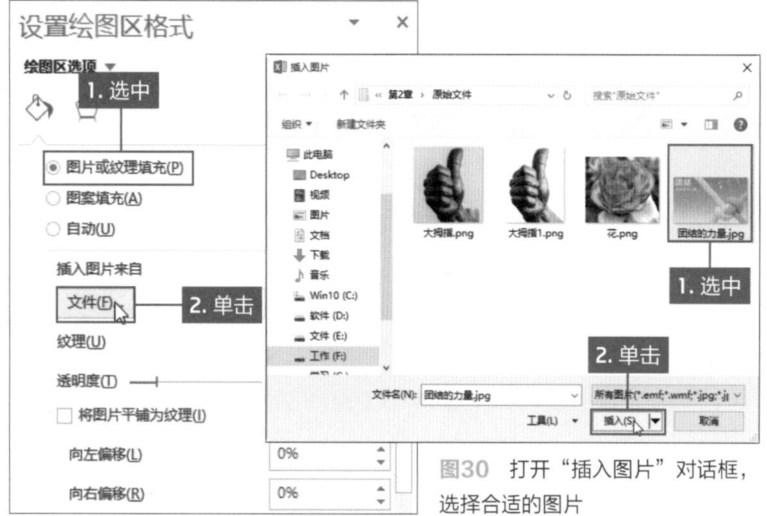

图29　选择绘图区，打开“设置绘图区格式”导航窗格，在“填充与线条”选项卡中设置图片填充

图30　打开“插入图片”对话框，选择合适的图片

可见柱形图的绘图区填充了选中的图片作为背景，为图表更添加美感。但是绘图区的图片和图表区的背景衔接处过度比较生硬，感觉像是硬拼凑在一起的（图31）。在“设置绘图区格式”导航窗格中切换至“效果”选项卡，在“柔化边缘”选项区域中单击“预设”下三角按钮，在列表选择相应的选项，然后在“大小”数值框中输入“15磅”（图32）。再在“填充与线条”选项卡的“填充”选项区域中，设置绘图区图片的透明度为20%。可见绘图区填充图片的边缘产生虚化效果，使其过渡很自然（图33）。

为绘图区和图表区填充背景后，柱形图的数据系列显示不是很美观。我们将为其填充相应图片进行美化操作。选择柱形图中的数据系列，在打开的“设置数据系列格式”导航窗格的“填充与线条”选项卡中设置图片填充，并设置填充方式为“层叠”，在“边框”选项区域中设置边框颜色为红色，宽度为1磅。设置完成后，柱形图的数据系列填充指定的图片（图34）。在“设置数据系列格式”导航窗格中切换至“效果”选项卡，在“发光”选项区域的“预设”列表中选择合适的发光效果，然后用户根据需要设置发光的颜色、大小和透明度（图35）。柱形图表的数据系列产生发光的效果后，可使数据系列更充实（图36）。柱形图中数据系列的填充设置完成，但是它看起来不是很稳，下面设置数据系列的宽度。切换至“系列选项”选项卡，在“系列选项”选项区域中设置“间隙宽度”为100%，可见数据系列的宽度变宽了，使用图表看起来更丰满（图37）。

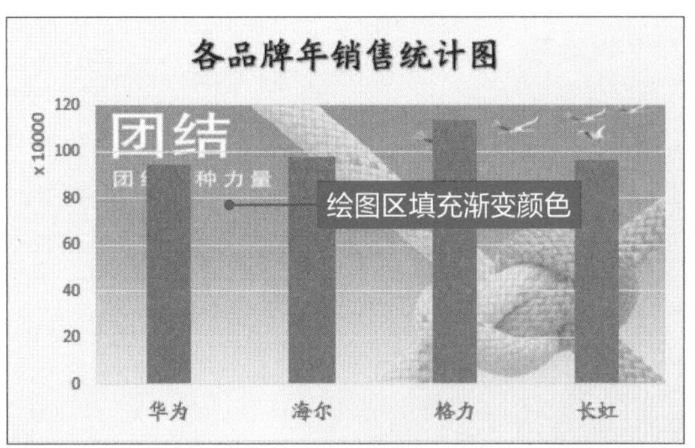

图31 绘图区填充选中图片作为背景

图32 切换至“效果”选项卡，在“柔化边缘”选项区域中设置柔化边缘的大小为15磅

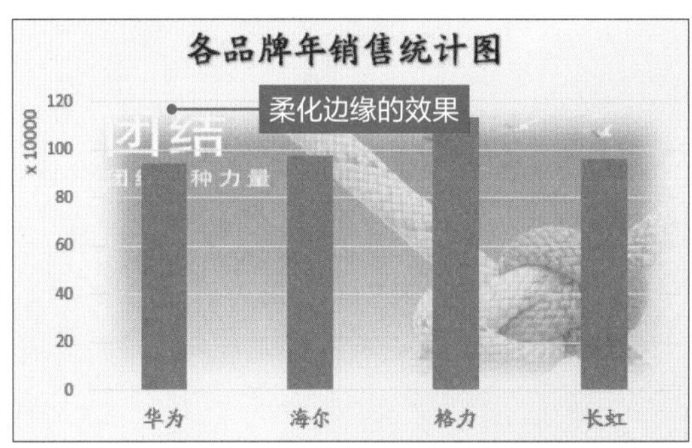

图33 设置柔化边缘后使用绘图区和图表区的过渡很自然

为柱形图数据系列填充图片

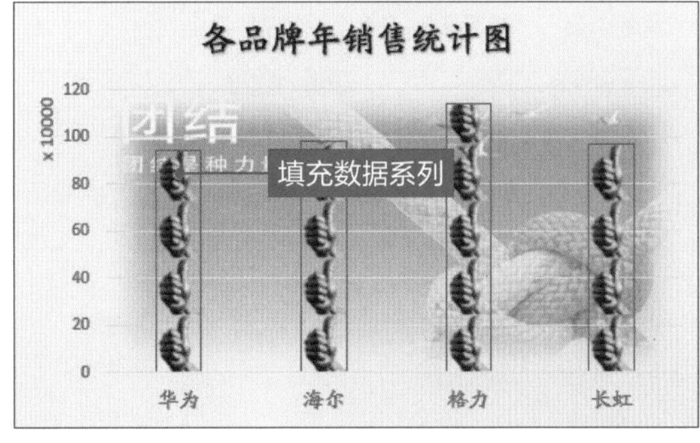

图34 根据填充绘图区的方法为数据系列填充指定的图片

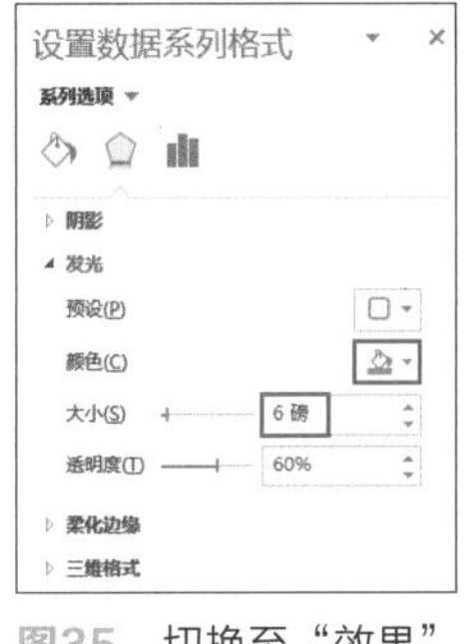

图35 切换至“效果”选项卡，设置发光的颜色为橙色、大小为6磅、透明度为60%

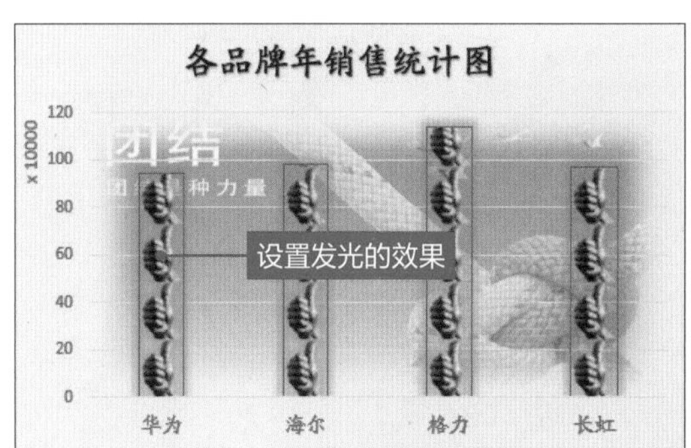

图36 设置发光的数据系列显示更加美观

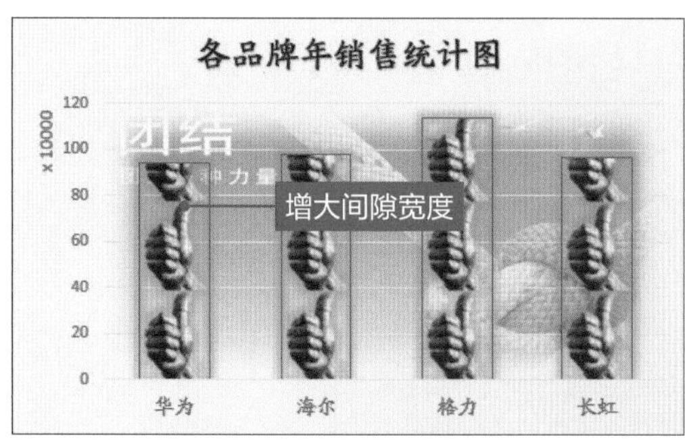

图37　在“系列选项”中设置数据系列的间隙宽度为100%，从而增加数据系列的宽度

为柱形图标题设置艺术字

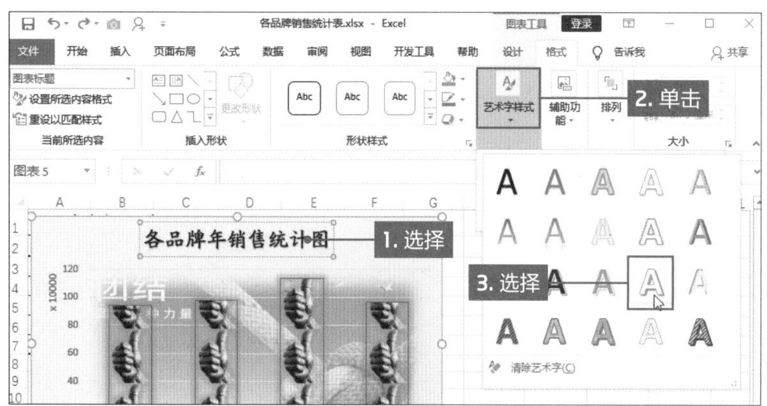

图38　选中图表标题，在“图表工具-格式”选项卡中应用艺术字样式

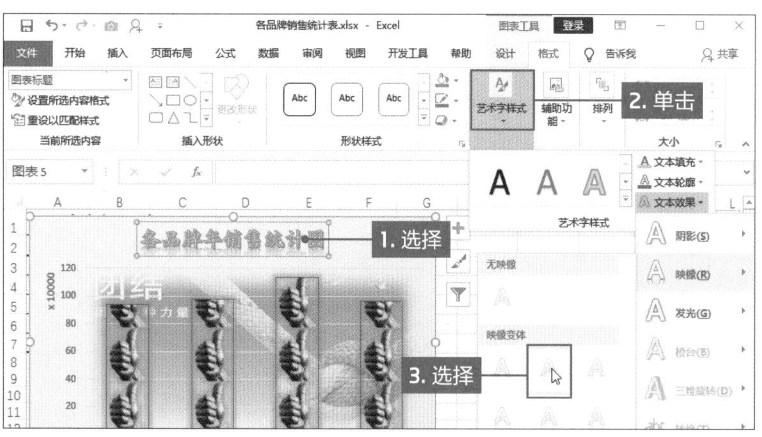

图39　单击“文本效果”下三角按钮，在列表中选择合适的映像效果

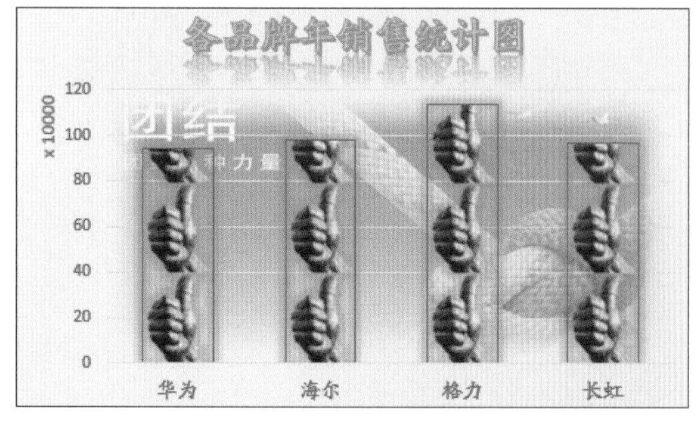

图40　设置柱形图标题映像效果的相关参数，使效果更明显，最后再适当调整字体的大小

最后再为柱形图的标题进行美化，我们主要是为其应用艺术字样式。选择柱形图表的标题，切换至“图表工具-格式”选项卡，在“艺术字样式”选项组中单击“其他”按钮，在打开的艺术字列表库中选择合适的艺术字样式（图38）。再次单击“艺术字样式”选项组中“文本填充”下三角按钮，在列表选择合适的颜色，用户可根据需要设置字体轮廓的颜色和宽度。

下面再为艺术字标题添加艺术效果，使其更具艺术气息。单击“艺术字样式”选项组中“文本效果”下三角按钮，在列表中选择“映像>半映像:接触”文本效果，可见标题文字应用了映像效果，但其效果不是很明显（图39）。接着再进一步设置映像的效果相关参数。单击“艺术字样式”选项组中“文本效果”下三角按钮，在下拉列表中选择“映像>映像选项”选项，打开“设置图表标题格式”导航窗格，在“文本选项”的“文本效果”选项卡中，设置映像的大小为80%，适当调高该参数的值可以使映像效果更明显；再设置距离为2磅。设置完成后，可见柱形图表的标题映像效果非常完美（图40），用户还可以根据个人的喜好添加其他艺术字效果。最后在“开始”选项卡的“字体”选项组中适当调整字号的大小即可。

用户在美化图表时，一定要注意各区的和谐，还需要与图表的表达意义相吻合。通过本案例用户应当发现设置图表各区域都需要在相对应的导航窗格中设置相关参数，如设置填充、边框以及效果等。用户通过本案例进行勤加练习，制作出更多精美的图表。

Part 3

扫码看视频

轻松自如地使用折线图

折线图用于显示相等时间间隔下数据的变化情况。
在折线图中，类别数据沿横坐标分布，数值沿纵坐标均匀分布。
在编辑折线图时，可以对线条和不同的标记点进行操作，如设置颜色等。

折线图可以显示随时间而变化的连续数据，所以很适合用于显示相等时间间隔下数据的变化趋势。

折线图包括7个子类型，分别为：“折线图”“堆积折线图”“百分比堆积折线图”“带数据标记的折线图”“带数据标记的堆积折线图”“带数据标记的百分比堆积折线图”和“三维折线图”。

在Part3中我们将学习使用折线图展示数据变化的方法。为更好地传达给用户必需的技巧，先介绍设置折线颜色和标记最高点的方法，然后介绍图表分析的方法，最后介绍处理缺失数据的方法。

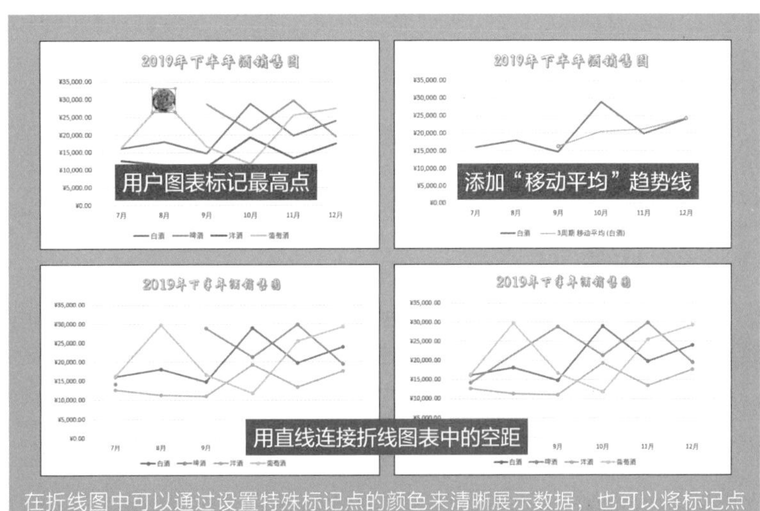

在折线图中可以通过设置特殊标记点的颜色来清晰展示数据，也可以将标记点设置成图片或形状；添加“移动平均”趋势线对数据进行预测查看其走向；通过直线连接工作表中空值产生的断裂现象；最后可以结合不同的图表创建复合图表

设置折线的颜色

在折线图中设置折线的颜色与柱形图中设置数据系列颜色的方法相似，只是设置折线颜色是设置形状轮廓的颜色，而不是形状填充的颜色。其中所有的操作均在“图表工具-格式”选项卡的“形状形式”选项组中完成。

例如：在“2019年下半年酒销售图”中洋酒的折线颜色为灰色，为了突出该折线，我们可以将其更改为红色。打开“下半年各种酒的销售统计.xlsx”，在“洋酒”的折线上单击即可选择该折线（图1）。然后切换至“图表工具-格式”选项卡，单击“形状样式”选项组中“形状轮

调整折线的整体颜色

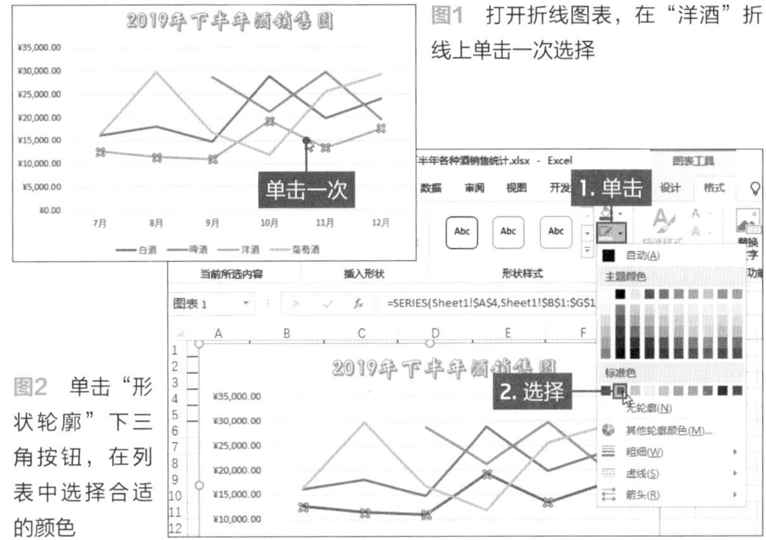

图1 打开折线图表，在“洋酒”折线上单击一次选择

图2 单击“形状轮廓”下三角按钮，在列表中选择合适的颜色

廓”下三角按钮，在列表中选择红色（图2）。操作完成后可见“洋酒”折线的颜色由灰色改为红色。

上述介绍填充整条折线的颜色，我们也可以根据需要设置部分折线的颜色，操作方法和上述类似。如需要设置7月份洋酒折线的颜色为绿色，则连续两次单击“洋酒”折线，即可选择某个标记点，然后需要选中8月份的标记点（图3）。之后在“图表工具-格式”选项卡中设置形状轮廓的颜色为绿色（图4）。用户也可以单击“图表工具-格式”选项卡中“设置所选内容格式”按钮，打开“设置数据点格式”导航窗格，在“线条”选项区域中设置线条的颜色即可。

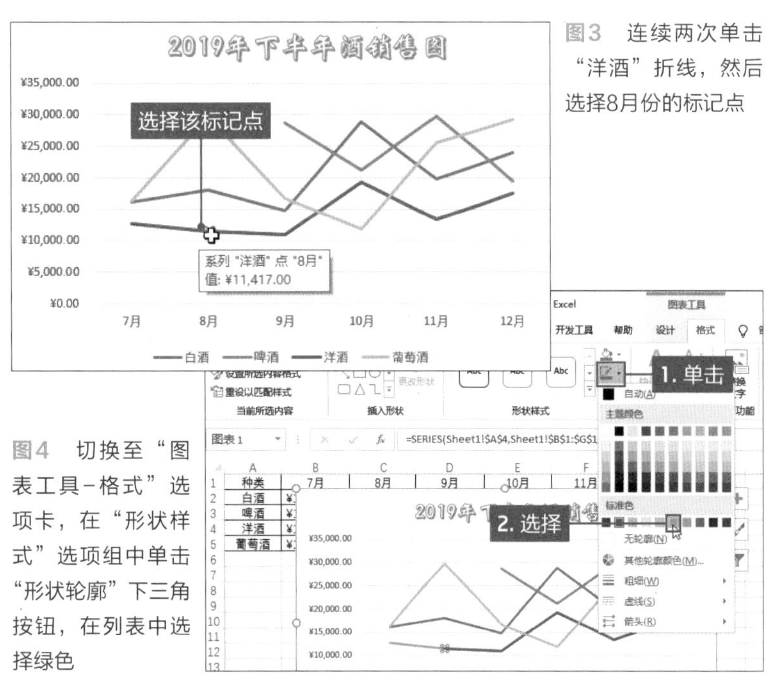

图3　连续两次单击“洋酒”折线，然后选择8月份的标记点

图4　切换至“图表工具-格式”选项卡，在“形状样式”选项组中单击“形状轮廓”下三角按钮，在列表中选择绿色

设置最高标记点

设置单个标记点

我们在设置单个标记点时，通常是设置比较特殊的标记点，如最高或最低的标记点，可以起到突出的效果。在设置单个标记点时除了设置形状、填充的颜色外还可以自定义形状和填充图片。

首先介绍设标记点形状的填充颜色，以设置葡萄酒的最高点为例。从折线图中可见葡萄酒销售额高的时间点为8月份，需要连续单击两次“葡萄酒”折线，并选择8月标记点，然后在“图表工具-格式”选项卡中单击“设置所选内容格式”按钮（图5）。打开“设置数据点格式”导航窗格，切换至“填充与线条”选项卡，再单击“标记”文本，在“数据标记选项”选项区域中选中“内置”单选按钮，在“类型”下三角按钮列表中选择菱形形状，设置大小为10；在“填充”选项区域中选中“纯色填充”单选按钮，单击“颜色”下三角按钮，在列表中选择红色；在“边框”选项区域中设置边框颜色为白色，可见选中的标记应用所设置的格式（图6）。

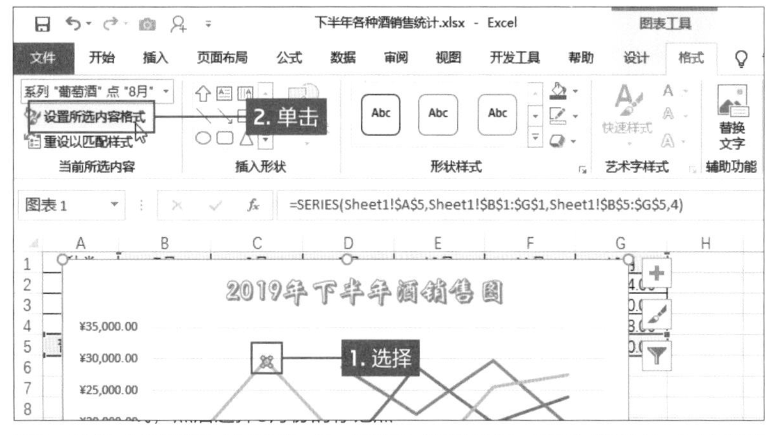

图5　选择“葡萄酒”最高标记点，切换至“图表工具-格式”选项卡，在“当前所选内容”选项组中单击“设置所选内容格式”按钮

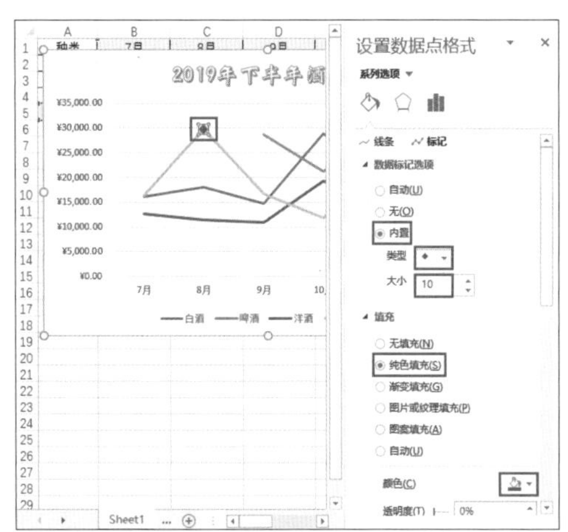

图6　在打开的“设置数据点格式”导航窗格中，设置标记点的形状、大小、颜色等格式

接下来介绍设置标记点为自定形状，以标记“葡萄酒”最低点为向下箭头为例。首先在工作表中绘制向下的箭头形状，切换至“绘图工具-格式”选项卡，在“形状样式”选项组中设置形状的样式（图7）。最后选中绘制的形状并按Ctrl+C组合键进行复制，选择葡萄酒销售额最低的10月份标记点，按Ctrl+V组合键粘贴即可完成（图8）。

最后再介绍一下如何设置标记点的填充为图片，以标记“葡萄酒”最高点为例。在折线图中选中8月份标记点，并打开“设置数据点格式”导航窗格，在“填充和线条”选项卡的“数据标记选项”选项区域中选中“内置”单选按钮，在“类型”的列表中选择最后一项图片（图9）。打开“插入图片”对话框，将准备好的图片选中，如选择“花.png”图片，然后单击“插入”按钮（图10）。

操作完成后，可见选中的标记点填充设置的图片，图片的比例很大，还需要进一步设置。再次单击“数据标记选项”选项区域中“类型”下三角按钮，在列表中选择圆形，在“大小”数值框中输入30。设置完成后可见插入的图片填充在圆形形状内（图11）。

用户还可以进一步对添加的标记点进行美化操作，如添加阴影、发光等效果。选择需要设置效果的标记点，在“设置数据点格式”导航窗格的“效果”选项卡中设置对应的效果即可。

标记自定义形状

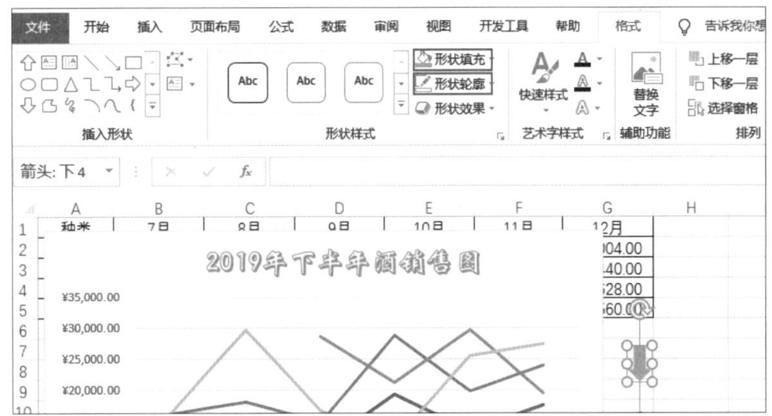

图7 绘制向下箭头形状，在“绘图工具-格式”选项卡的“形状样式”选项组中，设置形状填充颜色为绿色，形状轮廓为无轮廓

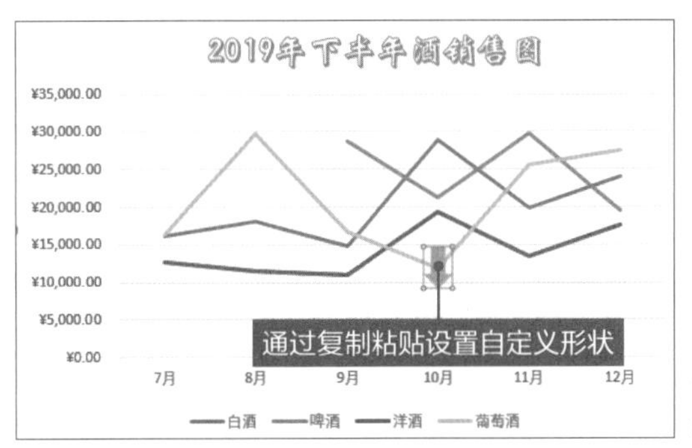

图8 复制绘制的形状，再选择最点的标记点进行粘贴操作

将最高标记点填充图片

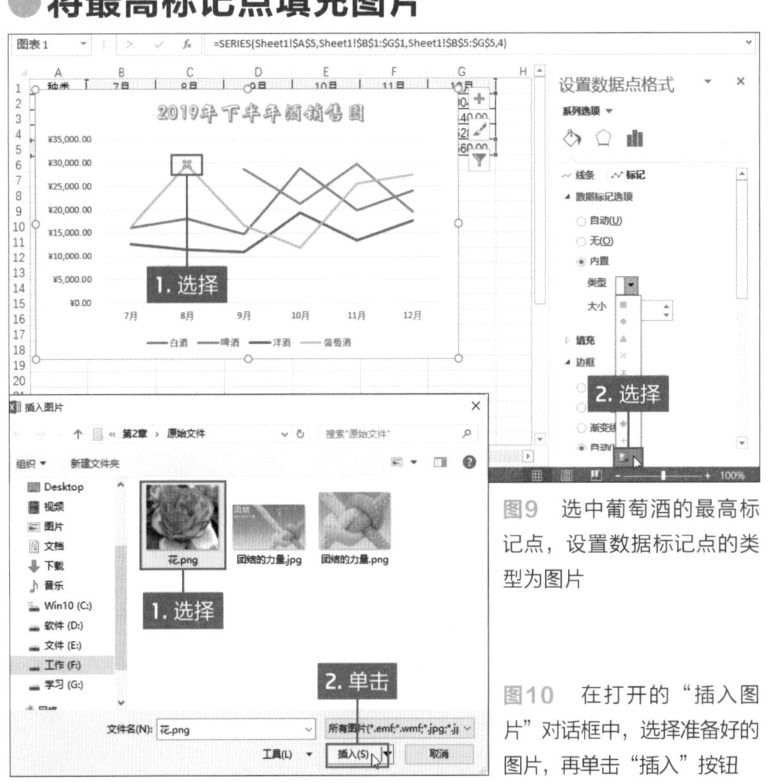

图9 选中葡萄酒的最高标记点，设置数据标记点的类型为图片

图10 在打开的“插入图片”对话框中，选择准备好的图片，再单击“插入”按钮

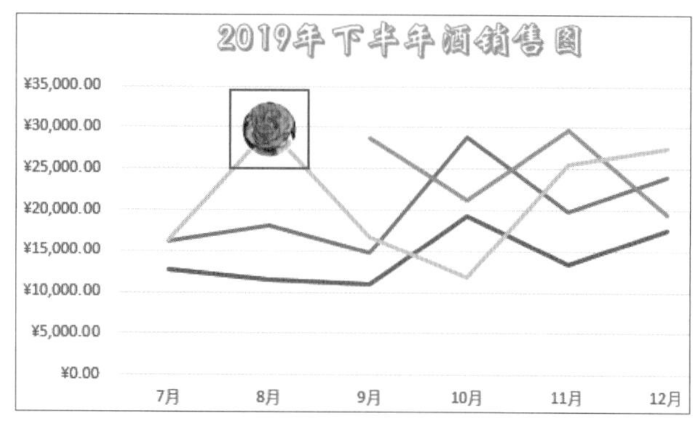

图11　选中葡萄酒的最高标记点，设置数据标记点类型为图片

为最高标记点添加数据标签

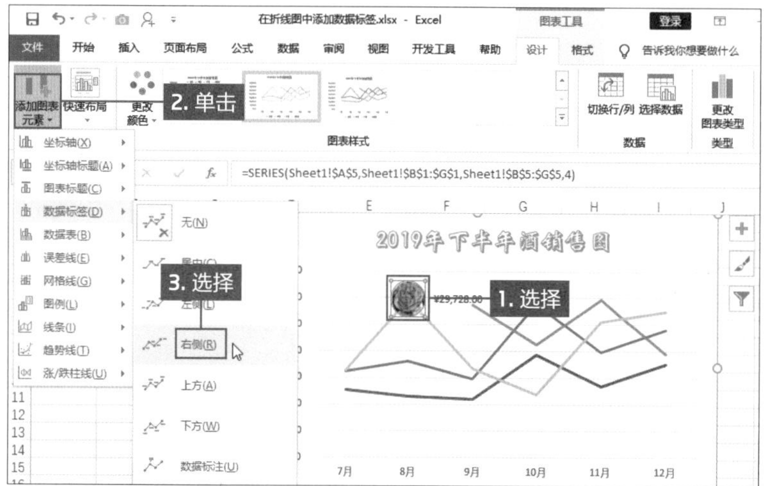

图12　选择葡萄酒的最高标记点，切换至“图表工具-设计”选项卡，单击“添加图表元素”下三角按钮，在列表中选择“数据标签>右侧”选项，即可标记点右侧显示该点对应的销售金额

添加趋势线

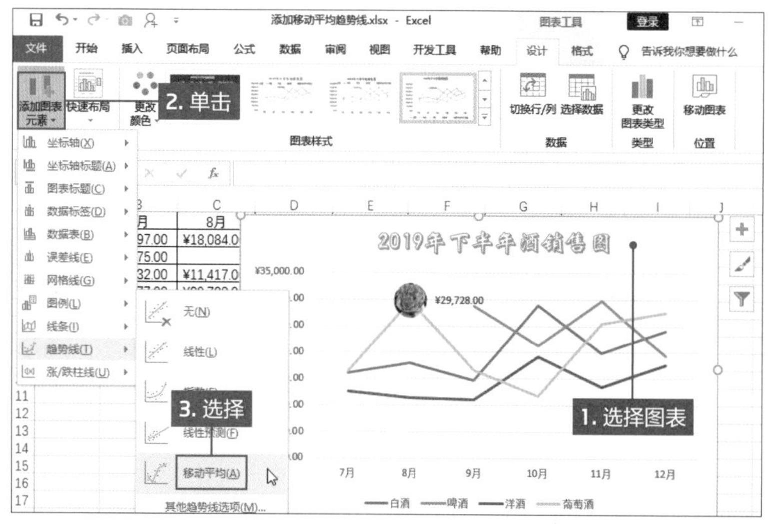

图13　选中折线图，切换至“图表工具-设计”选项卡，单击“图表布局”选项组中的“添加图表元素”下三角按钮，在下拉列表中选择“趋势线>移动平均”选项

用户也可以为标记点添加数据标签，从而更清楚地展示数据。用户可以为整条折线添加数据标签，也可以为某个标记点添加数据标签，下面以“葡萄酒”最高点添加数据标签为例，介绍具体操作方法。

先选择葡萄酒折线上的最高标记点，然后切换至“图表工具-设计”选项卡，在“图表布局”选项组中添加数据标签，并设置在数据点的右侧显示（图12）。操作完成后在最高点的右侧显示销售金额。在Excel 2019中可以通过悬浮按钮添加图表元素。选中折线图，单击右侧“图表元素”按钮，在列表中单击“数据标签”右侧三角按钮，在打开的列表中选择数据标签的位置即可。除了“图表元素”按钮外还包括“图表样式”和“图表筛选器”两个按钮。

“移动平均”可以如此简单

移动平均法是用一组最近的实际数据值来预测未来一期或几期公司产品的需求量、公司产能等的一种常用方法，它适用于即期预测。

移动平均的计算比较复杂，但是在折线图中可以根据Excel预置的程序快速展示移动平均趋势线，从而显示事件发展的方向。下面以为“白酒”添加移动平均趋势线为例介绍具体操作方法。

选择折线图，在“图表工具-格式”选项卡中通过添加图表元素的方法，添加“移动平均”趋势线（图13）。打开“添加趋势线”对话框，在“添加基于系列的趋势线”列表框中选择“白酒”选项，单击“确定”按钮（图14）。

操作完成后，在折线图表中显示蓝色的虚线，双击该虚线打开“设置趋势线格式”导航窗格，在“趋势线选项”选项区域中设置移动平均的周期为3，图表中的移动平均趋势线发生相应的变化（图15）。用户可以通过在“设置趋势线格式”导航窗格的“填充和线条”选项卡中设置移动平均趋势线的格式，使其更清晰地表达出预测的方向。

在Excel 2019中用户也可以通过“数据分析”功能为某组数据添加移动平均趋势线。将通过该功能得出的趋势线和上述在折线图中添加的趋势线进行比较。下面同样以为“白酒”添加移动平均趋势线为例介绍详细的操作。

在操作之前必须添加“数据分析”功能，单击“文件”标签，选择“选项”选项，打开“Excel选项”对话框，在左侧列表中选择“加载项”选项，在右侧选项区域中单击“转到”按钮。打开“加载项”对话框，勾选“分析工具库”复选框，单击“确定”按钮即可（图16）。在Excel工作表中切换至“数据”选项卡，单击“分析”选项组中的“数据分析”对话框中“分析工具”列表框中的“移动平均”选项，单击“确定”按钮（图17）。下面开始设置添加移动平均趋势线的数据和输出的方法。打开“移动平均”对话框，在“输入”选项区域中单击“输入区域”折叠按钮，在工作表中选择B2:G2单元格区域，为“白酒”的销售金额数据；在“间隔”数值框中输入3；在“输出选项”选项区域中设置输出区域为A8，勾选“图表输出”和“标准误差”复选框，单击“确定”按钮（图18）。

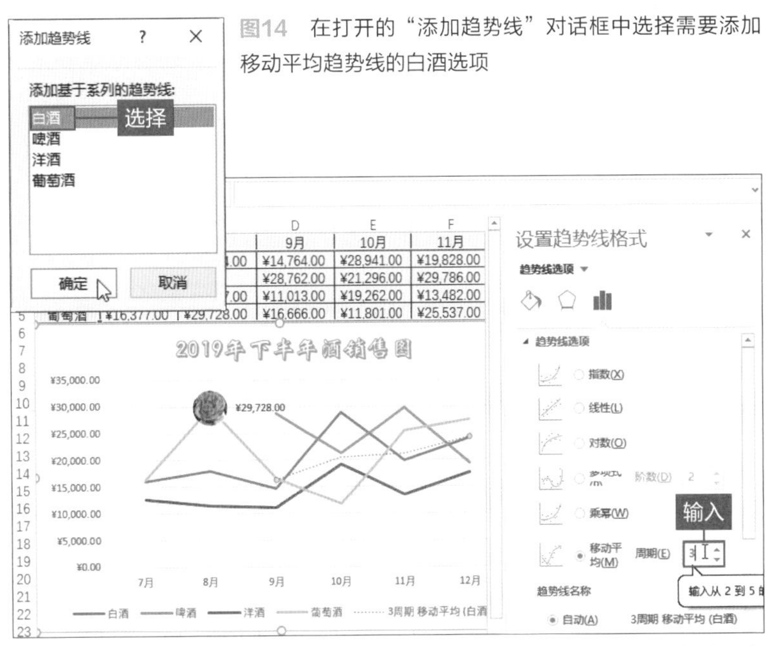

图14　在打开的“添加趋势线”对话框中选择需要添加移动平均趋势线的白酒选项

图15　打开“设置趋势线格式”导航窗格，设置移动平均的周期为3，在折线图表中的趋势线将发生相应的变化

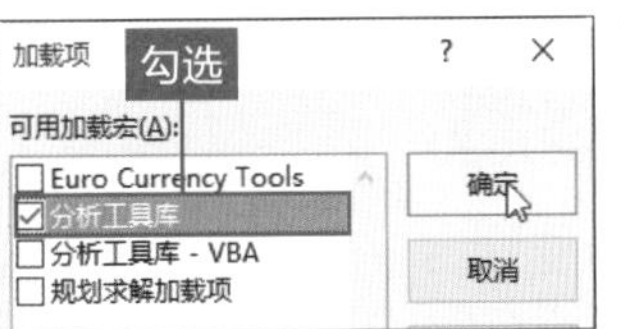

图16　在Excel中加载“分析工具库”功能

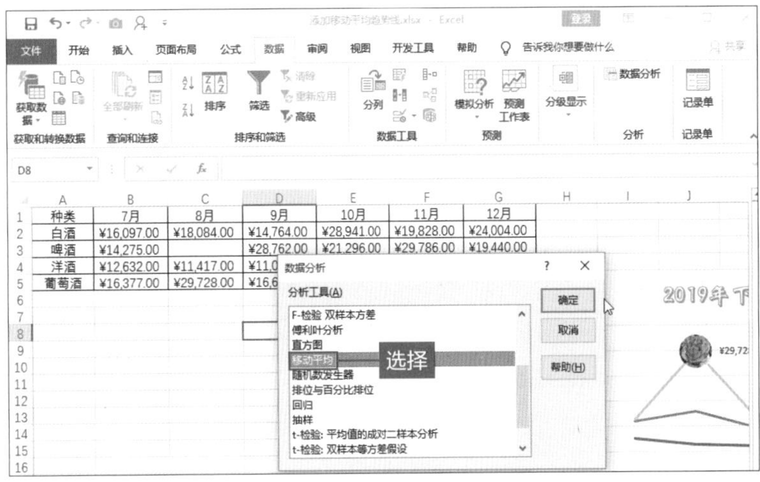

图17　打开“数据分析”对话框，选择“移动平均”选项，单击“确定”按钮

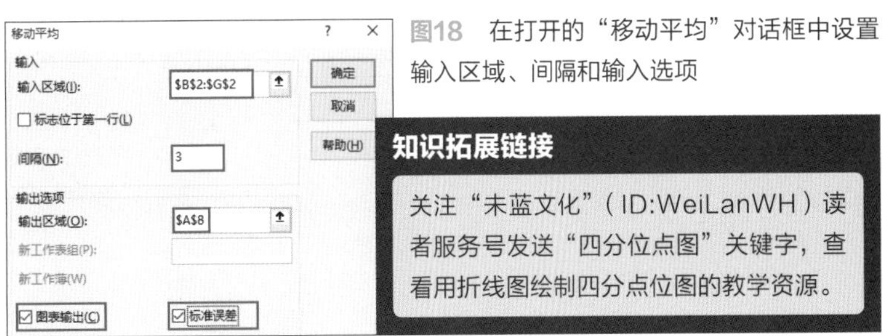

图18　在打开的“移动平均”对话框中设置输入区域、间隔和输入选项

知识拓展链接

关注“未蓝文化”（ID:WeiLanWH）读者服务号发送“四分位点图”关键字，查看用折线图绘制四分点位图的教学资源。

操作完成后，以A8单元格为起点显示白酒数据计算移动平均的标准误差，在工作表创建白酒的折线图以及移动平均趋势线。下面我们将通过两种方法创建的趋势线进行比较，为了比较直观将折线图表中多余的折线删除，可见两条移动平均趋势线的走向都一致（图19）。

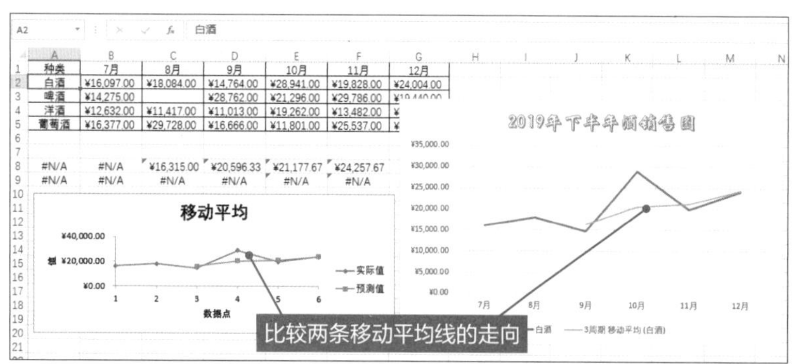

图19　在指定的位置显示白酒折线图和移动平均趋势线，然后用户可以将两次得到的趋势线进行比较

●使用直线连接折线图中空距

解决折线图中的空值问题

在2019年下半年销售图的折线图表中，可见8月份啤酒的销售额是空值。在折线图中从7月到9月的点是断开的（图20）。我们在解决该问题时有两种方法，第一种是当该点的值为0，即8月份啤酒的销售额为0元；第二种是忽略该点直接将7月份和9月份两个点相连。下面以第二种情况为例介绍具体操作方法。

选中折线图表并右击，在快捷菜单中选择“选择数据”命令（图21）。打开“选择数据源”对话框，单击左下角“隐藏的单元格和空单元格”按钮（图22左）。即可打开“隐藏和空单元格设置”对话框，在“空单元格显示为”选项区域中选中“用直线连接数据点”单选按钮，并单击“确定”按钮（图22右）。返回上级对话框再单击“确定”按钮，可见折线图表中啤酒的折线用直线连接7月份和9月份。连接后的折线图表显得很连贯，对于折线图中数据的走向也很容易理解（图23）。

用零值处理空值时，其操作方法与上述相同，只是在“隐藏和空单元格设置”对话框中选中“零值”单选按钮。折线图中8月份的点会落在0值，并用直线连接断点。

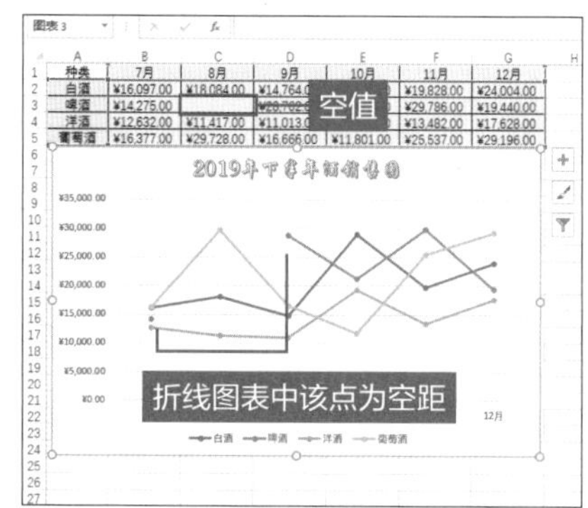

图20　在工作表中某点数据是空值时，在折线图上显示断开的折线

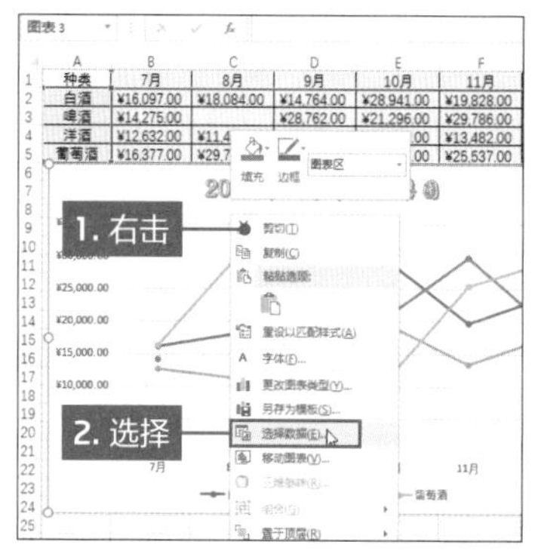

图21　在折线图上右击，然后在快捷菜单中选择“选择数据”命令

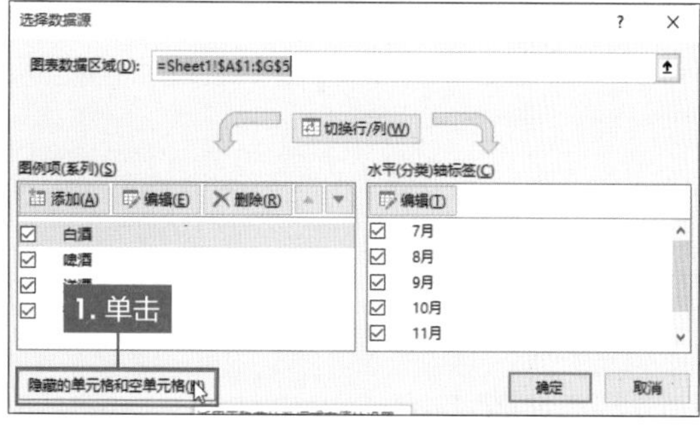

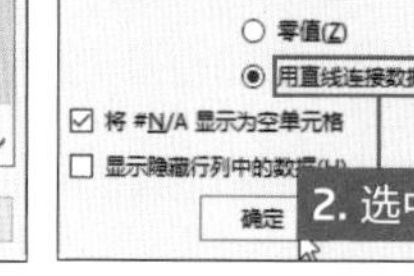

图22　在打开的对话框按照指定步骤操作即可

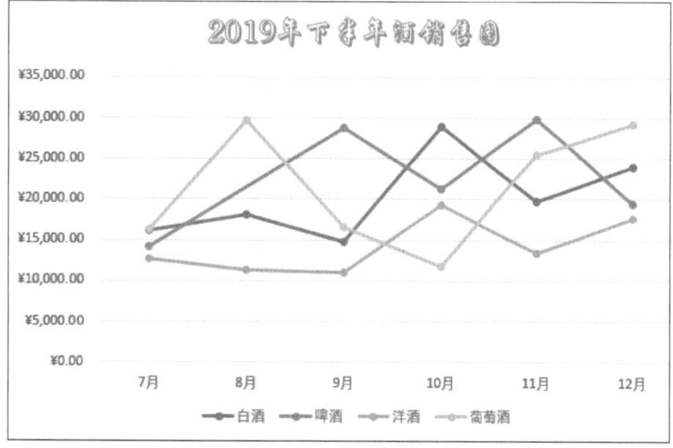

图23　完成后啤酒折线的空距用直线连接，使折线图表很连贯

折线图和柱形图结合应用

在Part2和Part3中分别介绍柱形图和折线图的应用，在Excel中可以将两种图表结合在一起应用，也就是复合图表。在本案例中将结合柱形图和折线图创建复合图表，其中最核心的操作是将两种不同的图表设置两个数值坐标轴。

打开“2019年各季度销售额.xlsx”，选择A2:B6单元格区域，再按住Ctrl键选中D2:D6单元格区域，切换至“插入”选项卡，在“图表”选项组中插入簇状柱形图（图24）。可见在插入的柱形图中“同期增长率”的数据比较小，在图表中不能清楚地看到。选中“2019年销售额”数据系列并右击，在快捷菜单中选择“设置数据系列格式”命令（图25）。打开“设置数据系列格式”导航窗格，单击“系列选项”下三角按钮，在列表中选择“系列‘同期增长率’”选项（图26）。操作完成后，即可选中“同期增长率”数据系列。在“设置数据系列格式”导航窗格的“系列选项”选项区域中选中“次坐标轴”单选按钮，可见在折线图右侧显示该数据系列的坐标轴，同时“同期增长率”数据系列变大（图27）。

下面再更改“同期增长率”的图表类型，选中图表中“同期增长率”数据系列并右击，在快捷菜单中选择“更改系列图表类型”命令（图28）。此处也可以选中图表右击，在快捷菜单中选择“更改图表类型”命令。

●修改“同期增长率”数据系列为折线图

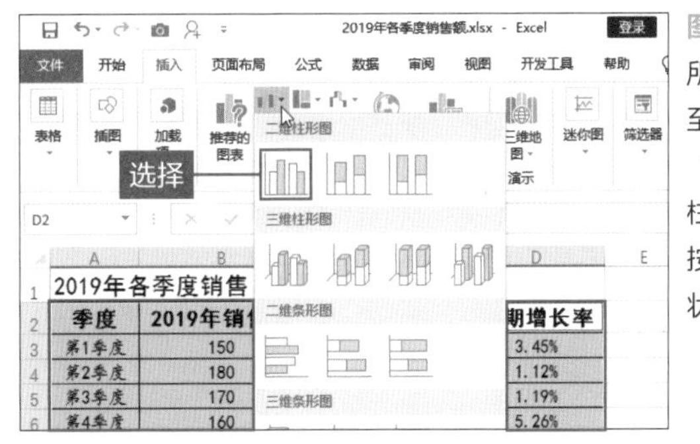

图24 在工作表中选中所需的单元格区域，切换至“插入”选项卡，单击“图表”选项组中“插入柱形图或条形图”下三角按钮，在列表中选择“簇状柱形图”选项

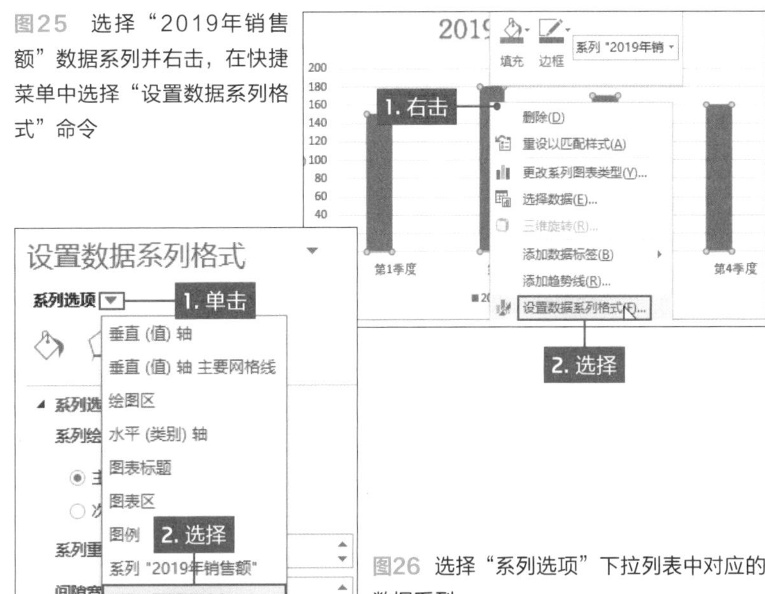

图25 选择“2019年销售额”数据系列并右击，在快捷菜单中选择“设置数据系列格式”命令

图26 选择“系列选项”下拉列表中对应的数据系列

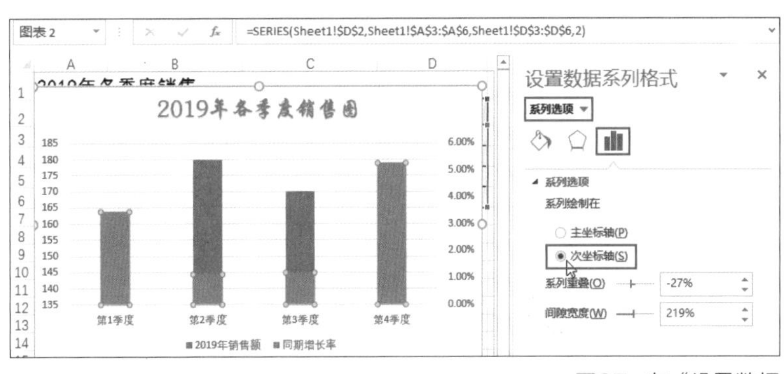

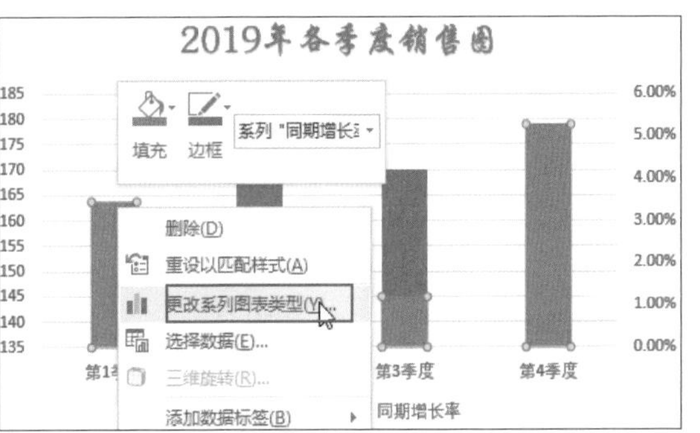

图27 在“设置数据系列格式”导航窗格中选中“次坐标轴”单选按钮，可见该数据系列变大

图28 右击“同期增长率”数据系列，在快捷菜单中选择“更改系列图表类型

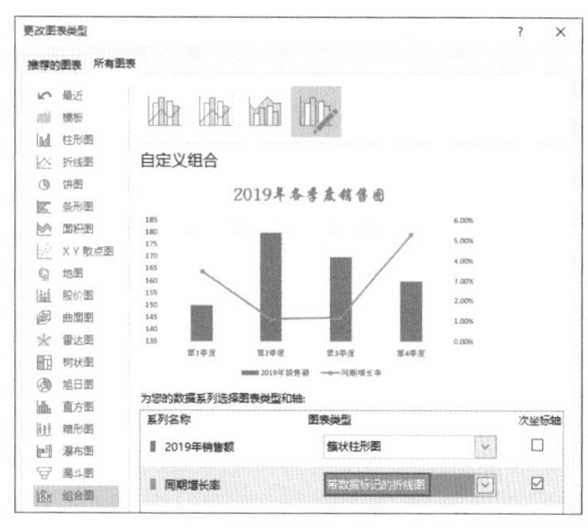

图29　打开“更改图表类型”对话框，然后根据需要设置“同期增长率”的数据系列的图表类型

打开“更改图表类型”对话框，在“所有图表”选项卡的“为您的数据系列选择图表类型和轴”选项区域中，单击“同期增长率”下拉列表中的“带数据标记的折线图”选项，在“自定义组合”选项区域中显示调整后的图表形状，然后单击“确定”按钮即可（图29）。可见“同期增长率”的数据系列由柱形图变为了折线图，即图表由柱形图和折线图两种图表类型组成。

对复合图表进行美化操作

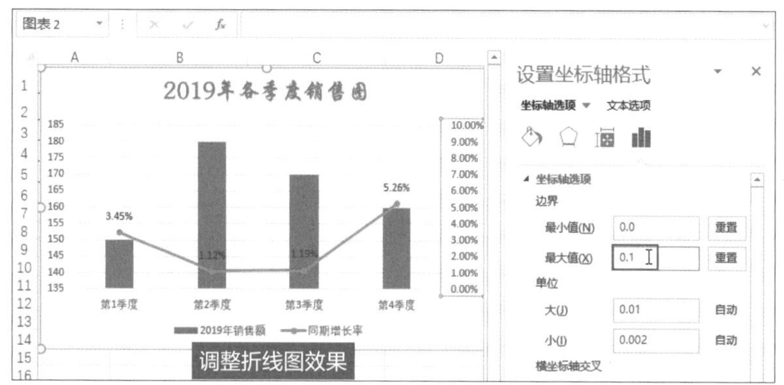

图30　选中折线图中次坐标轴，在“设置坐标轴格式”导航窗格中设置最大值为0.1，调整折线图的变化幅度

第1季度和第4季度“同期增长率”的标记点与同期的柱形图间距太大，我们可以通过设置次坐标轴标题进行调整。双击次坐标轴标题，打开“设置坐标轴格式”导航窗格，在“坐标轴选项”选项区域中设置最大值为0.1，可见第1季度和第4季度的折线图标记点与同期的数据系列间距减小（图30）。选中绘图区，切换至“图表工具-格式”选项卡，单击“形状样式”选项组中“形状填充”下三角按钮，在列表中选择合适的填充颜色，此处选择浅蓝色（图31）。

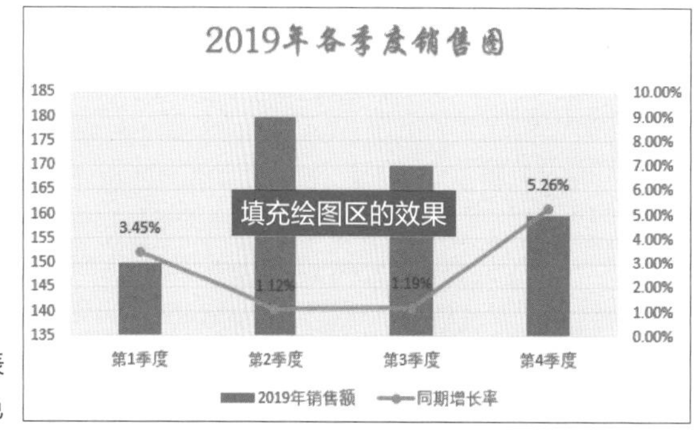

图31　填充复合图表绘图区的颜色为浅蓝色

最后再设置数据系列为渐变填充，创造出立体柱形图的效果。

选中柱形图的数据系列，打开“设置数据系列格式”导航窗格，在“填充与线条”选项卡的“填充”选项区域中选择“渐变填充”单选按钮，然后设置渐变类型为“线性”、角度为180°，然后设置渐变光圈中各标记点的颜色，从左到右颜色设置为深蓝色、白色、浅蓝色，并调整各滑块的位置。可见柱形图有种立体感（图32）。

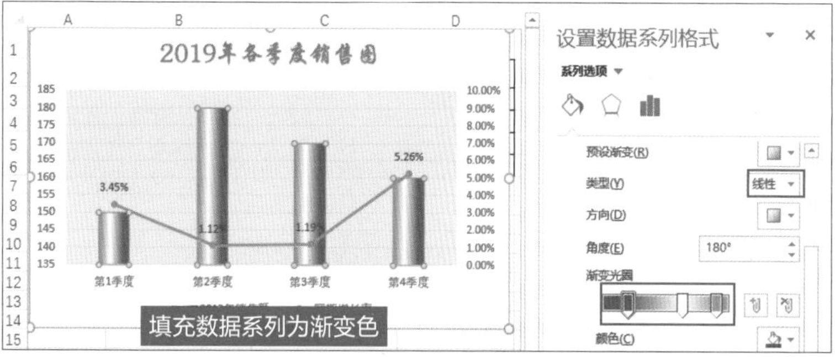

图32　选中柱形图中的数据系列，在打开的导航窗格中设置填充为渐变填充，通过设置渐变填充颜色，将平面的柱形图设置成立体效果

知识拓展链接

关注“未蓝文化”（ID:WeiLanWH）读者服务号，发送“条形图”关键字查看旋风图和甘特图的教学视频。

Part 4

掌握饼形图表特有的显示方法

扫码看视频

饼图用于展示各项数值与总和的比例。
饼图只有一个数据系列，各扇区的大小表示占整个饼图的百分比。
使用饼图时需要掌握百分比的显示方法以及分离扇区等操作。

饼图用于展示各数据的比例情况，饼图包括5个子类型，分别为“饼图”“三维饼图”“复合饼图”“复合条饼图”和“圆环图”。

Part4部分主要介绍饼图的使用方法和技巧，如介绍为饼图各扇区添加百分比的方法、分离最小扇区、按黑白方式打印图表，以及饼图和控件相结合的方法等。

在使用饼图时一定要注意以下几点，第一点数据区域仅包含一列数据系列，第二点数值没有负数和接近零的数。

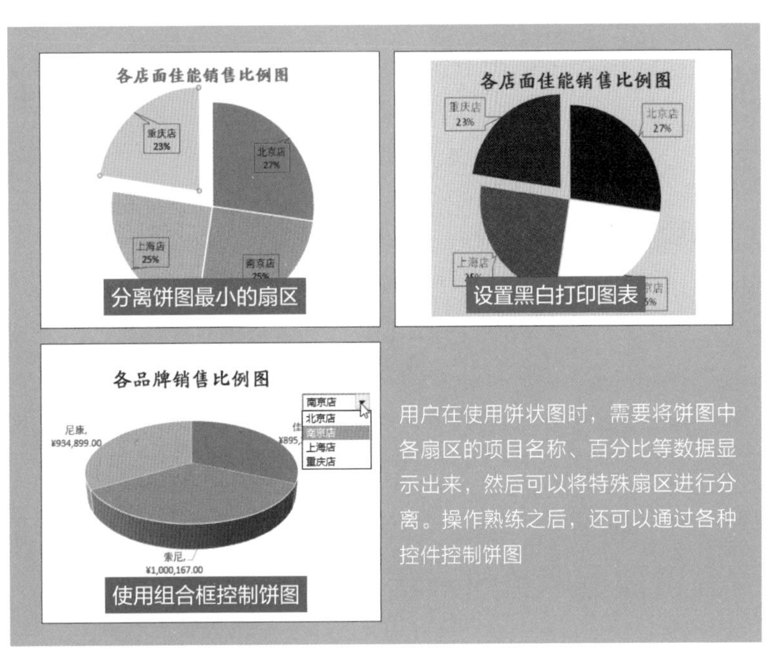

隐藏图例和调整饼图大小

创建完饼图后，图例默认在下方，用户修改图像的位置或直接将其删除。选中图表，单击“图表元素”按钮，在列表中选择“图例”选项，然后在子列表中选择合适的位置即可。若需删除图例，选中直接按Delete键即可（图1）。

饼图显示在绘图区，用户可以调整饼图的大小和位置。选中绘图区，在饼图四周出现4个控制点，将光标移至任意控制点上，变为双向箭头形状，按住鼠标左键变为黑色十字形状，向外拖曳即可调整饼图的大小（图2）。用户也可调整饼图的位置，选中绘图区，将光标移至空白处，按住鼠标左键进行拖曳，移至合适的位置释放鼠标左键即可完成饼图的移动（图3）。

调整折线的整体颜色

图1 选择饼图中图例，然后按Delete键即可删除

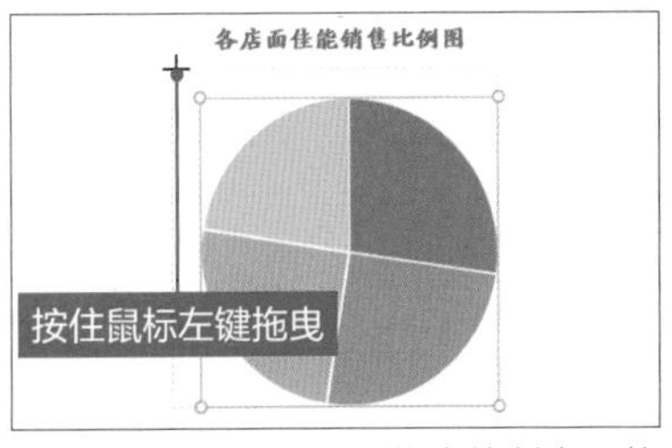

图2 选中饼图绘图区，拖曳控制点调整饼图的大小

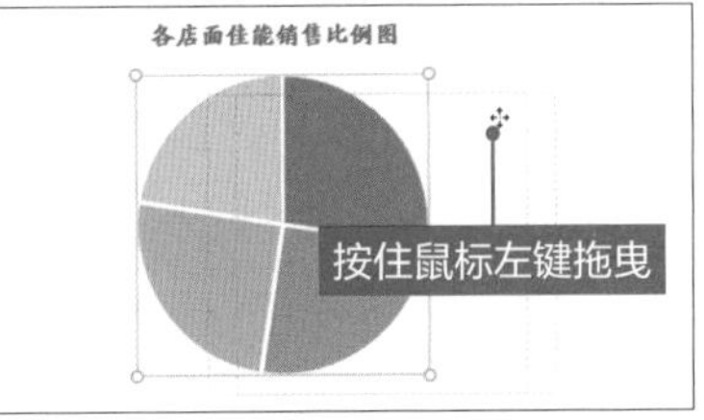

图3 选中饼图的绘图区，在空白处单击，按住鼠标左键进行拖曳，即可移动饼图

添加百分比数据标签

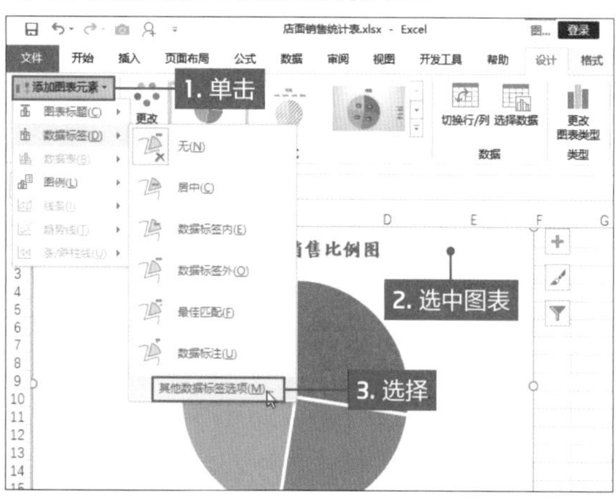

图4　选中饼图，在“图表工具-设计”选项卡中选择“其他数据标签选项”选项

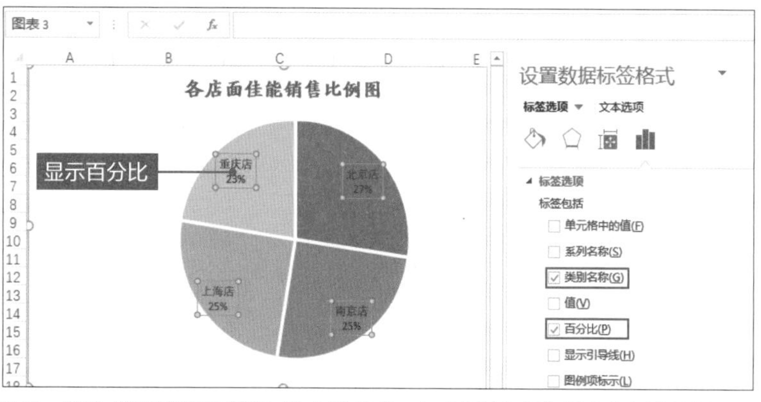

图5　打开“设置数据标签格式”导航窗格，在“标签包括”列表中勾选需要显示的值

设置数据标签的形状

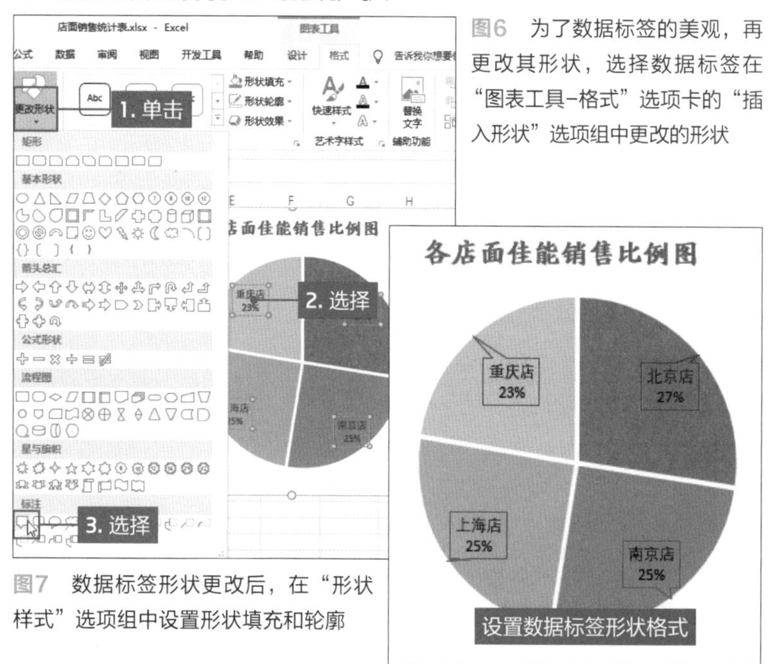

图6　为了数据标签的美观，再更改其形状，选择数据标签在“图表工具-格式”选项卡的“插入形状”选项组中更改的形状

图7　数据标签形状更改后，在“形状样式”选项组中设置形状填充和轮廓

显示各扇区的百分比

饼图用于显示各部分数据所占的百分比，默认情况下饼图是不显示百分比的，我们可以通过添加数据标签的方式添加百分比。

选中饼图表，切换至“图表工具-设计”选项卡，在“图表布局”选项组中单击“添加图表元素”下三角按钮，在列表中选择“其他数据标签选项”（图4）。即可在饼图各扇区上方显示对应工作表中的数据，同时打开“设置数据标签格式”导航窗格。在“标签选项”选项区域的“标签包括”列表中取消勾选“值”和“显示引导线”复选框，勾选“百分比”和“类别名称”复选框。可见在饼图的各扇区上方显示各分店的名称和百分比数值（图5）。

数据标签添加完成后，我们再设置其形状，选中添加的数据标签，切换至“图表工具-格式”选项卡，单击“插入形状”选项组中“更改形状”下三角按钮，在打开的列表中选择“对话气泡:矩形”形状（图6）。然后在“形状样式”选项组中设置“形状填充”为无填充、“形状轮廓”为红色，可见数据标签应用设置的样式（图7）。

从百分比的数值看出各扇区的比例都差不多，只有重庆店的百分比最小为23%。为了突出最小值，我们需要将该数据标签拖曳至该扇区外。在该数据标签上方连续单击两次，即可选中该标签，将光标移到形状的边框上，变为向四周的箭头形状时，按住鼠标左键向外拖曳至合适的位置，释放鼠标左键即可（图8）。该数据标签将移至指定的位置，用户还可以调整黄色的控制点，来调整形状的指示位置。

为了突出最大值或最小值也可以将对应的扇区分离出来。如本案例将最小的扇区分离，首先选中所有扇区，切换至“图表工具-格式”选项卡，在“形状样式”选项组中设置形状轮廓为无轮廓。然后连续两次单击“重庆店”扇区，按住鼠标左键向外进行拖曳，拖至合适的位置释放鼠标左键，该扇区即可分离出来，其他扇区保持不变（图9）。用户也可以通过设置点分离的值来分离扇区，选中“重庆店”扇区并右击，在快捷菜单中选择“设置数据点格式”命令。打开“设置数据点格式”导航窗格，在“系列选项”选项区域中设置“点分离”的值为20%，则选中扇区即可分离来（图10）。

如果选择所有扇区，然后按住鼠标向外拖曳时，所有的扇区会等比例分离。

按黑白方式打印图表

完成图表的创建后还需要将其打印出来并供他人阅读。图表打印通常是以黑白形式打印的。我们在打印之前可以先进行预览，查看打印效果。

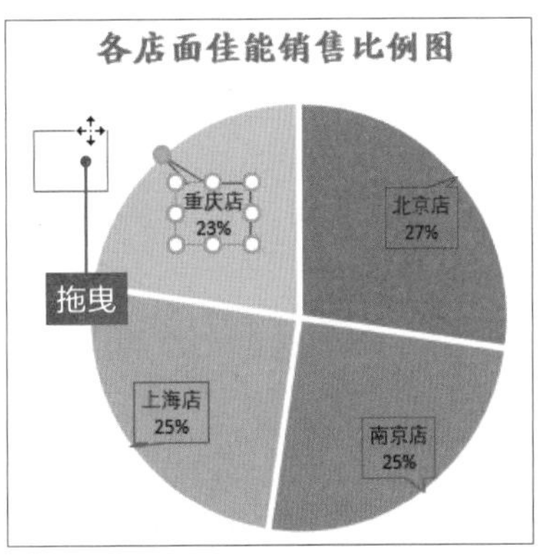

图8 选中需要调整位置的数据标签形状，将其移到扇区外侧

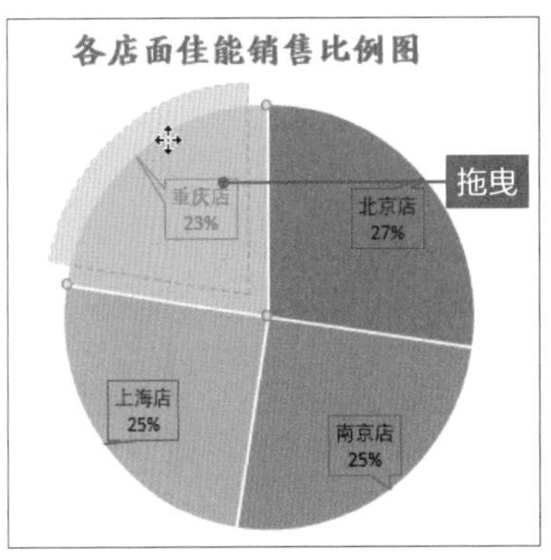

图9 连续两次单击“重庆店”扇区，然后按鼠标左键向外拖曳至合适位置

分离百分比最小的扇区

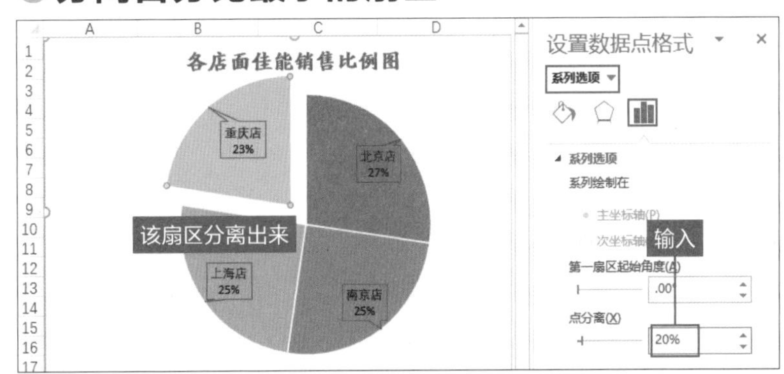

图10 选择需要分离的扇区，在“设置数据点格式”导航窗格中设置分离点的值，即可分离选中的扇区

设置饼图表的打印方式

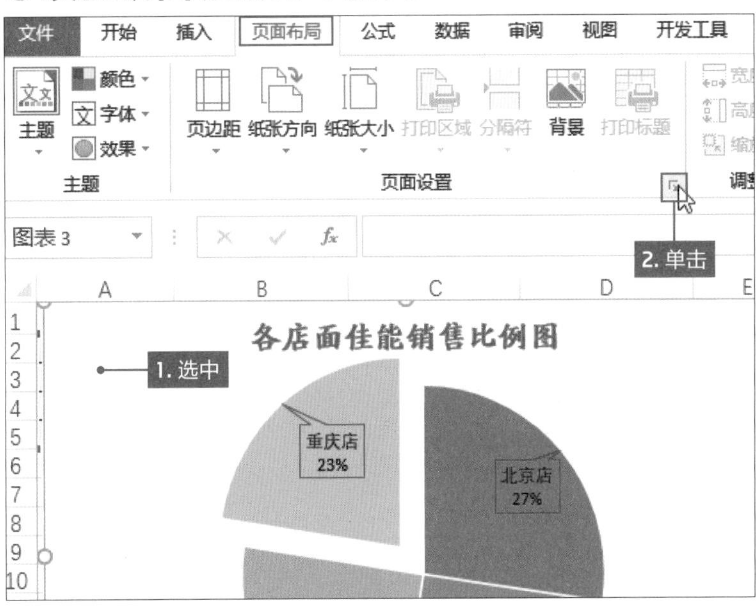

图11 选中需要打印的图表，在“页面布局”选项卡中，单击“页面设置”选项组对话框启动器按钮

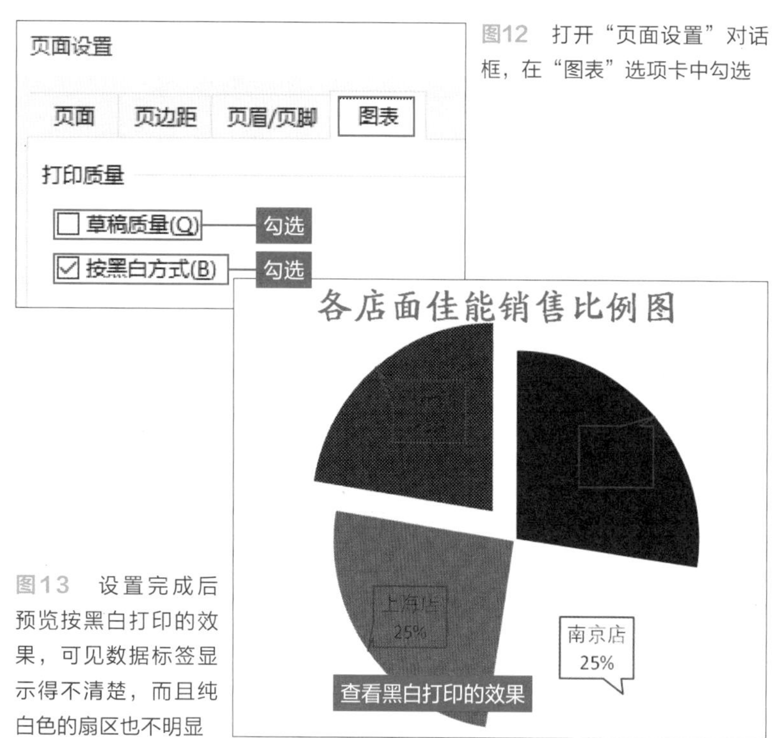

图12　打开“页面设置”对话框，在“图表”选项卡中勾选

图13　设置完成后预览按黑白打印的效果，可见数据标签显示得不清楚，而且纯白色的扇区也不明显

图14　选中数据标签，切换至“图表工具-设计”选项卡，设置数据标签的位置在外侧

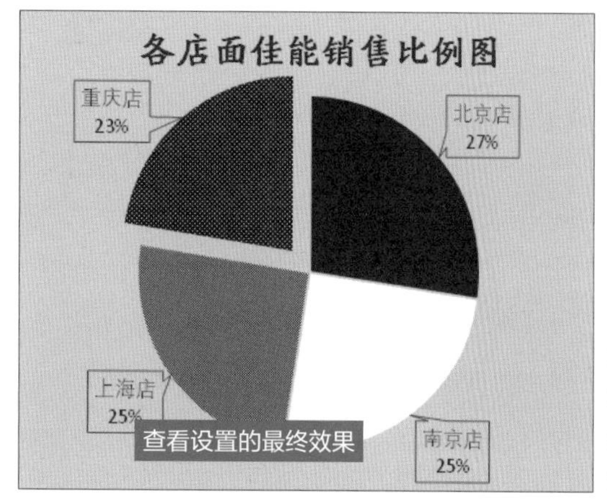

图15　操作完成后，再次进行预览，可见图表的展示效果很好，各部分都很清晰

首先，选中需要打印的图表，然后切换至“页面布局”选项卡，单击“页面设置”选项组中对话框启动器按钮（图11）。打开“页面设置”对话框，切换至“图表”选项卡，在“打印质量”选项区域中勾选“按黑白方式”复选框，然后单击“打印预览”按钮（图12）。设置完成后，单击“文件”标签，在列表中选择“打印”选项，可见图表是以黑白的方式打印，各扇区的色彩均不显示。从效果图看各数据系列在扇区上显示不清楚，而且“南京店”为纯白色的扇区，显示效果不是很完美（图13），所以在打印前还需要调整数据标签的位置及图表的背景颜色。

对数据标签的调整只需要将其设置在扇区之外即可。选中图表标签，切换至“图表工具-设计”选项卡，单击“图表布局”选项组中“添加图表元素”下三角按钮，在列表中选择“数据标签>数据标签外”选项（图14）。设置完成后，数据标签不会叠加在扇区上方，在打印时可以清楚地显示出来。“重庆店”的数据标签和图表的标题有叠加，只需要根据之前学习的移动数据标签的方法将其移到合适的位置即可。

如果需要将“南京店”的扇区清晰地显示出来，我们可以将图表的背景填充颜色，这样在打印的时候会突出白色的扇区。选中图表区，切换至“图表工具-格式”选项卡，在“形状样式”选项组中设置形状填充为浅绿色。设置完成后，再次对黑白打印图表的效果进行预览，可见饼图的黑白打印效果很完美，图表清晰可见，数据标签文字表达清楚（图15）。

针对图表的打印还有很多方法和技巧，例如将图表和数据区域打印在同一页、在工作表中只打印数据区域等。下面通过文字简单介绍如何只打印图表和数据区域，将图表和数据区域整齐排列好，然后选择该区域的单元格。切换至“页面布局”选项卡，单击“页面设置”选项组中“打印区域”下三角按钮按钮，在列表中选择“设置打印区域”选项，然后执行打印操作即可。

利用组合框控制饼图表

之前介绍的各种图表都是静态的图表，即只显示固定数据区域内的数值。本案例将通过组合框和饼图相结合，让同一个饼图根据需要可以显示不同店面各品牌的销售比例图。

首先，我们需要创建辅助数据，选中A7单元格并输入数字1，然后选中B7单元格，输入公式“=INDEX（B2:B5,$A$7）”，按Enter键即可显示B2单元格内的数值，然后将该单元格中的公式向右拖曳至D7单元格（图16）。操作完成后即可完成辅助数据的创建。

选中B7:D7单元格区域，切换至“插入”选项卡，插入三维饼图，输入图表的标题为“各品牌销售比例图”，并设置字体格式。可见饼图的图例为数字1、2和3，下面将调整图例的显示数据。选中图表，在“图表工具-设计”选项卡中单击“数据”选项组中的“选择数据”按钮（图17）。打开“选择数据源”对话框，在“水平(分类)轴标签”选项区域中单击“编辑”按钮（图18左），打开“轴标签”对话框，单击“轴标签区域”右侧的折叠按钮，在工作表中选择B1:D1单元格区域（图18右），然后依次单击“确定”按钮，返回工作表中可见饼图的图例显示各品牌的名称。然后再根据之前所学的知识，为饼图添加数据标签，并显示类别名称和销售金额，设置数据标签显示在扇区的外侧（图19）。

●利用组合框在饼图中显示不同店面的销售图

B7 =INDEX(B2:B5,$A$7)

	A	B	C	D
1	店面	佳能	索尼	尼康
2	北京店	¥972,388.00	¥910,950.00	¥873,525.00
3	南京店	¥895,288.00	¥1,000,167.00	¥934,899.00
4	上海店	¥889,757.00	¥960,991.00	¥893,686.00
5	重庆店	¥800,902.00	¥837,489.00	¥841,173.00
6				
7	1	¥972,388.00	¥910,950.00	¥873,525.00
8				
9				
10				

图16 在A7单元格中输入数字1，在B7单元格中输入相关公式，然后将公式填充至D7单元格，即可完成数据的引用

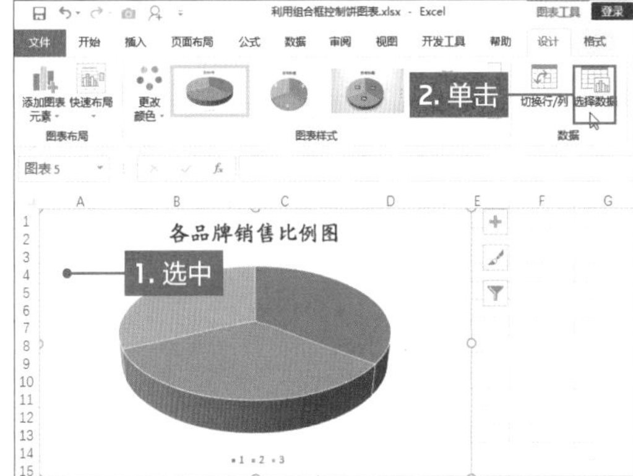

图17 在“图表工具-设计”选项卡中单击“选择数据”按钮

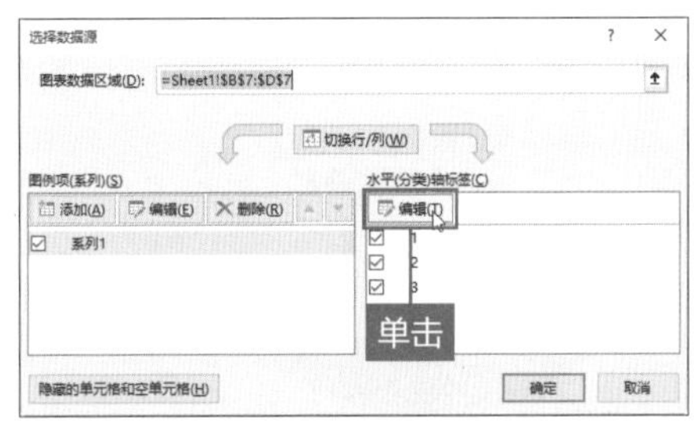

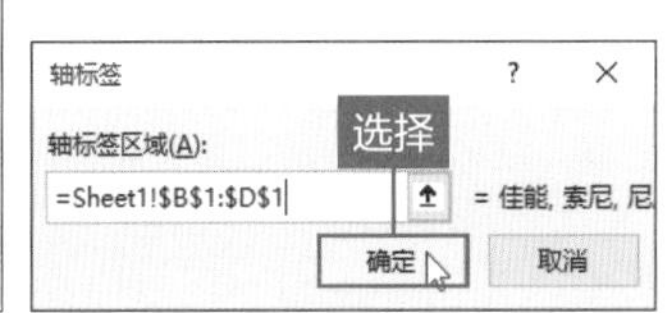

图18 在打开的对话框中单击“编辑”按钮，然后设置“轴标签区域”的单元格区域

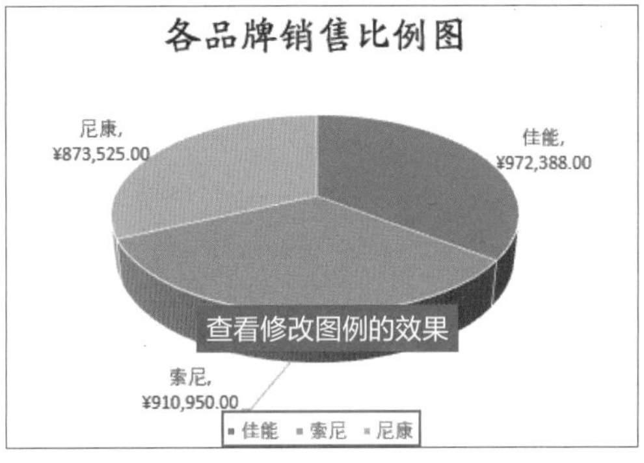

图19 选中图表在“图表工具-设计”选项卡中添加数据标签，然后在“设置数据标签格式”导航窗格中设置相关参数

知识拓展链接

本部分介绍Excel中图表的相关知识，由于篇幅有限，还有很多图表的应用没有介绍。读者可关注“未蓝文化”读者服务号，发送“图表”关键字即可查看更多详细的教学内容。

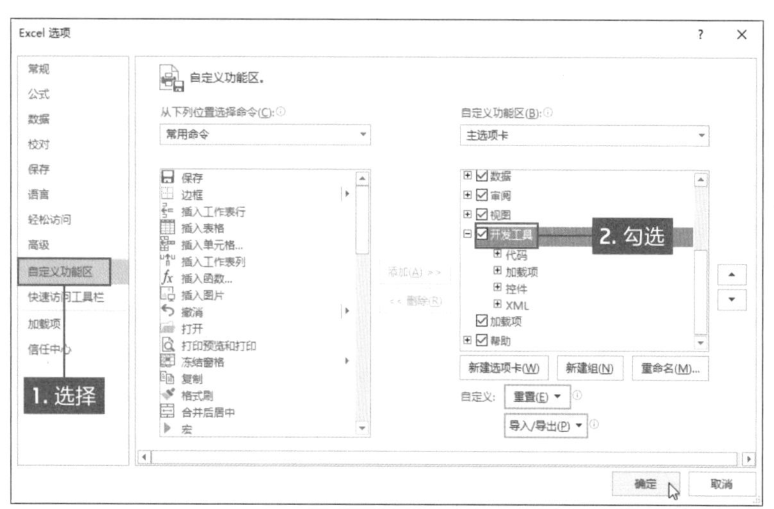

图20 单击“文件”标签，选择“选项”选项，打开“Excel选项”对话框中设置添加“开发工具”选项卡

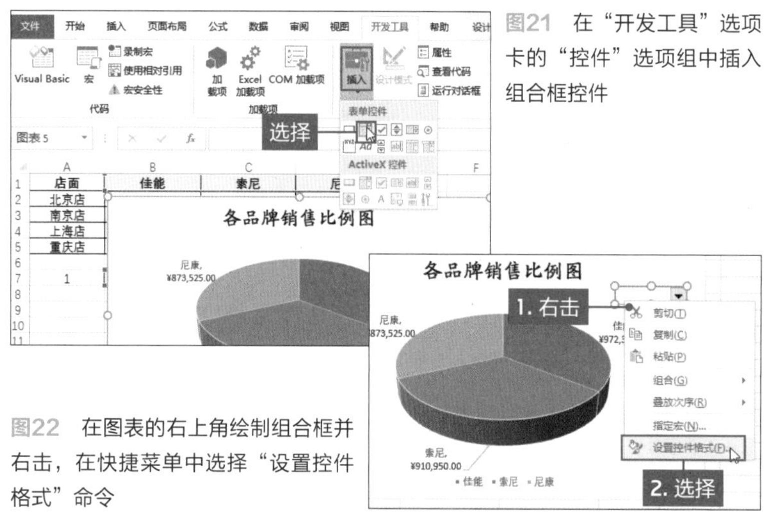

图21 在“开发工具”选项卡的“控件”选项组中插入组合框控件

图22 在图表的右上角绘制组合框并右击，在快捷菜单中选择“设置控件格式”命令

设置对象格式

大小 保护 属性 可选文字 控制

数据源区域(I): $A$2:$A$5

单元格链接(C): $A$7

下拉显示项数(D): 8

☑三维阴影(3)

图23 打开“设置对象格式”对话框，分别设置数据源区域和单元格链接，设置完成后单击“确定”按钮

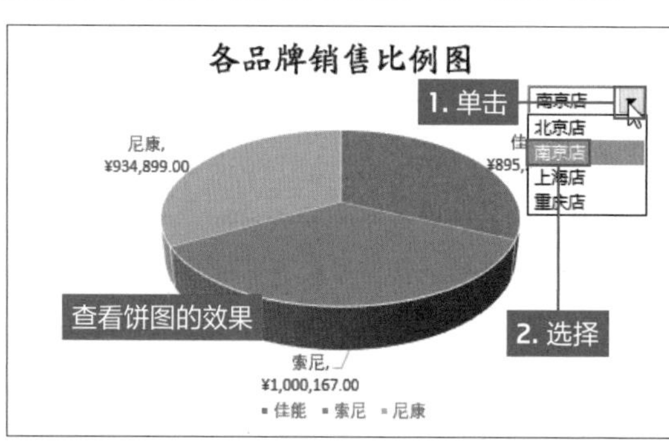

图24 操作完成后，单击组合框下三角按钮，在列表中选择店面名称，则饼图会显示相关数据

至此，饼图设计完成，下面需要创建组合框，并使其控制饼图的显示内容。在使用控件之前需要添加“开发工具”选项卡，打开“Excel选项”对话框，在“自定义功能区”选项区域中勾选“开发工具”复选框，然后单击“确定”按钮即可完成添加（图20）。在工作表中切换至“开发工具”选项卡，单击“控件”选项组中“插入”下三角按钮，在列表中选择“组合框(窗体控件)”选项（图21）。此时光标变为黑色十字形状，在图表的右上角绘制组合框，然后调整四周的控制点适当调整组合框的大小。下面需要设置组合框的链接数据，使其控制饼图表显示的数据内容。右击组合框，在快捷菜单中选择“设置控件格式”命令（图22）。打开“设置对象格式”对话框，在“控制”选项卡中单击“数据源区域”折叠按钮，在工作表中选择A2:A5单元格区域；根据相同的方法设置单元格链接为A7单元格；勾选“三维阴影”复选框，最后单击“确定”按钮（图23）。即可将A2:A5单元格区域的内容与A7单元格的内容创建链接，也就是说当使用组合框选择“南京店”时，在A7单元格中显示数字2，在B7:D7单元格区域中显示“南京店”相关数据，则饼图自然也显示“南京店”的数据。

完成后单击组合框右侧下三角按钮，在列表中选择需要查看数据的店面名称，饼图会显示该店面三个品牌销售的比例和金额（图24）。

在本案例中使用INDEX函数，该函数包含包含两种形式，分别为引用形式和数组形式。INDEX函数多用于查找引用某单元格区域中指定的行和列交叉处的单元格内容的函数。

迷你图的应用

迷你图是在单元格中直观地展示一组数据变化趋势的微型图表，Excel提供折线、柱形和盈亏3种类型的迷你图。插入的方法为在“插入”选项卡的“迷你图”选项组中选择迷你图的类型。下面介绍迷你图的应用方法。

打开“2019年各品牌同期增长率表.xlsx”，选中N3单元格，然后切换至“插入”选项卡，单击“迷你图”选项组中“折线”按钮（图1）。打开“创建迷你图”对话框，单击“选择所需的数据”选项区域中“数据范围”折叠按钮，在数据区域选中B3:M3单元格区域，保持其他参数不变，单击“确定”按钮（图2）。如果在创建迷你图之前没有选择迷你图所在的单元格时，在该对话框还需要设置“位置范围”参数。完成后即可在N3单元格中插入折线迷你图（图3）。用户也可在功能区显示“迷你图工具-设计”选项卡下，对迷你图进行编辑美化操作。然后将N3单元格中迷你图向下填充至N8单元格即可创建完成所有折线迷你图（图4）。

如果需要更改迷你图的类型，只需选中迷你图，切换至“迷你图工具-设计”选项卡，单击“类型”选项组中的“柱形”按钮，即可将一组折线迷你图更改为柱形迷你图（图5）。如果需要更改单个迷你图的类型，选中该单元格，在“迷你图工具-设计”选项卡中单击“取消组合”按钮，即可将该单元格分离出来，然后再更改类型即可。

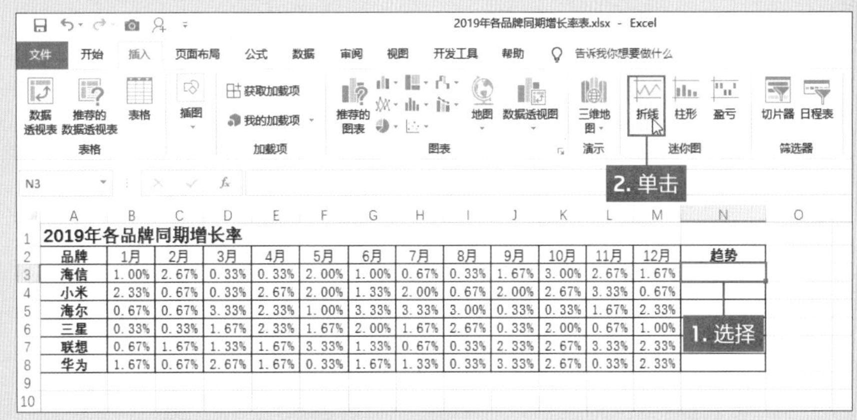

图1　在C3单元格中输入18位身份证号码，则在单元格中显示“1.10125E+17”

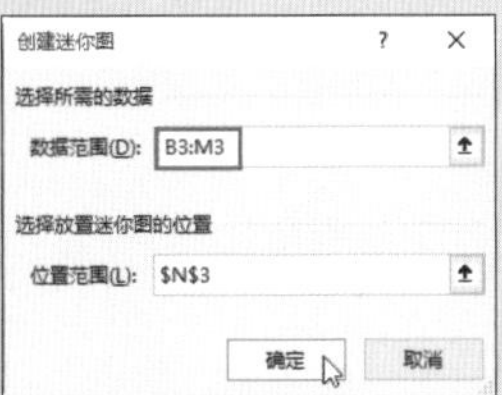

图2　打开“创建迷你图”对话框，设置数据范围后单击“确定”按钮

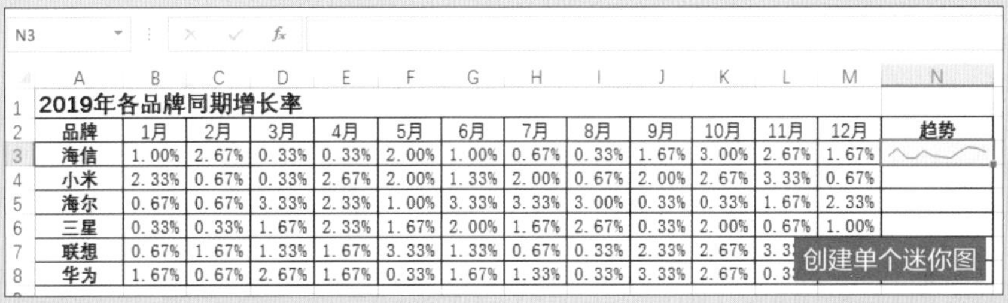

2019年各品牌同期增长率

品牌	1月	2月	3月	4月	5月	6月	7月	8月	9月	10月	11月	12月	趋势
海信	1.00%	2.67%	0.33%	0.33%	2.00%	1.00%	0.67%	0.33%	1.67%	3.00%	2.67%	1.67%	
小米	2.33%	0.67%	0.33%	2.67%	2.00%	1.33%	2.00%	0.67%	2.00%	2.67%	3.33%	0.67%	
海尔	0.67%	0.67%	3.33%	2.33%	1.00%	3.33%	3.33%	3.00%	0.33%	0.33%	1.67%	2.33%	
三星	0.33%	0.33%	1.67%	2.33%	1.67%	2.00%	1.67%	2.67%	0.33%	2.00%	0.67%	1.00%	
联想	0.67%	1.67%	1.33%	1.67%	3.33%	1.33%	0.67%	0.33%	2.33%	2.67%	3.3		
华为	1.67%	0.67%	2.67%	1.67%	0.33%	1.67%	1.33%	0.33%	3.33%	2.67%	0.3		

创建单个迷你图

图3　在N3单元格中即可创建折线迷你图

2019年各品牌同期增长率

品牌	1月	2月	3月	4月	5月	6月	7月	8月	9月	10月	11月	12月	趋势
海信	1.00%	2.67%	0.33%	0.33%	2.00%	1.00%	0.67%	0.33%	1.67%	3.00%	2.67%	1.67%	
小米	2.33%	0.67%	0.33%	2.67%	2.00%	1.33%	2.00%	0.67%	2.00%	2.67%	3.33%	0.67%	
海尔	0.67%	0.67%	3.33%	2.33%	1.00%	3.33%	3.33%	3.00%	0.33%	0.33%	1.67%	2.33%	
三星	0.33%	0.33%	1.67%	2.33%	1.67%	2.00%	1.67%	2.67%	0.33%	2.00%	0.67%	1.00%	
联想	0.67%	1.67%	1.33%	1.67%	3.33%	1.33%	0.67%	0.33%	2.			33%	
华为	1.67%	0.67%	2.67%	1.67%	0.33%	1.67%	1.33%	0.33%	3.			33%	

创建一组迷你图

图4　填充迷你图，即可创建所有迷你图

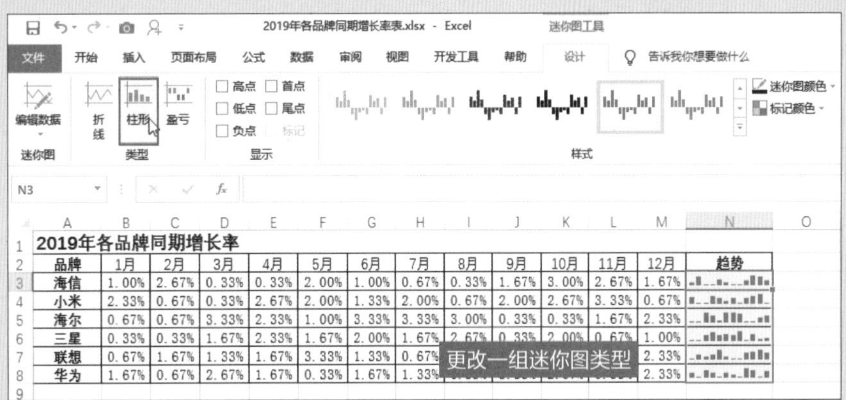

图5　将折线迷你图更改为柱形迷你图，选中任意折线迷你图，在“迷你图工具-设计”选项卡中单击“柱形”按钮即可

第3章

数据的统计与分析

在工作中各种销售报表、采购报表、人事部评估表等，都需要对数据进行分析和统计。
如何快速地对大量数据进行统计与分析，这是需要掌握的技能。
当需要对数据进行求和时，如何通过移动鼠标即可快速准确计算。
需要快速对表格进行美化同时还可以对数据进行汇总，表格格式是最好的选择。
使用数据透视表可以动态地对数据进行汇总，并且灵活地分析数据。
在Excel中对数据进行统计和分析时，是少不了函数的。

市场担当必看

Part 1

自如地使用各种快速求和功能

扫码看视频

在使用Excel时，对数据的求和是最基础的统计方法之一。灵活使用“求和”功能和SUM函数可以对工作表中数据进行快速准确求和。

当用户提到Excel时，第一印象就是制作表格并进行求和、平均值等计算，其实Excel的计算和分析功能非常强大。在第3章中将介绍Excel工作表中的各种统计大量数据的方法。此处，不仅介绍计算数据的和，还介绍计算数据的平均值、最大值、最小值、计件以及对数据进行排名等。Excel中的计算，人们首先会想到复杂的函数，感觉很困难。其实当需要对数据进行基础的统计时，如求和、平均值、最大值、计数等，此时不需要对函数多么熟悉也可以快速准确计算出结果，只需要使用鼠标进行简单操作即可，并且还可以同时计算出多个数据的结果，操作起来轻松、简单。

快速输入求和公式

当需要计算单元格区域内所有数据之和时，通常使用SUM函数。SUM函数是使用最为频繁的函数之一，所以用户必须学会并熟练使用该函数进行求和。首先介绍在单元格中输入SUM函数进行求和，统计了各分店华为手机销售额，现在需要计算出所有分店的销售额之和。打开“各分店华为手机销售一览表.xlsx”工作簿，选中C11单元格，然后直接输入“=SUM(C3:C10)”公式，再按Enter键执行计算（图1）。

本Part需要掌握的统计方法

使用“自动求和”功能统计数据

在工作表中，只需要选择统计数据存放的位置，然后单击“自动求和”按钮，即可统计出相应数据之和

合计以外的数据统计

使用“自动求和”功能，还可以统计最大值、最小值、平均值等，也可以统计纵横方向上的合计之外的数据统计

使用其他函数对数据进行统计和分析

在Excel中可以使用SUMPRODUCT函数统计数据乘积之和，使用RANK函数对数据进行排名分析

	A	B	C	D	E	F	G
2	编号	分店名称	所属部门	1月	2月	3月	一季度销售额
3	TJ0012	朝阳店	销售一部	¥106,545.00	¥128,373.00	¥113,699.00	¥348,617.00
4	TJ0013	宣武店	销售一部	¥177,244.00	¥138,198.00	¥124,530.00	¥439,972.00
5	TJ0014	东城店	销售一部	¥174,391.00	¥155,726.00	¥115,476.00	¥445,593.00
6	TJ0015	国贸店	销售一部	¥163,917.00	¥129,006.00	¥196,001.00	¥488,924.00
7	TJ0016	中关村店	销售一部	¥100,957.00	¥167,049.00	¥196,468.00	¥464,474.00
8			一部销售额	¥723,054.00	¥718,352.00	¥746,174.00	¥2,187,580.00
9	TJ0017	百脑汇店	销售二部	¥151,580.00	¥188,488.00	¥146,456.00	¥486,524.00
10	TJ0018	双井店	销售二部	¥199,195.00	¥144,990.00	¥167,752.00	¥511,937.00
11	TJ0019	新城店	销售二部	¥111,796.00	¥103,673.00	¥196,082.00	¥411,551.00
12	TJ0020	燕莎店	销售二部	¥145,855.00	¥180,110.00	¥101,408.00	¥427,373.00
13	TJ0021	沃尔玛店	销售二部	¥121,612.00	¥184,463.00	¥119,119.00	¥425,194.00
14			二部销售额	¥730,038.00	¥801,724.00	¥730,817.00	¥2,262,579.00
15	TJ0022	东方明珠店	销售三部	¥139,484.00	¥169,681.00	¥161,087.00	¥470,252.00
16	TJ0023	大学城店	销售三部	¥193,554.00	¥128,709.00	¥196,851.00	¥519,114.00
17	TJ0024	通州店	销售三部	¥102,397.00	¥190,852.00	¥199,747.00	¥492,996.00
18	TJ0025	三元桥店	销售三部	¥101,479.00	¥103,571.00	¥151,557.00	¥356,607.00
19	TJ0026	良乡店	销售三部	¥160,668.00	¥155,479.00	¥187,052.00	¥503,199.00
20			三部销售额	¥697,582.00	¥748,292.00	¥896,294.00	¥2,342,168.00
21			月销售总额	¥2,150,674.00	¥2,268,368.00	¥2,373,285.00	¥6,792,327.00
22							

在工作表中分别统计出各分店1、2、3月份的销售金额，然后使用“自动求和”功能计算出各部门、每月或各分店的销售金额

●输入SUM函数计算公式

C11　fx　=SUM(C3:C10)

	A	B	C
1	各分店华为手销售一览表		
2	编号	分店名称	销售额
3	TJ0012	朝阳店	¥106,545.00
4	TJ0013	宣武店	¥177,244.00
5	TJ0014	东城店	¥174,391.00
6	TJ0015	国贸店	¥163,917.00
7	TJ0016	中关村店	¥100,957.00
8	TJ0017	百脑汇店	¥151,580.00
9	TJ0018	双井店	¥199,195.00
10	TJ0019	新城店	¥111,796.00
11		销售总额	¥1,185,625.00

输入SUM函数公式并求和

图1　在C11单元格中计算出各分店华为手机的销售总额，直接使用SUM函数进行计算

SUM()函数

=SUM(number1,number2, ...)

单元格区域中的数字、逻辑值，以及数字的文本表达式的和

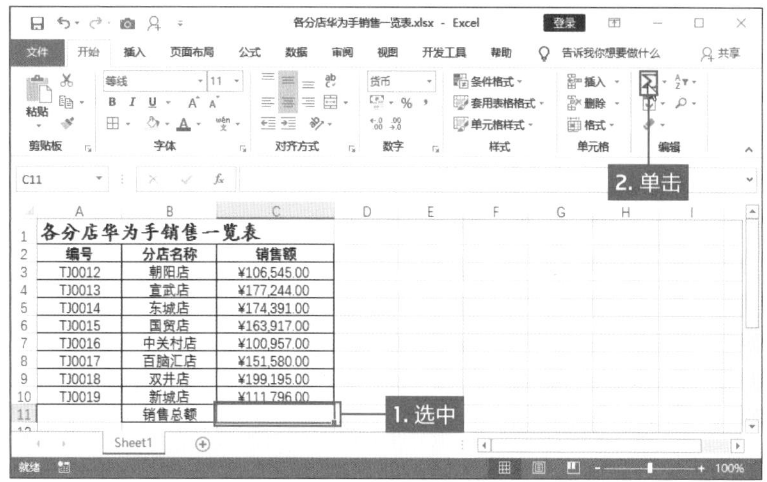

图2 使用自动求和功能计算出华为手机的销售总额，选中C11单元格，切换至“开始”选项卡，单击“编辑”选项组中的“求和”按钮

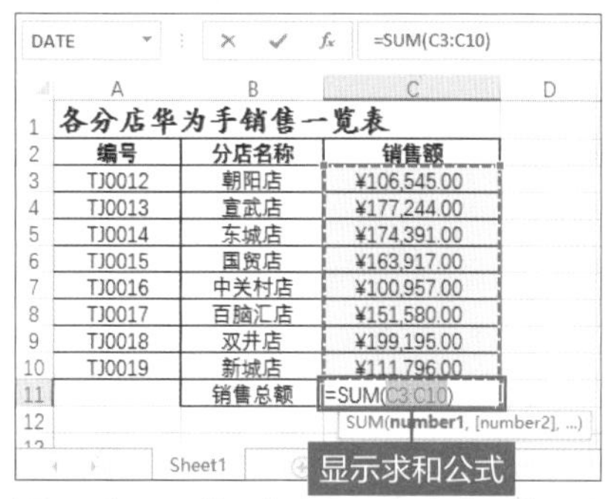

图3 在C11单元格中显示自动求和的公式和求和的单元格区，以上都是Excel自动检索的

图4 确定求和范围后，按Enter键即可执行计算，其求和结果和使用SUM函数计算结果一致

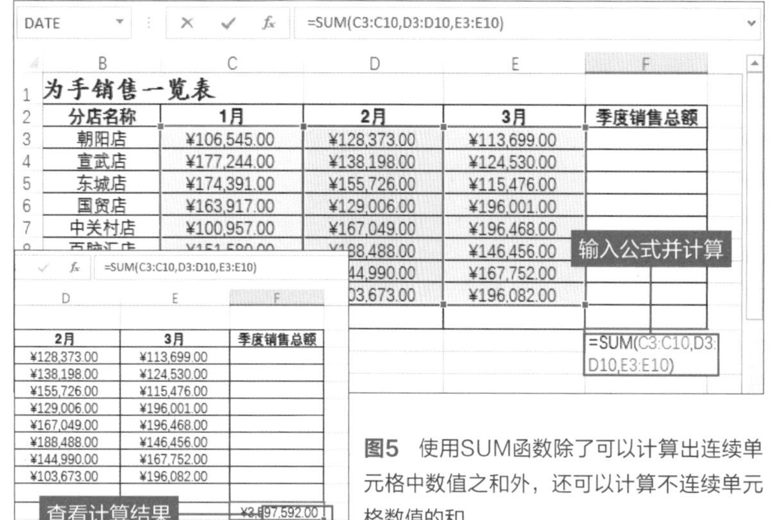

图5 使用SUM函数除了可以计算出连续单元格中数值之和外，还可以计算不连续单元格数值的和

如果用户对SUM函数不是很了解，在输入SUM函数时，为防止函数或参数输入错误，还可以使用“求和”功能快速对数据进行计算。在工作表中统计C3到C10单元格内所有数据之和，首先，选中C11单元格，切换至“开始”选项卡，在“编辑”选项组中进行自动求和操作（**图2**）。可见在C11单元格中显示的自动求和公式“=SUM(C3:C10)”，与之前输入的函数公式一致，因为是自动求和，Excel会自动检索求和的单元格区域为C3:C10单元格区域，如果没有其他需要参与求和的数据时，可直接按Enter键（**图3**）。操作完成后，C11单元格为华为手机的销售总额（**图4**）。

使用自动求和计算时，Excel会根据表格的属性确定求和的单元格区域在选中单元格的上方或左侧并且是连续的数值。我们还可以使用快捷键快速求和，如在本案例中选中C11单元格，然后按Alt+=>组合键，同样在C11单元格中显示“=SUM(C3:C10)”计算公式。

在使用SUM函数计算多个不连续的单元格区域中数值的总和时，可以在函数参数之间使用英文半角的逗号隔开。如统计华为手前3个月的销售总额，在F12单元格中输入公式“=SUM(C3:C10,D3:D10,E3:E10)”（**图5上**）该公式的含义是计算出C3:C10、D3:D10和E3:E10三个单元格区域内数值的和，按Enter键执行即可计算出第一季度的销售额（**图5下**）。

调整自动计算参数的范围

在使用自动求和功能时，还可以对数据进行平均值、计数、最大值、最小值自动计算。下面以计算各分店平均销售额为例，介绍自动计算平均值的方法。选中C12单元格，在“开始”选项卡的“编辑”选

项组中单击“自动求和”下三角按钮，在打开的列表中选择“平均值”选项（图6）。操作完成后，在C12单元格中显示的计算公式为“=AVERAGE(C3:C11)”，表示计算C3:C11单元格区域内数值的平均值（图7）。

但计算平均值时也包括计算总和的C11单元格，很明显如果直接按Enter键计算得到的结果是不正确的。用户可以将C11参数直接修改为C10，也可以将光标移至选中单元格区域的右下角，当变为双向箭头时按住鼠标左键向上拖曳，调整单元格的区域为C3:C10然后释放鼠标左键（图8）。调整好引用单元格后，可见C11单元格在引用之外，然后按Enter键执行计算，即可显示出各店面的平均销售额（图9）。在本案例中计算平均值的函数为AVERAGE，其中参数的要求和SUM是一样的，同样当需要对多个不连续的单元格区域内数据进行计算时，在引用的单元格区域中间用英文半角的逗号隔开。用户根据相同的方法可以计算出最大值、最小值或计数等数值。

用户在“开始”选项卡的“编辑”选项组中应用自动求和功能，在“公式”选项下也可以应用该功能。首先需要选中单元格，然后切换至“公式”选项卡，单击“函数库”选项组中的“自动求和”下三角按钮，在列表中可以选择计算类型（图10）。该列表和“开始”选项卡中“自动求和”列表中的选项相同。用户还可以在“函数库”选项组中单击“数学和三角函数”下三角按钮，在列表中选择SUM函数，即可打开“函数参数”对话框，在参数的文本框中默认为选中该单元格的上方或左侧连续的单元格区域，单击“确定”按钮即可计算出结果。

●计算平均值并调整单元格的引用

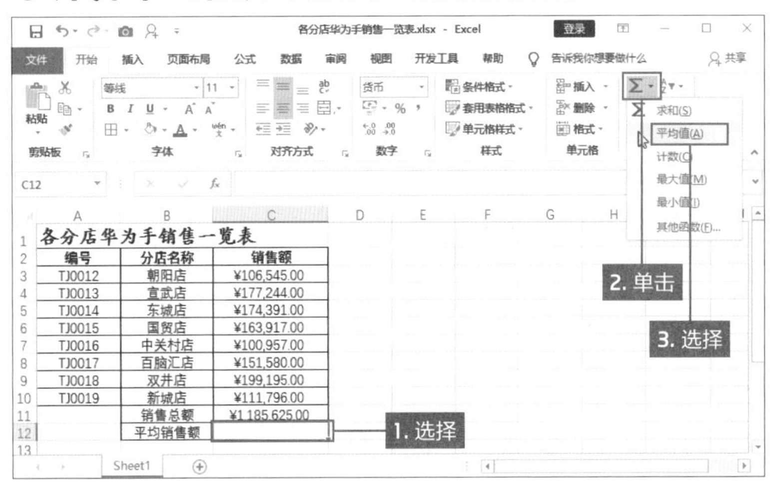

图6 使用自动求和功能计算平均值，选择C12单元格，然后在“自动求和”下拉列表中选择“平均值”选项

AVERAGE()函数

=AVERAGE(number1,number2, ...)

计算单元格区域中数值的平均值

图7 在C12单元格中显示计算平均值的公式，并自动检索到参与计算的单元格区域

图8 因为公式中的单元格引用出现错误，所以用户通过拖曳控制点调整至正确的单元格引用

图9 调整完函数的引用范围后，按Enter键执行计算即可。可根据相同的方法计算最大值、最小值等数据

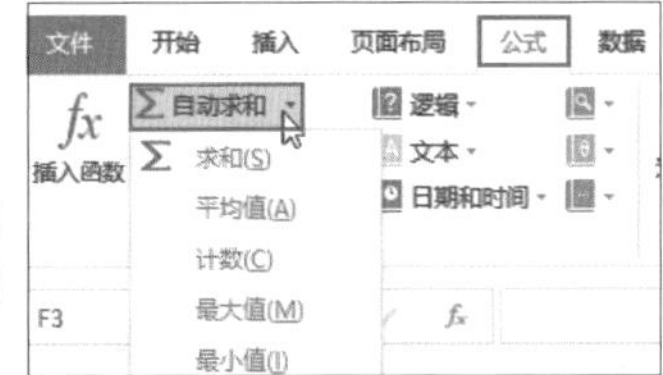

图10 用户还可以在“公式”选项卡的“函数库”选项组中使用“自动求和”功能，列表中的选项和“开始”选项卡中的相同

●纵方向计算销售总额

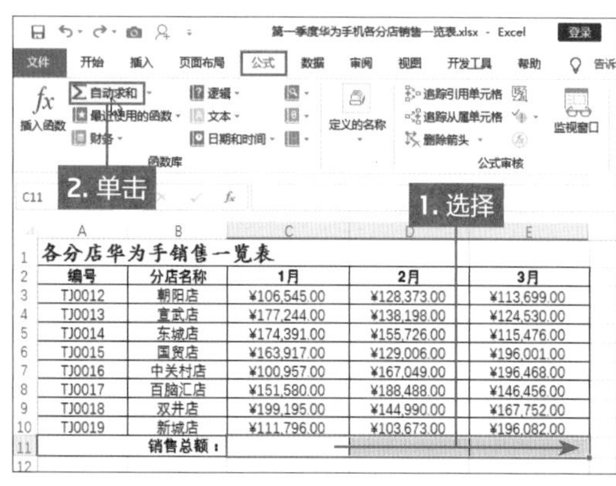

图11 需要在C11:E11单元格区域中分别计算出C3:C10、D3:D10和E3:E10单元格区域内数值之和

C11 =SUM(C3:C10)

=SUM(C3:C10) =SUM(E3:E10)

各分店华为手销售				
编号	分店名称	1月	2月	3月
TJ0012	朝阳店	¥106,545.00	¥128,373.00	¥113,699.00
TJ0013	宣武店	¥177,244.00	¥138,198.00	¥124,530.00
TJ0014	东城店	¥174,391.00	¥155,726.00	¥115,476.00
TJ0015	国贸店	¥163,917.00	¥129,006.00	¥196,001.00
TJ0016	中关村店	¥100,957.00	¥167,049.00	¥196,468.00
TJ0017	百脑汇店	¥151,580.00	¥188,488.00	¥146,456.00
TJ0018	双井店	¥199,195.00	¥144,990.00	¥167,752.00
TJ0019	新城店	¥111,796.00	¥103,673.00	¥196,082.00
	销售总额：	¥1,185,625.00	¥1,155,503.00	¥1,256,464.00

图12 操作完成后即可在C11:E11单元格区域中显示计算结果，单元格中结果为与之对应的上方单元格区域内数据之和

●横方向计算销售总额

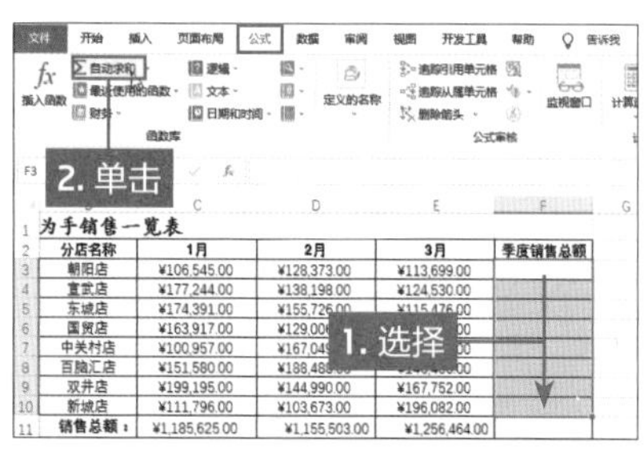

图13 如果需要按横向自动计算求和，其操作和按纵向计算销售总额一样

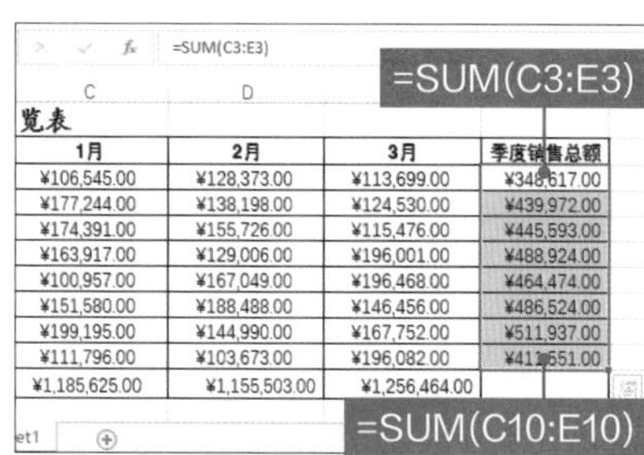

图14 操作完成后即可在F3:F10单元格区域中显示计算结果，单元格中结果为与之对应左侧单元格区域内数据之和

1. 输入公式并计算

2. 拖曳并填充公式

2月	3月	季度销售总额
		¥348,617.00
¥138,198.00	¥124,530.00	¥439,972.00
¥155,726.00	¥115,476.00	¥445,593.00
¥129,006.00	¥196,001.00	¥488,924.00
¥167,049.00	¥196,468.00	¥464,474.00
¥188,488.00	¥146,456.00	¥486,524.00
¥144,990.00	¥167,752.00	¥511,937.00
¥103,673.		1,551.00
¥1,155,5		

图15 首先在F3单元格中输入计算公式，然后将公式向下填充到F10单元格即可

同时计算出多个结果

之前介绍了在一个单元格中自动求和的方法，下面再介绍同时在多个单元格中分别计算数据的和。统计各分店第一季度中每个月的销售金额，现需要计算出每个月的销售总金额。

首先打开对应的工作簿，选中C11:E11单元格区域，然后切换至“公式”选项卡，单击“函数库”选项组中“自动求和”按钮（**图11**）。操作完成后，在选中的C11:E11单元格区域中显示计算的结果（**图12**）。其中C11单元格显示C3:C10单元格区域内数值之和，以此类推E11单元格显示E3:E10单元格内数值之和。

除了上述操作外，用户也可以先选择C3:E10单元格区域，然后再执行自动求和运算，即可在选中单元格区域的下方分别按纵向计算出数据之和。

用自动求和功能还可计算横向单元格内数值之和。本案例需要计算出各分店第一季度3个月的销售总额。在工作表中的F列添加辅助列，然后选中F3:F10单元格区域，再根据相同方法单击“自动求和”按钮（**图13**）。操作完成后在F3:F10单元格区域中显示计算的结果，其中在F3单元格中计算C3:E3单元格区域内的数值之和，以此类推F10单元格中显示C10:E10单元格区域内数据之和（**图14**）。

除了以上方法之外，用户也可以通过填充公式的方法快速计算结果。在本案例中，在F3单元格中输入公式“=SUM(C3:E3)”，按Enter键执行计算“朝阳店”第一季度的销售总额。选中F3单元格，将光标移至右下角填充柄上方变成黑色十字形状，按住鼠标左键向下拖曳至F10单元格，释放鼠标左键即可计算出各分店销售额之和（**图15**）。

使用自动求和功能还可以同时计算纵横方向上的和。本案例可以在C11:E11单元格区域中分别计算各分店1、2和3月销售总额；在F3:F10单元格区域中计算各分店第一季度的销售总额；在F11单元格中计算第一季度所有分店的销售总金额。

选中C3:F11单元格区域，切换至“开始”选项卡，单击“编辑”选项组中的“自动求和”按钮（图16）。操作完成后可见在选中区域内所有空白单元格均显示相对应的求和结果。当选中F3单元格时，在编辑栏中显示“=SUM(C3:E3)”公式，该公式用于计算C3:E3单元格区域内数据之和；选中C11单元格，在编辑栏中显示公式为“=SUM(C3:C10)”，该公式用于计算C3:C10单元格区域内数据之和；选中F11单元格，在编辑栏中显示公式为“=SUM(C11:E11)”，用于计算C11:E11单元格区域内数据之和，也就是C3:E10单元格区域内数据之和（图17）。

同时计算纵横方向数据之和

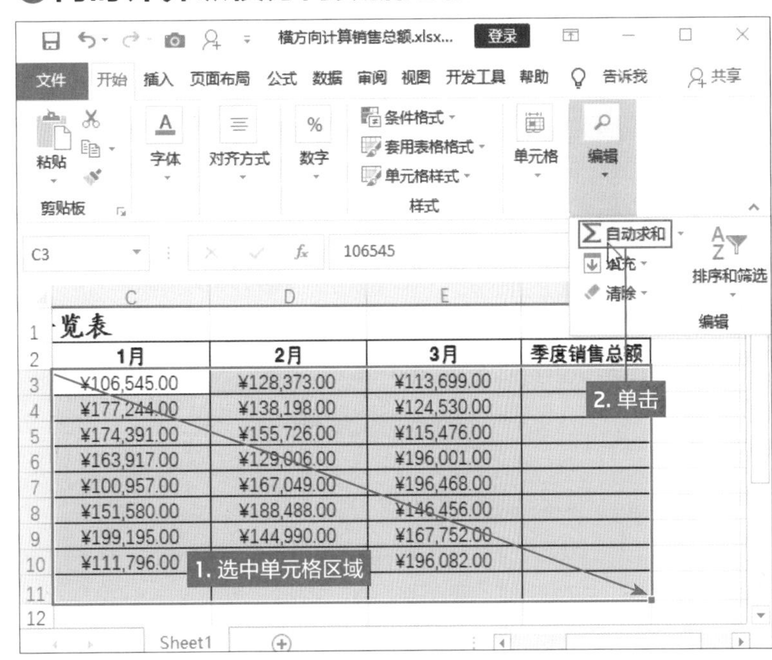

图16　首先选择C3:F11单元格区域，然后单击“自动求和”按钮

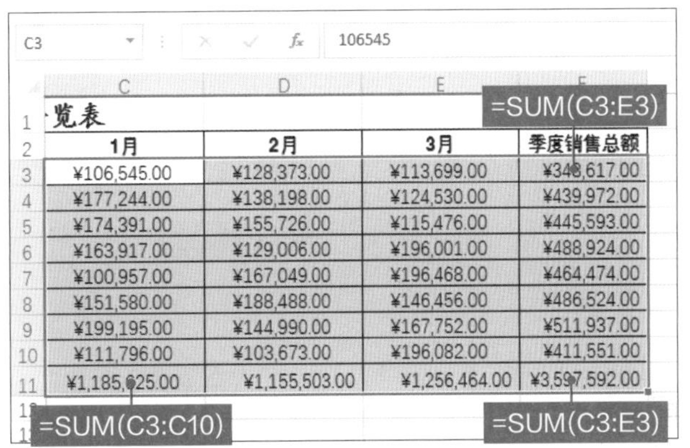

图17　在选中的单元格区域的下方和右侧空白单元格区域中均显示空白单元格上方以及左侧单元格区域内数据之和

分类汇总一键搞定

在Excel中使用自动求和功能可以对数据进行分类汇总。打开“按地区统计各分店销售额.xlsx”，需要在D8:F8单元格区域内计算出上方单元格内数据之和；在D14:F14单元格区域内计算出D9:F13单元格区域内数据之和；在D20:F20单元格区域内分别计算出D15:F19单元格区域内数据之和。首先选择D8:F8单元格区域，然后按Ctrl键再分别选中D14:F14和D20：F20单元格区域，然后在“开始”选项卡中单击“自动求和”按钮（图18）。操作完成后，即可在选中的单元格区域中分别计算该单元格上方对应的单元格区域内的数据之和。Excel自动检索到求和对应的参数范围，如D8单元格的求和范围是D3:D7单元格区域；D14单元格的求和范围是D9:D13

同时计算纵横方向数据之和

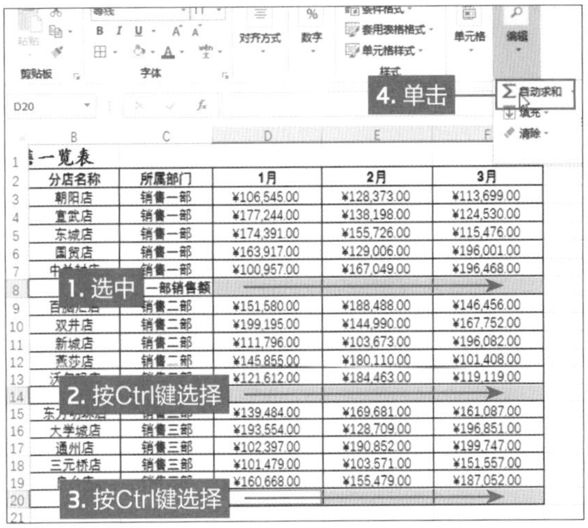

图18　当需要在不连续的单元格内计算数据之和时，首先要选中对应的单元格区域，然后再单击“自动求和”按钮

图19　操作完成后即可在选中的单元格区域中显示计算结果，即计算出结果单元格上方连续的单元格区域的数据之和

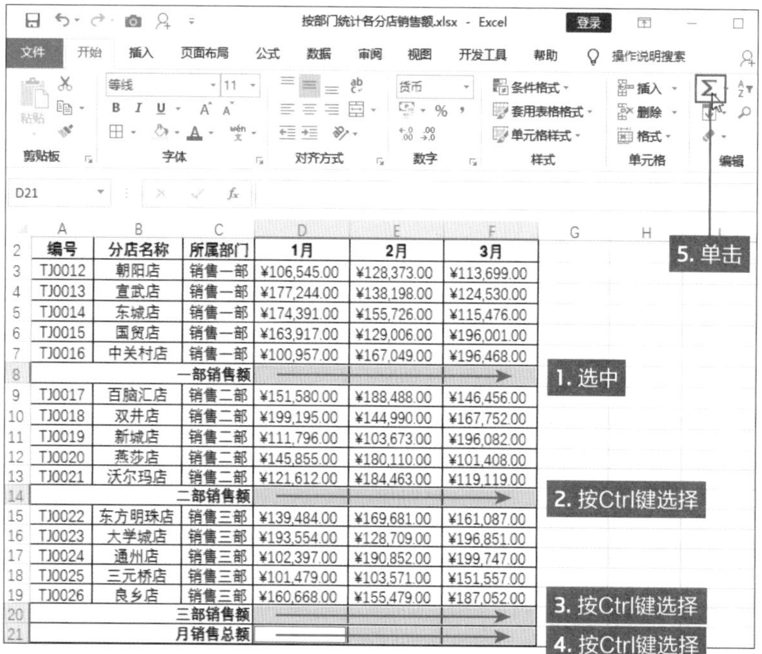

图20　在分类汇总的时候，还需要统计各部门每月的销售额，在D21:F21单元格区域计算出每月销售总额

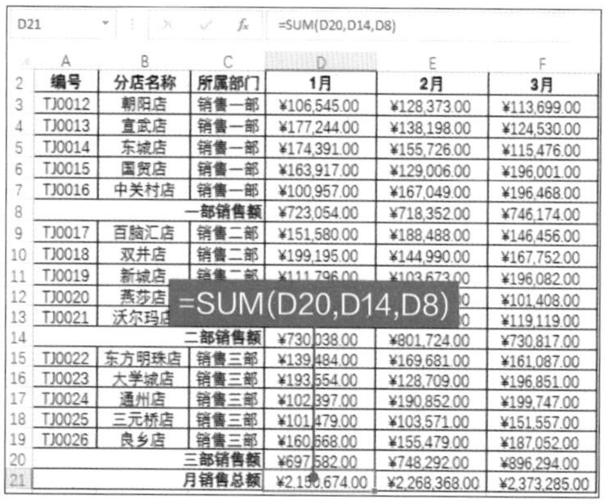

图21　在选中的单元格区域中计算出对应结果。在D21:F21单元格区域中分别统计出1月、2月和3月的销售总额

单元格区域，D20单元格的求和范围是D15:D19单元格区域（图19）。因在Excel中C8和C14单元格是SUM函数公式计算出的结果，会被排除在外不参于计算，所以在第14行和第20行统计数据之和时不包括在总计目标单元格之上。

统计分类汇总时也可以合计所有部门每个月的销售额。选中D8:F8区域，然后按Ctrl键依次选择D14:F14、D20:F20和D21:F21区域，其中在D8:F8、D14:F14和D20:F20区域显示各部门每月的销售额，在D21:F21区域中将合计所有部门每月的销售总额。最后在“开始”选项卡中单击“自动求和”按钮（图20）。完成后将在选中的单元格内显示统计结果，其中D21单元格中显示D3:D7、D9:D13和D15:D19单元格区域内数据之和，或D8、D14和D20单元格内数据之和。选中D21单元格，在编辑栏中显示“=SUM(D20,D14,D8)”计算公式，结果为1月份总销售额（图21）。

以上使用自动求和都是按横向计算的，如还需要计算各分店和各部门第一季度的销售额，也就是在数据的右侧统计左侧数据之和。首先选中D8:F8区域，然后按住Ctrl键依次选择D14:F14、D20:F20、D21:F21和G3:G21区域，即在G3:G21单元格区域中统计左侧1月、2月和3月的销售额之和。选择完成后，在“开始”选项卡中单击“自动求和”按钮（图22）。即可在选中的单元格中计算相应的数据之和，在G3:G21单元格区域中分别统计左侧数据之和，选中G3单元格其公式为“=SUM(D3:F3)”；选中G21单元格，其公式为“=SUM(D21:F21)”（图23）。

当在多个不连续的单元格中使用自动求和功能计算时，必须要注意选择单元格区域的先后顺序，如果顺序错误则得到的结果也是错误的。在本实例中，如果先选择D21:F21单元格区域，再选择D8:F8、D14:F14和D20:F20单元格区域，然后再进行自动求和，则在D21单元格中计算D15:D20单元格区域内数据之和，很明显计算结果不是我们想要的。

在Excel中用户也可以通过“分类汇总”功能对现有的数据进行求和、平均值、最大值、最小值等计算。使用“分类汇总”功能时，必须注意需要对分类的字段进行排序。下面介绍使用“分类汇总”功能对数据进行分类求和。首先按所属部门进行排序，选中“所属部门”列任意单元格，单击“数据”选项卡的“排序和筛选”选项组中的“升序”按钮，然后选择数据区域任意单元格，在“数据”选项卡的“分级显示”选项组中单击“分类汇总”按钮（图24）。打开“分类汇总”对话框，单击“分类字段”下三角按钮，在列表中选择“所属部门”选项，在“汇总方式”列表中选择“求和”计算方式，在“选定汇总项”列表框中勾选“1月”“2月”和“3月”复选框，最后再单击“确定”按钮（图25）。操作完成后，在每个部门下方显示该部门的销售总额，最下

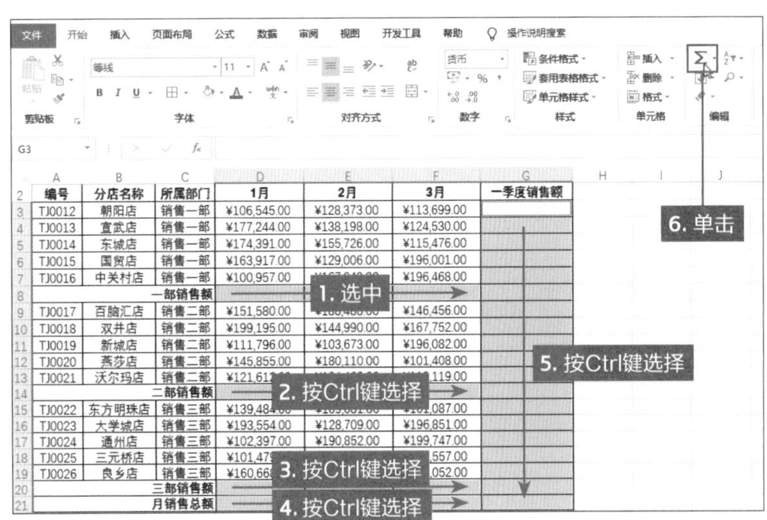

图22　在数据单元格区域的右侧还需要统计各分店和各部门第一季度的销售额，首先选择指定的单元格区域，然后单击“自动求和”按钮

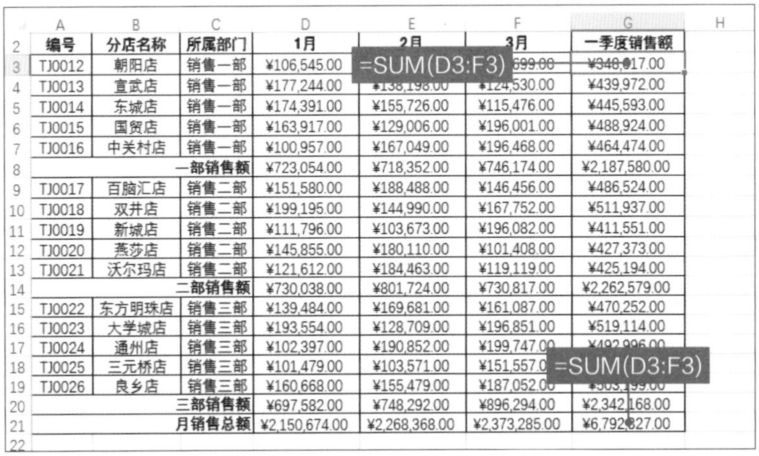

编号	分店名称	所属部门	1月	2月	3月	一季度销售额
TJ0012	朝阳店	销售一部	¥106,545.00	[illegible]	[illegible]	[illegible]
TJ0013	宣武店	销售一部	¥177,244.00	[illegible]	¥124,530.00	¥439,972.00
TJ0014	东城店	销售一部	¥174,391.00	¥155,726.00	¥115,476.00	¥445,593.00
TJ0015	国贸店	销售一部	¥163,917.00	¥129,006.00	¥196,001.00	¥488,924.00
TJ0016	中关村店	销售一部	¥100,957.00	¥167,049.00	¥196,468.00	¥464,474.00
		一部销售额	¥723,054.00	¥718,352.00	¥746,174.00	¥2,187,580.00
TJ0017	百脑汇店	销售二部	¥151,580.00	¥188,488.00	¥146,456.00	¥486,524.00
TJ0018	双井店	销售二部	¥199,195.00	¥144,990.00	¥167,752.00	¥511,937.00
TJ0019	新城店	销售二部	¥111,796.00	¥103,673.00	¥196,082.00	¥411,551.00
TJ0020	燕莎店	销售二部	¥145,855.00	¥180,110.00	¥101,408.00	¥427,373.00
TJ0021	沃尔玛店	销售二部	¥121,612.00	¥184,463.00	¥119,119.00	¥425,194.00
		二部销售额	¥730,038.00	¥801,724.00	¥730,817.00	¥2,262,579.00
TJ0022	东方明珠店	销售三部	¥139,484.00	¥169,681.00	¥161,087.00	¥470,252.00
TJ0023	大学城店	销售三部	¥193,554.00	¥128,709.00	¥196,851.00	¥519,114.00
TJ0024	通州店	销售三部	¥102,397.00	¥190,852.00	¥199,747.00	[illegible]
TJ0025	三元桥店	销售三部	¥101,479.00	¥103,571.00	[illegible]	[illegible]
TJ0026	良乡店	销售三部	¥160,668.00	¥155,479.00	¥187,052.00	[illegible]
		三部销售额	¥697,582.00	¥748,292.00	¥896,294.00	¥2,342,168.00
		月销售总额	¥2,150,674.00	¥2,268,368.00	¥2,373,285.00	¥6,792,827.00

=SUM(D3:F3)

=SUM(D3:F3)

图23　在选中的单元格区域中显示计算结果，在G3:G21单元格区域中计算左侧数据之和

●分类汇总的应用

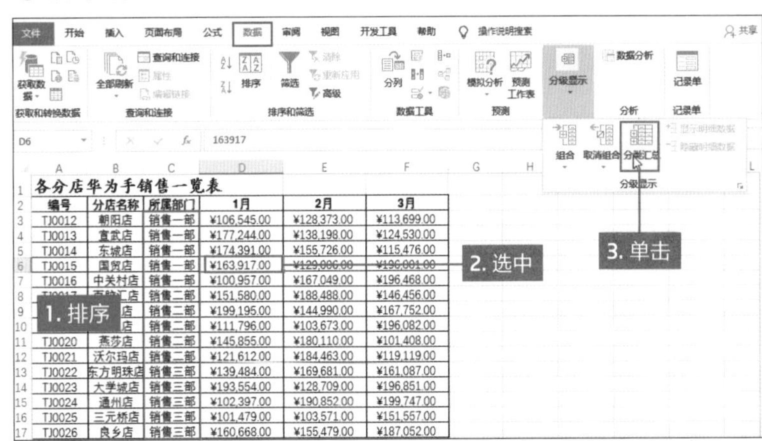

图24　首先对所属部门进行升序排序，然后在“数据”选项卡的“分级显示”选项组中单击“分类汇总”按钮

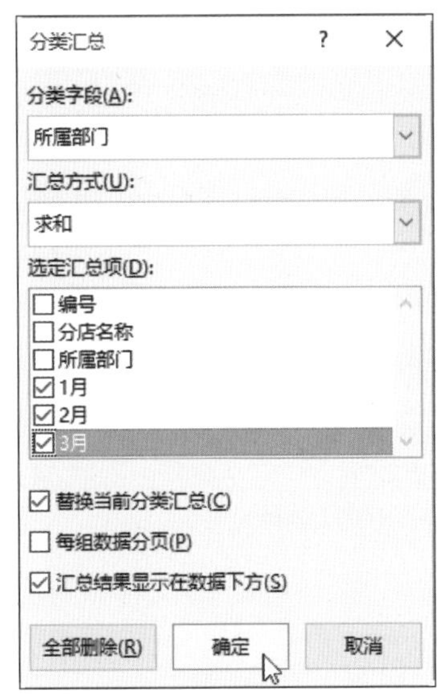

图25　在打开的“分类汇总”对话框中，设置分类字段、汇总方式和汇总项，最后单击“确定”按钮

SUBTOTAL()函数

=SUBTOTAL(function_number,ref1,ref2, ...)

该函数返回列表或数据库中的分类汇总

D20 =SUBTOTAL(9,D15:D19)

	A	B	C	D	E	F
1	各分店华为手销售一览表					
2	编号	分店名称	所属部门	1月	2月	3月
3	TJ0012	朝阳店	销售一部	¥106,545.00	¥128,373.00	¥113,699.00
4	TJ0013	宣武店	[illegible]	[illegible]	[illegible]	¥124,530.00
5	TJ0014	东城店	[illegible]	[illegible]	[illegible]	¥115,476.00
6	TJ0015	国贸店	销售一部	¥163,917.00	¥129,006.00	¥196,001.00
7	TJ0016	中关村店	销售一部	¥100,957.00	¥167,049.00	¥196,468.00
8			销售一部 汇总	¥723,054.00	¥718,352.00	¥746,174.00
9	TJ0017	百脑汇店	销售二部	¥151,580.00	¥188,488.00	¥146,456.00
10	TJ0018	双井店	销售二部	¥199,195.00	¥144,990.00	¥167,752.00
11	TJ0019	新城店	销售二部	¥111,796.00	¥103,673.00	¥196,082.00
12	TJ0020	燕莎店	销售二部	¥145,855.00	¥180,110.00	¥101,408.00
13	TJ0021	沃尔玛店	销售二部	¥121,612.00	¥184,463.00	¥119,119.00
14			销售二部 汇总	¥730,038.00	¥801,724.00	¥730,817.00
15	TJ0022	东方明珠店	销售三部	¥139,484.00	¥169,681.00	¥161,087.00
16	TJ0023	大学城店	销售三部	¥193,554.00	¥128,709.00	¥196,851.00
17	TJ0024	通州店	[illegible]	[illegible]	[illegible]	¥199,747.00
18	TJ0025	三元桥店	[illegible]	[illegible]	[illegible]	¥151,557.00
19	TJ0026	良乡店	销售三部	¥160,668.00	¥155,479.00	¥187,052.00
20			销售三部 汇总	¥697,582.00	¥748,292.00	¥896,294.00
21			总计	¥2,150,674.00	¥2,268,368.00	¥2,373,285.00

=SUBTOTAL(9,D3:D7)

=SUBTOTAL(9,D3:D19)

图26　操作完成后各部门下显示该部门的汇总求和数据，最下方显示每个月的销售总额

●使用SUMPRODUCT函数计算数据

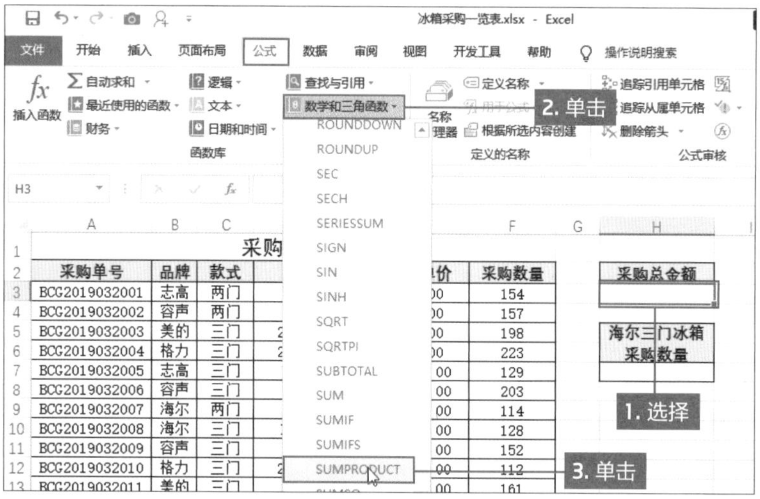

冰箱采购一览表.xlsx - Excel

1. 选择

2. 单击

3. 单击

图27　在采购统计表中只知道采购单价和数量时，可以通过SUMPRODUCT函数一次性计算出采购总额

图28　在打开的"函数参数"对话框中设置该函数的参数范围，最后单击"确定"按钮

显示所有数据的总计。选中汇总的单元格时，编辑栏中显示SUBTOTAL函数公式，而不是SUM函数公式。因为Excel分类汇总的功能是根据SUBTOTAL函数原理进行数据汇总的。当选中D8单元格时，其公式为"=SUBTOTAL(9,D3:D7)"，其中第一个参数9表示汇总D3:D7单元格区域内数据的计算方式，9表示求和。选中D21单元格时，其公式为"=SUBTOTAL(9,D3:D19)"，Excel进行总计时，系统会排除D8、D14汇总的数据，只求和D3:D7、D9:D13和D15:D19单元格区域内的数据（图26）。

计算总金额和采购数量

之前介绍了使用自动求和功能快速计算出结果，当然在复杂的情况下自动求和是无法计算出结果的。如在采购统计表中只显示采购的单价和数量，需要计算采购的总金额和某些特定条件下的采购数量。此时我们可以使用SUMPRODUCT函数进行计算。

打开"冰箱采购一览表.xlsx"，选中H3单元格，切换至"公式"选项卡，在"函数库"选项组中的"数学和三角函数"下拉列表中选择SUMPRODUCT函数（图27）。如果用户对该函数比较熟悉的话，可以在H3单元格中直接输入函数和对应的参数。打开"函数参数"对话框，在Array1文本框中输入E3:E85，在Array2文本框中输入F3:F85，单击"确定"按钮（图28）。操作完成后，在H3单元格中显示采购总金额，结果表示各型号冰箱的单价乘以采购的数量，然后将所有的结果相加。

在本案例中还可使用SUMPROUDCT函数进行统计满足条件的数量之和。如统计出海尔三门冰箱的采购数量，选中H7单元格，然后输入公式“=SUMPRODUCT((B3:B85="海尔")*(C3:C85="三门"),F3:F85)”，按Enter键执行计算，在H7单元格中显示出海尔三门冰箱的采购总数量为1052台（图29）。在公式中当同时满足(B3:B85="海尔")*(C3:C85="三门")时，则返回数字1，与F3:F85单元格区域中对应的数值相乘，最后再将相乘的数据相加即可。

根据销售金额为分店排名

统计各分店的销售总额后，为了分析各分店销售金额，我们可以对数据进行排名。首先在工作表中计算出各分店的销售金额，然后进一步完善表格。选中H3单元格，输入计算排名的公式“=RANK(G3,$G$3:$G$17)”（图30）。然后按Enter键执行计算，即可显示该分店在所有店面中的排名。最后将该单元格中的公式向下填充至H17单元格，查看所有分店的排名情况（图31）。朝阳店排名为15，表示在15家分店中该店面销售金额最少。在公式中G3:G17参数的前面有$符号，表示该行或列是绝对的，也就是说在填充公式时，该参数不会发生变化，如在H17单元格中公式为“=RANK(G17,$G$3:$G$17)”。

RANK函数用于返回一个数字在整个列表中的排位。其表达式为RANK(number,ref,order)，参数number表示需要计算排名的数据或其所在的单元格；Ref表示列表数据或引用；Order表示排名的方法，1表法升序，0表示降序。如果省略order参数，则采用降序排名，如果指定0以外的数值，则采用升序方式；如果指定数据以外的文本，则返回#VALUE的错误值。

SUMPRODUCT()函数

=SUMPRODUCT(array1,array2,array3, ...)

该函数用于计算相应数组或区域的乘积之和

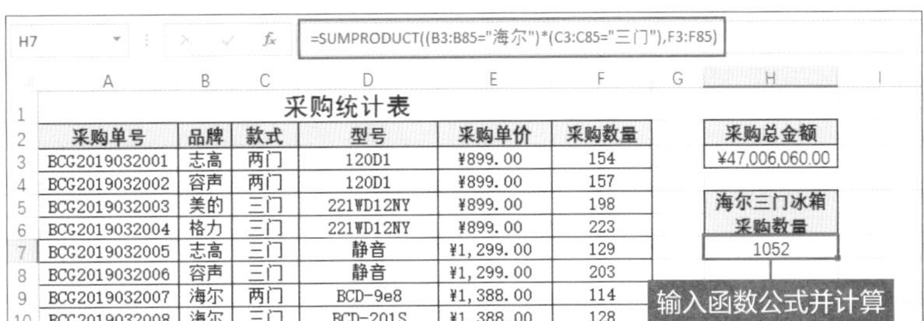

H7 =SUMPRODUCT((B3:B85="海尔")*(C3:C85="三门"),F3:F85)

采购统计表

采购单号	品牌	款式	型号	采购单价	采购数量
BCG2019032001	志高	两门	120D1	¥899.00	154
BCG2019032002	容声	两门	120D1	¥899.00	157
BCG2019032003	美的	三门	221WD12NY	¥899.00	198
BCG2019032004	格力	三门	221WD12NY	¥899.00	223
BCG2019032005	志高	三门	静音	¥1,299.00	129
BCG2019032006	容声	三门	静音	¥1,299.00	203
BCG2019032007	海尔	两门	BCD-9e8	¥1,388.00	114
BCG2019032008	海尔	三门	BCD-201S	¥1,388.00	128

采购总金额
¥47,006,060.00

海尔三门冰箱采购数量
1052

图29 在H7单元格计算出海尔三门冰箱的采购数量，只需输入SUMPRODUCT函数相关公式，按Enter键执行计算

●使用RANK函数对各分店进行排名

SUMPROD... =RANK(G3,$G$3:$G$17)

各分店华为手销售一览表

编号	分店名称	1月	2月	3月	销售总额	排名
TJ0012	朝阳店	¥106,545.00	¥128,373.00	¥113,699.00	¥:=RANK(G3,$G$3:$G$17)	
TJ0013	宣武店	¥177,244.00	¥138,198.00	¥124,530.00	¥439,972.00	
TJ0014	东城店	¥174,391.00	¥155,726.00	¥115,476.00	¥445,593.00	
TJ0015	国贸店	¥163,917.00	¥129,006.00	¥196,001.00	¥4[illegible]	
TJ0016	中关村店	¥100,957.00	¥167,049.00	¥196,468.00	¥4[illegible]	
TJ0017	百脑汇店	¥151,580.00	¥188,488.00	¥146,456.00	¥4[illegible]	
TJ0018	双井店	¥199,195.00	¥144,990.00	¥167,752.00	¥511,937.00	
TJ0019	新城店	¥111,796.00	¥103,673.00	¥196,082.00	¥411,551.00	
TJ0020	燕莎店	¥145,855.00	¥180,110.00	¥101,408.00	¥427,373.00	
TJ0021	沃尔玛店	¥121,612.00	¥184,463.00	¥119,119.00	¥425,194.00	
TJ0022	东方明珠店	¥139,484.00	¥169,681.00	¥161,087.00	¥470,252.00	
TJ0023	大学城店	¥193,554.00	¥128,709.00	¥196,851.00	¥519,114.00	
TJ0024	通州店	¥102,397.00	¥190,852.00	¥199,747.00	¥492,996.00	
TJ0025	三元桥店	¥101,479.00	¥103,571.00	¥151,557.00	¥356,607.00	
TJ0026	良乡店	¥160,668.00	¥155,479.00	¥187,052.00	¥503,199.00	

输入函数公式并计算

图30 在各分店销售一览表中选中H3单元格，然后输入RANK函数公式，用于计算排名

H3 =RANK(G3,$G$3:$G$17)

华为手销售一览表

分店名称	1月	2月	3月	销售总额	排名
朝阳店	¥106,545.00	¥128,373.00	¥113,699.00	¥348,617.00	15
宣武店	¥177,244.00	¥138,198.00	¥124,530.00	¥439,972.00	10
东城店	¥174,391.00	¥155,726.00	¥115,476.00	¥445,593.00	9
国贸店	¥163,917.00	¥129,006.00	¥196,001.00	¥488,924.00	5
中关村店	¥100,957.00	¥167,049.00	¥196,468.00	¥464,474.00	8
百脑汇店	¥151,580.00	¥188,4[illegible]	[illegible]	¥486,524.00	6
双井店	¥199,195.00	¥144,9[illegible]	[illegible]	[illegible]511,937.00	2
新城店	¥111,796.00	¥103,6[illegible]	[illegible]	[illegible]411,551.00	13
燕莎店	¥145,855.00	¥180,1[illegible]	[illegible]	[illegible]427,373.00	11
沃尔玛店	¥121,612.00	¥184,463.00	¥119,119.00	¥425,194.00	12
东方明珠店	¥139,484.00	¥169,681.00	¥161,087.00	¥470,252.00	7
大学城店	¥193,554.00	¥128,709.00	¥196,851.00	¥519,114.00	1
通州店	¥102,397.00	¥190,852.00	¥199,747.00	¥492,996.00	4
三元桥店	¥101,479.00	¥103,571.00	¥151,557.00	¥356,607.00	14
良乡店	¥160,668.00	¥155,479.00	¥187,052.00	¥503,199.00	3

填充公式查看结果

图31 计算出H3单元格中的排名后，将该公式向下填充到H17单元格，计算出所有店面的排名

知识拓展链接

除了上述介绍的RANK函数外，还有RANK.AVG和PERCENTRANK函数对数据排名。用户可关注“未蓝文化”(ID:WeiLanWH) 读者服务号并发送“排名函数”关键字即可查看更多关于排名函数的教学视频。

Part 2

扫码看视频

套用表格格式并利用表格的总计功能

当需要处理大量数据时，使用表格格式功能很方便。

使用表格格式功能后，通过“汇总行”进行快速计算，如求和、最大值等。

本Part需要掌握的统计方法

套用表格格式并计算数据

在表格没有计算的数据，可以在套用表格格式后，通过“自动求和”功能计算，可以自动复制整列公式

通过“汇总行”功能计算数据

为表格添加“汇总行”后，可以计算所需的数据

筛选指定条件的数据

用户可以通过标题右侧的筛选按钮或切片器对数据进行筛选

超市销售明细表

类别	1月	2月	3月	1季度合计	4月	5月	6月	2季度合计	上半年合计
冷藏	¥16,879.00	¥11,540.00	¥11,821.00	¥40,240.00	¥16,801.00	¥12,577.00	¥19,902.00	¥49,280.00	¥89,520.00
粮油	¥13,334.00	¥16,031.00	¥15,481.00	¥44,846.00	¥17,205.00	¥17,858.00	¥16,791.00	¥51,854.00	¥96,700.00
冲调食品	¥15,724.00	¥11,362.00	¥13,309.00	¥40,395.00	¥13,723.00	¥13,322.00	¥16,734.00	¥43,779.00	¥84,174.00
休闲食品	¥19,263.00	¥19,687.00	¥11,224.00	¥50,174.00	¥16,634.00	¥14,346.00	¥15,897.00	¥46,877.00	¥97,051.00
干货	¥11,280.00	¥13,491.00	¥18,616.00	¥43,387.00	¥10,671.00	¥11,857.00	¥14,176.00	¥36,704.00	¥80,091.00
饼干	¥19,426.00	¥18,093.00	¥19,388.00	¥56,907.00	¥11,563.00	¥10,245.00	¥15,237.00	¥37,045.00	¥93,952.00
烟	¥12,253.00	¥18,691.00	¥14,438.00	¥45,382.00	¥10,547.00	¥15,848.00	¥12,897.00	¥39,292.00	¥84,674.00
酒	¥10,395.00	¥11,505.00	¥17,400.00	¥39,300.00	¥16,330.00	¥19,084.00	¥16,021.00	¥51,435.00	¥90,735.00
饲料	¥19,938.00	¥15,136.00	¥19,159.00	¥54,233.00	¥18,907.00	¥16,292.00	¥13,148.00	¥48,347.00	¥102,580.00
生活用品	¥14,852.00	¥17,571.00	¥15,216.00	¥47,639.00	¥11,649.00	¥19,623.00	¥12,273.00	¥43,545.00	¥91,184.00
纸制品	¥18,774.00	¥11,154.00	¥10,042.00	¥39,970.00	¥18,264.00	¥13,298.00	¥15,410.00	¥46,972.00	¥86,942.00
清洁用品	¥14,992.00	¥17,950.00	¥12,200.00	¥45,142.00	¥11,811.00	¥16,902.00	¥17,030.00	¥45,743.00	¥90,885.00
文具	¥12,238.00	¥16,544.00	¥13,718.00	¥42,500.00	¥18,116.00	¥10,938.00	¥11,594.00	¥40,648.00	¥83,148.00
家私箱包	¥11,127.00	¥13,310.00	¥12,636.00	¥37,073.00	¥18,512.00	¥14,640.00	¥13,411.00	¥46,563.00	¥83,636.00
床上用品	¥17,505.00	¥15,769.00	¥15,728.00	¥49,002.00	¥18,035.00	¥19,403.00	¥15,095.00	¥52,533.00	¥101,535.00
婴儿用品	¥13,951.00	¥19,510.00	¥10,186.00	¥43,647.00	¥16,277.00	¥17,020.00	¥12,233.00	¥45,530.00	¥89,177.00
服装	¥11,234.00	¥17,041.00	¥19,064.00	¥47,339.00	¥15,843.00	¥15,491.00	¥17,613.00	¥48,947.00	¥96,286.00
调味品	¥12,540.00	¥10,020.00	¥131,200.00	¥153,760.00	¥10,021.00	¥12,500.00	¥9,001.00	¥31,522.00	¥185,282.00
汇总				¥51,163.11				¥52,533.00	¥1,727,552.00

套用表格格式后，可以对数据进行相关计算

●将数据区域转化成表格

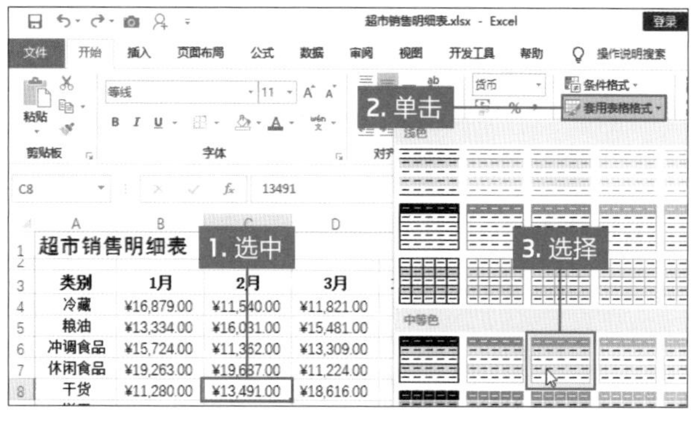

图1 选择数据区域任意单元格，然后单击“套用表格格式”下三角按钮，在列表中选择合适的表格格式

从2007版本之后，Excel增添了套用表格格式功能。为表格应用表格格式后，不仅可以快速美化表格，还可以对表格中的数据进行快速统计和筛选。套用表格格式后，可以快速统计出“1季度合计”“2季度合计”“上半年合计”以及每月合计的总金额。

自动复制整列公式

在超市销售明细表中只是记录了商品的类别和每个月的销售数据，并没有对数据进行计算。我们也可以先套用表格格式，然后再进行计算等操作。首先在工作表的数据区域选择任意单元格，如C8单元格，然后切换至“开始”选项卡，单击“样式”选项组中“套用表格格式”下三角按钮，在打开的列表中包含60多种不同的表格格式，用户根据需要选择（**图1**）。打开“套用表格式”对话框，在“表数据的来源”文本框中显示数据区域，用户可单击右侧折叠按钮在工作表中选择需要应用表格格式的单元格区域，勾选“表包含标题”复选框，最后单击“确定”按钮（**图2**）。即可应用选中的格式。

返回工作表中可见，目标单元格区域应用了设置的样式，其中“1季度合计”“2季度合计”和“上半年合计”对应的单元格区域仍为空白的。

先计算“2季度合计”的数值，需要在I4单元格输入计算4、5、6月份数据之和的公式。选中I4单元格，然后单击“自动求和”按钮（图3）。在I4单元格中显示“=SUM(表11[@[4月]:[6月]]”公式，其中“4月”和“6月”表示标题名称，就是计算4月、5月和6月的数据之和（图4）。确定引用的参数无误后，按Enter键执行计算，可见在I4:I20单元格区域内同时计算出2季度合计的数据（图5）在套用表格格式后自动复制整列公式，这是在普通表格中无法实现的。完成整列数据的计算后，选中该列任意位置，在编辑栏中可见所有的公式都是一样的。

然后根据相同的方法计算出“1季度合计”的数值。最后计算出“上半年合计”的数值，选中J4单元格，然后单击“自动求和”按钮。在J4单元格中显示“=SUM(表11[@[1月]:[2季度合计]])”公式，由公式可见计算J4单元格左侧所有的数据这和，这肯定是错误的（图6）。选中SUM函数的所有参数，然后选中E4单元格，即1季度合计的数值。再输入英文半角逗号，最后再选中I4单元格，可见J4单元格中公式被修改为“=SUM([@1季度合计],[@2季度合计])”。按Enter键执行计算，即可在J4:J20单元格区域中分别计算出所有类别上半年的销售金额（图7）。在计算结果所在的单元格中计算公式都相同的。

将普通表格应用表格格式后，其中有很多智能的功能，如本案例中的自动复制整列公式。在标题栏中每个标题的右侧显示下三角筛选按钮，用户也可以使用该功能对数据进行筛选，该功能将在之后详细介绍。

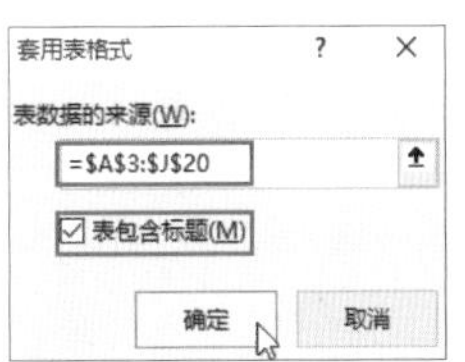

图2　打开“套用表格式”对话框，首先要确保数据的来源是我们应用表格式的单元格区域，然后勾选“表包含标题”复选框，设置完成后单击“确定”按钮

图3　根据Part1所学的知识，合计相关数据，选择相应的单元格，然后单击“自动求和”按钮

图4　在I4单元格中显示SUM函数的计算公式，确定参数引用没有错误后按Enter键执行计算

I5　=SUM(表11[@[4月]:[6月]])

超市销售明细表

类别	1月	2月	3月	1季度合计	4月	5月	6月	2季度合计
冷藏	¥16,879.00	¥11,540.00	¥11,821.00		¥16,801.00	¥12,577.00	¥19,902.00	¥49,280.00
粮油	¥13,334.00	¥16,031.00	¥15,481.00		¥17,205.00	¥17,858.00	¥16,791.00	¥51,854.00
冲调食品	¥15,724.00	¥11,362.00	¥13,309.00		¥13,723.00	¥13,322.00	¥16,734.00	¥43,779.00
休闲食品	¥19,263.00	¥19,687.00	¥11,224.00		¥16,634.00	¥14,346.00	¥15,897.00	¥46,877.00
干货	¥11,280.00	¥13,491.00	¥18,616.00		¥10,671.00	¥11,857.00	¥14,176.00	¥36,704.00
饼干	¥19,426.00	¥18,093.00	[illegible]		[illegible]	¥10,245.00	¥15,237.00	¥37,045.00
烟	¥12,253.00	¥18,691.00	[illegible]		[illegible]	¥15,848.00	¥12,897.00	¥39,292.00
酒	¥10,395.00	¥11,505.00	[illegible]		[illegible]	¥19,084.00	¥16,021.00	¥51,435.00
饲料	¥19,938.00	¥15,136.00	[illegible]		[illegible]	¥16,292.00	¥13,148.00	¥48,347.00
生活用品	¥14,852.00	¥17,571.00	[illegible]		[illegible]	¥19,623.00	¥12,273.00	¥43,545.00
纸制品	¥18,774.00	¥11,154.00	¥10,042.00		¥18,264.00	¥13,298.00	¥15,410.00	¥46,972.00
清洁用品	¥14,992.00	¥17,950.00	¥12,200.00		¥11,811.00	¥16,902.00	¥17,030.00	¥45,743.00
文具	¥12,238.00	¥16,544.00	¥13,718.00		¥18,116.00	¥10,938.00	¥11,594.00	¥40,648.00
家私箱包	¥11,127.00	¥13,310.00	¥12,636.00		¥18,512.00	¥14,640.00	¥13,411.00	¥46,563.00
床上用品	¥17,505.00	¥15,769.00	¥15,728.00		¥18,035.00	¥19,403.00	¥15,095.00	¥52,533.00

自动向下填充公式并计算出结果

图5　在I4:I20单元格区域内同时计算出2季度合计的所有数据，只有在套用表格格式后才可以自动复制整列公式

图6 计算“上半年合计”数值时，单击“自动求和”按钮后，可见在J4单元格中显示的公式引用错误，需重新设置

J5 =SUM([@1季度合计],[@2季度合计])

超市销售明细表

类别	1月	2月	3月	1季度合计	4月	5月	6月	2季度合计	上半年合计
冷藏	¥16,879.00	¥11,540.00	¥11,821.00	¥40,240.00	¥16,801.00	¥12,577.00	¥19,902.00	¥49,280.00	¥89,520.00
粮油	¥13,334.00	¥16,031.00	¥15,481.00	¥44,846.00	¥17,205.00	¥17,858.00	¥16,791.00	¥51,854.00	¥96,700.00
冲调食品	¥15,724.00	¥11,362.00	¥13,309.00	¥40,395.00	¥13,723.00	¥13,322.00	¥16,734.00	¥43,779.00	¥84,174.00
休闲食品	¥19,263.00	¥19,687.00	¥11,224.00	¥50,174.00	¥16,634.00	¥14,346.00	¥15,897.00	¥46,877.00	¥97,051.00
干货	¥11,280.00	¥13,491.00	¥18,616.00	¥43,387.00	¥10,671.00	¥11,857.00	¥14,176.00	¥36,704.00	¥80,091.00
饼干	¥19,426.00	¥18,093.00	¥19,388.00	¥56,907.00	¥11,563.00	¥10,245.00	¥15,237.00	¥37,045.00	¥93,952.00
烟	¥12,253.00	¥18,691.00	¥14,438.00	¥45,382.00	¥10,547.00	[illegible]	[illegible]	[illegible]	¥84,674.00
酒	¥10,395.00	¥11,505.00	¥17,400.00	¥39,300.00	¥16,330.00	[illegible]	[illegible]	[illegible]	¥90,735.00
饲料	¥19,938.00	¥15,136.00	¥19,159.00	¥54,233.00	¥18,907.00	[illegible]	[illegible]	[illegible]	¥102,580.00
生活用品	¥14,852.00	¥17,571.00	¥15,216.00	¥47,639.00	¥11,649.00	[illegible]	[illegible]	[illegible]	¥91,184.00
纸制品	¥18,774.00	¥11,154.00	¥10,042.00	¥39,970.00	¥18,264.00	[illegible]	[illegible]	[illegible]	¥86,942.00
清洁用品	¥14,992.00	¥17,950.00	¥12,200.00	¥45,142.00	¥11,811.00	¥16,902.00	¥17,030.00	¥45,743.00	¥90,885.00
文具	¥12,238.00	¥16,544.00	¥13,718.00	¥42,500.00	¥18,116.00	¥10,938.00	¥11,594.00	¥40,648.00	¥83,148.00
家私箱包	¥11,127.00	¥13,310.00	¥12,636.00	¥37,073.00	¥18,512.00	¥14,640.00	¥13,411.00	¥46,563.00	¥83,636.00
床上用品	¥17,505.00	¥15,769.00	¥15,728.00	¥49,002.00	¥18,035.00	¥19,403.00	¥15,095.00	¥52,533.00	¥101,535.00
婴儿用品	¥13,951.00	¥19,510.00	¥10,186.00	¥43,647.00	¥16,277.00	¥17,020.00	¥12,233.00	¥45,530.00	¥89,177.00
服装	¥11,234.00	¥17,041.00	¥19,064.00	¥47,339.00	¥15,843.00	¥15,491.00	¥17,613.00	¥48,947.00	¥96,286.00

自动向下填充公式并计算出结果

图7 对SUM函数的参数设置完成后，同样按Enter键即可在该列计算出所有类别上半年合计的数值

●在表格结尾输入数据自动执行计算

超市销售明细表

类别	1月	2月	3月	1季度合计	4月	5月	6月	2季度合计	上半年合计
冷藏	¥16,879.00	¥11,540.00	¥11,821.00	¥40,240.00	¥16,801.00	¥12,577.00	¥19,902.00	¥49,280.00	¥89,520.00
粮油	¥13,334.00	¥16,031.00	¥15,481.00	¥44,846.00	¥17,205.00	¥17,858.00	¥16,791.00	¥51,854.00	¥96,700.00
冲调食品	¥15,724.00	¥11,362.00	¥13,309.00	¥40,395.00	¥13,723.00	¥13,322.00	¥16,734.00	¥43,779.00	¥84,174.00
休闲食品	¥19,263.00	¥19,687.00	¥11,224.00	¥50,174.00	¥16,634.00	¥14,346.00	¥15,897.00	¥46,877.00	¥97,051.00
干货	¥11,280.00	¥13,491.00	¥18,616.00	¥43,387.00	¥10,671.00	¥11,857.00	¥14,176.00	¥36,704.00	¥80,091.00
饼干	¥19,426.00	¥18,093.00	¥19,388.00	¥56,907.00	¥11,563.00	¥10,245.00	¥15,237.00	¥37,045.00	¥93,952.00
烟	¥12,253.00	¥18,691.00	¥14,438.00	¥45,382.00	¥10,547.00	¥15,848.00	¥12,897.00	¥39,292.00	¥84,674.00
酒	¥10,395.00	¥11,505.00	¥17,400.00	¥39,300.00	¥16,330.00	¥19,084.00	¥16,021.00	¥51,435.00	¥90,735.00
饲料	¥19,938.00	¥15,136.00	¥19,159.00	¥54,233.00	¥18,907.00	¥16,292.00	¥13,148.00	¥48,347.00	¥102,580.00
生活用品	¥14,852.00	¥17,571.00	¥15,216.00	¥47,639.00	¥11,649.00	¥19,623.00	¥12,273.00	¥43,545.00	¥91,184.00
纸制品	¥18,774.00	¥11,154.00	¥10,042.00	¥39,970.00	¥18,264.00	¥13,298.00	¥15,410.00	¥46,972.00	¥86,942.00
清洁用品	¥14,992.00	¥17,950.00	¥12,200.00	¥45,142.00	¥11,811.00	¥16,902.00	¥17,030.00	¥45,743.00	¥90,885.00
[illegible]	¥12,238.00	¥16,544.00	¥13,718.00	[illegible]	[illegible]	[illegible]	[illegible]	¥40,648.00	¥83,148.00
[illegible]	¥11,127.00	¥13,310.00	¥12,636.00	[illegible]	[illegible]	[illegible]	[illegible]	¥46,563.00	¥83,636.00
[illegible]	¥17,505.00	¥15,769.00	¥15,728.00	[illegible]	[illegible]	[illegible]	[illegible]	¥52,533.00	¥101,535.00
婴儿用品	¥13,951.00	¥19,510.00	¥10,186.00	¥43,647.00	¥16,277.00	¥17,020.00	¥12,233.00	¥45,530.00	¥89,177.00
服装	¥11,234.00	¥17,041.00	¥19,064.00	¥47,339.00	¥15,843.00	¥15,491.00	¥17,613.00	¥48,947.00	¥96,286.00
调味品				¥0.00				¥0.00	¥0.00

1. 输入
2. 自动应用格式和填充公式

图8 表格应用格式后，在A21单元格中输入“调味品”，按Enter键后该行自动应用了格式，并且公式也自动填充至该行

类别	1月	2月	3月	1季度合计	4月	5月	6月	2季度合计	上半年合计
冷藏	¥16,879.00	¥11,540.00	¥11,821.00	¥40,240.00	¥16,801.00	¥12,577.00	¥19,902.00	¥49,280.00	¥89,520.00
粮油	¥13,334.00	¥16,031.00	¥15,481.00	¥44,846.00	¥17,205.00	¥17,858.00	¥16,791.00	¥51,854.00	¥96,700.00
冲调食品	¥15,724.00	¥11,362.00	¥13,309.00	¥40,395.00	¥13,723.00	¥13,322.00	¥16,734.00	¥43,779.00	¥84,174.00
休闲食品	¥19,263.00	¥19,687.00	¥11,224.00	¥50,174.00	¥16,634.00	¥14,346.00	¥15,897.00	¥46,877.00	¥97,051.00
干货	¥11,280.00	¥13,491.00	¥18,616.00	¥43,387.00	¥10,671.00	¥11,857.00	¥14,176.00	¥36,704.00	¥80,091.00
饼干	¥19,426.00	¥18,093.00	¥19,388.00	¥56,907.00	¥11,563.00	¥10,245.00	¥15,237.00	¥37,045.00	¥93,952.00
烟	¥12,253.00	¥18,691.00	¥14,438.00	¥45,382.00	¥10,547.00	¥15,848.00	¥12,897.00	¥39,292.00	¥84,674.00
酒	¥10,395.00	¥11,505.00	¥17,400.00	¥39,300.00	¥16,330.00	¥19,084.00	¥16,021.00	¥51,435.00	¥90,735.00
饲料	¥19,938.00	¥15,136.00	¥19,159.00	¥54,233.00	¥18,907.00	¥16,292.00	¥13,148.00	¥48,347.00	¥102,580.00
生活用品	¥14,852.00	¥17,571.00	¥15,216.00	¥47,639.00	¥11,649.00	¥19,623.00	¥12,273.00	¥43,545.00	¥91,184.00
纸制品	¥18,774.00	¥11,154.00	¥10,042.00	¥39,970.00	¥18,264.00	¥13,298.00	¥15,410.00	¥46,972.00	¥86,942.00
清洁用品	¥14,992.00	¥17,950.00	¥12,200.00	¥45,142.00	¥11,811.00	¥16,902.00	¥17,030.00	¥45,743.00	¥90,885.00
文具	¥12,238.00	¥16,544.00	¥13,718.00	¥42,500.00	¥18,116.00	¥10,938.00	¥11,594.00	¥40,648.00	¥83,148.00
家私箱包	¥11,127.00	¥13,310.00	¥12,636.00	¥37,073.00	¥18,512.00	¥14,640.00	¥13,411.00	¥46,563.00	¥83,636.00
床上用品	¥17,505.00	¥15,769.00	¥15,728.00	[illegible]	[illegible]	[illegible]	[illegible]	[illegible]	¥101,535.00
婴儿用品	¥13,951.00	¥19,510.00	¥10,186.00	[illegible]	[illegible]	[illegible]	[illegible]	[illegible]	¥89,177.00
服装	¥11,234.00	¥17,041.00	¥19,064.00	¥47,339.00	¥15,843.00	¥15,491.00	¥17,613.00	¥48,947.00	¥96,286.00
调味品	¥12,540.00	¥10,020.00	¥131,200.00	¥153,760.00	¥10,021.00	¥12,500.00	¥9,001.00	¥31,522.00	¥185,282.00

输入数据，自动计算出合计的结果

图9 然后根据实际统计的数据分别填写在“调味品”对应的单元格中，则自动计算出合计

计算“上半年合计”的数值时，修改的两个参数之间用半角逗号隔开。逗号是一种引用运算符，表示联合运算，本例中表示E4和I4单元格中数据之和。如果使用冒号，则表示E4:I4单元格区域内数据之和。Excel中公式的运算符总共有4种，分别为算术运算符、比较运算符、文本运算符和引用运算符。我们在使用函数进行计算数据时，只有正确使用运算符才能得到正确的结果。

表格格式和公式自动延伸

在普通表格中，若在结尾添加数据，只能通过向下填充公式才能显示计算的结果。如在表格底部添加“调味品”各月的销售金额，则Excel不会自动计算出各季度的合计。当表格应用表格格式后，不但可以自动延伸公式，还能延伸格式。

选中A21单元格然后输入“调味品”文本，则该行应用表格的格式，并且在E21、I21和J21单元格中自动将公式向下填充，由于没输入实际的销售额则在单元格中显示0（图8），然后根据统计的数据依次填写在右侧的单元格中，在E21、I21和J21单元格中则自动计算出合计（图9）。应用表格格式后，不需要手动设置添加表格的格式，而且可以自动填充公式并执行计算。可大大提高工作效率。

高效完成数据统计

表格应用格式后，可为其添加汇总行，然后在应用列的最下方计算出所需数值。计算数据时，不需要输入函数公式或其他复杂的操作，所以被称为高效。

选中表格中任意单元格，然后切换至“表格工具-设计”选项卡，在“表格样式选项”选项组中勾选“汇总行”复选框。即可在表格的最下方显示“汇总”文本，并对最右侧数据进行求和（图10）。选中J22单元格，可见已使用SUBTOTAL函数对上半年合计的数据进行求和。

需要计算“1季度合计”数据的平均值，可在E22单元格中输入AVERAGE函数进行计算，在此我们只需简单地动下鼠标即可快速计算平均值。选中E22单元格，可见在右侧显示下三角按钮，单击该按钮，在列表中选择“平均值”选项（图11）。操作完成后，在E22单元格显示1季度合计数据的平均值（图12）。在编辑栏中显示“=SUBTOTAL (101,[1季度合计])”公式，其中第一个参数101忽略隐藏值时的平均值。

SUBTOTAL函数在之前也出现过，其中第一个参数表示1至11（包含隐藏值）或101至111（忽隐藏值）之间的数字。数字从低到高依次对应用的函数是平均值、统计非空值单元格的个数、统计非空值单元格的个数（包括字母）、最大值、最小值、乘积、标准偏差（忽略逻辑值和文本）、标准偏差、求和、给定样本的方差和整个样本的总体方差。

根据相同的方法计算出2季度合计中最大的销售金额（图13）。如果不需要显示汇总行中某个汇总数据时，可以单击该单元格右侧下三角按钮，在列表中选择“无”选项即可。如果隐藏整个汇总行，只需要在“表格工具-设计”选项卡的“表格样式选项”选项组中取消勾选“汇总行”复选框即可。用户也可以根据需要勾选其他复选框，对表格进行设置。如果取消勾选“复选按钮”复选框，则在表格中的标题右侧则不显示复选按钮。

●在汇总行显示列的计算结果

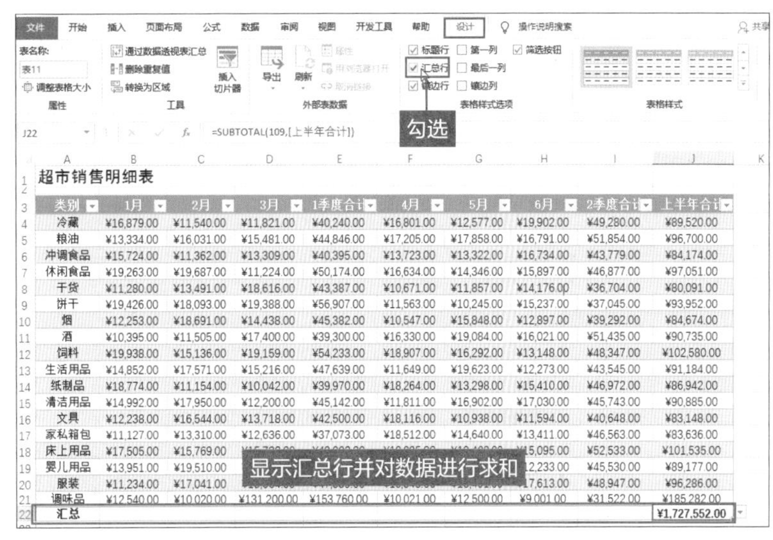

图10　对表格中的数据进行汇总，只需要在“表格工具-设计”选项卡中勾选“汇总行”复选框

图11　在E22单元格中计算平均值，单击右侧下三角按钮，在列表中选择“平均值”选项

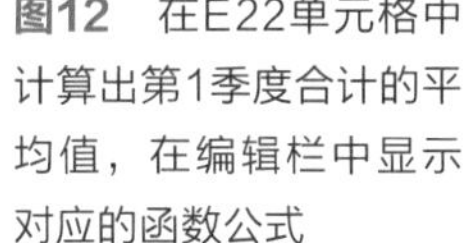

图12　在E22单元格中计算出第1季度合计的平均值，在编辑栏中显示对应的函数公式

超市销售明细表

类别	1月	2月	3月	1季度合计	4月	5月	6月	2季度合计	上半年合计
冷藏	¥16,879.00	¥11,540.00	¥11,821.00	¥40,240.00	¥16,801.00	¥12,577.00	¥19,902.00	¥49,280.00	¥89,520.00
粮油	¥13,334.00	¥16,031.00	¥15,481.00	¥44,846.00	¥17,205.00	¥17,858.00	¥16,791.00	¥51,854.00	¥96,700.00
冲调食品	¥15,724.00	¥11,362.00	¥13,309.00	¥40,395.00	¥13,723.00	¥13,322.00	¥16,734.00	¥43,779.00	¥84,174.00
休闲食品	¥19,263.00	¥19,687.00	¥11,224.00	¥50,174.00	¥16,634.00	¥14,346.00	¥15,897.00	¥46,877.00	¥97,051.00
干货	¥11,280.00	¥13,491.00	¥18,616.00	¥43,387.00	¥10,671.00	¥11,857.00	¥14,176.00	¥36,704.00	¥80,091.00
饼干	¥19,426.00	¥18,093.00	¥19,388.00	¥56,907.00	¥11,563.00	¥10,245.00	¥15,237.00	¥37,045.00	¥93,952.00
烟	¥12,253.00	¥18,691.00	¥14,438.00	¥45,382.00	¥10,547.00	¥15,848.00	¥12,897.00	¥39,292.00	¥84,674.00
酒	¥10,395.00	¥11,505.00	¥17,400.00	¥39,300.00	¥16,330.00	¥19,084.00	¥16,021.00	¥51,435.00	¥90,735.00
饲料	¥19,938.00	¥15,136.00	¥19,159.00	¥54,233.00	¥18,907.00	¥16,292.00	¥13,148.00	¥48,347.00	¥102,580.00
生活用品	¥14,852.00	¥17,571.00	¥15,216.00	¥47,639.00	¥11,649.00	¥19,623.00	¥12,273.00	¥43,545.00	¥91,184.00
纸制品	¥18,774.00	¥11,154.00	¥10,042.00	¥39,970.00	¥18,264.00	¥13,298.00	¥15,410.00	¥46,972.00	¥86,942.00
清洁用品	¥14,992.00	¥17,950.00	¥12,200.00	¥45,142.00	¥11,811.00	¥16,902.00	¥17,030.00	¥45,743.00	¥90,885.00
文具	¥12,238.00	¥16,544.00	¥13,718.00	¥42,500.00	¥18,116.00	¥10,938.00	¥11,594.00	¥40,648.00	¥83,148.00
家私箱包	¥11,127.00	¥13,310.00	¥12,636.00	¥37,073.00	¥18,512.00	¥14,640.00	¥13,411.00	¥46,563.00	¥83,636.00
床上用品	¥17,505.00	¥15,769.00	¥15,728.00	¥49,002.00	¥18,035.00	¥19,403.00	¥15,095.00	¥52,533.00	¥101,535.00
婴儿用品	¥13,951.00	¥19,510.00	¥10,186.00	¥43,647.00	¥16,277.00	¥17,020.00	¥12,233.00	¥45,530.00	¥89,177.00
服装	¥11,234.00	¥17,041.00	¥19,064.00	¥47,339.00	¥15,843.00	¥15,491.00	¥17,613.00	¥48,947.00	¥96,286.00
调味品	¥12,540.00	¥10,020.00	¥131,200.00	¥153,760.00	¥10,021.00	¥12,500.00	¥9,001.00	¥31,522.00	¥185,282.00
汇总				¥51,163.11				¥52,533.00	1,727,552.00

图13　单击I22单元格右侧的下三角按钮，在列表中选择最大值，即可计算出第2季度合计的最大值

●使用复选按钮缩小合计的行

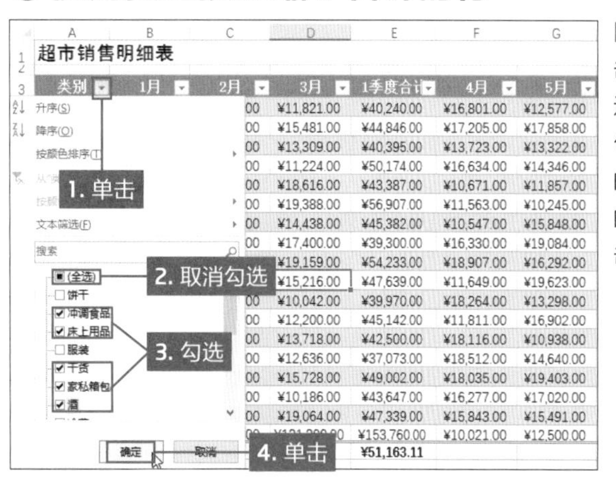

图14　在表格中单击“类别”右侧筛选按钮，在列表中勾选需要显示数据的类别名称所对应的复选框，然后单击“确定”按钮

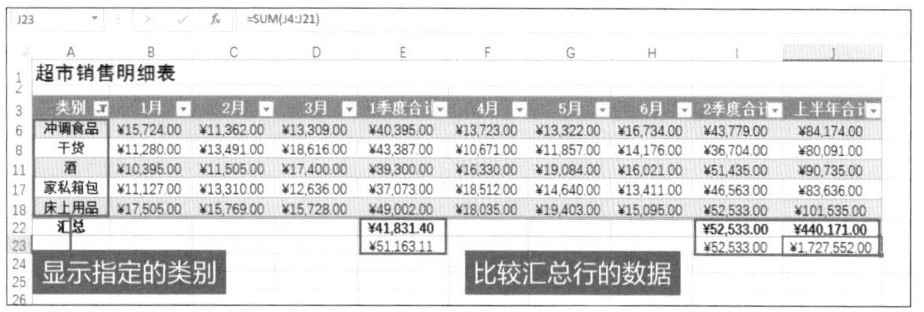

图15　在工作表中只显示勾选类别名称复选框的信息，其他信息均被隐藏起来，在“汇总”行只计算显示的数据，而使用函数计算数据包括隐藏的数据

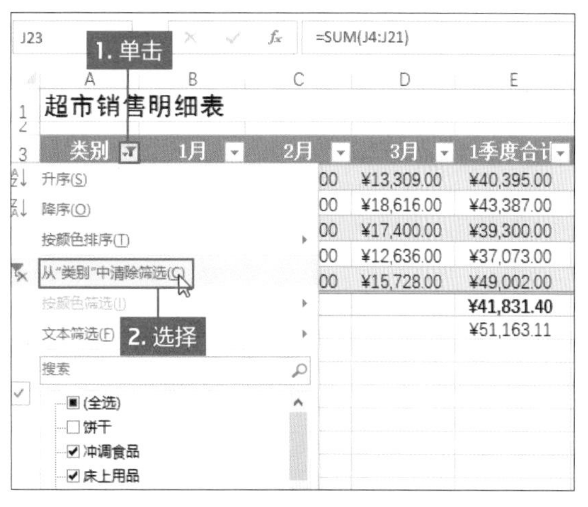

图16　查看筛选数据后，只需再次单击筛选按钮，在列表中选择“从‘类别’中清除筛选”选项即可

图17　用户可以通过筛选按钮对数值进行筛选，如筛选1季度中数值大于或等于47000的数据

筛选出有用的数据

当表格应用格式后，还有一项功能就是“筛选”，我们可以通过对数据进行筛选得到需要的数据，将不需要的数据暂时隐藏起来。套用表格格式后进行筛选操作和在“数据”选项卡中“筛选”操作的方法一样。使用筛选功能时可以对数值、文本和日期等数据进行操作，下面介绍具体的操作。

在工作表中单击“类别”右侧的筛选按钮，在列表中取消勾选“全选”复选框，然后在列表中勾选需要显示的类别名称所对应的复选框，最后单击“确定”按钮（图14）。可见工作表中只显示勾选的信息（图15）。“类别”右侧的筛选按钮变为形状，同时在“汇总”行中的数据也发生了变化，只计算筛选后的数据。为更好地展示“汇总”行计算的数据，在E23单元格中输入“=AVERAGE(E4:E21)”公式计算1季度合计的平均值；在I23单元格中输入“=MAX(I4:I21)”公式计算2季度合计的最大值；在J23单元格中输入“=SUM(J4:J21)”公式计算上半年合计的和。这些数据是不受隐藏数据的影响，（图15）。

若需要清除筛选条件，只需单击“类别”右侧筛选按钮，在列表中选择“从‘类别’中清除筛选”选项即可（图16），或在列表中勾选“全选”复选框，然后单击“确定”按钮。若筛选的数据是数值，则可以通过“数字筛选”功能进一步缩小数据范围。如在工作表中显示“1季度合计”数据大于或等于47000的所有信息。单击“1季度合计”筛选按钮，在列表中选择“数字筛选>大于或等于”选项（图17）。在列表中还包括等于、大于、小于、高于平均值等选项，用户可根据需要选择。打开“自定义自动筛选方式”对话框，在“大于或等于”右侧数值框中输入47000，然后单击“确定”按钮（图18）。在对话框的左下角显示两种通配符的含义，其中“?”代表单个字符；“*”代表任意多个字符。在使用时，一定要注意其只能用于文本型数据，而对数值和日期型数据是无效的。对话框中间还有“与”和“或”两个单选按钮，其中“与”表示只有满足对话框设置的两个条件才能被筛选出来；“或”表示只需要满足对话框中的一个条件即可被筛选出来。操作完成后，工作表中只显示“1季度合计”金额大于或等于47000的数据信息（图19）。

当单击筛选按钮时，在列表中显示“按颜色筛选”选项，只有该列中单元格填充不同颜色时才可以使用。

用户还可以通过“切片器”对数据进行动态筛选，同一工作表中可以插入多个切片器，通过切片器快速对数据进行筛选。选择任意单元格，切换至“表格工具-设计”选项卡，在“工具”选项组中单击“插入切片器”按钮（图20）。在打开的“插入切片器”对话框中勾选需要筛选的标题字段复选框，然后单击“确定”按钮（图21）。操作完成后，在工作表中即可显示对应的切片器（图22），只需要在切片器上单击对应的按钮，即可在工作表筛选出对应的数据。

用户可对切片器进行编辑操作，选中切片器，切换至“切片器工具-选项”选项卡，在“切片器样式”选项组中可进行美化操作；在“排列”选项组中可设置切片器的层次、对齐方式；在“按钮”和“大小”选项组中设置按钮和切片的大小。

如果需要将表格转换为普通表格时，只需要单击“表格工具—设计”选项卡中“转换为区域”按钮即可。

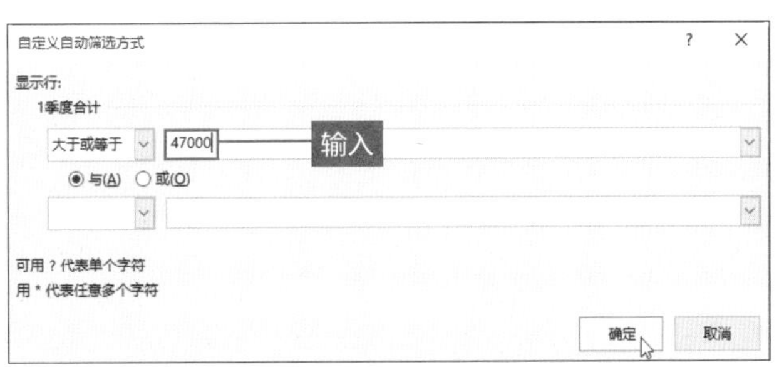

图18 在打开的对话框中，设置大于或等于的数值为47000，然后单击“确定”按钮

图19 在工作表中显示“1季度合计”数值大于或等于4700的数据信息，并汇总出结果

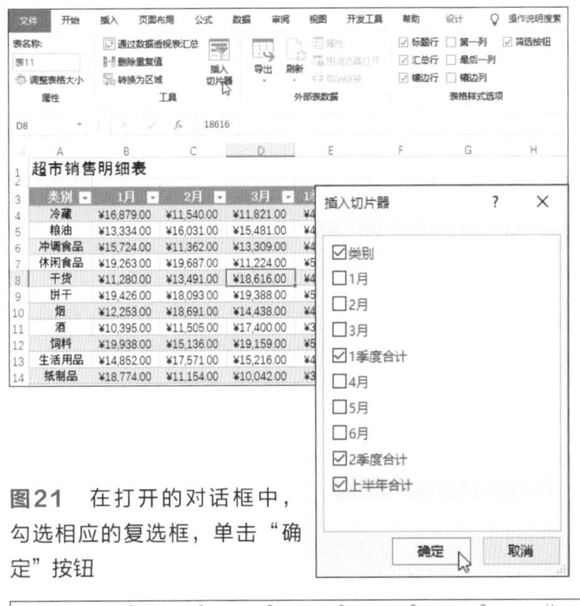

图20 套用表格格式后也可以和普通表格一样应用切片器，在“表格工具-设计”选项卡中单击“插入切片器”按钮

图21 在打开的对话框中，勾选相应的复选框，单击“确定”按钮

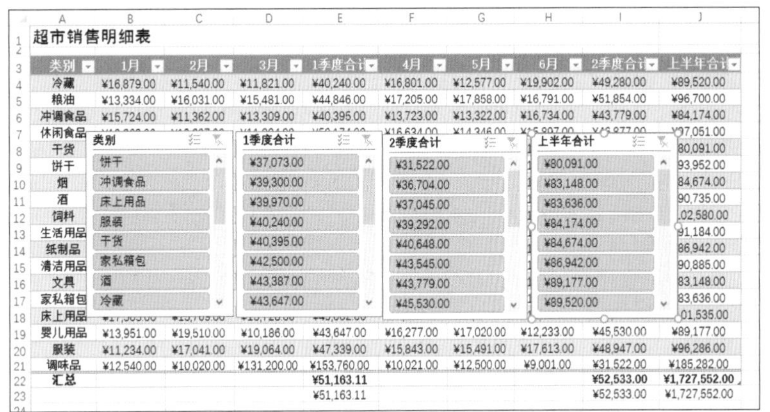

图22 操作完成后在工作表中显示勾选的字段切片器，只需单击切片器上的按钮即可筛选数据

Part 3

扫码看视频

在数据透视表中轻松进行交叉统计

数据透视表是对数据进行快速汇总和建立交叉式列表的交互式表格。
数据透视表可以帮助用户分析、组织数据，快速从不同角度分类和汇总数据。

本Part需要掌握的统计方法

使用数据透视表统计数据

在分析数据时，可以通过交互式的数据透视表进行分析，并且可以汇总相关数据

通过数据透视表分析数据

在数据透视表中可以对值的显示方式、字段进行设置，还可以对数据进行排序分析

筛选数据透视表中的数据

用户对数据透视表中的数据直接进行筛选，也可以添加切片器进行筛选

行标签	求和项:工资合计	求和项:保险应扣	求和项:实发工资	求和项:应发工资
行政部	22791	872	22719	¥26,719.00
经理	6539	238	6501	¥7,501.00
职工	9464	378	9486	¥11,486.00
主管	6788	256	6732	¥7,732.00
财务部	22136	872	21464	¥25,464.00
经理	6388	238	6050	¥7,050.00
职工	8809	378	8531	¥10,531.00
主管	6939	256	6883	¥7,883.00
人事部	13487	616	12971	¥15,971.00
经理	5584	238	5246	¥6,246.00
职工	7903	378	7725	¥9,725.00
销售部	33693	1439	33254	¥40,254.00
经理	6086	238	6048	¥7,048.00
职工	21724	945	21379	¥26,379.00
主管	5883	256	5827	¥6,827.00

使用数据透视表可以灵活地展示各部门不同职务的工资情况，并汇总各部门工资总金额。还可以根据需要添加计算字段

将数据区域转化成表格

工号	姓名	部门	职务	工作年限	基本工资	岗位津贴
Dkl001	朱光济	行政部	经理	9	¥2,580.00	¥2,600.00
Dkl002	焦鸿飞	行政部	职		¥2,000.00	¥1,800.00

图1 要创建数据透视表，选择数据区域任意单元格，然后在“插入”选项卡的“表格”选项组中单击“数据透视表”按钮

数据透视表是Excel中最常用且功能强大的数据分析工具。使用数据透视表能快速地把大量数据形成可以进行交互的表格，实现快速分类汇总、比较数据等。乍一看数据透视表似乎很难，但只要理解了基本操作，就会发现其实没那么难。不需要使用函数进行复杂的公式计算，直接通过直观的操作，从各种不同角度进行数据统计。

数据透视表集合了数据排序、筛选、分类汇总等数据分析的所有优点，更方便地调整分类汇总的方式，能以多种不同的方式展示数据特征。

快速创建数据透视表

在Excel 2019中可以通过两种方法创建数据透视表，第一种方法是先创建空白数据透视表，然后再添加字段；第二种方法是通过“推荐的数据透视表”功能。在此，我们以员工实发工资表为例介绍数据透视表的创建方法。在数据透视表中需要统计各部门的基本工资、工资合计、保险应扣和实发工资，并且通过筛选职务查看不同职务的工资信息。

打开“员工实发工资一览表.xlsx”，选中数据区域的任意单元格，切换至“插入”选项卡，单击“表格”选项组中“数据透视表”按钮（图1）。打开“创建数据

透视表”对话框，保持所有参数为默认状态，单击“确定”按钮。在对话框的“选择放置数据透视表的位置”选项区域中，如果选择“现有工作表”单选按钮，即可激活“位置”参数，在右侧文本框中设置存放数据透视表的位置。操作完成后，即可在新工作表中创建空白的数据透视表，同时打开“数据透视表字段”导航窗格。这里面的字段是原数据区域中各列的字段，在“在以下区域间拖动字段”区域中包含四个部分，分别控制数据透视表显示的标题、数值和筛选等内容。

在“数据透视表字段”导航窗格的“选择要添加到报表的字段”列表框中将“部门”字段拖曳到“行”区域中。则在工作表中出现“行标签”，在其下方显示全部的部门名称，不重复排列，并在最下方显示“总计”文本（图3）。用户也可以直接勾选“部门”复选框，则在“行”区域中自动显示“部门”，在工作表中显示相同的文本内容。下面再将“基本工资”字段拖到“值”区域内，则在“值”区域内显示“求和项:基本工资”文本，在工作表“行标签”右侧显示基本工资各部门的和，在“总计”行显示所有基本工资之和（图4）。当选中汇总的单元格时，从编辑栏中可见是没有使用函数进行计算的。然后根据相同的方法将“工资合计”“保险应扣”和“实发工资”字段拖到“值”区域中，则在数据透视表中显示相应的字段和数据，并且均为求和。可见在“数据透视表字段”导航窗格中的四个区域，没有填充完也可以创建完整的表格。为了显示更清晰的数据，可以将“职务”字段，拖到“行”区域中并放在“部门”字段的下方。在数据透视表中显示各门不同职务的种工资之和的情况（图5）。

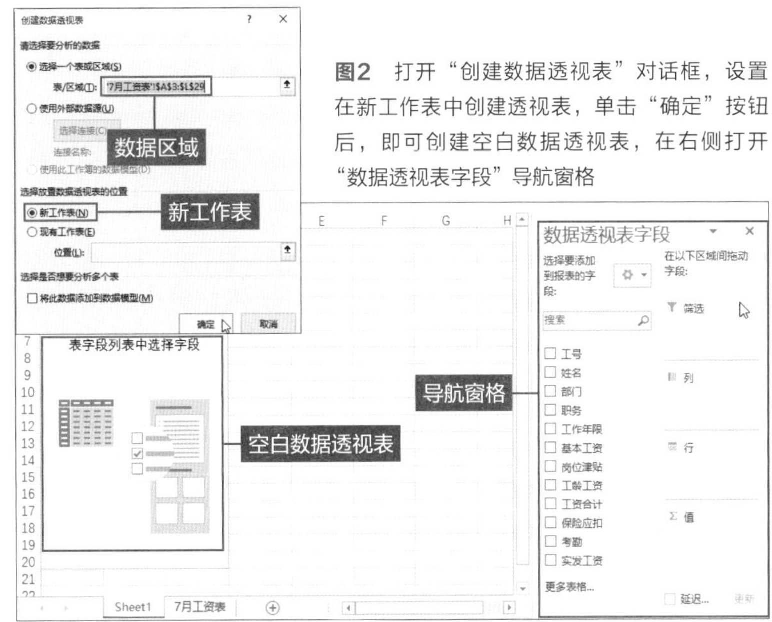

图2 打开“创建数据透视表”对话框，设置在新工作表中创建透视表，单击“确定”按钮后，即可创建空白数据透视表，在右侧打开“数据透视表字段”导航窗格

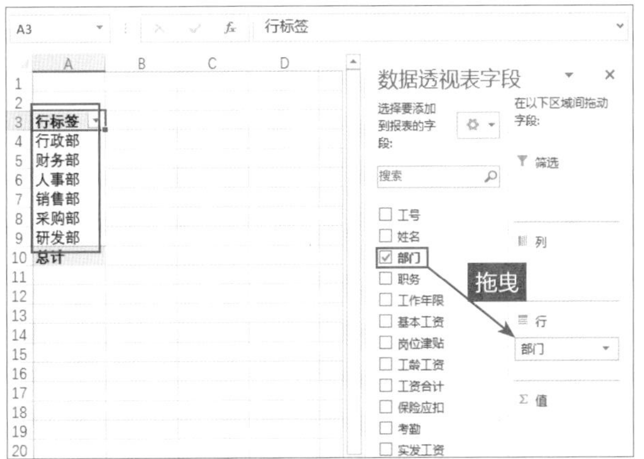

图3 将“部门”字段拖曳到“行”区域，即可创建数据透视表的“行标签”，则显示不重复的部门名称，并依次排列，在下方显示“总计”将对数值区域数据进行求和

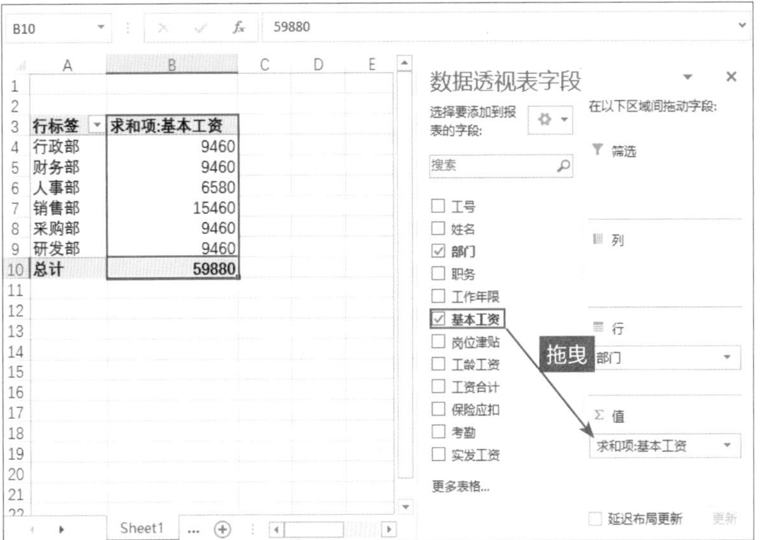

行标签	求和项:基本工资
行政部	9460
财务部	9460
人事部	6580
销售部	15460
采购部	9460
研发部	9460
总计	59880

图4 接着再设置“值”区域的数据，将“基本工资”字段拖至“值”区域，则在数据透视表中显示“求和项:基本工资”字段

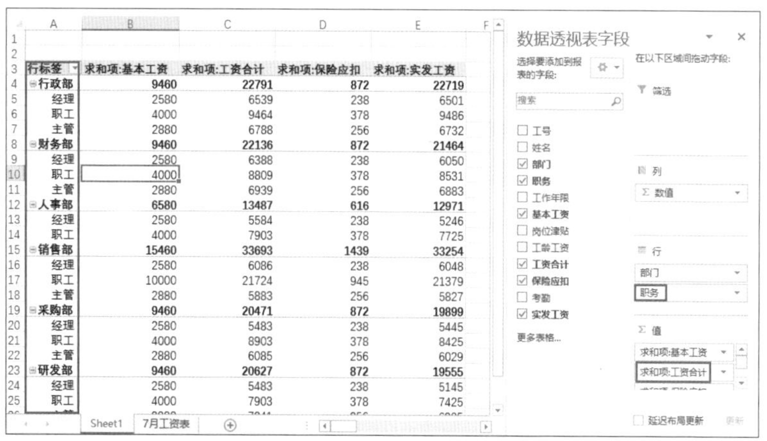

图5 将相应的数值字段拖到“值”区域，然后将“职务”字段拖至“部门”字段下方，则数据透视表显示各部门不同职务的工资汇总情况

职务	(全部)			
行标签	求和项:基本工资	求和项:工资合计	求和项:保险应扣	求和项:实发工资
行政部	9460	22791	872	22719
财务部	9460	22136	872	21464
人事部	6580	13487	616	12971
销售部	15460	33693	1439	33254
采购部	9460	20471	872	19899
研发部	9460	20627	872	19555
总计	59880	133205	5543	129862

图6 本案例需要对职务进行筛选，所以在导航窗格中将“职务”字段拖至“筛选”区域

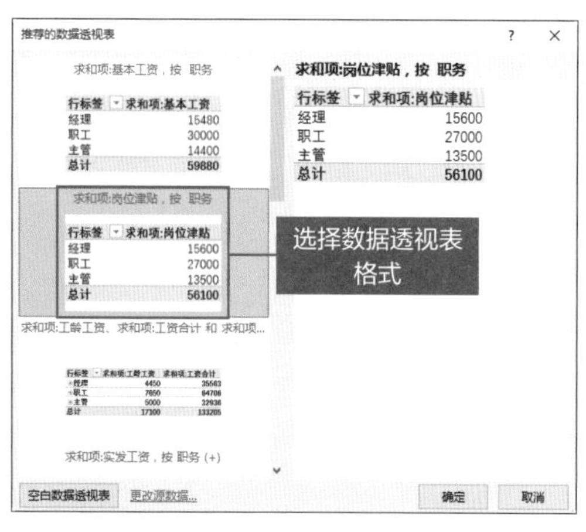

图7 单击“插入”选项卡中的“推荐的数据透视表”按钮，在打开的对话框中选择Excel推荐的数据透视表格式，即可在工作表中创建带数据的数据透视表

●设置平均值并重命名值字段

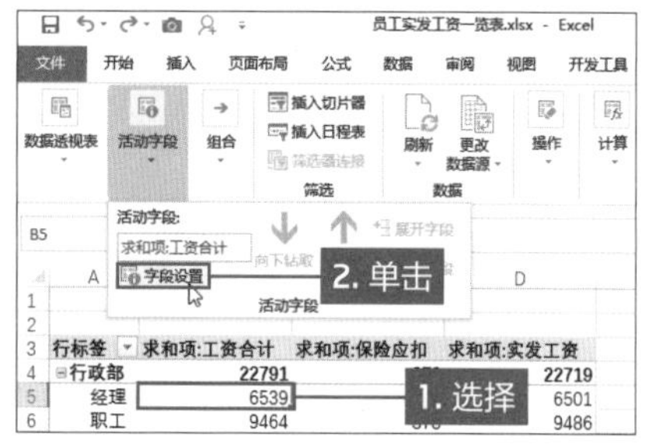

图8 选中值字段任意单元格，单击“字段设置”按钮

在“数据透视表字段”导航窗格中，将“职务”字段，从“行”区域拖到“筛选”区域，在数据透视表中的“职务”的下拉列表中选择相应的职务，在透视表中汇总相关职务的工资总和（图6）。

数据透视表的结构，包括行区域、列区域、数值区域和报表筛选区域4个部分。其中报表筛选区域显示“数据透视表字段”导航窗格的报表筛选选项；行区域显示任务窗格中的行字段；列区域显示列字段；数值区域显示值字段。

下面介绍通过推荐的数据透视表功能创建数据透视表，打开工作表，选择数据区域内任意单元格，切换至“插入”选项卡，单击“表格”选项组中“推荐的数据透视表”按钮。打开“推荐的数据透视表”对话框，在左侧列表中选择合适的透视表，在右侧可以预览透视表的效果，满意后单击“确定”按钮（图7）。即可在新建的工作表中创建选中的包含数据的数据透视表。然后可在“数据透视表字段”导航窗格中进一步设置。在对话框中如果单击“空白数据透视表”按钮，即可在新建的工作表中创建空白的数据透视表。在创建数据透视表时，必须在“数据透视表字段”导航窗格中操作，若不打开“数据透视表字段”导航窗格，可以按以下操作即可。一、选中数据透视表内单元格，切换至“数据透视表工具-分析”选项卡，单击“显示”选项组中“字段列表”按钮。二、选中数据透视表内任意单元格并右击，在快捷菜单中选择“显示字段列表”命令即可。

对数据进行平均统计

在数据透视表中默认的数据汇总方式为求和，其值字段为“求和项:”再加上相应的字段名称。

下面以修改“工资合计”字段的汇总方式为平均值，并修改字段名称为例介绍具体操作。选中工资合计列中的任意单元格，切换至“数据透视表工具-分析”选项卡，单击“活动字段”选项组中“字段设置”按钮（图8）。首先需要设置选中字段的计算类型，然后再自定义字段的名称。打开“值字段设置”对话框，在“值汇总方式”选项卡的“计算类型”列表框中选择计算类型，然后在“自定义名称”文本框中输入值字段的名称。完成后还需进一步设置数据格式，在对话框单击“数字格式”按钮（图9）。打开“设置单元格格式”对话框，在“分类”列表框中选择“货币”选项，在右侧设置小数位数为2、负数类型，然后依次单击“确定”按钮（图10）。

除了上述方法之外，还可以通过右键快捷菜单方法修改汇总方式。如将“保险应扣”字段的汇总方式，右击该字段列的任意单元格，在快捷菜单中选择“值汇总依据>计数”命令（图11）。该字段的数值将显示各部门不同职务的人数。

设置数据的显示方式

当用户使用数据透视表汇总数据时，汇总的数据一般和原数据的显示方式是一致的。在本案例中可以将实发工资以百分比的形式显示，从而比较各部门工资的占比，以及同一部门中不同职务的工资比例。

在数据透视表中设置数据的显示方式时，可以通过“值字段设置”对话框进行设置，在“值显示方式”下拉列表中选择相应的选项即可。下面介绍使用右键菜单快速设置数据的显示方式。选中“求和项:实发工资”列任意单元格并右击，在快捷菜单中选择“值显示方式>列汇总的百分比”命令（图12）。返回工作表中可见各部门所占工资总额的比例，其中“销售部”占25.61%，用户还可以比较同一部门不同职务的工资占比（图13）。

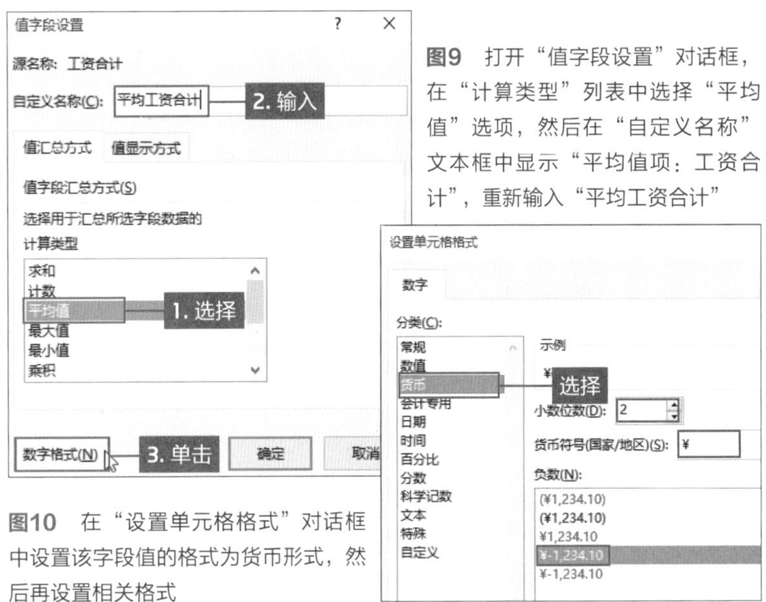

图9　打开“值字段设置”对话框，在“计算类型”列表中选择“平均值”选项，然后在“自定义名称”文本框中显示“平均值项：工资合计”，重新输入“平均工资合计”

图10　在“设置单元格格式”对话框中设置该字段值的格式为货币形式，然后再设置相关格式

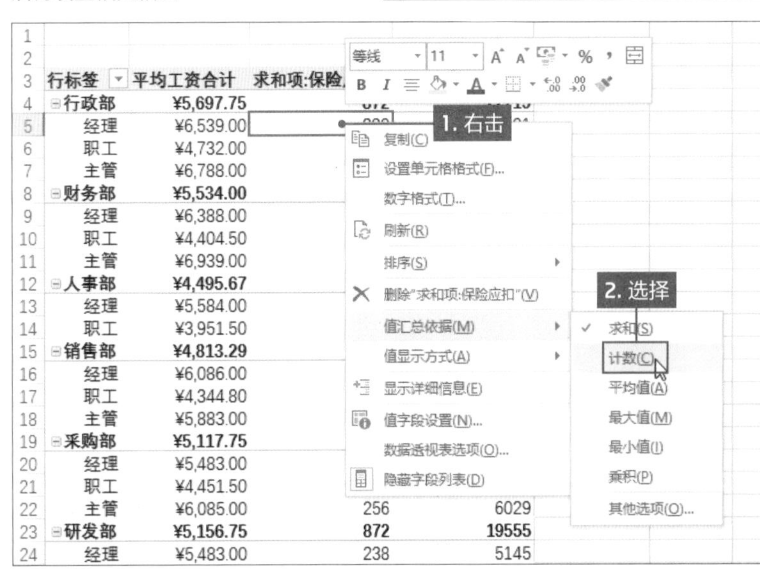

图11　选中C5单元格并右击，在快捷菜单中选择“值汇总依据>计数”命令

●将实发工资以百分比形式显示

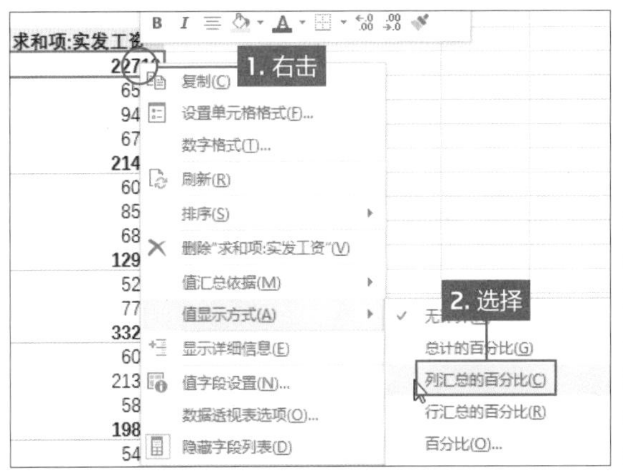

图12　设置数据的显示方式也就是设置值的显示方式。选择D4单元格并右击，在快捷菜单中选择“值显示方式>列汇总的百分比”命令

3	行标签	平均工资合计	计数项:保险应扣	求和项:实发工资
4	⊟行政部	¥5,697.75	4	17.49%
5	经理	¥6,539.00	1	5.01%
6	职工	¥4,732.00	2	7.30%
7	主管	¥6,788.00	1	5.18%
8	⊟财务部	¥5,534.00	4	16.53%
9	经理	¥6,388.00	1	4.66%
10	职工	¥4,404.50	2	6.57%
11	主管	¥6,939.00	1	5.30%
12	⊟人事部	¥4,495.67	3	9.99%
13	经理	¥5,584.00	1	4.04%
14	职工	¥3,951.50	2	5.95%
15	⊟销售部	¥4,813.29	7	25.61%
16	经理	¥6,086.00	1	4.66%
17	职工	¥4,344.80	5	16.46%
18	主管	¥5,883.00	1	4.49%
19	⊟采购部	¥5,117.75	4	15.32%
20	经理	¥5,483.00	1	4.19%
21	职工	¥4,451.50	2	6.49%
22	主管	¥6,085.00	1	4.64%
23	⊟研发部	¥5,156.75	4	15.06%
24	经理	¥5,483.00	1	3.96%
25	职工	¥3,951.50	2	5.72%
26	主管	¥7,241.00	1	5.38%
27	总计	¥5,123.27	26	100.00%

图13 操作完成后可见“求和项:实发工资”列中数据均以百分比的形式显示，各部门百分比相加是100%，而且可以清晰地查看各部门工资的占比，以及各部门不同职务的工资占比

●更新数据透视表的数据源

	B	C	D	F	G	H	I	J	K	L	M
3	姓名	部门	职务	基本工资	岗位津贴	工龄工资	工资合计	保险应扣	考勤	实发工资	奖励
4	朱光济	行政部	经理	¥2,580.00	¥2,600.00	¥1,350.00	¥6,539.00	¥238.00	¥200.00	¥6,501.00	¥1,000.00
5	焦鸿飞	行政部	职工	¥2,000.00	¥1,800.00	¥500.00	¥4,305.00	¥189.00	¥200.00	¥4,316.00	¥1,000.00
6	赵海超	财务部	经理	¥2,580.00	¥2,600.00	¥1,200.00	¥6,388.00	¥238.00	(¥100.00)	¥6,050.00	¥1,000.00
7	孙今秋	人事部	经理	¥2,580.00	¥2,600.00	¥400.00	¥5,584.00	¥238.00	(¥100.00)	¥5,246.00	¥1,000.00
8	邹静	研发部	主管	¥2,880.00	¥2,700.00	¥1,650.00	¥7,241.00	¥256.00	¥0.00	¥6,985.00	¥1,000.00
9	唐元冬	销售部	经理	¥2,580.00	¥2,600.00	¥900.00	¥6,086.00	¥238.00	¥200.00	¥6,048.00	¥1,000.00
10	周妙	销售部	主管	¥2,880.00	¥2,700.00	¥300.00	¥5,883.00	¥256.00	¥200.00	¥5,827.00	¥1,000.00
11	陈述鹏	财务部	主管	¥2,880.00	¥2,700.00	¥1,350.00	¥6,939.00	¥256.00	¥200.00	¥6,883.00	¥1,000.00
12	杨宣桢	采购部	主管	¥2,880.00	¥2,700.00	¥500.00	¥6,085.00	¥256.00	¥200.00	¥6,029.00	¥1,000.00
13	李晨然	采购部	职工	¥2,000.00	¥1,800.00	¥1,200.00	¥5,002.00	¥189.00	(¥100.00)	¥4,713.00	¥1,000.00
14	吴明	财务部	职工	¥2,000.00	¥1,800.00	¥900.00	¥4,706.00	¥189.00	(¥100.00)	¥4,417.00	¥1,000.00
15	吕鹏东	销售部	职工	¥2,000.00	¥1,800.00	¥400.00	¥4,204.00	¥189.00	¥200.00	¥4,215.00	¥1,000.00
16	金平安	销售部	职工	¥2,000.00	¥1,800.00	¥900.00	¥4,706.00	¥189.00	¥0.00	¥4,517.00	¥1,000.00
17	张泽洋	行政部	职工	¥2,000.00	¥1,800.00	¥1,350.00	¥5,159.00	¥189.00	¥200.00	¥5,170.00	¥1,000.00
18	卓飞	销售部	职工	¥2,000.00	¥1,800.00	¥500.00	¥4,305.00	¥189.00	¥0.00	¥4,116.00	¥1,000.00
19	周阳	研发部	经理	¥2,580.00	¥2,600.00	¥300.00	¥5,483.00	¥238.00	(¥100.00)	¥5,145.00	¥1,000.00
20	蔡晓明	销售部	职工	¥2,000.00	¥1,800.00	¥400.00	¥4,204.00	¥189.00	¥200.00	¥4,215.00	¥1,000.00
21	钱得江	采购部	职工	¥2,000.00	¥1,800.00	¥100.00	¥3,901.00	¥189.00	¥0.00	¥3,712.00	¥1,000.00

图14 切换到原数据区域，在M列表添加“奖励”字段，并输入奖励的金额，为了表格美观并设置

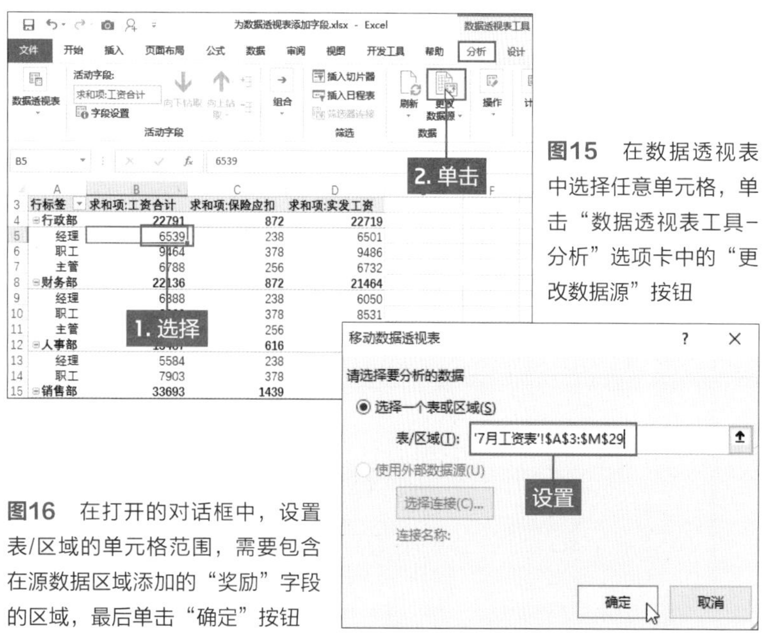

图15 在数据透视表中选择任意单元格，单击“数据透视表工具-分析”选项卡中的“更改数据源”按钮

图16 在打开的对话框中，设置表/区域的单元格范围，需要包含在源数据区域添加的“奖励”字段的区域，最后单击“确定”按钮

在数据透视表中设置数据的显示方式很多，在“值显示方式”的子命令中包含“总计的百分比”“行汇总的百分比”“百分比”“父行汇总的百分比”，以及“差异百分比”等。

为数据透视表添加字段

在统计员工的工资时，由于本公司上半年效益无增长很多，公司管理层决定为每位员工奖励1000元。由于数据透视表显示的都是原数据区域的数值，而原数据没有奖励的1000元的字段，所以我们需在原数据区域中添加该字段。在“7月工资表”工作表的M列添加“奖励”字段，并输入奖励的金额（图14）。此时不需要在原数据区域计算员工的应发工资。然后切换至数据透视表所在的工作表，选中透视表内任意单元格，切换至“数据透视表工具-分析”选项卡，单击“数据”选项组中“更改数据源”按钮（图15）。在添加计算字段时，需要将“实发工资”字段和“奖励”字段的数值相加，所以需要将“奖励”字段添加到数据透视表中。打开“更改数据透视表数据源”对话框，单击“表/区域”右侧折叠按钮，在源数据的工作表中选择A3:M29单元格区域，再次单击折叠按钮，该对话框变为“移动数据透视表”对话框，最后单击“确定”按钮（图16），即可添加“奖励”字段和数值。

下面开始添加计算字段的操作。选择数据透视表中任意单元格，在功能区切换至“数据透视表工具-分析”选项卡，在“计算”选项组中的“字段、项目和集”下拉列表中选择“计算字段”选项（图17）。打开“插入计算字段”对话框，首先需要设置字段的名称和计算公式，在“名称”中输入“应发工资”文本。此时可见在“公式”文本框中显示等

于0，应发工资的计算公式为“实发工资+奖励”，因此，在“字段”列表框中选择“实发工资”字段，单击“插入字段”按钮，公式文本框为“=实发工资”，然后继续输入“+”加号，在“字段”列表中选择“奖励”字段，再次单击“插入字段”按钮，则公式为“=实发工资+ 奖励”。公式设置完成后，单击“添加”按钮，即可将设置的字段添加至“字段”列表中，最后单击“确定”按钮（图18）。可见在数据透视表的最右侧添加“求和项:应发工资”字段，其金额是通过运算后加上奖励后的工资金额（图19）。

添加计算字段时，尽量使用字段进行运算，可以避免使用数字出现的错误。本案例中如果在“插入计算字段”对话框的“公式”文本框中使用“=实发工资+1000”公式运算时，则数据透视表中“职工”的工资汇总和总计的数据是错误的。

添加计算字段后，用户可以更改值的显示方式，但是无法修改值汇总依据。因“插入计算字段”对话框中，其计算公式是固定的。若需要修改汇总方式，打开“插入计算字段”对话框，单击“名称”右侧下三角按钮，选择插入的字段，单击“修改”按钮，然后再修改计算公式即可。

查看汇总数据的源数据

透视表中的数据都是通过某种计算类型进行汇总的，如果用户需要查看某汇总数据的源数据，可通过以下操作实现。

首先需要设置数据透视表必须启用显示明细数据的功能，否则无法显示源数据。选择数据透视表中任意单元格，在“数据透视表工具-分析”选项卡单击“选项”按钮（图20）。打开“数据透视表选项”对话框，切换至“数据”选项卡，在“数据透视表数据”选项区域中勾选

●在数据透视表中添加计算字段

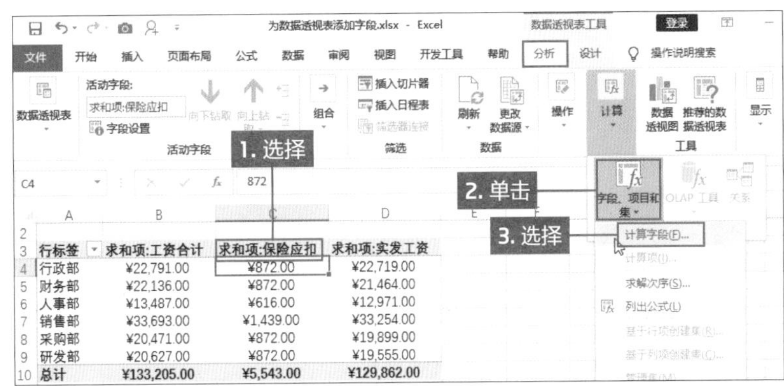

图17 在数据透视表中添加计算字段，在“数据透视表工具-分析”选项卡中单击“字段、项目和集”下三角按钮，在列表中选择“计算字段”选项

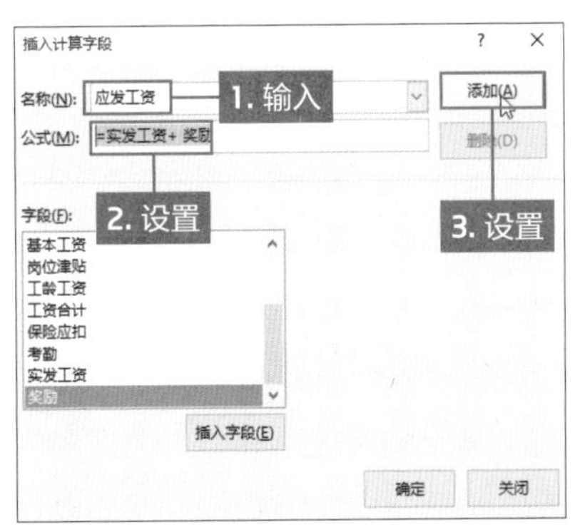

图18 在打开的“插入计算字段”对话框中设置添加字段的名称，然后设置计算公式，完成后单击“添加”按钮，即可完成该计算字段的添加

行标签	求和项:工资合计	求和项:保险应扣	求和项:实发工资	求和项:应发工资
行政部	22791	872	22719	¥26,719.00
经理	6539	238	6501	¥7,501.00
职工	9464	378	9486	¥11,486.00
主管	6788	256	6732	¥7,732.00
财务部	22136	872	21464	¥25,464.00
经理	6388	238	6050	¥7,050.00
职工	8809	378	8531	¥10,531.00
主管	6939	256	6883	¥7,883.00
人事部	13487	616	12971	¥15,971.00
经理	5584	238	5246	¥6,246.00
职工	7903	378	7725	¥9,725.00
销售部	33693	1439	33254	¥40,254.00
经理	6086	238	6048	¥7,048.00
职工	21724	945	21379	¥26,379.00
主管	5883	256	5827	¥6,827.00
采购部	20471	872	19899	¥23,899.00

图19 返回数据透视表中，可见在右侧添加“求和项:应发工资”字段，同样对各部门工资进行求和汇总

●显示销售部汇总数据的详细信息

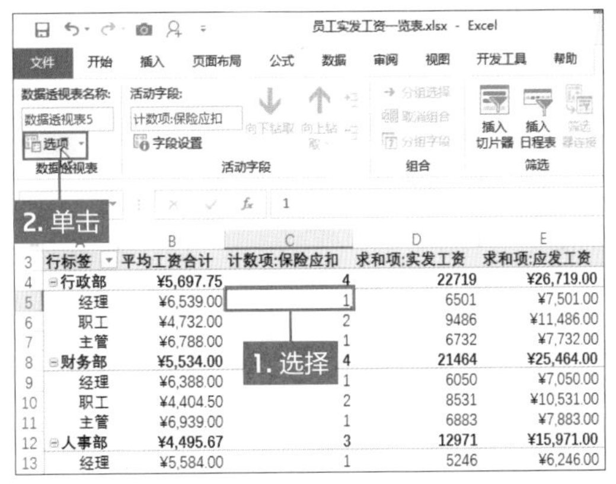

图20 选择数据透视表中的任意单元格，切换至“数据透视表工具-分析”选项卡，单击“数据透视表”选项组中的“选项”按钮

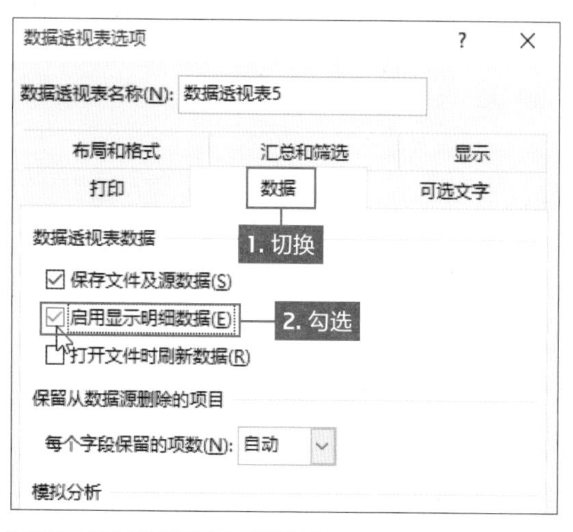

图21 在打开的“数据透视表选项”对话框的“数据”选项卡中勾选“启用显示明细数据”复选框。如果不启用显示明细数据的功能，双击数据后打开提示对话框，显示无法更改数据透视表的这部分

	A	B	C	D	E	F	G	H	I	J	K	L	M
1	工号	姓名	部门	职务	工作年限	基本工资	岗位津贴	工龄工资	工资合计	保险应扣	考勤	实发工资	奖励
2	DkI006	唐元冬	销售部	经理	6	2580	2600	900	6086	238	200	6048	1000
3	DkI020	冯巩	销售部	职工	5	2000	1800	500	4305	189	200	4316	1000
4	DkI017	蔡晓明	销售部	职工	4	2000	1800	400	4204	189	200	4215	1000
5	DkI015	卓飞	销售部	职工	5	2000	1800	500	4305	189	0	4116	1000
6	DkI013	金平安	销售部	职工	6	2000	1800	900	4706	189	0	4517	1000
7	DkI012	吕鹏东	销售部	职工	4	2000	1800	400	4204	189	200	4215	1000
8	DkI007	周妙	销售部	主管	3	2880	2700	300	5883	256	200	5827	1000

图22 启用显示明细数据后，双击“销售部”任意汇总数据所在的单元格，即可在新工作表中显示所有销售部员工的工资信息

将各部门信息分别显示在不同的工作表中

行标签	求和项:工资合计	求和项:保险应扣	求和项:实发工资
行政部	22791	872	22719
经理	6539	238	6501
职工	9464	378	9486
主管	6788	256	6732
财务部	22136	872	21464
经理	6388	238	6050
职工	8809	378	8531
主管	6939	256	6883
人事部	13487	616	12971
经理	5584	238	5246
职工	7903	378	7725
销售部	33693	1439	33254
经理	6086	238	6048
职工	21724	945	21379
主管	5883	256	5827
采购部	20471	872	19899
经理	5483	238	5445
职工	8903	378	8425
主管	6085	256	6029

图23 打开数据透视表，在“数据透视表字段”导航窗格中将“部门”字段移至“筛选”区域

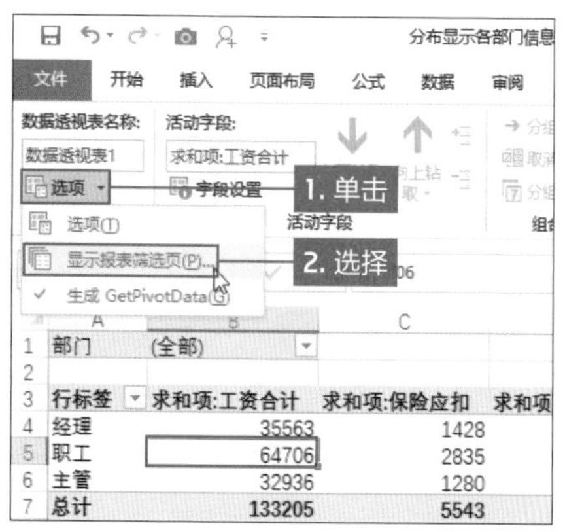

部门	(全部)		
行标签	求和项:工资合计	求和项:保险应扣	求和项
经理	35563	1428	
职工	64706	2835	
主管	32936	1280	
总计	133205	5543	

图24 切换至“数据透视表工具-分析”选项卡，单击“数据透视表”选项组中的“选项”下三角按钮，在列表中选择“显示报表筛选页”选项

“启用显示明细数据”复选框（图21）。设置完成后，单击“确定”按钮，此时如果需要查看数据透视表中任意数据的源数据时，只需要双击该数据所在的单元格即可。如双击D15单元格，该单元格为“销售部”的汇总数据，则在新工作表中显示所有销售部员工的数据信息（图22）。

在“数据透视表选项”对话框的“数据”选项卡中如果勾选“打开文件时刷新数据”复选框，则下次打开时，将自动刷新数据。如果源数据被修改，则刷新后透视表中显示最新的数据信息。

将各组数据分页显示

在数据透视表中根据部门对数据进行汇总，通过相关设置，将不同部门的信息分别显示在不同的工作表中，并以部门进行命名。对各组数据分布显示后，可以很清楚地查看不同部门的信息。

对数据进行分组显示之前，必须要将分组的字段移至“筛选”区域，在“数据透视表字段”导航窗格中将“部门”字段从“行”区域拖曳到“筛选”区域（图23）。接着要设置报表筛选页，切换至“数据透视表工具-分析”选项卡，在“选项”下拉列表中选择“显示报表筛选页”选项（图24）。打开“显示报表筛选页”对话框，在“选定要显示的报表筛选面字段”列表框中显示“部门”字段，并且为选中状态，直接单击“确定”按钮（图25）。如果该数据透视表中筛选字段比较多，则需要在该列表框中选择需要按组分布的字段。返回工作表中可见新建工作表并以各部门名称命名，在工作表中显示部门对应的数据信息，在每个工作表的左上角显示“部门”筛选条件（图26）。

对数据透视表中数据进行排序

在表格中通过数据排序来分析数据的大小，在数据透视表中也可以对数据进行排序，其操作方法都相似但是效果差别很大。下面介绍在数据透视表中进行排序的方法，以及排序结果的不同。

本案例需要对各部门的汇总数据按降序排列，对各部门内的职务按升序排列，排序的依据均为“实发工资”。在工作表中选择任意实发工资的汇总数据，如E4单元格，然后根据普通表格中排序的操作方法，对其进行降序排列（图27）。返回可见各部门汇总数据按降序排列，而各部门内数据的顺序没有发生变化（图28）。按照同样的方法对部门内数据进行升序排列，选择E6单元格，单击“升序”按钮，可见部门内不同职务的实发工资按升序排列，各部门的汇总数据顺序不变（图29）。

在数据透视表中对数据进行排序时，除了上述介绍的方法还可以按下面方法进行操作。选中需要排序的数据所在的单元格并右击，在快捷菜单中选择“排序”命令，在子命令中选择排序的类型（图30）。若选择“其他排序选项”命令，则打开“按值排序”对话框，可以设置排序的选项和方向。

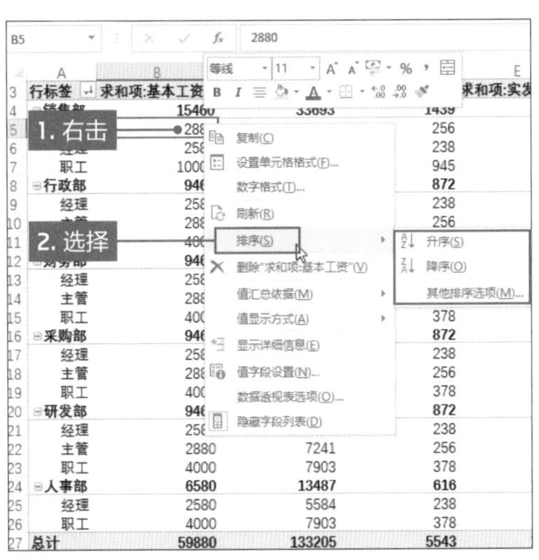

图30 选择单元格，单击鼠标右键，在快捷菜单中选择“排序”命令

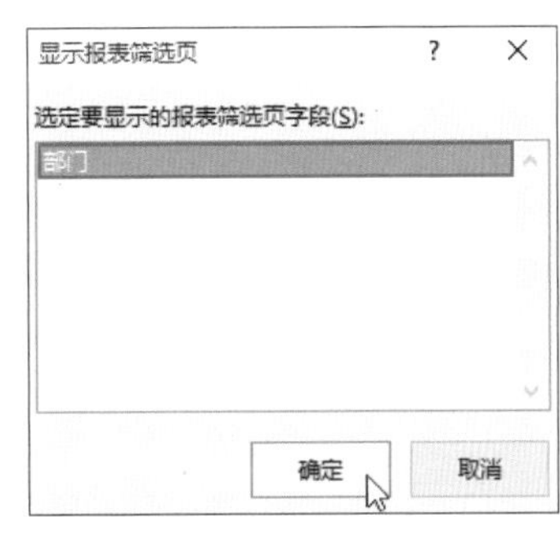

图25 在打开的“显示报表筛选页”对话框中选择按组分布的字段名称选项，然后再单击“确定”按钮。本案例只设置“部门”为筛选字段，因此在该对话框中只显示“部门”字段

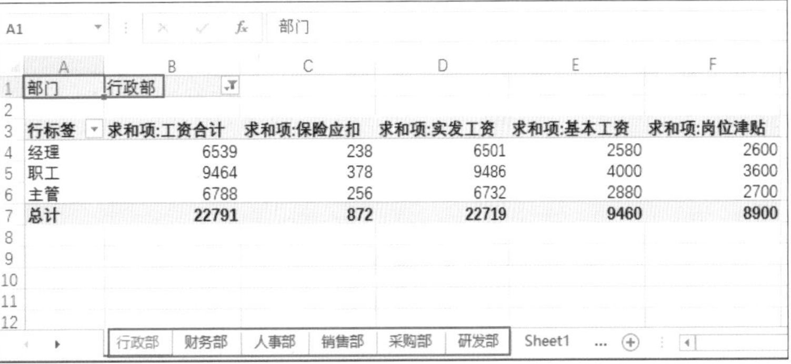

部门	行政部				
行标签	求和项:工资合计	求和项:保险应扣	求和项:实发工资	求和项:基本工资	求和项:岗位津贴
经理	6539	238	6501	2580	2600
职工	9464	378	9486	4000	3600
主管	6788	256	6732	2880	2700
总计	22791	872	22719	9460	8900

图26 可见各部门中的数据分别显示在不同的工作表中，并以部门名称命名

●按实发工资进行排序

行标签	求和项:基本工资	求和项:工资合计	求和项:保险应扣	求和项:实发工资
行政部	9460	22791	872	22719
经理	2580	6539	238	6501
职工	4000	9464	378	9486
主管	2880	6788	256	6732
财务部	9460	22136	872	21464
经理	2580	6388	238	6050
职工	4000	8809	378	8531
主管	2880	6939	256	6883
人事部	6580	13487	616	12971
经理	2580	5584	238	5246

图27 选择E4单元格，切换至“数据”选项卡，单击“排序和筛选”选项组中的“降序”按钮

行标签	求和项:基本工资	求和项:工资合计	求和项:保险应扣	求和项:实发工资
销售部	15460	33693	1439	33254
经理	2580	6086	238	6048
职工	10000	21724	945	21379
主管	2880	5883	256	5827
行政部	9460	22791	872	22719
经理	2580	6539	238	6501
职工	4000	9464	378	9486
主管	2880	6788	256	6732
财务部	9460	22136	872	21464
经理	2580	6388	238	6050
职工	4000	8809	378	8531
主管	2880	6939	256	6883
采购部	9460	20471	872	19899
经理	2580	5483	238	5445
职工	4000	8903	378	8425
主管	2880	6085	256	6029
研发部	9460	20627	872	19555
经理	2580	5483	238	5145
职工	4000	7903	378	7425
主管	2880	7241	256	6985
人事部	[illegible]	[illegible]	16	12971
经理	[illegible]	[illegible]	38	5246
职工	4000	7903	378	7725
总计	59880	133205	5543	129862

图28 在打开的“显示报表筛选页”对话框中选择按组分布的字段名称选项，然后再单击“确定”按钮。本案例只设置“部门”为筛选字段，因此在该对话框中只显示“部门”字段

行标签	求和项:基本工资	求和项:工资合计	求和项:保险应扣	求和项:实发工资
⊟销售部	15460	33693	1439	33254
主管	2880	5883	256	5827
经理	2580	6086	238	6048
职工	10000	21724	945	21379
⊟行政部	9460	22791	872	22719
经理	2580	6539	238	6501
主管	2880	6788	256	6732
职工	4000	9464	378	9486
⊟财务部	9460	22136	872	21464
经理	2580	6388	238	6050
主管	2880	6939	256	6883
职工	4000	8809	378	8531
⊟采购部	9460	20471	872	19899
经理	2580	5483	238	5445
主管	2880	6085	256	6029
职工	4000	8903	378	8425
⊟研发部	9460	20627	872	19555
经理	2580	5483	238	5145
主管	2880	7241	256	6985
职工	4000	7903	378	7425
⊟人事部	6580	13487	616	12971
经理	2580	5584	238	5246
职工	4000	7903	378	7725
总计	59880	133205	5543	129862

图29 返回数据透视表中，可见各部门内的不同职务按照实发工资总和进行降序排序，而部门汇总数据的顺序没有发生变化

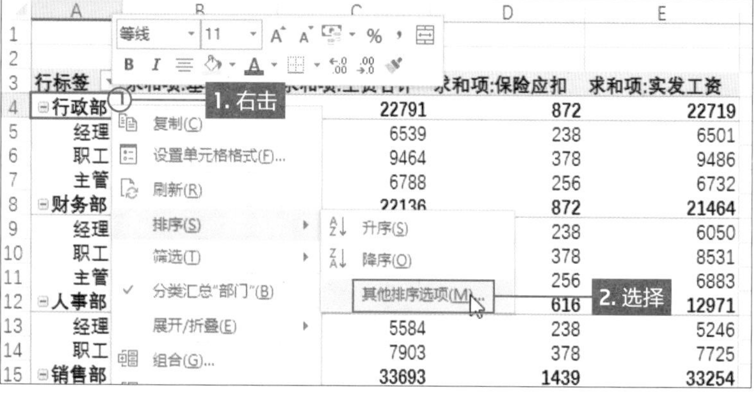

图31 右击A4单元格，在快捷菜单中选择“排序>其他排序选项”命令

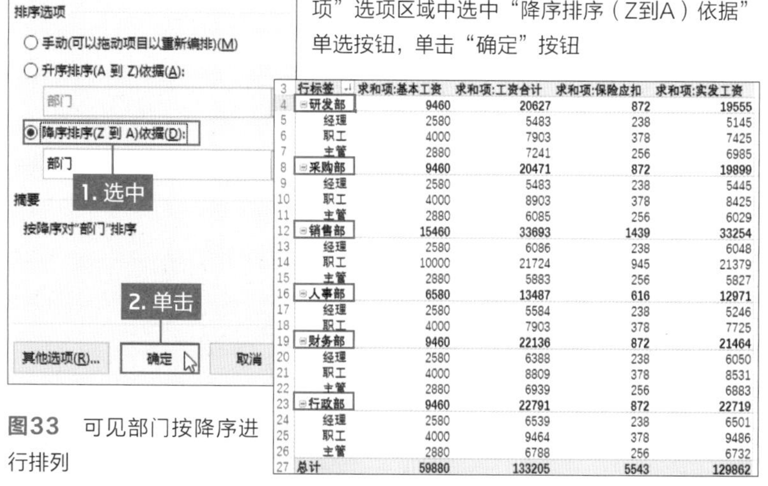

图32 打开“排序(部门)”对话框，在“排序选项”选项区域中选中“降序排序（Z到A）依据”单选按钮，单击“确定”按钮

	行标签	求和项:基本工资	求和项:工资合计	求和项:保险应扣	求和项:实发工资
4	⊟研发部	9460	20627	872	19555
5	经理	2580	5483	238	5145
6	职工	4000	7903	378	7425
7	主管	2880	7241	256	6985
8	⊟采购部	9460	20471	872	19899
9	经理	2580	5483	238	5445
10	职工	4000	8903	378	8425
11	主管	2880	6085	256	6029
12	⊟销售部	15460	33693	1439	33254
13	经理	2580	6086	238	6048
14	职工	10000	21724	945	21379
15	主管	2880	5883	256	5827
16	⊟人事部	6580	13487	616	12971
17	经理	2580	5584	238	5246
18	职工	4000	7903	378	7725
19	⊟财务部	9460	22136	872	21464
20	经理	2580	6388	238	6050
21	职工	4000	8809	378	8531
22	主管	2880	6939	256	6883
23	⊟行政部	9460	22791	872	22719
24	经理	2580	6539	238	6501
25	职工	4000	9464	378	9486
26	主管	2880	6788	256	6732
27	总计	59880	133205	5543	129862

图33 可见部门按降序进行排列

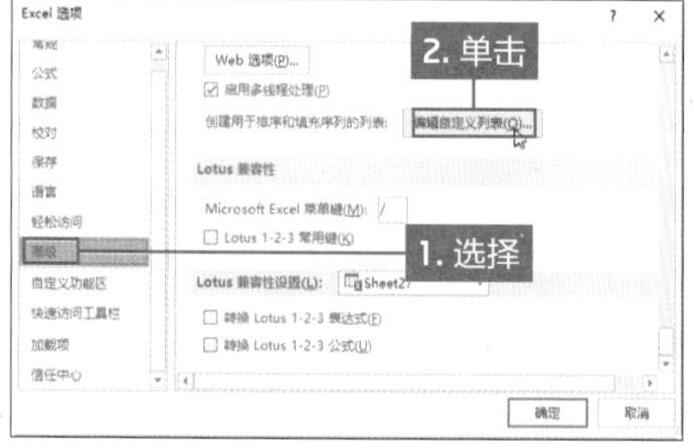

图34 打开“Excel选项”对话框，选择“高级”选项，然后单击右侧的“编辑自定义列表”按钮

上述介绍的排序均是对数值区域进行的，用户还可对行标签的字段进行排序，而且可以按多字段进行排序。如在本案例中首先按部门降序排列，然后按职务的自定义顺序排序（主管、经理、职工）。

首先选择任意部门标签，如选择“行政部”所在的单元格，然后用户可以单击“数据”选项卡中的“排序”按钮，也可以右击选中的单元格，在快捷菜单中选择“排序>其他排序选项”命令（**图31**）。在打开的对话框中设置部门的排列顺序，完成后单击“确定”按钮（**图32**）。返回数据透视表中可见部门按照降序进行排列，员工的职务顺序没有变化（**图33**）。

对职务按照“主管、经理、职工”顺序进行排列时，即不是按升序排列也不是按降序排列，所以需要设置自定义序列进行排序。首先，单击“文件”标签，在列表中选择“选项”项。在打开的“Excel选项”对话框中，选择“高级”选项，在右侧选项区域中单击“编辑自定义列表”按钮（**图34**）。打开“自定义序列”对话框，在“输入序列”文本框中输入“主管、经理、职工”，输入完一个职务后要按Enter键换行再输入其他职务。完成后单击“添加”按钮，即可将自定义的职务序列添加到“自定义序列”文本框中，单击“确定”按钮（**图35**）。返回上级对话框再次单击“确定”按钮，返回数据透视表中选中职务任意单元格并右击，在快捷菜单中选择“排序>升序”命令。可见职务按照自定义的顺序进行排序（**图36**）。

若职务升序操作后没有按照指定顺序排列，则还需启动“排序时使用自定义列表”功能。打开“数据透视表选项”对话框，切换至“汇总和筛选”选项卡，在“排序”选项组中勾选“排序时使用自定义列表”复选框再执行升序操作。

对文本进行排序时，默认情况下是按照笔划进行排序的，用户也可以根据需要按字母进行排序。在本案例中对“部门”排序时，在“排序（部门）”对话框中单击“其他选项”按钮。打开“其他排序选项（部门）”对话框，在“自动排序”选项区域中取消勾选“每次更新报表时自动排序”复选框，然后在“方法”选项区域中选中“字母排序”单选按钮，操作完成后即可将部门按字母排序（图37）。

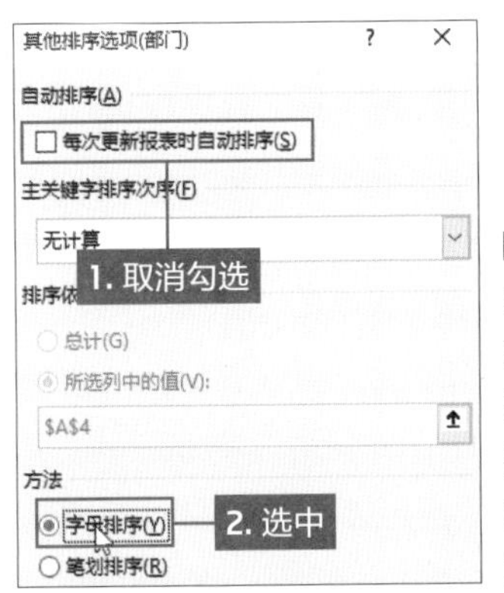

图37　在打开的对话框中，先取消勾选“每次更新报表时自动排序”复选框，再选中“字母排序”单选按钮

对数据透视表中数据进行筛选

筛选是数据分析最常用的功能之一。通过设置筛选条件，用户可以快速、方便地查看重点数据信息，隐藏无效信息。在创建数据透视表时，在“行标签”右侧显示下三角按钮，在该按钮的列表中可以对数据进行筛选。

在本案例中需要查看财务部、销售部和研发部的工资情况。在数据透视表中单击“行标签”下三角按钮，在打开的列表中取消勾选“全选”复选框，然后再依次勾选需要查看的部门名称的复选框。用户也可以在列表中取消勾选不需要显示的部门复选框，最后再单击“确定”按钮（图38）。返回数据透视表中，可见只显示财务部、销售部和研发部的工资信息，“行标签”右侧的下三角按钮变为形状（图39）。在数据透视表中进行筛选操作后，

●设置职务字段自定义排序

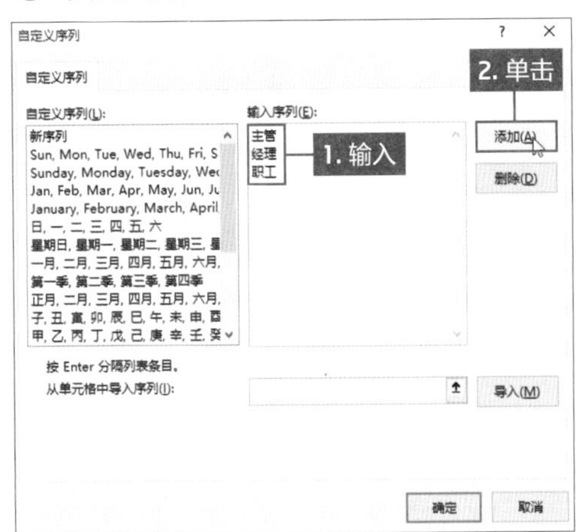

图35　打开“自定义序列”对话框，在“输入序列”文本框中输入职务的排序顺序，然后单击“添加”按钮

	A	B	C	D	E
3	行标签	求和项:基本工资	求和项:工资合计	求和项:保险应扣	求和项:实发工资
4	⊟研发部	9460	20627	872	19555
5	主管	2880	7241	256	6985
6	经理	2580	5483	238	5145
7	职工	4000	7903	378	7425
8	⊟采购部	9460	20471	872	19899
9	主管	2880	6085	256	6029
10	经理	2580	5483	238	5445
11	职工	4000	8903	378	8425
12	⊟销售部	15460	33693	1439	33254
13	主管	2880	5883	256	5827
14	经理	2580	6086	238	6048
15	职工	10000	21724	945	21379
16	⊟人事部	6580	13487	616	12971
17	经理	2580	5584	238	5246
18	职工	4000	7903	378	7725
19	⊟财务部	9460	22136	872	21464

图36　自定义排序后，根据之前的方法对职务进行升序操作，可见职务按照指定的顺序排序

●筛选出部分部门的信息

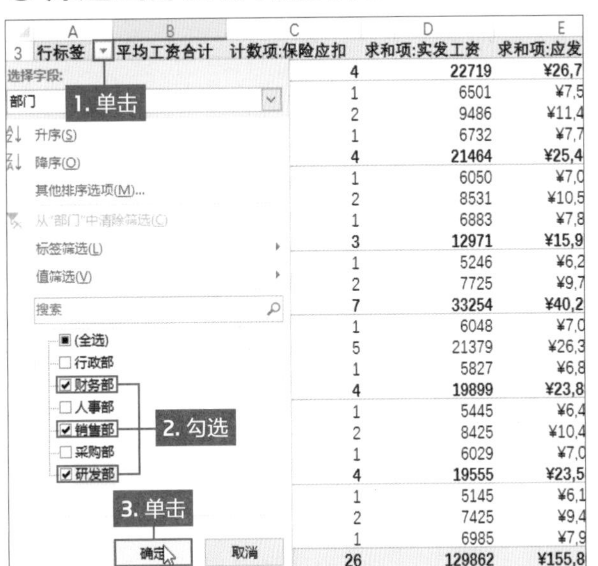

图38　对行字段进行筛选时，可以通过其右侧下三角按钮进行筛选，单击该按钮，在列表中勾选需要显示的部门复选框，最后再单击“确定”按钮

	A	B	C	D	E
3	行标签	平均工资合计	计数项:保险应扣	求和项:实发工资	求和项:应发工资
4	财务部	¥5,534.00	4	21464	¥25,464.00
5	经理	¥6,388.00	1	6050	¥7,050.00
6	职工	¥4,404.50	2	8531	¥10,531.00
7	主管	¥6,939.00	1	6883	¥7,883.00
8	销售部	¥4,813.29	7	33254	¥40,254.00
9	经理	¥6,086.00	1	6048	¥7,048.00
10	职工	¥4,344.80	5	21379	¥26,379.00
11	主管	¥5,883.00	1	5827	¥6,827.00
12	研发部	¥5,156.75	4	19555	¥23,555.00
13	经理	¥5,483.00	1	5145	¥6,145.00
14	职工	¥3,951.50	2	7425	¥9,425.00
15	主管	¥7,241.00	1	6985	¥7,985.00
16	总计	¥5,097.07	15	74273	¥89,273.00

图39 筛选出指定部门的工资信息，其他部门的信息均不显示

●筛选出部门总工资大于25000的信息

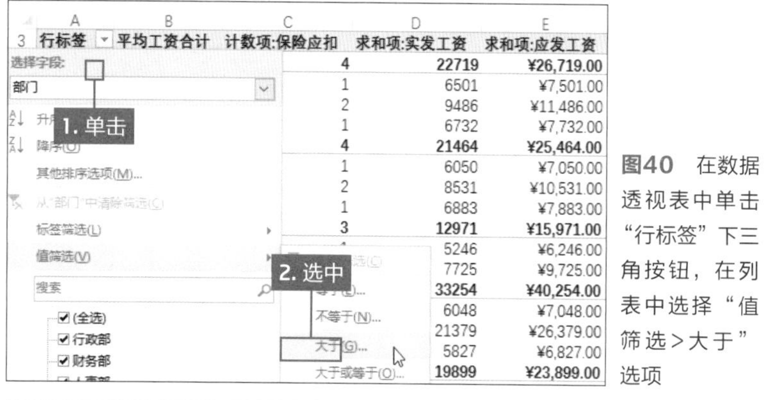

图40 在数据透视表中单击“行标签”下三角按钮，在列表中选择“值筛选>大于”选项

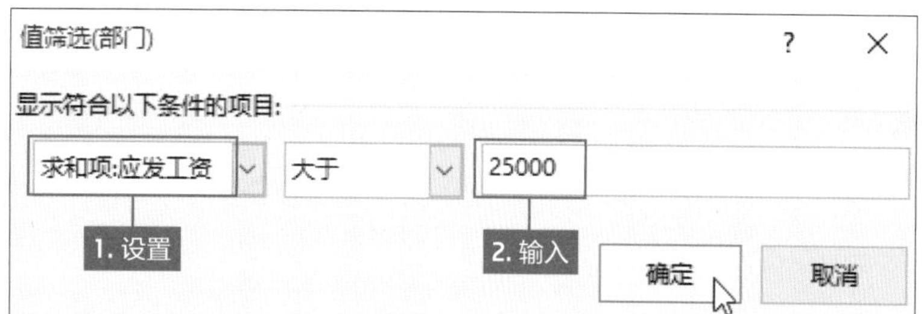

图41 打开“值筛选(部门)”对话框，在“显示符合以下条件的项目”选项区域中设置“求和项:应发工资”大于25000

	A	B	C	D	E
3	行标签	平均工资合计	计数项:保险应扣	求和项:实发工资	求和项:应发工资
4	行政部	¥5,697.75	4	22719	¥26,719.00
5	经理	¥6,539.00	1	6501	¥7,501.00
6	职工	¥4,732.00	2	9486	¥11,486.00
7	主管	¥6,788.00	1	6732	¥7,732.00
8	财务部	¥5,534.00	4	21464	¥25,464.00
9	经理	¥6,388.00	1	6050	¥7,050.00
10	职工	¥4,404.50	2	8531	¥10,531.00
11	主管	¥6,939.00	1	6883	¥7,883.00
12	销售部	¥4,813.29	7	33254	¥40,254.00
13	经理	¥6,086.00	1	6048	¥7,048.00
14	职工	¥4,344.80	5	21379	¥26,379.00
15	主管	¥5,883.00	1	5827	¥6,827.00
16	总计	¥5,241.33	15	77437	¥92,437.00

图42 操作完成后，返回数据透视表中，可见只显示部门总应发工资大于25000的数据信息

筛选出需要的数据信息，其行号的顺序是依次显示的。在普通表格中进行筛选操作后，不需要的信息是隐藏起来的，行号不是依次显示的。如果需要清除筛选条件，再次单击“行标签”下三角按钮，在列表中选择“从‘部门’中清除筛选”选项，或者勾选“全选”复选框，再单击“确定”按钮即可。

除了对行标签进行筛选外，还可以对数据透视表中的值数据进行筛选。对值数据进行筛选时，也是通过行标签的下三角按钮实现的，如在本案例中需要筛选出部门的应发工资大于25000元的数据。

单击“行标签”下三角按钮，在列表中选择“值筛选”选项，在子列表中显示9条值筛选的条件，选择“大于”选项（图40），即可打开“值筛选（部门）”对话框，单击左侧下三角按钮，在列表中显示数据透视表中所有值字段，选择“求和项:应发工资”选项；确定中间文本框中为“大于”条件不变；然后在右侧空白数值框中输入25000，最后单击“确定”按钮（图41）。返回可见表中只显示部门总应发工资大于25000的数据信息（图42）。

在数据透视表中包含所有的值筛选条件，其中“等于”和“不等于”用于筛选指定数据的信息；“大于（或等于）”和“小于（或等于）”用于筛选指定单侧区间的数据信息；“（不）介于”用于筛选指定双侧区域的数据信息；“前10 项”用于筛选指定数量的对应项目的信息；“清除筛选”用于清除值筛选的条件。

除单击“行标签”筛选按钮外，用户还可通过“数据透视表字段”导航窗格进行筛选。在“选择要添加到报表的字段”选项区域中单击“部门”字段右侧筛选按钮，即可打开和“行标签”同样的列表。

使用切片器筛选数据

切片器是Excel 2010版本中新增一项很实用的功能。该功能使数据透视表的筛选条件直观地显示。在数据透视表中使用切片器还可以应用到多个数据透视表中，方便用户从多维度分析数据，快速得到分析的结果。

首先介绍在数据透视表中插入切片器的方法。打开数据透视表，选中任意单元格，切换至“数据透视表工具-分析”选项卡，单击“筛选”选项组中的“插入切片器”按钮（图43）。打开“插入切片器”对话框，在列表框中勾选需插入切片器的字段，如“部门”“职务”和“实发工资”复选框，最后单击“确定”按钮（图44）。在数据透视表中显示切片器（图45），其中切片器的名称以字段名称命名。切片器是按分层显示的，其顺序是依据在“插入切片器”对话框中字段的顺序。用户也可通过“插入”选项卡插入切片器，和在普通工作表中插入切片器的方法一样。选中数据透视表中任意单元格，切换至“插入”选项卡，单击“筛选器”选项组中“切片器”按钮。然后在打开的“插入切片器”对话框中设置即可。

切片器插入完成后，如果需要对相关字段进行筛选，则直接单击切片器上的按钮即可。如在“职务”切片器上单击“经理”按钮，则数据透视表中只显示各部门经理的工资情况（图46）。使用切片器可以很方便地对多字段进行筛选，如还需要筛选出“行政部”“人事部”和“采购部”的信息。则在“部门”切片器中，单击“行政部”按钮，然后再按住Ctrl键依次单击“人事部”和“采购部”按钮，则数据透视表中显示选中的3个部门经理的工资情况（图47）。

●在数据透视表中插入切片器

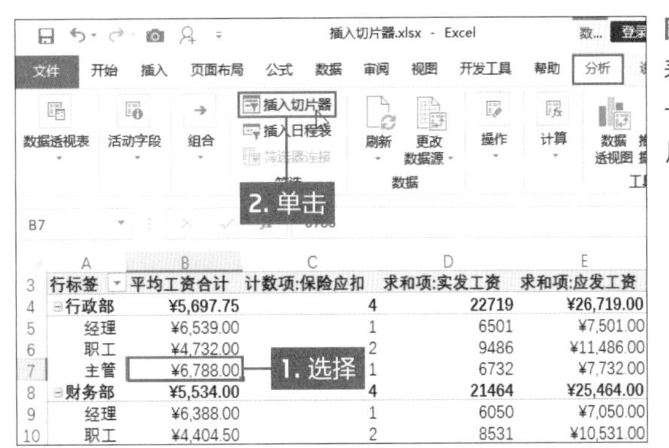

图43 在“数据透视表工具-分析”选项卡中，单击“插入切片器”按钮

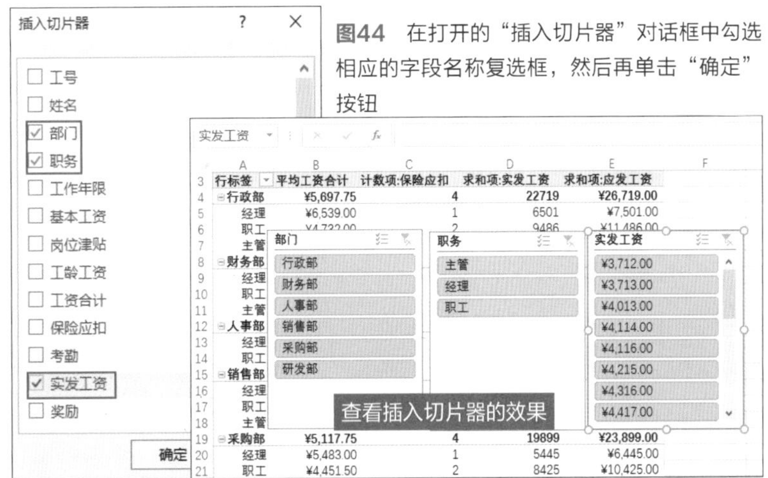

图44 在打开的“插入切片器”对话框中勾选相应的字段名称复选框，然后再单击“确定”按钮

图45 返回数据透视表中，可见插入勾选字段的切片器，而且是分层显示在透视表上方

●使用切片器筛选数据

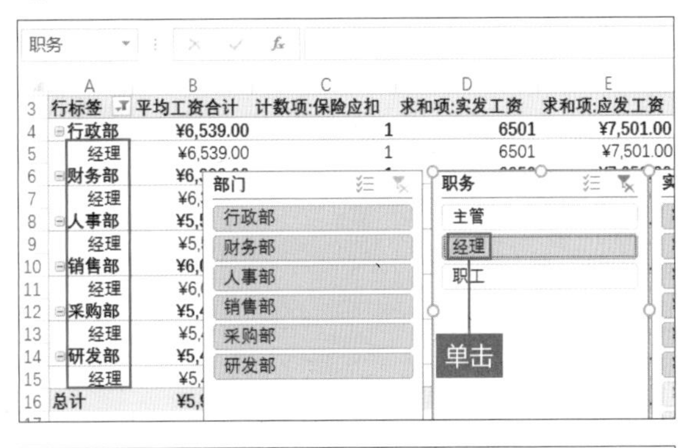

图46 如果需要筛选出“经理”的信息，直接在“职务”切片器中单击“经理”按钮即可

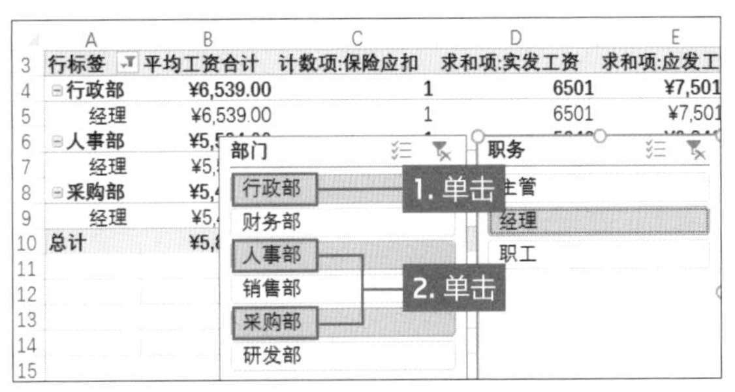

图47 在“部门“切片器”中单击“行政部”按钮，按Ctrl键再单击其他部门按钮

●同步筛选多张数据透视表

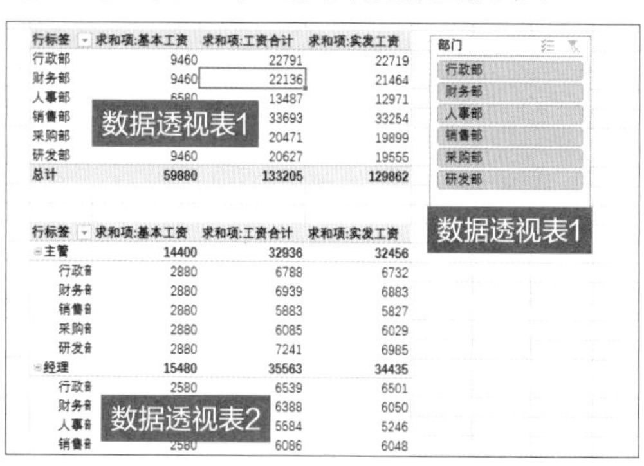

图48 如果需要筛选出“经理”的信息，直接在“职务”切片器中单击“经理”按钮即可

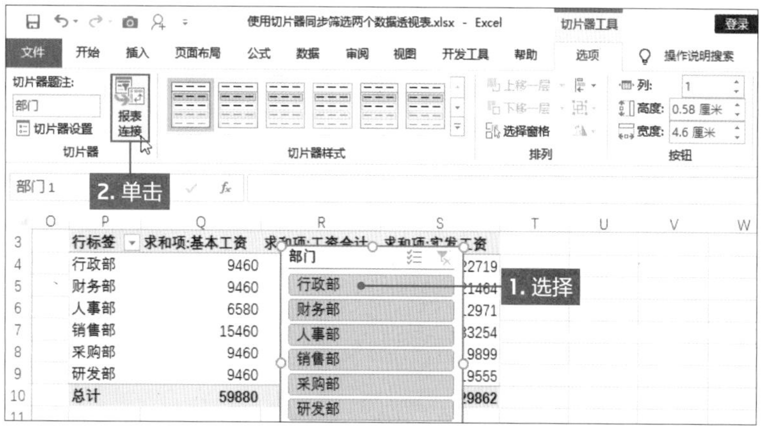

图49 选中“部门”切片器，切换至“切片器工具-选项”选项卡，单击“切片器”选项组中“报表连接”按钮

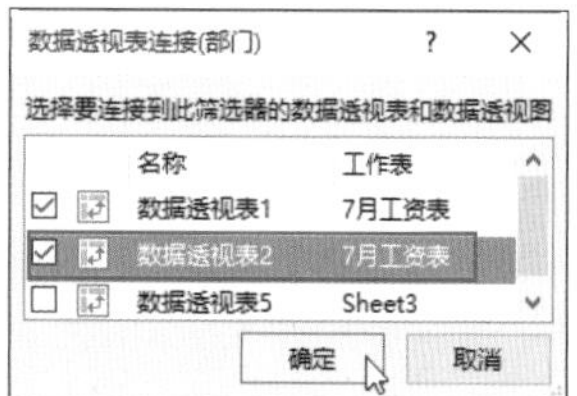

图50 在打开的对话框中勾选“数据透视表2”复选框，完成切片器和数据透视表2进行连接

图51 在“部门”切片器中筛选出指定的部门，两个数据透视表同时筛选出相关工资信息

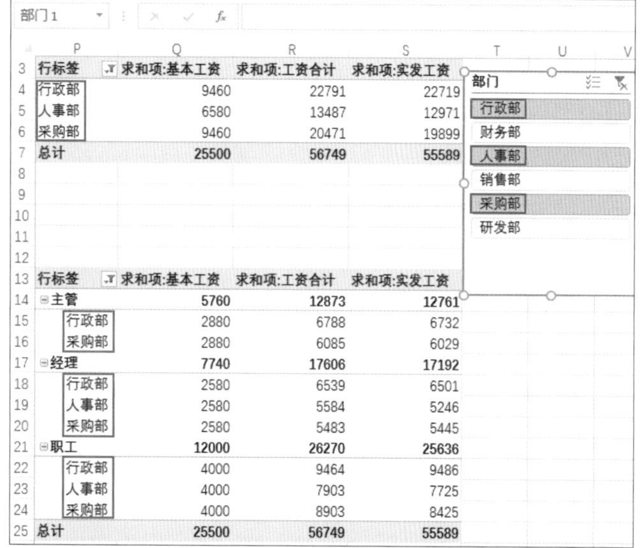

上述介绍使用切片器筛选一张数据透视表中的数据，当我们需要多维度分析数据时，使用切片器还可以同时筛选多张数据透视表。

在本案例中，根据相同的数据区域创建两张数据透视表，现在需要在两张表中同时筛选出“行政部”和“销售部”的数据信息。首先根据之前介绍的方法，在数据透视表1中插入“部门”切片器（**图48**）。通过“部门”切片器只能筛选出数据透视表1中数据，如果想通过该切片器同时控制数据透视表2中的数据，必须将“部门”切片器和数据透视表2进行连接。先选中“部门”切片器，切换至“切片器工具-选项”选项卡，单击“报表连接”按钮（**图49**），打开“数据透视表连接（部门）”对话框，在“选择要连接到此筛选器的数据透视表和数据透视图”列表框中勾选“数据透视表2”复选框，单击“确定”按钮，即可将该切片器与数据透视表2进行连接（**图50**）。操作完成后，通过“部门”切片器，筛选出“行政部”“人事部”和“采购部”的信息，可见两个数据透视表中的数据同进筛选出相关部门的工资信息（**图51**）。

在数据透视表中插入切片器后，若用户需要对其进行美化，可通过切片器样式快速美化。先选中切片器，在“切片器工具-选项”选项卡中单击“切片器样式”选项组中的“其他”按钮，在打开的样式库中选择合适的样式，即可快速完成切片器的美化操作。若用户想自定义切片器样式，在“其他”列表中选择“新建切片器样式”选项，打开“新建切片器样式”对话框，设置样式名称，然后在“切片器元素”列表框中选择需要设置的元素，单击“格式”按钮。在打开的“格式切片器元素”对话框中设置字体、边框和填充即可。

利用函数计算满足条件的数据

更灵活地对数据进行统计或分析，最好使用函数。
本部分将介绍满足条件的数据的个数、合计以及平均值的函数。

本Part需要掌握的统计方法

使用COUNTIF函数计算满足条件的数量

在Excel中需要统计满足条件的数量时，单条件使用COUNTIF函数，多条件时使用COUNTIFS函数

使用SUMIF函数统计满足条件的和

单条件时使用SUMIF函数，多条件时使用SUMIFS函数

其他条件函数

使用AVERAGEIF、AVERAGEIFS、MAXIFS和MINIFS函数进行计算

销售数量	销售单价	销售总额
14	¥2,688.00	¥37,632.00
14	¥2,288.00	¥32,032.00
11	¥1,988.00	¥21,868.00
7	¥1,488.00	¥10,416.00
14	¥2,688.00	¥37,632.00
14	¥2,288.00	¥32,032.00
17	¥1,688.00	¥28,696.00
5	¥1,688.00	¥8,440.00
13	¥2,288.00	¥29,744.00
13	¥2,688.00	¥34,944.00
9	¥1,488.00	¥13,392.00
19	¥1,988.00	¥37,772.00
6	¥2,688.00	¥16,128.00
15	¥1,988.00	¥29,820.00
12	¥1,988.00	¥23,856.00

员工姓名	商品名称	销售总额
卓飞	荣耀10	¥203,680.00

荣耀8X全网通6-64的销售次数
16

荣耀10全网通6G内存的平均销售额
¥30,865.60

金平安一次销售荣耀10最多数量
20

统计满足条件的数值

需要对满足条件的数值进行计算时，可以使用本Part介绍的函数，如可以统计数量、求和、平均值、最大值以及最小值等运算

在Part1中介绍的自动求和函数，是Excel中的无条件计算函数，但是在实际的应用中，“无条件”的计算毕竟是很少的，更多的是有条件的。在进行有条件计算时，可以在相应的函数末尾添加“IF”或“IFS”，使用时会更方便。

在使用函数进行有条件计算时，可以对单条件或多条件进行运算。当函数末尾带“IF”时表示可以单条件计算；当函数末尾带“IFS”时表示可以进行多条件计算。本部分将根据满足条件的数据分别介绍单条件和多条件计算方法。

单条件计算函数

当我们在对数据进行统计或求和时，通常需要统计出满足某条件的数据。在一周销售统计表中，可以通过单条件函数统计出某员工本周销售的次数或者某版本的手机销售次数。

打开“一周销售统计表.xlsx”，切换至“3月第二周销售表”工作表。可见本周所有员工总共销售次数为82次，首先在J2:K6单元格区域中输入需要统计的条件，然后再设置查找员工的范围，在J3单元格中通过“数据验证”功能限制员工姓名输入的规范性。选中J3单元格，单击“数据”项卡中“数据验证”按钮（图1）。打开“数据验证”对话框，在“设置”选项卡中设

●COUNTIF函数的应用

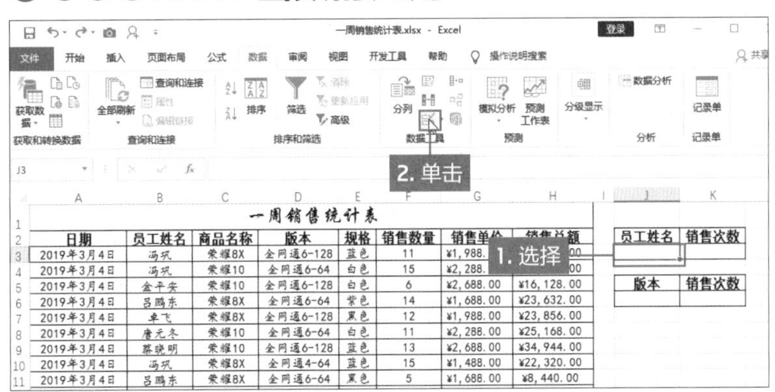

图1　首先完善工作表的查看条件，然后选中J3单元格，切换至“数据”选项卡，单击“数据工具”选项组中“数据验证”按钮

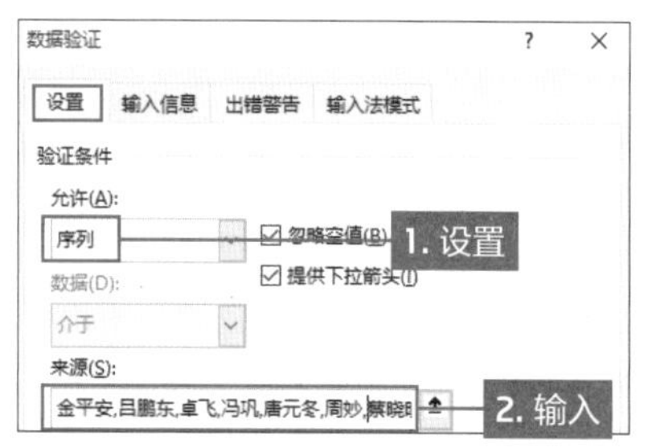

图2 打开“数据验证”对话框，设置“允许”为“序列”，在“来源”文本框中输入员工姓名。用户也可以单击“来源”右侧折叠按钮，在工作表中选中姓名所在的单元格

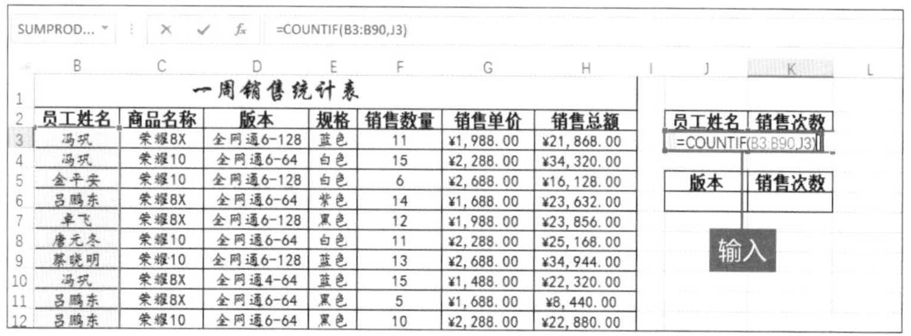

SUMPROD… =COUNTIF(B3:B90,J3)

一周销售统计表

员工姓名	商品名称	版本	规格	销售数量	销售单价	销售总额
冯巩	荣耀8X	全网通6-128	蓝色	11	¥1,988.00	¥21,868.00
冯巩	荣耀10	全网通6-64	白色	15	¥2,288.00	¥34,320.00
金平安	荣耀10	全网通6-128	白色	6	¥2,688.00	¥16,128.00
吕鹏东	荣耀8X	全网通6-64	紫色	14	¥1,688.00	¥23,632.00
卓飞	荣耀8X	全网通6-128	黑色	12	¥1,988.00	¥23,856.00
唐元冬	荣耀10	全网通6-64	白色	11	¥2,288.00	¥25,168.00
蔡晓明	荣耀10	全网通6-128	蓝色	13	¥2,688.00	¥34,944.00
冯巩	荣耀8X	全网通4-64	蓝色	15	¥1,488.00	¥22,320.00
吕鹏东	荣耀8X	全网通6-64	黑色	5	¥1,688.00	¥8,440.00
吕鹏东	荣耀10	全网通6-64	黑色	10	¥2,288.00	¥22,880.00

员工姓名	销售次数
=COUNTIF(B3:B90,J3)	

版本	销售次数

图3 使用COUNTIF函数统计出J3单元格中员工本周的销售次数，输入公式“=COUNTIF(B3:B90,J3)”

COUNTIF()函数

= COUNTIF(range,criteria)

对指定单元格区域中满足指定条件的单元格进行计数

J3 卓飞

一周销售统计表

员工姓名	商品名称	版本	规格	销售数量	销售单价	销售总额
冯巩	荣耀8X	全网通6-128	蓝色	11	¥1,988.00	¥21,868.00
冯巩	荣耀10	全网通6-64	白色	15	¥2,288.00	¥34,320.00
金平安	荣耀10	全网通6-128	白色	6	¥2,688.00	¥16,128.00
吕鹏东	荣耀8X	全网通6-64	紫色	14	¥1,688.00	¥23,632.00
卓飞	荣耀8X	全网通6-128	黑色	12	¥1,988.00	¥23,856.00
唐元冬	荣耀10	全网通6-64	白色	11	¥2,288.00	¥25,168.00
蔡晓明	[illegible]	[illegible]	[illegible]	[illegible]	¥2,688.00	¥34,944.00
冯巩	[illegible]	[illegible]	[illegible]	[illegible]	¥1,488.00	¥22,320.00
吕鹏东	[illegible]	[illegible]	[illegible]	[illegible]	¥1,688.00	¥8,440.00
吕鹏东	[illegible]	[illegible]	[illegible]	[illegible]	¥2,288.00	¥22,880.00
唐元冬	荣耀10	全网通6-128	蓝色	12	¥2,688.00	¥32,256.00
周妙	荣耀10	全网通6-128	紫色	6	¥2,688.00	¥16,128.00
唐元冬	荣耀8X	全网通4-64	红色	6	¥1,488.00	¥8,928.00
卓飞	荣耀8X	全网通6-128	蓝色	7	¥1,988.00	¥13,916.00
唐元冬	荣耀8X	全网通6-128	红色	6	¥1,988.00	¥11,928.00

员工姓名	销售次数
卓飞	13

版本	销售次数

统计该列所有“卓飞”出现的次数

选择

图4 公式输入完成后，在J3单元格中选择需要查看员工销售次数的员工姓名，在K3单元格中即可显示次数

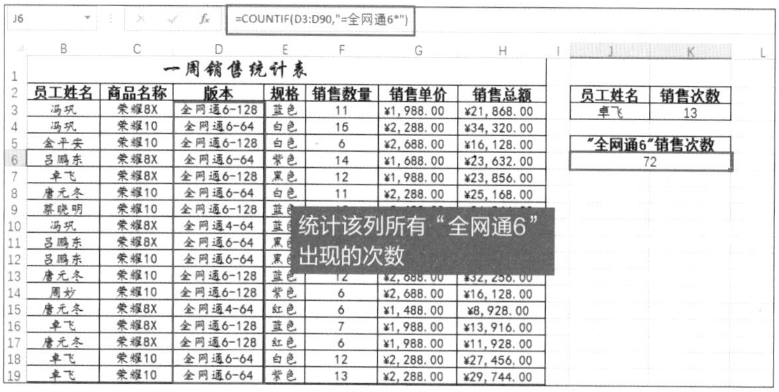

J6 =COUNTIF(D3:D90,"=全网通6*")

一周销售统计表

员工姓名	商品名称	版本	规格	销售数量	销售单价	销售总额
冯巩	荣耀8X	全网通6-128	蓝色	11	¥1,988.00	¥21,868.00
冯巩	荣耀10	全网通6-64	白色	15	¥2,288.00	¥34,320.00
金平安	荣耀10	全网通6-128	白色	6	¥2,688.00	¥16,128.00
吕鹏东	荣耀8X	全网通6-64	紫色	14	¥1,688.00	¥23,632.00
卓飞	荣耀8X	全网通6-128	黑色	12	¥1,988.00	¥23,856.00
唐元冬	荣耀10	全网通6-64	白色	11	¥2,288.00	¥25,168.00
蔡晓明	荣耀10	全网通6-128	[illegible]	[illegible]	[illegible]	[illegible]
冯巩	荣耀8X	全网通4-64	[illegible]	[illegible]	[illegible]	[illegible]
吕鹏东	荣耀8X	全网通6-64	[illegible]	[illegible]	[illegible]	[illegible]
吕鹏东	荣耀10	全网通6-64	[illegible]	[illegible]	[illegible]	[illegible]
唐元冬	荣耀10	全网通6-128	[illegible]	[illegible]	[illegible]	[illegible]
周妙	荣耀10	全网通6-128	紫色	6	¥2,688.00	¥16,128.00
唐元冬	荣耀8X	全网通4-64	红色	6	¥1,488.00	¥8,928.00
卓飞	荣耀8X	全网通6-128	蓝色	7	¥1,988.00	¥13,916.00
唐元冬	荣耀8X	全网通6-128	红色	6	¥1,988.00	¥11,928.00
卓飞	荣耀10	全网通6-64	白色	12	¥2,288.00	¥27,456.00
卓飞	荣耀10	全网通6-64	紫色	13	¥2,288.00	¥29,744.00

员工姓名	销售次数
卓飞	13

“全网通6”销售次数
72

统计该列所有“全网通6”出现的次数

图5 在J6单元格中输入“=COUNTIF(D3:D90,"=全网通6*")”公式，按Enter键即可计算出相关的数据

置J3单元格验证条件（图2）。在“来源”文本框中输入所有员工的姓名，姓名与姓名之间用英文逗号隔开。接着我们再使用函数统计员工本周的销售次数，在统计次数时首先想到的应当是COUNT函数。因为在统计次数时，还必须满足一个条件，就是必须是J3单元格中的员工，所以需要使用COUNTIF函数。在K3单元格中输入“=COUNTIF(B3:B90,J3)”公式（图3）。本公式的含义是统计出B3:B90单元格区域中员工姓名为J3单元姓名的次数。该公式的第二个参数表示对某些单元格进行计数的条件，其形式为数字、表达式、单元格的引用或文本字符串，还可以使用通配符。输入完成后按Enter键执行计算，因为J3单元格中没有员工姓名，所以计算结果为0

选中J3单元格，单击右侧下三角按钮在列表中选择“卓飞”员工姓名，则K3单元格中自动计算出该员工本周销售的次数是13次（图4）。用户根据需要选择其他员工的姓名，或者在J3单元格正确输入员工的姓名，即可计算出员工的销售次数。

在使用COUNTIF函数时，条件可以使用通配符统计出数据的次数。如在本案例中统计出全网通内存6G的手机销售次数。因为手机的版本包括内存4G和6G的，其中6G的还包括容量是64G和128G两种，所以须要使用通配符。选中J6单元格，然后输入公式“=COUNTIF(D3:D90,"=全网通6*")”，按Enter键即可计算出全网通6G内存的手机销售次数为72次（图5）。在公式中“*”星号表示若干个字符，如果将星号换成“?”问号时，则结果显示为0，因为“?”问号只表示一个字符。在COUNTIF函数第二个参数为表达式时，则需要使用英文半角状态下的双引号，否则计算结果是错误的数据。

在使用Excel函数时，可以配合条件格式使用，标记出满足条件的数据信息。如在“期中考试成绩表.xlsx”中，统计出学生考试成绩3科超过90分的学生信息，并且通过填充底纹颜色进行标记。在操作之前需要选中所有的数据区域，其中不包括标题。选中A3:H54单元格区域，然后切换至“开始”选项卡，在“样式”选项组的“条件格式”下拉列表中选择“新建规则”选项（图6）。使用条件格式功能统计满足条件的数据信息时，可以通过函数公式确定范围。本例使用COUNTIF函数确定满足条件的次数，然后再设置满足条件数据单元格的格式。完成后打开“新建格式规则”对话框，在“选择规则类型”选项区域中选择“使用公式确定要设置格式的单元格”选项，然后在“符合此公式的值设置格式”文本框中输入“=COUNTIF(B3:H3,”>=90”)>=3”公式，然后单击“格式”按钮（图7）。在本公式中先用COUNTIF函数统计出B3:H3单元格区域中成绩大于等于90的数量，然后再通过公式判断COUNTIF函数计算结果是否大于等于3。

单击“格式”按钮后打开“设置单元格格式”对话框，切换至“填充”选项卡，设置填充颜色为浅橙色；在“字体”选项卡中设置字形为加粗，字体颜色为深绿色，最后单击“确定”按钮（图8）。返回“新建格式规则”对话框，在“预览”选项区域中预览设置格式的效果，满意后单击“确定”按钮。返回工作表中可见在选中的单元格区域中当学生有3科或超过3科≥90分，则该行应用设置的单元格格式（图9）。用户如果想更改满足条件的单元格区域的格式，只能选中该单元格区域，再次单击“条件格式”下三角按钮，在列表中选择“管理规则”选项。打开“条件

●COUNTIF函数和条件格式的应用

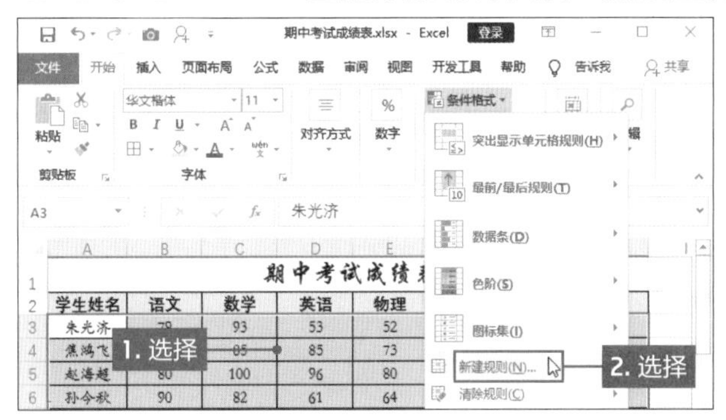

图6　选择A3:H54单元格区域，在“开始”选项卡单击“条件格式”下三角按钮，在列表中选择“新建规则”选项

图7　在打开的“新建格式规则”对话框中，输入满足条件的公式，单击“格式”按钮

图8　在打开的“设置单元格格式”对话框中设置填充和字体格式

	A	B	C	D	E	F	G	H
1	期中考试成绩表							
2	学生姓名	语文	数学	英语	物理	化学	生物	体育
3	朱光济	79	93	53	52	51	52	83
4	焦鸿飞	60	85	85	73	50	97	55
5	赵海超	80	100	96	80	92	79	92
6	孙今秋	90	82	61	64	66	77	64
7	邹静	68	67	86	72	54	90	56
8	唐元冬	97	93	85	99	95	80	62
9	周妙	92	98	81	100	66	84	67
10	陈述鹏	79	67	84	61	94	51	84
11	杨宣祯	77	75	57	52	74	86	77
12	李晨然	99	55	68	71	98	88	57
13	吴明	72	83	79	87	57	77	56
14	吕鹏东	79	77	71	66	100	83	70
15	金平安	97	87	82	80	91	70	71
16	张泽洋	79	58	94	98	98	72	85
17	章飞	90	96	62	90	95	73	96
18	周阳	63	69	97	91	80	53	76

图9　格式设置完成后，依次单击“确定”按钮，在选中单元格区域中满足条件的行会应用设置的格式

格式规则管理器”对话框，在列表中选择需要修改格式的条件，单击“编辑规则”按钮（图10）。打开“编辑格式规则”对话框，显示设置的函数公式，以及格式的预览效果。单击“格式”按钮，在打开的对话框中重新设置格式即可。

图10 如果需要重新设置格式，需要在打开的“条件格式规则管理器”对话框中设置应用的条件格式

●使用SUMIF函数进行求和

在对数据进行分析时，除了对其统计之外，还可以对数据进行求和或平均值等运算。下面我们依次进行计算。

在“一周销售统计表.xlsx”中切换至“3月第三周销售表”工作表。下面将分别统计出“卓飞”一周内销售手机的数量和所有全网通6G内存的销售金额。首先统计出“卓飞”销售手机的数量，对数量进行求和时需要使用SUM相关函数，本案例包含一个条件就是员工姓名必须是“卓飞”，因此本案例使用SUMIF函数，选择K4单元格，再单击“插入函数”按钮（图11）。打开“插入函数”对话框，SUMIF函数是求和函数，所以设置“或选择类别”为“数学与三角函数”，然后在“选择函数”列表框中选中SUMIF函数，最后再单击“确定”按钮（图12）。打开“函数参数”对话框，在Range文本框中输入B3:B90；在Criteria文本框中输入J3；在Sum_range文本框中输入F3:F90，再单击“确定”按钮（图13）。设置参数的含义是在B3:B90单元格区域中员工姓名为“卓飞”时，统计出对应的F3:F90单元格中数据的和。其中，Range为根据条件计算的区域；Criteria为求和条件，当为文本条件或含有逻辑或数学符号的条件必须使用双引号；Sum_range为实际求和的区域，如果省略该参数，则条件区域就是实际求和区域。使用该函数时，同样可以在Criteria参数中使用通配符。操作完成后，返回工作表中，可见在K4单元格中计算出本周“卓飞”的销售量为163部（图14）。

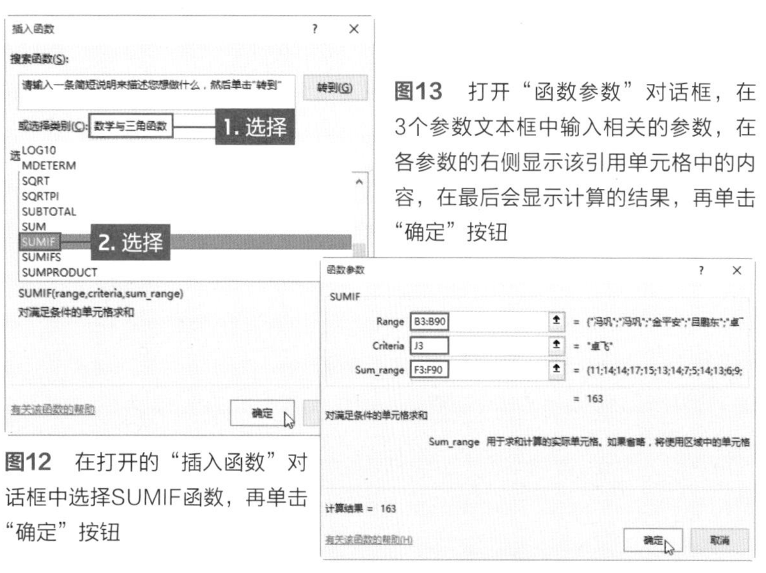

图11 选中K4单元格，单击编辑栏中“插入函数”按钮

图13 打开“函数参数”对话框，在3个参数文本框中输入相关的参数，在各参数的右侧显示该引用单元格中的内容，在最后会显示计算的结果，再单击“确定”按钮

图12 在打开的“插入函数”对话框中选择SUMIF函数，再单击“确定”按钮

图14 操作完成后，在K4单元格中显示出计算的结果为163部，表示“卓飞”本周销售手机的数量

在SUMIF函数公式中使用通配符和COUNTIF函数一样。如计算全网通内存6G的所有手机的销售总额。选中J6单元格，然后输入公式“=SUMIF(D3:D90,"=全网通6*",H3:H90)”，按Enter键即可计算出结果（图15）。

从SUMIF函数公式可见其参数比COUNTIF函数多一个参数，就是其求和的区域。COUNTIF函数和SUMIF函数具有很多共同点，如可以整理费用、忽略空值和文本都可以使用通配符。

如果需要对数据进行有条件求平均值，则需要使用AVERAGEIF函数，其函数的使用方法和SUMIF函数一样。本案例中如果不计算总和而计算平均值时，直接把SUMIF函数替换成AVERAGEIF函数即可。如将J6单元格中函数替换为AVERAGERIF函数，则结果表示本周销售全网通内存6G的手机平均销售额（图16）。

用户如果使用Excel 2007之前的版本，要单条件计算时，是没有这些函数直接使用的，需使用计算函数和IF函数搭配着使用。如使用SUM+IF、COUNT+IF和AVERAGE+IF函数组合，我们还可以延伸至MAX+IF和MIN+IF函数组合计算满足条件的最大值和最小值。如果使用计算函数搭配IF函数使用时，因为其参数为数组，所以在结束时需要按Ctrl+Shift+Enter组合键执行计算，否则显示错误的结果。以上5组函数使用时参数都是一样的，下面以SUM+IF组合函数为例介绍操作方法。为了比较该函数组合和SUMIF函数的计算结果，则在SUMIF函数计算结果的下方K5单元格中进行计算。选中单元格，输入“=SUM(IF(B3:B90=J3,F3:F90))”公式，然后按Ctrl+Shift+Enter组合键进行计算。可见其计算结果也为163，和使用SUMIF函数统计的结果是一样的（图17）。

SUMIF()函数

= SUMIF(range,criteria,sum_range)

返回指定数据区域中满足条件的数值进行求和

J6 =SUMIF(D3:D90,"=全网通6*",H3:H90)

一周销售统计表

员工姓名	商品名称	版本	规格	销售数量	销售单价	销售总额
冯巩	荣耀8X	全网通6-128	蓝色	11	¥1,988.00	¥21,868.00
冯巩	荣耀10	全网通6-64	白色	14	¥2,288.00	¥32,032.00
金平安	荣耀10	全网通6-128	白色	14	¥2,688.00	¥37,632.00
吕鹏东	荣耀8X	全网通6-64	紫色	17	¥1,688.00	¥28,696.00
卓飞	荣耀8X	全网通6-128	黑色	15	¥1,988.00	¥29,820.00
唐元冬	荣耀10	全网通6-64	白色	13	¥2,288.00	¥29,744.00
蔡晓明	荣耀10	全网通6-128	蓝色	14	¥2,688.00	¥37,632.00
冯巩	荣耀8X	全网通4-64	蓝色	7	¥1,488.00	¥10,416.00
吕鹏东	荣耀8X	全网通6-64	黑色	5	¥1,688.00	¥8,440.00
吕鹏东	荣耀10	全网通6-64	黑色	14	¥2,288.00	¥32,032.00
唐元冬	荣耀10	[illegible]	[illegible]	[illegible]	[illegible]	[illegible]
周妙	荣耀10	[illegible]	[illegible]	[illegible]	[illegible]	[illegible]
唐元冬	荣耀8X	[illegible]	[illegible]	[illegible]	[illegible]	[illegible]
卓飞	荣耀8X	全网通6-128	蓝色	12	¥1,988.00	¥23,856.00

员工姓名	销售数量
卓飞	163

“全网通6”销售金额
¥1,998,368.00

使用通配符计算全网通6G内存销售金额

图15　在J6单元格输入SUMIF公式计算出所有全网通内存6G的手机销售总额

AVERAGEIF()函数

= AVERAGEIF(range,criteria,sum_range)

返回某区域内满足指定条件的所有单元格的平均值

J6 =AVERAGEIF(D3:D90,"=全网通6*",H3:H90)

一周销售统计表

员工姓名	商品名称	版本	规格	销售数量	销售单价	销售总额
冯巩	荣耀8X	全网通6-128	蓝色	11	¥1,988.00	¥21,868.00
冯巩	荣耀10	全网通6-64	白色	14	¥2,288.00	¥32,032.00
金平安	荣耀10	全网通6-128	白色	14	¥2,688.00	¥37,632.00
吕鹏东	荣耀8X	全网通6-64	紫色	17	¥1,688.00	¥28,696.00
卓飞	荣耀8X	全网通6-128	黑色	15	¥1,988.00	¥29,820.00
唐元冬	荣耀10	全网通6-64	白色	13	¥2,288.00	¥29,744.00
蔡晓明	荣耀10	全网通6-128	蓝色	14	¥2,688.00	¥37,632.00
冯巩	荣耀8X	全网通4-64	蓝色	7	¥1,488.00	¥10,416.00
吕鹏东	荣耀8X	全网通6-64	黑色	5	¥1,688.00	¥8,440.00
吕鹏东	荣耀10	全网通6-64	黑色	14	¥2,288.00	¥32,032.00
唐元冬	荣耀10	[illegible]	[illegible]	[illegible]	[illegible]	[illegible]
周妙	荣耀10	[illegible]	[illegible]	[illegible]	[illegible]	[illegible]
唐元冬	荣耀8X	全网通4-64	红色	9	¥1,488.00	¥13,392.00

员工姓名	销售数量
卓飞	12.54

“全网通6”销售金额
¥27,755.11

图16　AVERAGEIF函数的应用和SUMIF函数一样，只需要将公式中函数替换即可计算出满足条件的平均值

●使用组合函数进行条件求和

IF()函数

= IF(logical_test,value_if_true,value_if_false)

根据指定的条件来判断真（TRUE）或假（FALSE）

K4 {=SUM(IF(B3:B90=J3,F3:F90))}

一周销售统计表

员工姓名	商品名称	版本	规格	销售数量	销售单价	销售总额
冯巩	荣耀8X	全网通6-128	蓝色	11	¥1,988.00	¥21,868.00
冯巩	荣耀10	全网通6-64	白色	14	¥2,288.00	¥32,032.00
金平安	荣耀10	全网通6-128	白色	14	¥2,688.00	¥37,632.00
吕鹏东	荣耀8X	全网通6-64	紫色	17	¥1,688.00	¥28,696.00
卓飞	荣耀8X	全网通6-128	黑色	15	¥1,988.00	¥29,820.00
唐元冬	荣耀10	全网通6-64	白色	13	¥2,288.00	¥29,744.00
蔡晓明	荣耀10	全网通6-128	蓝色	14	¥2,688.00	¥37,632.00
冯巩	荣耀8X	[illegible]	[illegible]	[illegible]	[illegible]	¥10,416.00
吕鹏东	荣耀8X	[illegible]	[illegible]	[illegible]	[illegible]	¥8,440.00
吕鹏东	荣耀10	[illegible]	[illegible]	[illegible]	[illegible]	¥32,032.00

员工姓名	销售数量
卓飞	163
	163

“全网通6”销售金额
¥1,998,368.00

使用组合函数计算数据

图17　选中K5单元格，输入SUM+IF函数组合的公式，按Ctrl+Shift+Enter组合计算，并比较结果

●对单元格区域进行命名

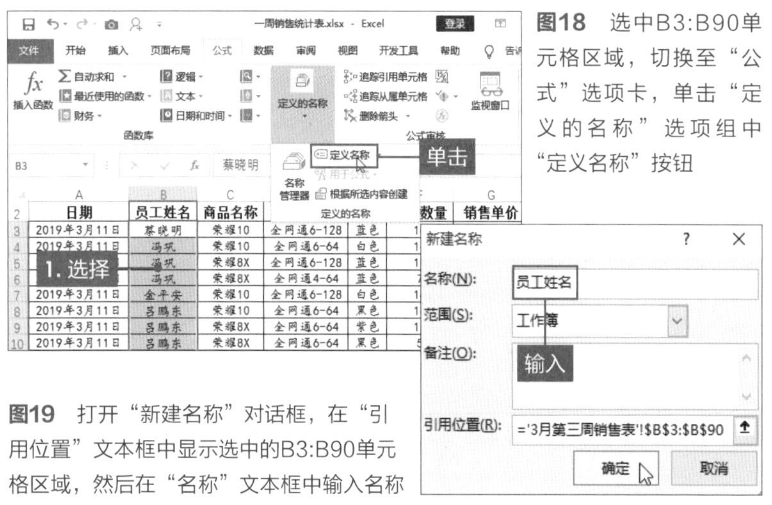

图18 选中B3:B90单元格区域，切换至“公式”选项卡，单击“定义的名称”选项组中“定义名称”按钮

图19 打开“新建名称”对话框，在“引用位置”文本框中显示选中的B3:B90单元格区域，然后在“名称”文本框中输入名称

商品名称 | 荣耀10

2\. 输入　1. 选择

一周销售统计表							
日期	员工姓名	商品名称	版本	规格	销售数量	销售单价	销售总额
2019年3月11日	蔡晓明	荣耀10	全网通6-128	蓝色	14	¥2,688.00	¥37,632.00
2019年3月11日	冯巩	荣耀10	全网通6-64	白色	14	¥2,288.00	¥32,032.00
2019年3月11日	冯巩	荣耀8X	全网通6-128	蓝色	11	¥1,988.00	¥21,868.00
2019年3月11日	冯巩	荣耀8X	全网通4-64	蓝色	7	¥1,488.00	¥10,416.00
2019年3月11日	金平安	荣耀10	全网通6-128	白色	14	¥2,688.00	¥37,632.00
2019年3月11日	[illegible]	荣耀10	全网通6-64	黑色	14	¥2,288.00	¥32,032.00
2019年3月11日	[illegible]	荣耀8X	全网通6-64	紫色	17	¥1,688.00	¥28,696.00
2019年3月11日	吕鹏东	荣耀8X	全网通6-64	黑色	5	¥1,688.00	¥8,440.00
2019年3月11日	唐元冬	荣耀10	全网通6-64	白色	13	¥2,288.00	¥29,744.00
2019年3月11日	唐元冬	荣耀10	全网通6-128	蓝色	13	¥2,688.00	¥34,944.00
2019年3月11日	唐元冬	荣耀8X	全网通4-64	红色	9	¥1,488.00	¥13,392.00
2019年3月11日	唐元冬	荣耀8X	全网通6-128	红色	19	¥1,988.00	¥37,772.00

图20 选中C3:C90单元格区域，然后直接在“名称框”中输入“商品名称”文本，最后按Enter键

●使用SUMIFS函数进行求和

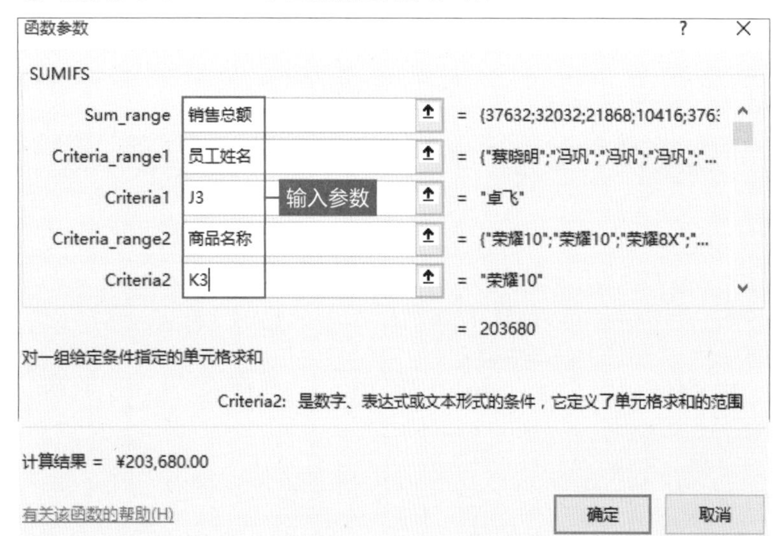

图21 完善表格，选中L3单元格，打开“函数参数”对话框，设置各项参数，其中单元格引用直接输入名称即可

多条件计算函数

在进行有条件计算数据时，不局限于单个条件，往往多条件计算也比较普遍。用户可以使用之前介绍的计算函数+IF函数组解决多条件计算的问题，但是从Excel 2007版本之后新增了SUMIFS、COUNTIFS、AVERAGEIFS函数，Excel 2016版本又相继新增了MAXIFS和MINIFS函数，这些函数可以非常快地计算出多条件数据。由此可见多条件的计算函数比单条件计算函数尾部多了一个S，但其参数明显不一样。

在使用以上函数进行求和时，通常需要引用大量的单元格区域，为了防止引用错误，我们可以先对单元格区域进行命名。命名后在使用函数时，可以直接输入名称即可。命名的最大好处是引用参数比较直观，而且不需要考虑单元格的引用形式，如绝对引用、相对引用或混合引用。

打开“一周销售统计表.xlsx”，切换至“3月第三周销售表”。选中B3:B90单元格区域，通过“公式”选项卡中“定义名称”功能对该单元格区域进行命名（**图18**）。在打开的“新建名称”对话框中设置该单元格区域的名称为“员工姓名”（**图19**）。设置该单元格区域的名称与其标题一致，在使用时不会出现错误而且比较容易理解。设置完成后选中B3:B90单元格区域时，“名称框”中则显示命名。

下面再介绍一种命名的方法，通过“名称框”进行命令，首先选中C3:C90单元格区域，然后在“名称框”中输入名称，再按Enter键即可（**图20**）。然后根据相同的方法将D3:D90单元格区域命名为“版本”，F3:F90单元格区域命名为“销售数量”，最后装饰H3:H90单元格区域命名为“销售总额”。

本案例记录了一周所有员工销售手机的情况，我们通过该案例介绍SUMIFS函数计算卓飞销售荣耀10手机的总金额。可见需满足两个条件，第一必须是卓飞，第二必须是荣耀10的销售金额。在工作表中对统计的条件进行完善，选中L3单元格，单击编辑栏中“插入函数”按钮，在打开的“插入函数”对话框中选择SUMIFS函数。打开“函数参数”对话框，在Sum_range文本框中输入“销售总额”；在Criteria_range1文本框中输入“员工姓名”；在Criterial1文本框中输入J3；在Criteria_range2文本框中输入“商品名称”；在Criteria2文本框中输入K3，最后单击“确定”按钮（图21）。返回可见卓飞销售荣耀10的总额为203680元（图22）。

在使用SUMIFS函数时，第一个参数表示用于条件计算求和的单元格区域；第二个和第三个参数分别表示第一个条件的区域和需要满足的条件；第四和第五个参数表示第二个条件的区域和需要满足的第二个条件；它们必须成对出现，最多可以有127对区域和条件。

下面使用COUNTIFS函数统计荣耀8X全网通6-64手机的一周销售次数。选择K6单元格，然后输入公式“=COUNTIFS(商品名称，“荣耀8X”，版本，“全网通6-64”)”，按Enter键计算出销售次数为16（图23）。COUNTIFS函数和SUMIFS函数的参数少了求和区域。

在J9单元格中输入公式“=AVERAGEIFS(销售总额,商品名称，“荣耀10”，版本，“全网通6*”)”，用于计算荣耀10全网通6G内存的平均销售金额。在J12单元格中输入公式“=MAXIFS（销售数量，员工姓名，“金平安”，商品名称，“荣耀10”）”，用于计算金平安销售荣耀10数量最多的值（图24）。这两个函数参数和SUMIFS函数参数一样。

SUMIFS()函数

= SUMIFS(sum_range, criteria_range1, criteria1, criteria_range2, criteria2, ...)

在指定的数据范围内对满足多条件的数据进行求和

计表

规格	销售数量	销售单价	销售总额
蓝色	14	¥2,688.00	¥37,632.00
白色	14	¥2,288.00	¥32,032.00
蓝色	11	¥1,988.00	¥21,868.00
蓝色	7	¥1,488.00	¥10,416.00
白色	14	¥2,688.00	¥37,632.00
黑色	14	¥2,288.00	¥32,032.00
紫色	17	¥1,688.00	¥28,696.00
黑色	5	¥1,688.00	¥8,440.00
白色	13	¥2,288.00	¥29,744.00
蓝色	13	¥2,688.00	¥34,944.00
红色	9	¥1,488.00	¥13,392.00
红色	19	¥1,988.00	¥37,772.00
紫色	6	¥2,688.00	[illegible]
黑色	15	¥1,988.00	[illegible]

员工姓名	商品名称	销售总额
卓飞	荣耀10	¥203,680.00

荣耀8X全网通6-64的销售次数

荣耀10全网通6G内存的平均销售额

金平安一次销售荣耀10最多数量

计算卓飞销售荣耀10的总金额

图22 返回工作表中即可计算出卓飞销售荣耀10的销售总额

●其他多条件函数的应用

COUNTIFS ()函数

= COUNTIFS (criteria_range1, criteria1, criteria_range2, criteria2, ...)

返回指定单元格区域满足给定的多条件的单元格的数量

=COUNTIFS(商品名称,"荣耀8X",版本,"全网通6-64")

一周销售统计表

商品名称	版本	规格	销售数量	销售单价	销售总额
荣耀10	全网通6-128	蓝色	14	¥2,688.00	¥37,632.00
荣耀10	全网通6-64	白色	14	¥2,288.00	¥32,032.00
荣耀8X	全网通6-128	蓝色	11	¥1,988.00	¥21,868.00
荣耀8X	全网通4-64	蓝色	7	¥1,488.00	¥10,416.00
荣耀10	全网通6-128	白色	14	¥2,688.00	¥37,632.00
荣耀10	全网通6-64	黑色	14	¥2,288.00	¥32,032.00
荣耀8X	全网通6-64	紫色	17	¥1,688.00	¥28,696.00
荣耀8X	全网通6-64	黑色	5	¥1,688.00	¥8,440.00
荣耀10	全网通6-64	白色	13	¥2,288.00	¥29,744.00
荣耀10	全网通6-128	蓝色	13	¥2,688.00	¥34,944.00
荣耀8X	全网通4-64	红色	9	¥1,488.00	¥13,392.00
荣耀8X	全网通6-128	红色	19	¥1,988.00	¥37,772.00
荣耀10	全网通6-128	紫色	[illegible]	[illegible]	[illegible]
荣耀8X	全网通6-128	黑色	[illegible]	[illegible]	[illegible]

员工姓名	商品名称	销售总额
卓飞	荣耀10	¥203,680.00

荣耀8X全网通6-64的销售次数

16

荣耀10全网通6G内存的平均销售额

金平安一次销售荣耀10最多数量

图23 在J9单元格中输入AVERAGEIFS函数公式计算满足条件的平均销售金额

J12

=MAXIFS(销售数量,员工姓名,"金平安",商品名称,"荣耀10")

一周销售统计表

商品名称	版本	规格	销售数量	销售单价	销售总额
荣耀10	全网通6-128	蓝色	14	¥2,688.00	¥37,632.00
荣耀10	全网通6-64	白色	14	¥2,288.00	¥32,032.00
荣耀8X	全网通6-128	蓝色	11	¥1,988.00	¥21,868.00
荣耀8X	全网通4-64	蓝色	7	¥1,488.00	¥10,416.00
荣耀10	全网通6-128	白色	14	¥2,688.00	¥37,632.00
荣耀10	全网通6-64	黑色	14	¥2,288.00	¥32,032.00
荣耀8X	全网通6-64	紫色	17	¥1,688.00	¥28,696.00
荣耀8X	全网通6-64	黑色	5	¥1,688.00	¥8,440.00
荣耀10	全网通6-64	白色	13	¥2,288.00	¥29,744.00
荣耀10	全网通6-128	蓝色	13	¥2,688.00	¥34,944.00
荣耀8X	全网通4-64	红色	9	¥1,488.00	¥13,392.00
荣耀8X	[illegible]	[illegible]	[illegible]	[illegible]	[illegible]
荣耀10	[illegible]	[illegible]	[illegible]	[illegible]	[illegible]
荣耀8X	全网通6-128	黑色	15	¥1,988.00	¥29,820.00

员工姓名	商品名称	销售总额
卓飞	荣耀10	¥203,680.00

荣耀8X全网通6-64的销售次数

16

荣耀10全网通6G内存的平均销售额

¥30,865.60

金平安一次销售荣耀10最多数量

20

分别使用AVERAGEIFS和MAXIFS函数计算数值

图24 在J12单元格区域输入MAXIFS函数公式计算满足条件的单元格区域中最大值

Q&A 注意新增函数与低版本的兼容

疑问 MAXIFS函数在Excel 2010中不显示计算结果

J12 =_xlfn.MAXIFS(销售数量,员工姓名,"金平安",商品名称,"荣耀10")

规格	销售数量	销售单价	销售总额
蓝色	14	¥2,688.00	¥37,632.00
白色	14	¥2,288.00	¥32,032.00
蓝色	11	¥1,988.00	¥21,868.00
蓝色	7	¥1,488.00	¥10,416.00
白色	14	¥2,688.00	¥37,632.00
黑色	14	¥2,288.00	¥32,032.00
紫色	17	¥1,688.00	¥28,696.00
黑色	5	¥1,688.00	¥8,440.00
白色	13	¥2,288.00	¥29,744.00
蓝色	13	¥2,688.00	¥34,944.00
红色	9	¥1,488.00	¥13,392.00
红色	19	¥1,988.00	¥37,772.00
紫色	6	¥2,688.00	¥16,128.00
黑色	15	¥1,988.00	¥29,820.00
蓝色	12	¥1,988.00	¥23,856
白色	9	¥2,288.00	¥20,592

员工姓名	商品名称	销售总额
卓飞	荣耀10	¥203,680.00

荣耀8X全网通6-64的销售次数：16

荣耀10全网通6G内存的平均销售额：¥30,865.60

金平安一次销售荣耀10最多数量：#NAME?

不显示计算结果

3月第一周销售表 3月第二周销售表 3月第三周销售表

图1 在Excel 2019中使用MAXIFS函数进行多条件计算最大值后，使用Excel 2010打开时，则不显示计算结果，而且在编辑栏中公式前显示"-xlfn."内容

解说 复制粘贴数据

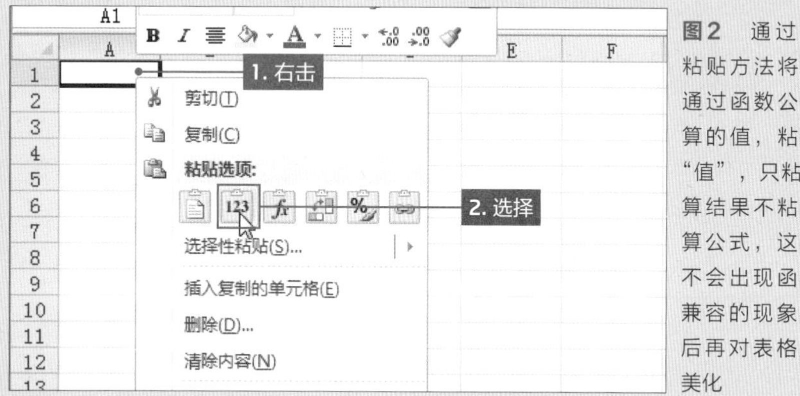

图2 通过复制粘贴方法将原来通过函数公式计算的值，粘贴为"值"，只粘贴计算结果不粘贴计算公式，这样就不会出现函数不兼容的现象，最后再对表格进行美化

修改公式

J12 {=MAX(IF((员工姓名="金平安")*(商品名称="荣耀10"),销售数量))}

销售数量	销售单价	销售总额
14	¥2,688.00	¥37,632.00
14	¥2,288.00	¥32,032.00
11	¥1,988.00	¥21,868.00
7	¥1,488.00	¥10,416.00
14	¥2,688.00	¥37,632.00
14	¥2,288.00	¥32,032.00
17	¥1,688.00	¥28,696.00
5	¥1,688.00	¥8,440.00
13	¥2,288.00	¥29,744.00
13	¥2,688.00	¥34,944.00
9	¥1,488.00	¥13,392.00
19	¥1,988.00	¥37,772.00
6	¥2,688.00	¥16,128.00
15	¥1,988.00	¥29,820.00
12	¥1,988.00	
9	¥2,288.00	

员工姓名	商品名称	销售总额
卓飞	荣耀10	¥203,680.00

荣耀8X全网通6-64的销售次数：16

荣耀10全网通6G内存的平均销售额：¥30,865.60

金平安一次销售荣耀10最多数量：20

将MAXIFS函数修改为MAX和IF函数并计算数据

图3 在Excel 2010中可以使用MAX和IF函数进行多条件计算，但是必须按Ctrl+Shift+Enter组合键进行计算

若Excel的版本不同会常遇到新增的函数在低版本中不兼容的现象。如使用MAXIFS函数统计出金平安销售荣耀10的最多数量，如将本表格传阅给2010版本的同事，则会在新函数的前面出现"-xlfn."，而且在单元格中会显示"#NAME"错误值（图1）。这是因为MAXIFS函数是在Excel 2016版本中新增的。

那么该如何操作才能传阅正确的信息，第一种方法就是通过复制和粘贴功能。选中整个工作表，然后按Ctrl+C组合键进行复制。新建空白工作表，选中A1单元格，并右击，在快捷菜单中选择"值"命令（图2）。操作完成后即可将复制的单元格区域的内容，去除所有格式粘贴在指定的位置，在使用函数计算结果的单元格只显示数值不显示公式。最后用户再根据需要对粘贴的数值进行格式操作，进行美化表格。第二种方法是将函数公式修改为Excel 2010版本支持的函数。在本部分介绍过计算函数+IF的组合应用，所以将公式修改为"=MAX(IF((员工姓名="金平安")*(商品名称="荣耀10"),销售数量))"，最后再按Ctrl+Shift+Enter组合键执行计算，可见结果也是20，和使用MAXIFS函数的计算结果一致（图3）。

在修改的公式中，使用IF函数确定满足条件时所对应的销售数量，最后再使用MAX函数统计出IF函数返回的数据组中最大值。因为是数组参与计算，所以按三键结束。

第4章

Excel方格纸文件的制作

一般的商务文本都A4大小的，在制作各种文件时，表格是不可或缺的。
因此，产生出不使用Word，而使用Excel制作包含表格文件的想法。
在制作复杂表格或以表格为中心的文件时，使用Excel方格纸是最方便的。
用户需要掌握Excel方格纸的优缺点，避免在使用过程中出错。
用户在使用Excel方格纸时，一定学会单元格的合并。
使用Excel方格纸除了制作表格外，还可以辅助制作图形。

A4纸实现的绝招

扫码看视频

Excel方格纸的优点和缺点

学习本部分之前要先掌握Excel方格纸的优点。
同时，也要了解Excel方格纸的缺点，以便灵活应用。

基础 Excel方格纸是什么

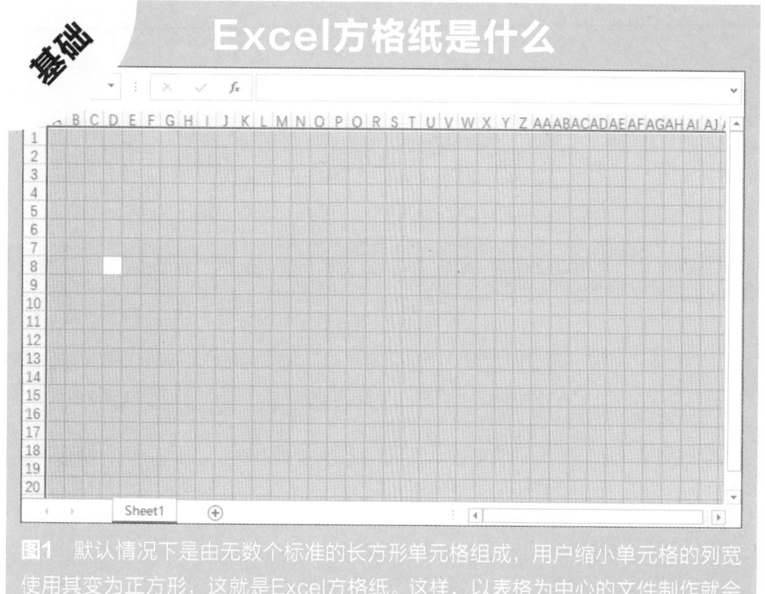
图1 默认情况下是由无数个标准的长方形单元格组成，用户缩小单元格的列宽使用其变为正方形，这就是Excel方格纸。这样，以表格为中心的文件制作就会很轻松

在Word中应用“方格式稿纸”功能后即可创建方格信纸，那么在Excel中如何设置方格纸呢？Excel的工作表要想做成方格纸，是制作表格和文件的技巧。Excel工作表是由无数个长方形的单元格组成的，用户可以保持单元格的高度不变适当缩小宽度即可（图1）。这样制作出来的Excel方格纸，对制作复杂的表格、表格为中心的文件都可以发挥重要的作用。

创建Excel方格纸

Excel中调整某些单元格宽度的方法很多，如拖曳分界线或者通过“列宽”对话框精确设置数值。首先打开需要设置Excel方格纸的空白工作表，选中工作表内的任意单元格，按“Ctrl+A”组合键或者单击工作表区域左上角的全选按钮，即可选择整个工作表，再将光标定位在任意列的左侧分界线上，此时光标变为双向箭头，然后按住鼠标左键向左拖曳到该列单元格为正方形（图2）。最后释放鼠标，此时工作表中所有单元格均为方格形状，Excel方格纸制作完成（图3）。

下面再介绍通过对话框精确设置方格纸的方法，同样先选中整个工作表，然后切换至“开始”选项卡，单击“单元格”选项组中“格式”下拉列表中选择“列宽”选项（图4）。

调整单元格的列宽

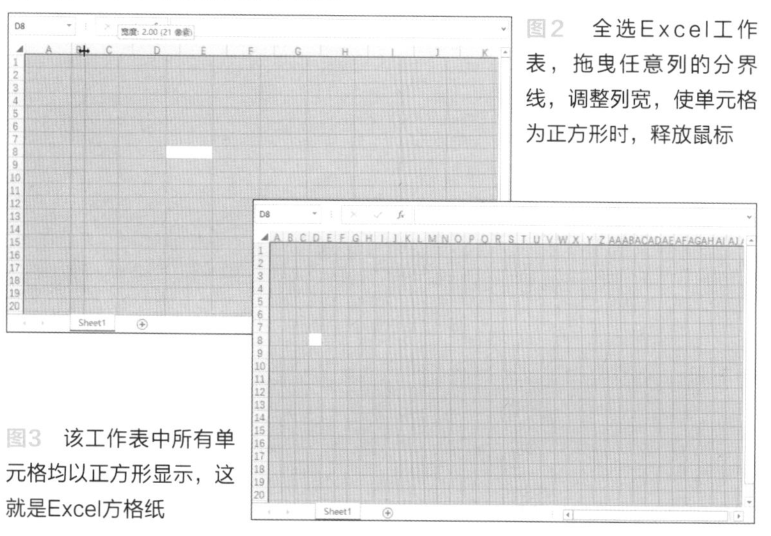
图2 全选Excel工作表，拖曳任意列的分界线，调整列宽，使单元格为正方形时，释放鼠标

图3 该工作表中所有单元格均以正方形显示，这就是Excel方格纸

打开“列宽”对话框，在“列宽”数值框中输入2，最后单击“确定”按钮（图5）。即可完成设置Excel方格纸。

在Excel中默认的行高和列宽的单位是不同的，这也是困扰初学者的一个问题。行高的单位是磅，是一种印刷业描述印刷字体大小的专用尺度，也被称为点制，1磅近似等于1/72英寸，1英寸约等于25.4mm。列宽的单位是字符，列宽的数值是指适用于单元格的“标准字体”的数字平均值。

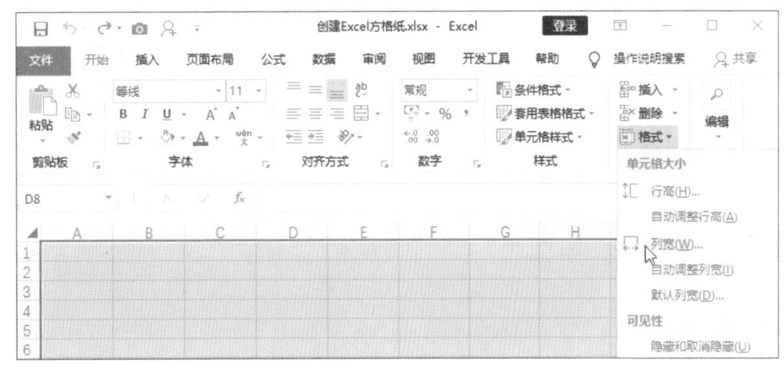

图4 全选工作表，在“开始”选项卡中单击“格式”下三角按钮，然后选择“列宽”选项

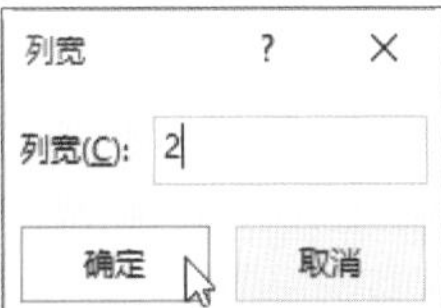

图5 在打开的“列宽”对话框中设置列宽为2，单击“确定”按钮即可完成方格纸设置

制作这些表格很方便

工作周报表

姓名： 职位： 日期：

一、本周工作总结

时间		工作内容	完成情况	未完成原因	解决方法	计划完成时间
上周工作总结 星期一	上午					
	下午					
星期二	上午					
	下午					
星期三	上午					
	下午					
星期四	上午					
	下午					
星期五	上午					
	下午					

费用报销情况

序号	报销金额	用途
1	¥4,500.00	企业新品设计
2	¥20,000.00	新品发布会
3	¥3,500.00	员工出差
4		
5		

费用报销情况

序号	报销金额	用途
6		
7		
8		
9		
合计	¥28,000.00	

二、下周工作总结

时间		工作内容	计划完成时间	解决方法	备注
下周工作计划 星期一	上午				
	下午				
星期二	上午				
	下午				
星期三	上午				
	下午				
星期四	上午				
	下午				
星期五	上午				
	下午				

三、例会议题

	序号	事项	计划完成时间	需配合部门/人员	完成要求解决方法	备注
需要协调	1					
	2					

复杂表格工作周报表

图6 Excel方格纸对制作复杂的表格非常有效。相对于使用Word制作表格，Excel更实用，而且其计算功能更能发挥得淋漓尽致

KPI绩效考核的应用

KPI考核，Key Performance Indicator的缩写，指的是关键绩效指标考核法。按管理主题来划分，绩效管理可分为两大类，一类是激励型绩效管理，侧重于激发员工的工作积极性，比较适用于成长期的企业。

KPI考核的实质在于：(1)从管理目的来看，KPI考核旨在引导员工的注意力方向，将员工的精力从无关紧要的琐事中解脱出来，从而更加关注公司整体业绩指标、部门重要工作领域及个人关键工作任务。(2)从管理成本来看，KPI考核可以有效的节省考核成本，减少主观考核的盲目性，缩减模糊考核的推敲时间，将企业有限的财力、物力、人力用于研发新的产品和开辟新的市场。(3)从管理效用来看，KPI考核主要用来检测管理中存在的关键问题，并能够快速找到问题的症结所在。

员工季度考核表

日期： 年 月 日

姓名： 部门： 岗位：

考核时间

考核项目		考核内容	优	良	中	差	得分
业绩考核	目标任务完成情况	月初制作订目标任务，在预定时间内完成	10分	8分	6分	3分	6
		制定周密的实施方案，有效推进个人工作计划	10分	8分	6分	3分	8
		规定时间内提前完成工作任务，并接受额外工作	10分	8分	6分	3分	10
	工作质量	在规定时间内完成工作任务，并且工作任务完成得比较突出	10分	8分	6分	3分	3
	工作效率	树立时间观念，按时完成工作任务，根据需要主动调整和加快工作进度	10分	8分	6分	3分	6
		能在规定范围内改进方法以提高工作效率	10分	8分	6分	3分	8
						实际考核分数：	41
能力考核	专业技能	全面掌握本岗位的专业理论知识与操作知识，对专业知识有独到的见解	10分	8分	6分	3分	8
		具有胜任本岗位的工作经验	10分	8分	6分	3分	6
		熟悉本岗位的工作流程和其他事项	10分	8分	6分	3分	10
		收集学习与本岗位相关新知识，并能应用	10分	8分	6分	3分	3
	分析解决问题能力	善于发现企业运行中不易被发现、容易被忽视或深层次隐性问题，并报告上级，提出合理建议	10分	8分	6分	3分	6
		能迅速理解并把握复杂的事物，问题发生后，能够分辨关键问题，找到解决办法	10分	8分	6分	3分	8
	工作执行能力	接受任务后，善于动脑筋，利用各种数据，分析后再采取行动	10分	8分	6分	3分	8
		对布置的任务或决定公司的业务流程严格执行和落实，并能够独立主动完成任务所需的资源	10分	8分	6分	3分	6
		对工作中遇到的问题，不仅仅敢于快速向下级反映，还能追根溯源直至找出解决方案，调整相应的规则过程	10分	8分	6分	3分	3
	工作创新能力	不断审视目前的工作方法和流程，积极寻求更能满足工作需求、更高效、更低成本的做事方式	10分	8分	6分	3分	8
		善于总结经验教训，制定防范措施，并提醒他人	10分	8分	6分	3分	8
		永远不满足现状，对其他工作岗位的知识有浓厚的兴趣，不断寻找联想与其他优秀公司之间	10分	8分	6分	3分	10
						实际考核分数：	84

KPI考核的优点：

1. 目标明确，有利于公司战略目标的实现。KPI是企业战略目标的层层分解，通过KPI指标的整合和控制，使员工绩效行为与企业目标要求的行为相吻合，不致于出现偏差，有利地保证了公司战略目标的实现。

2. 提出了客户价值理念。KPI提倡的是为企业内外部客户价值实现的思想，对于企业形成以市场

以表格为中心的文件

图7 乍一看像是使用Word制作的文档，其实是使用Excel制作出来的以表格为中心的文件。在表格中可以应用Excel强大的统计和数据分析功能

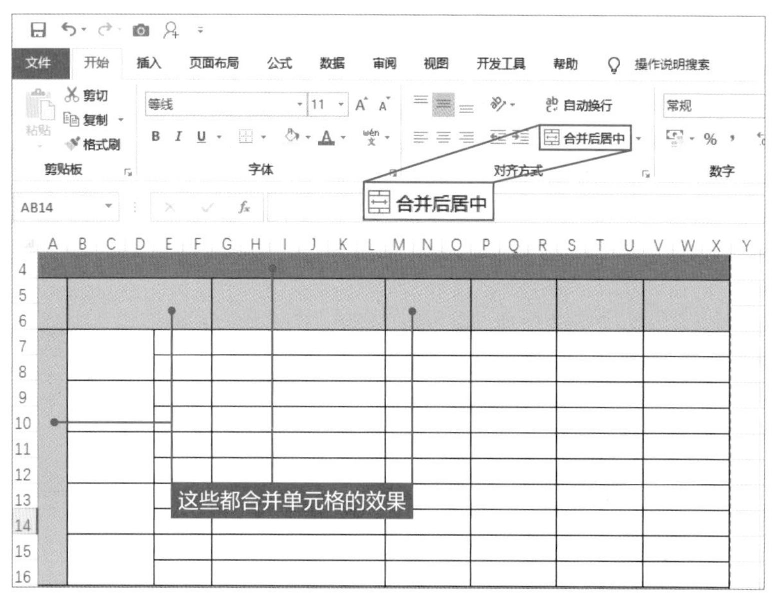

图8　Excel方格纸中每个方格即可输入一个字符，当需要输入多个字符时，则需要对单元格进行合并，使方格纸在应用时很灵活，制作比较复杂的表格时更容易

如果使用Word制作该表格

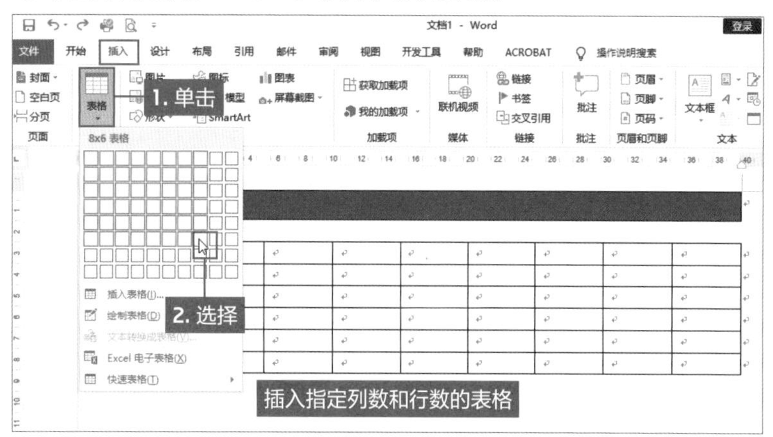

图9　在Word中插入表格，首先指定插入的位置，切换至“插入”选项卡，单击“表格”选项组中“表格”下三角按钮，在列表中选择指定的列数和行数即可

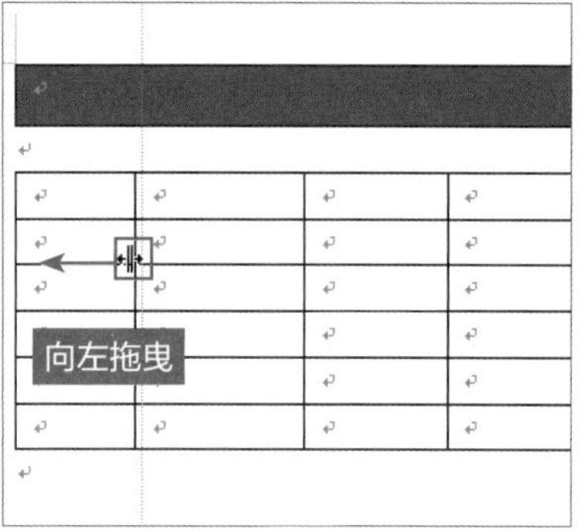

图10　在插入的表格中需要缩小第一列的列宽，将左侧列的分界线向左拖曳到合适的位置，释放鼠标左键即可

图11　在Word中选择需要合并的单元格然后进行合并操作，同样可以将多个单元格合并成一个大的单元格

制作表格时，要想使不同大小的单元格纵向排列或创建跨列大的单元格，就需要对单元格进行合并。这样可以更灵活地使用方格纸，使其发挥更大的作用，从而可轻松地制作出更复杂的表格（图8）。

多个单元格合并后，会变大或变宽，这都是为了更好地填充内容或完善表格的结构。如果是在原始状态下对单元格进行合并，则合并后的单元格可能会过宽，此时还需要适当缩小其宽度。而在Excel方格纸中则不会出现这种现象，因为每个方格只可容纳一个字符，需要多少字符就选中多少方格单元格合并即可。

比Word更方便之处

尽管Excel制作表格的功能非常强大，但是很多人还是认为像图7这种以表格为中心的文件使用Word比较方便。像图6这种只要有表格功能都可以制作出来。如果在Word中创建简单的表格，其效果和效率与Excel差不多。因为使用电脑的目的是提高工作效率，所以在制作简单表格时，根据个人习惯使用Word或Excel均可以。但Word中的表格其功能确实没Excel多。在Word中插入表格，无论是多少列表格，均是填满整个页面的，用户还需要根据制作表格的结构调整宽度，并很好地进行版面布置。下面以图6为例介绍在Word中制作表格的方法。首先将光标定位在指定的位置，然后在“插入”选项卡中单击“表格”下三角按钮，在列表中选择8列6行的表格，即可插入表格（图9）。插入的表格每个单元格都相同的列宽，所以需要调整列宽时，交光标移至列左侧的界线上，变为双向箭头时，左右拖曳即可（图10）。在Word中也可以对单元格进行合并，先选择需要合并的单元格并右击，在快捷菜单中选择“合并单元格”命令即可（图

11）。掌握以上操作即可在Word中创建表格了。

但若想在Word中创建复杂点的表格，就会比较困难。如图12中“费用报销情况”这两个并排表格，Word制作就比较麻烦，需先分别创建两个表格，在Word中无法在同一行创建两个表格，需选中表格拖曳到合适的位置（图12），使两个表格并排显示。但在合计的单元格中无法计算出两个表格中报销金额的之和。

因Word中预先设置了页面纸张的大小，在制作表格时，如需要在右侧添加列，则会调整之前设置的列宽。在表格中插入列时，会打乱原表格的结构，用户还需要重新调整宽度。在第二部分“下周工作总结”的表格右侧还需要添加“备注”列。选中该表格的任意单元格，将光标移至右侧最上方，此时在表格右侧出现蓝色边线，单击上方即可在右侧添加空白列，之前所有列宽均发生变化（图13）。

Excel电子表其工作区域是由单元格组成的，所以如果需要在表格右侧添加列时，只接在右侧单元格中输入相关信息即可，再根据需要设置单元格合并。添加之后其他单元格的列宽不会发生变化（图14）。但是此时会出现一种情况，就是如果表格的宽度恰好是设置页面的宽度时，此时添加的列就会在页面之外显示，打印时则会印在两张纸上。

此时，可以通过设置打印的方向来调整打印区域。在“打印”选项区域中设置打印的方向为横向，并在打印预览中查看打印表格的所有内容（图15）。

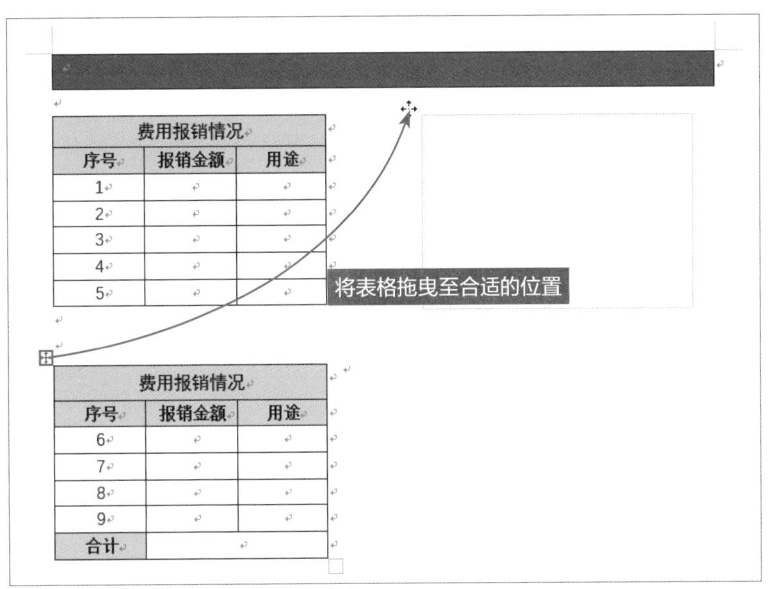

图12　如果制作两个并排的表格，需要分别创建表格，然后拖曳另一个表格到合适的位置，释放鼠标左键即可

图13　为表格添加空白列时，只需要单击右侧上方⊕图标，即可在右侧添加空白列，其他列宽均被调整

●Excel添加列后自动调整在同一页面

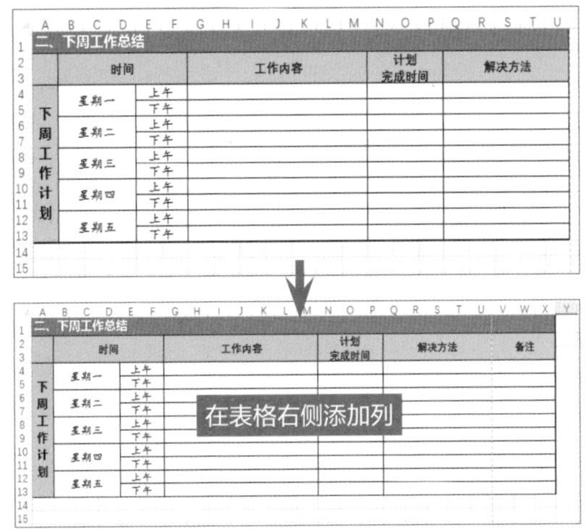

图14　在表格右侧添加列不会影响其他单元格的列宽，只是有可能会显示在页面之外

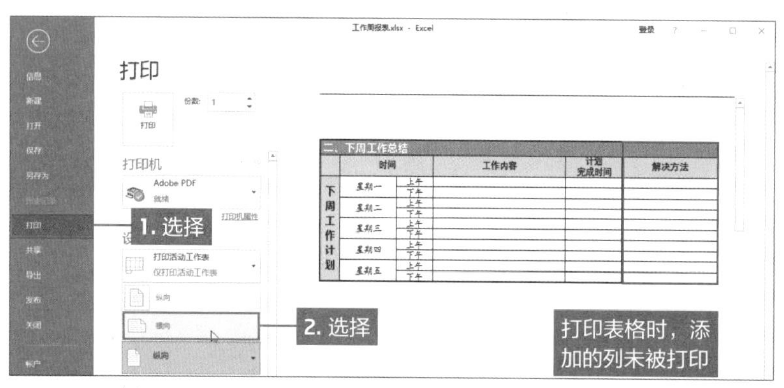

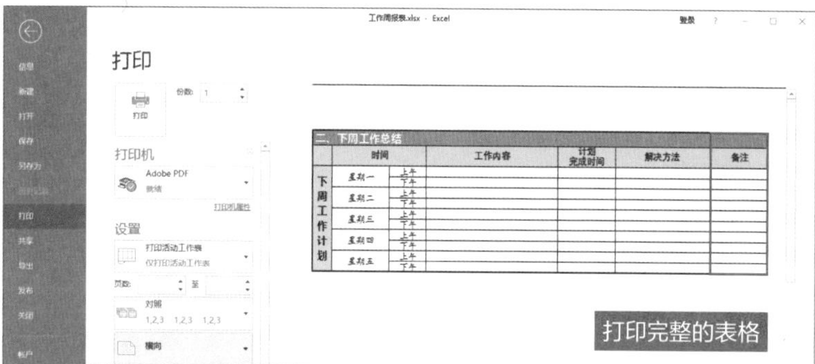

图15　单击“文件”标签，在列表中选择“打印”选项，设置打印方向为“横向”，可见插入的列显示在同一页面中

从以上案例可见，Excel在制作表格方面的效率要比Word高很多，对于以表格为主的文件使用Excel会很方便。但需要使用大篇幅的文本时，Word会更快捷、效果更好。可轻松设置文本的行间距、段前段后等，Excel则无法实现这些功能。在Excel中对于添加列并在同一页面显示，这方面功能比Word强大。以上是单从制作表方面阐述Excel和Word的区别，当然Excel还有数据分析和管理功能，这是Word望尘莫及的（图16）。

不适合Excel的场合

虽然，Excel方格纸的优点很多，但有的情况还是不适合使用Excel。如果将Excel方格纸应用到不合适的场合中，会大大降低其作用和工作效率。

首先要想在Excel中输入大量文本内

同时计算纵横方向数据之和

比较要点	Word		Excel	
输入文章	☺	Word中方便调整段落格式、行间距等	☹	可以输入少量的文本，但是大量文本其操作比较麻烦
制作表格	☹	可以制作简单的表格，制作复杂表格较难	☺	可以直接制作表格，对于复杂的表格，可以通过合并的方式进行制作
计算数据	☹	可以进行简单计算，Word的运算的函数比Excel少很多	☺	Excel中包括所有行业的函数，直接在单元格中输入函数公式即可计算数据
使用图片	☹	插入图片时，会影响文本的排列版式，需要设置图片的环绕方式	☺	对于添加的图片，可以自动设置，与单元格内的内容无关
页面设置	☺	像跨页这种长篇文章可以轻松输入，页面的构成也很容易	☹	虽然可以制作多个页面的表格，但文章跨页很难制作

图16　比较Word和Excel的优缺点，分别从输入文章、表格、计算、图处和页面设置几方面比较

同时计算纵横方向数据之和

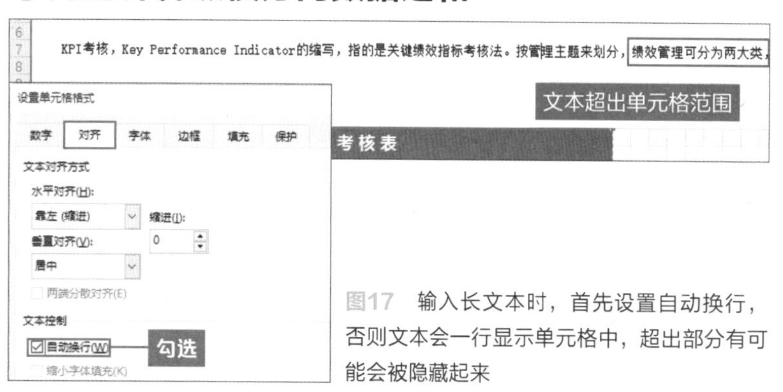

图17　输入长文本时，首先设置自动换行，否则文本会一行显示单元格中，超出部分有可能会被隐藏起来

容，需要通过合适单元格的方式进操作。当输入文本超过单元格区域时，不会自动换行，超出的文本会显示在单元格外，甚至会出现显示不完全的状况。需要选中输入文本的单元格，打开“设置单元格格式”对话框，在“对齐”选项卡中勾选“自动换行”复选框即可（图17）。

其次，在Excel中输入至该段落最后时，无法按Enter键换行，只能按Alt+Enter组合键换行（图18）。按Enter键则表示该单元格操作完成切换到其他单元格。

对Excel方格纸进行合并后，如果需要对数据进行排序时，是无法实现的。操作时会弹出提示对话框，提示“若要执行此操作，所有合并单元格需大小相同”（图19）。因此要对输入的数据整理、加工和分析时，不适合应用Excel方格纸。

在需要打印电子文档时，易出现溢出的现象。在电子版中显示的和打印的会有偏差（图20）。本案例在A3单元格中输入相关段落文本，在Excel电子表格中其文本和下方的表格并没有出现覆盖现象，整体的排列都很合理。但打印时，在预览中可见A3单元格中的最后一行文本被下方的表格覆盖了部分，使文本显示不全。

在生活和工作上，正确理解Ecxel方格纸的优点和缺点，对使用Excel方格纸有很大的帮助。

使用时一定要注意，在输入数值时千万不能将不同位数的数分别输入在不同的单元格中。这样不利于数据计算，这是使用方格纸一定要注意的问题（图21）。

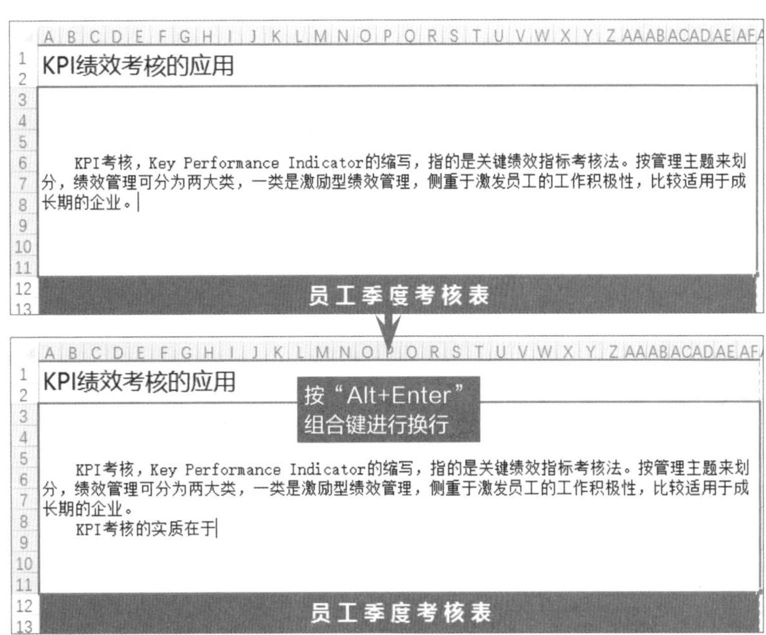

图18 输入长文本时，要想另起一行则必须按“Atl+Enter”组合键，否则无法在同一单元格中输入多段落文本

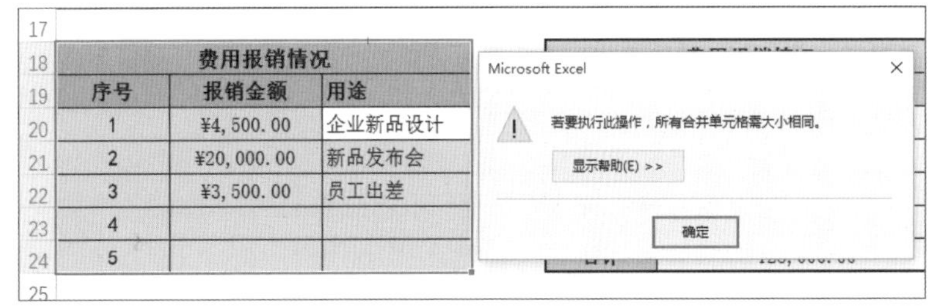

图19 单元格合并后，不太适合对数据进行分析等操作，如排序

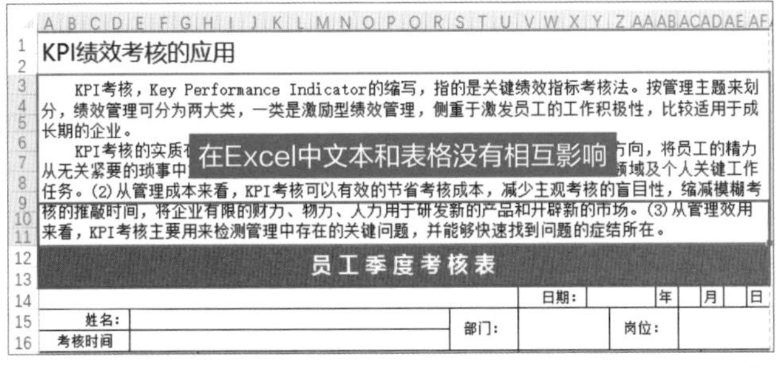

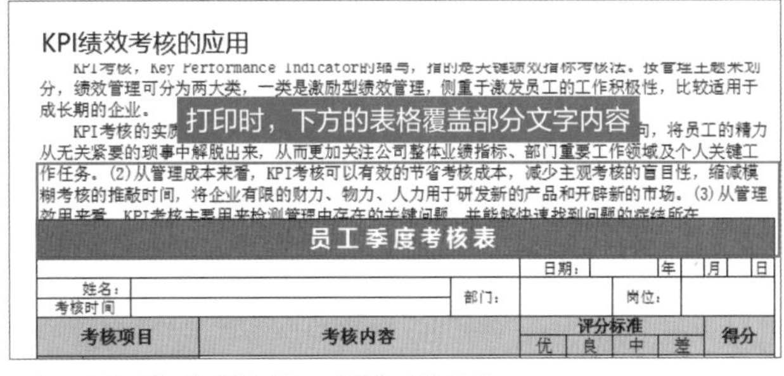

图20 电子表格中显示的效果不一定是打印出来的效果，当需要打印时用户需要查看打印预览并及时调整表格结构

最差Excel方格纸的用法

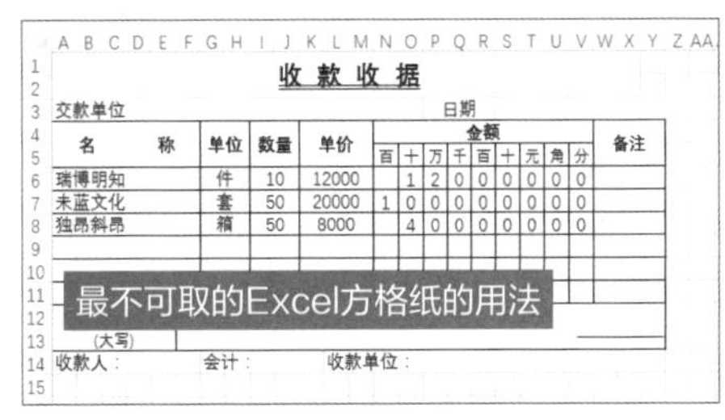

图21 在Excel中千万不要将数据的不同位数输入在不同的单元格内，这样不利于数据计算

Part 2

扫码看视频

制作以表格为中心的A4文件

以表格为中心的文件，使用Excel也可以轻松制作。
掌握表格和段落文本的整齐排列，以及打印的要点。

效果图　表格文本整齐地排列

绩效考核的应用

KPI考核，Key Performance Indicator的缩写，指的是关键绩效指标考核法。按管理主题来划分，绩效管理可分为两大类，一类是激励型绩效管理，侧重于激发员工的工作积极性，比较适用于成长期的企业。

KPI考核的实质在于：(1)从管理目的来看，KPI考核旨在引导员工的注意力方向，将员工的精力从无关紧要的琐事中解脱出来，从而更加关注公司整体业绩指标、部门重要工作领域及个人关键工作任务。(2)从管理成本来看，KPI考核可以有效的节省考核成本，减少主观考核的盲目性，缩减模糊考核的推敲时间，将企业有限的财力、物力、人力用于研发新的产品和开辟新的市场。(3)从管理效用来看，KPI考核主要用来检测管理中存在的关键问题，并能够快速找到问题的症结所在。

员工季度考核表

				日期：	年	月	日	
姓名：		部门：		岗位：				
考核时间								
考核项目		考核内容	评分标准				得分
			优	良	中	差	
业绩考核	目标任务完成情况	月初制作订目标任务，在预定时间内完成	10分	8分	6分	3分	6
		制定周密的实施方案，有效控管个人工作计划	10分	8分	6分	3分	8
		规定进间内提前完成工作任务，并接受额外工作	10分	8分	6分	3分	10
	工作质量	在规定时间内完成工作任务，并且工作任务完成得比较突出	10分	8分	6分	3分	3
	工作效率	树立时间观念，按时完成工作任务，根据需要主动调整和加快工作进度	10分	8分	6分	3分	6
		能在规定范围内改进方法以提高工作效率	10分	8分	6分	3分	8
实际考核分数：							41
能力考核	专业技能	全面掌握本岗位的专业理论知识与操作知识，对专业知识有独到的见解	10分	8分	6分	3分	8
		具有胜任本岗位的工作经验	10分	8分	6分	3分	6
		熟悉本岗位的工作流程和其他事项	10分	8分	6分	3分	10
		收集学习与本岗位相关新知识，并能应用	10分	8分	6分	3分	3
	分析解决问题能力	善于发现企业运行中不易被发现、容易被忽视或深层次隐性问题，并报告上级，提出合理建议	10分	8分	6分	3分	6
		能迅速理解并把握复杂的事物，问题发生后，能够分辨关键问题，找到解决办法	10分	8分	6分	3分	8
	工作执行能力	接受任务后，善于动脑筋，利用各种数据，分析后再采取行动	10分	8分	6分	3分	8
		对布置的任务或决定公司的业务流程严格执行和落实，并能够独立主动完成任务所需的资源	10分	8分	6分	3分	6
		对工作中遇到的问题，不仅仅敢于快速向下级反映，还能追根溯源直至找出解决方案，调整相应的规则过程	10分	8分	6分	3分	3
	工作创新能力	不断审视目前的工作方法和流程，积极寻求更能满足工作需求、更高效、更低成本的做事方式	10分	8分	6分	3分	8
		善于总结经验教训，制定防范措施，并提醒他人	10分	8分	6分	3分	8
		永远不满足现状，对其他工作岗位的知识有浓厚的兴趣，不断寻找联想与其他优秀公司之间	10分	8分	6分	3分	10
实际考核分数：							84

KPI考核的优点：

1. 目标明确，有利于公司战略目标的实现。KPI是企业战略目标的层层分解，通过KPI指标的整合和控制，使员工绩效行为与企业目标要求的行为相吻合，不致于出现偏差，有利地保证了公司战略目标的实现。

2. 提出了客户价值理念。KPI提倡的是为企业内外部客户价值实现的思想，对于企业形成以市场为导向的经营思想是有一定的提升的。

3. 有利于组织利益与个人利益达成一致。

图1　如果不看周围的方格线、行号和列标，浏览者会以为这是使用Word制作的。本案例中中间大篇幅都是表格，开头和结尾为段落文本，像这种以表格为主的文件，使用Excel是比较方便的

在Part1中介绍Excel方格纸的优缺点，从本部分开始介绍方格纸的应用。在Part2中将介绍以表格为中心的A4文件的制作过程（图1）。乍一看像是使用Word制作的文件，其实是使用Excel制作的，使用Excel制作表格比Word更简单。在本案例中还需要使用函数统计得分，那么Excel更是首选了。当然Word也可以计算数据，但是Excel的计算功能更强大。

可见图1中的单元格为方格形状，这就是之前介绍的方格纸，非常便于表格制作。用户如果对制作表格相当熟练，也可以不设置方格纸，直接对默认的单元格进行合并，制作表格。使用方格纸不是学习Excel的目的，提高写作文本的效率才是最重要的。使用方格纸制作的表格更整齐，在本案例制作完成后，用户可以尝试不使用方格纸制作该表格。

制作中间的表格

在使用Excel制作表格时，一定要注意其页面大小，制作完成后，才能将文件打印在一页内。本案例的纸张大小为A4，下面介绍设置纸张大小的方法。创建空白Excel工作表并保存为“KPI绩效考核”工作簿，切换至“页面布局”选项卡，在“页面设置”选项组中设置纸张大小为A4（图2）。设置完成后，可见在I列右侧出

现一条虚线，同时在第59行下方也显示虚线。两条虚线中间区域的大小为A4大小。用户也可以在“页面设置”选项组中设置“页边距”的值。设置纸张大小的好处在于，制作表格或输入文本均在指定的范围内对单元格进行合并，最后打印时都显示在一页内。

下面设置方格纸，之前介绍过两种方法。用户可根据个人习惯进行设置（图3）。首先全选工作表，然后打开“列宽”对话框，设置列宽为2，并单击“确定”按钮。

在制作表格之前，可根据表格的结构对单元格进行合并。首先合并表格的标题栏，选中A1:AF2单元格区域，切换至“开始”选项卡，单击“对齐方式”选项组中的“合并后居中”按钮（图4）。则选中的单元格区域合并为一个大的单元格，输入的文字会自动居中对齐。再选中A4:D5单元格区域，单击“合并后居中”下三角按钮，在列表中选择“跨越合并”选项（图5）。操作完成后，按行合并选中的单元格区域（图6）。

在“合并后居中”列表中包含4个选项，分别为“合并后居中”“跨越合并”“合并单元格”和“取消单元格合并”。“合并后居中”选项表示将选中的单元格合并为一个单元格，单元格中的文本居中显示；“合并单元格”选项表示将选中的单元格合并为一个单元格，单元格中的文本左对齐；“跨越合并”选项表示将选中的单元格每行合并为一个单元格；“取消单元格合并”表示将选中的单元格取消合并，恢复到合并前的样式。

如果合并单元格时多个单元格内有数据，则合并后只能保留左上角单元格内的数据。在弹出的提示对话框，单击“确定”按钮执行合并。

设置为A4大小的纸张

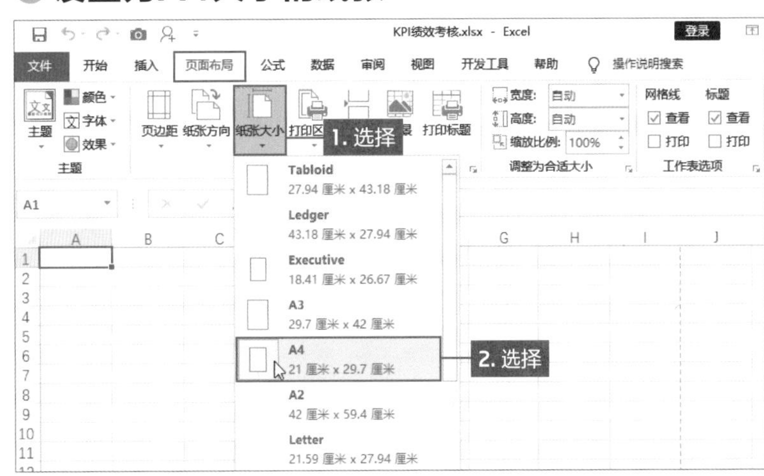

图2　创建新工作表，单击“页面布局”选项卡中“纸张大小”下三角按钮，在列表中选择A4选项

使用SUMPRODUCT函数计算数据

图3　根据之前的方法在对话框中设置列宽

使用SUMPRODUCT函数计算数据

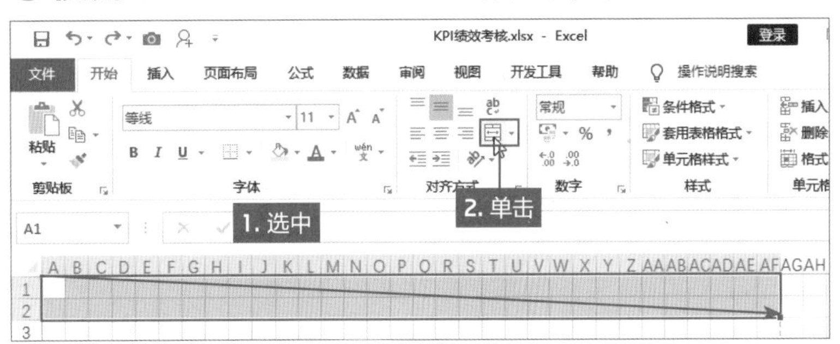

图4　首先合并单元格制作表格的标题行，直接选择指定的单元格区域，然后单击“合并后居中”按钮即可

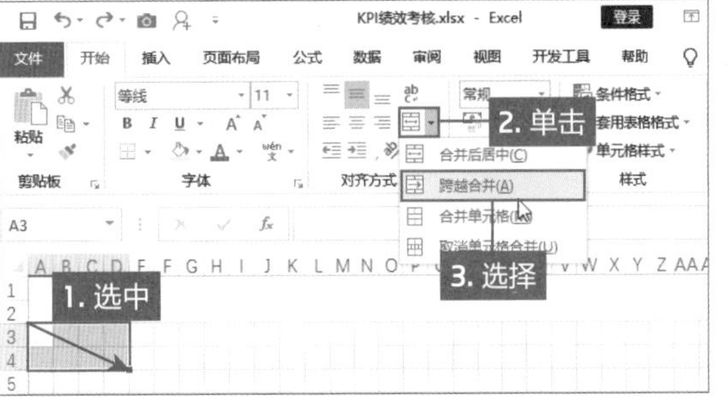

图5　当需要按行合并相同的单元格时，选择指定的单元格区域，在“合并后居中”下拉列表中选择“跨越合并”选项

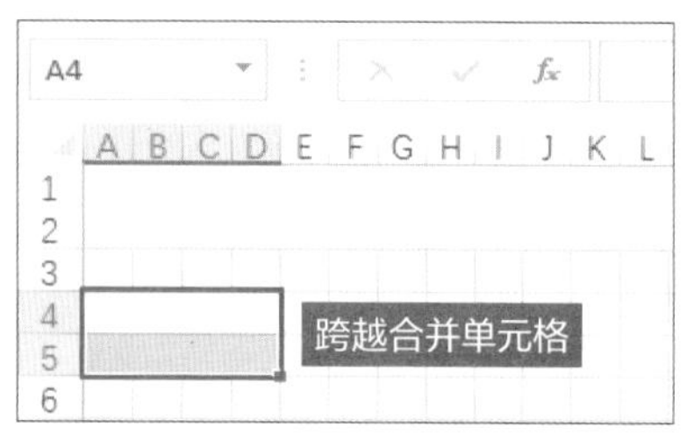

图6　对选中的单元格执行“跨越合并”后，即每行合并成一个单元格

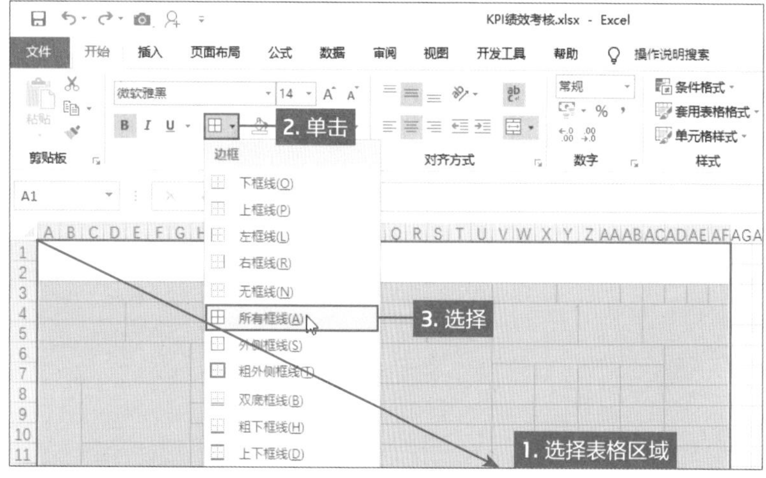

图7　合并相关单元格后，选择表格区域，设置内边框和外边框为统一的框线，即选择“所有框线”选项

在表格中输入文字并设置

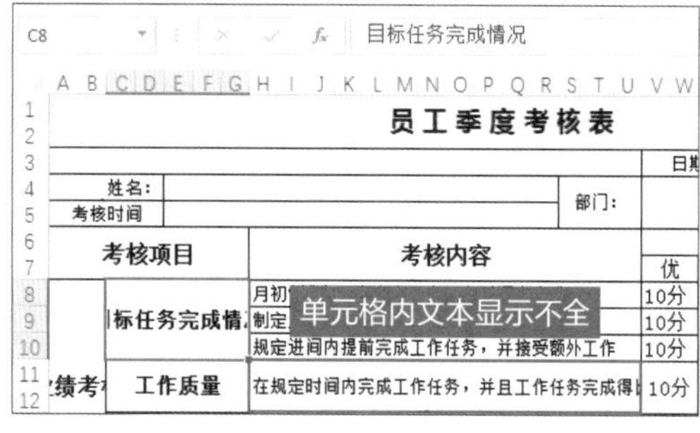

图8　在表格内输入相关信息，并设置文本的格式，可见在有的单元格中文本显示不完全，如H11单元格

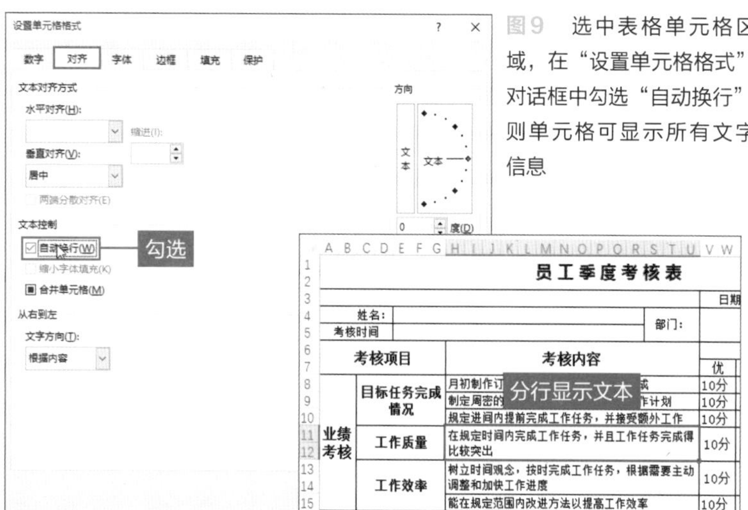

图9　选中表格单元格区域，在“设置单元格格式”对话框中勾选“自动换行”，则单元格可显示所有文字信息

然后根据合并单元格的方法，对需要合并的单元格进行合并。下面再设置表格的边框，选中表格区域的所有单元格，单击“开始”选项卡中“边框”下三角按钮，在列表中选择“所有框线”选项（图7），选中的单元格区域即可应用框线。在单元格中输入相关文字信息，并设置文字的格式。可见在单元格中有的文字信息显示不全，因为单元格宽度有限，但文字较多，如H11单元格（图8）。在本案例中，因为单元格的结构已经设置完成，所以不能通过调整单元格的宽度来显示所有文本，此时我们可以设置文本为自动换行，即可输入到边缘后自动换到下一行。选择表格内所有单元格，按Ctrl+1组合键打开“设置单元格格式”对话框，切换至“对齐”选项卡，在“文本控制”选项区域中勾选“自动换行”复选框，再单击“确定”按钮。可见H11单元格中的文本分两行显示（图9）。其他单元格中的文本根据单元格的宽度自动换行，以显示所有的文本信息。

在C8和C23单元格中显示的文本第一行为6个字符，第二行为2个字符，显得不是很平衡。我们可运用强制为文本换行的方法，将其改为均显示4个字符，即按Alt+Enter组合键进行换行。对于需要竖向显示的A8和A18也可以根据强制换行的方法操作。但改为竖向后在编辑栏中只显示第一个字符。我们可以选中A8单元格，再按Ctrl键选中A18单元格，然后打开“设置单元格格式”对话框，在“对齐”选项卡的“方向”选项区域中单击“文本”按钮确定返回后可见文本已竖向显示（图10）。

在KPI绩效考核表格，项目评分标准有10分、8分、6分和3分。为了在“得分”列准确输入分数，我们可以通过“数据验证”功能限制输入的数值。首先选中

AD8:AD15单元格区域，再按住Ctrl键选中AD18:AD37单元格区域，在“数据”选项卡中，单击“数据工具”项组中的“数据验证”按钮。打开对话框，并在“设置”选项卡中设置“允许”为“序列”，在“来源”文本框中输入“10,8,6,3”，最后单击“确定”按钮（图11）。这样未来在对员工进行评分时，直接在单元格的下拉列表中选择评分即可。如果输入指定范围之外的数据，会弹出提示对话框。接着我们再统计实际的考核分数，将各项目的得分相加，此时需要使用SUM函数。选中AD16单元格，输入“=SUM(AD8:AF15)”公式，然后按Enter键执行计算（图12）。在AD39单元格中同样输入SUM函数公式，计算AD18到AD37单元格区域内评分之和。最后为了表格的美观和数据清晰，可为不同的单元格区域填充不同的颜色，并根据需要设置字体的颜色。至此表格设置完成（图13）。

制作段落文本部分

表格上方的文本，需要插入单元格，选择第1至10行并右击，在快捷菜单中选择“插入”命令（图14）。即可在表格上方插入10行单元格。

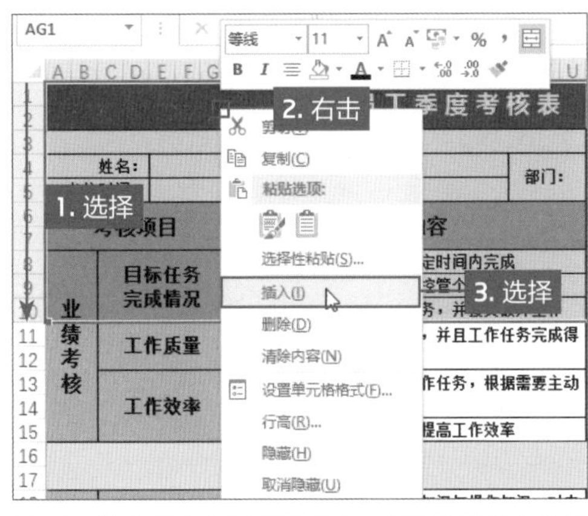

图14　选中最上方10行并右击，在快捷菜单中选择“插入”命令

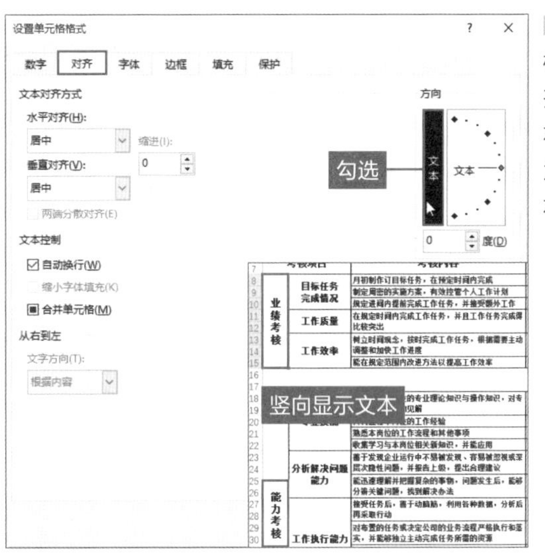

图10　打开“设置单元格格式”对话框，在“对齐”选项卡中，单击“文本”按钮，此时该按钮变为黑色，表示已经设置文本为竖排显示

在表格中输入文字并设置

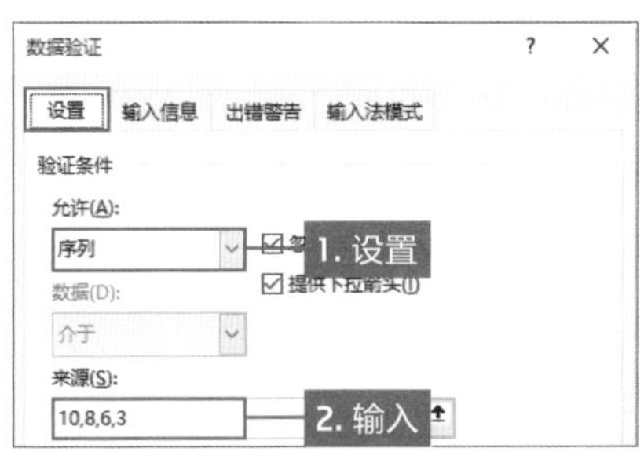

图11　选中需要评分的单元格区域，打开“数据验证”对话框，在“设置”选项卡中设置评分的数据

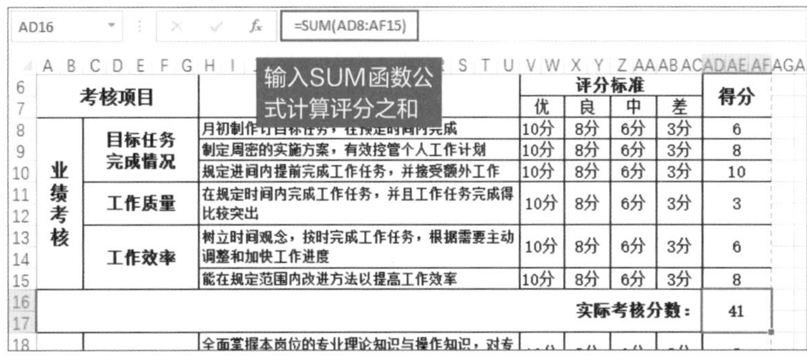

图12　输入评分后，再统计各项目分数的和，此处使用SUM函数进行求和

员工季度考核表							
		日期：	年	月	日		
姓名：		部门：		岗位：			
考核时间							
考核项目		考核内容	评分标准				得分
			优	良	中	差	
业绩考核	目标任务完成情况	月初制作订目标任务，在预定时间内完成	10分	8分	6分	3分	6
		制定周密的实施方案，有效控管个人工作计划	10分	8分	6分	3分	8
		规定进间内提前完成工作任务，并接受额外工作	10分	8分	6分	3分	10
	工作质量	在规定时间内完成工作任务，并且工作任务完成得比较突出	10分	8分	6分	3分	3
	工作效率	树立时间观念，按时完成工作任务，根据需要主动调整和加快工作进度	10分	8分	6分	3分	6
		能在规定范围内改进方法以提高工作效率	10分	8分	6分	3分	8
						实际考核分数：	41

图13　为表格的标题、统计等单元格区域添加填充底纹颜色，根据需要设置文本的颜色

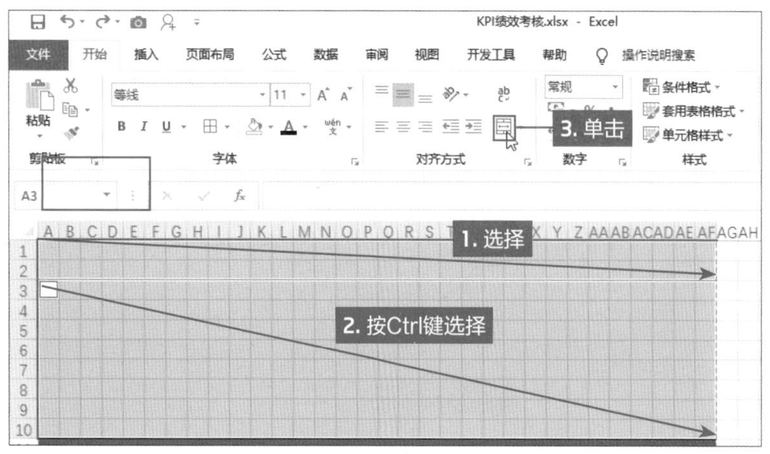

图15　分别选中标题和段落文本所在的单元格区域，然后单击“开始”选项卡中的“合并后居中”按钮

设置表格上方文本

本案例上方文本部分包括标题和段落，所以首设置单元格合并，将标题和段落文本分开。选中A1:AF2，再按Ctrl键选中A3:AF10单元格区域，单击“开始”选项卡中的“合并后居中”按钮（图15）。接下来在A1单元格中输入“KPI绩效考核的应用”文本，并在“对齐方式”选项组中设置左对齐。下面再选中合并的段落文本单元格，打开“设置单元格格式”对话框，在“对齐”选项卡中设置水平对齐为“两端对齐”和垂直对齐为“居中”（图16）。在单元格中输入第一段文本后，如需换行则需要按“Alt+Enter”组合键（图17），然后继续输入相关文本信息。由于文本信息比较多，最底端的文字显示不全，此时，用户可再添加一行或适当调整行高。（图18）。调整至该单元格中所有信息显示完全即可，然后根据相同的方法制作表格下方的文本。至此，以表格为中心的文件制作完成（图19）。

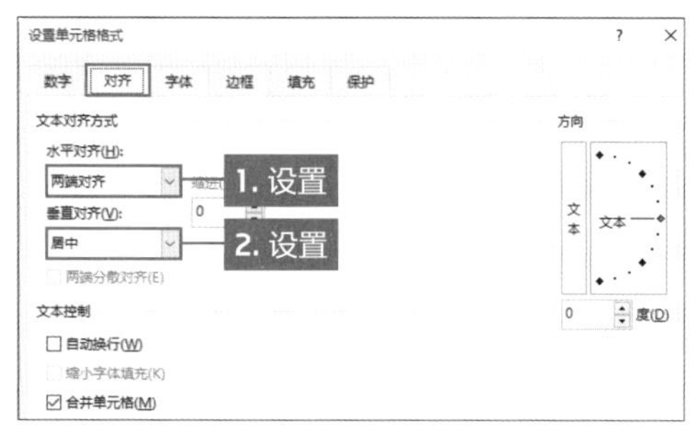

图16　设置段落文本所在的单元格区域的水平对齐方式为“两端对齐”，垂直对齐为“居中”

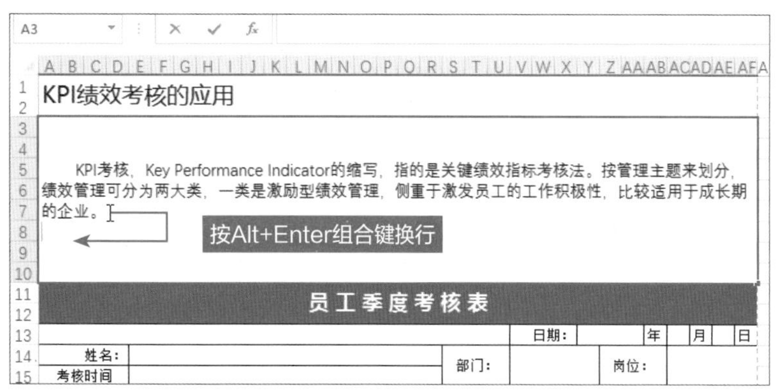

图17　在同一个单元格中输入一段文本后，如果需要换行，则按“Alt+Enter”组合键

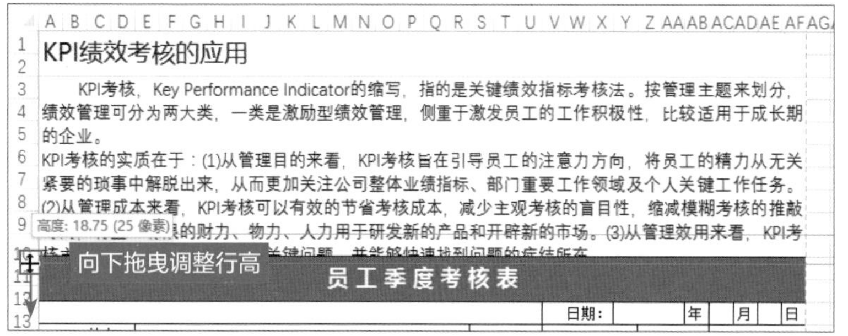

图18　文本输入完成后，适当调整行高以显示所有文本信息

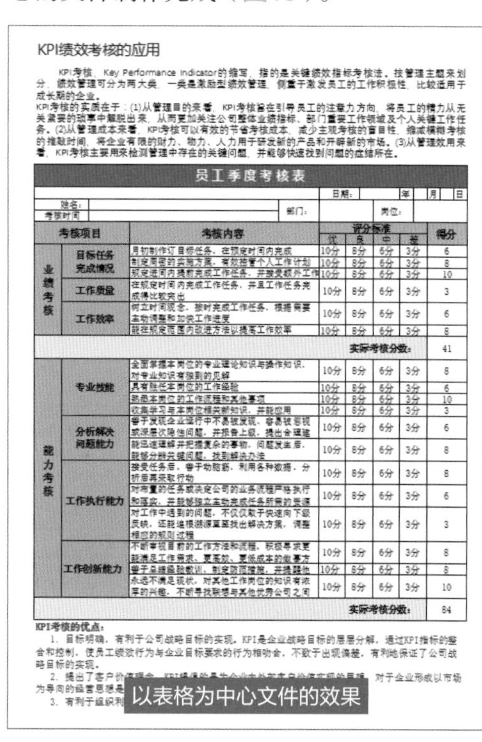

图19　再表格下方添加相应的文本，然后进行打印即可

打印以表格为中心的文件

在打印相关文稿时，可以在页眉或页脚添加公司相关信息或打印的时间和页码等。为工作表设置页眉和页脚，需要在“页面设置”对话框中操作，单击“页面布局”选项卡中的“页面设置”对话框启动按钮（图20）。在打开的对话框中，切换至“页眉/页脚”选项卡，如果需要设置页眉，则单击“自定义页眉”按钮（图21）。在打开的“页眉”对话框中设置公司名称（图22）。选中输入的公司名称，单击“格式文本”按钮，打开“字体”对话框，设置字体格式（图23），然后单击“确定”完成操作，接下来在“页面设置”对话框中单击“自定义页脚”按钮，在打开的“页脚”对话框中设置中间文本框显示页码，右侧文本框中显示日期（图24）。设置完成后返回并在打印预览中查看页眉和页脚的效果（图25）。

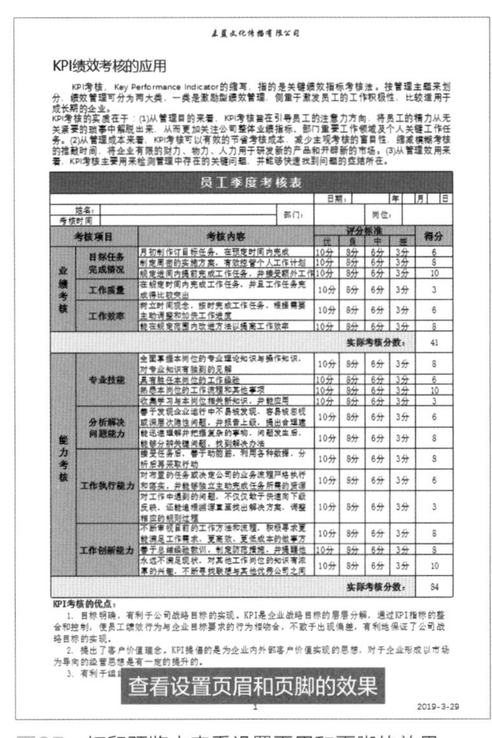

图25 打印预览中查看设置页眉和页脚的效果

设置页眉和页脚

图20 打开工作表，切换至“页面布局”选项卡，单击“页面设置”选项组中的对话框启动器按钮

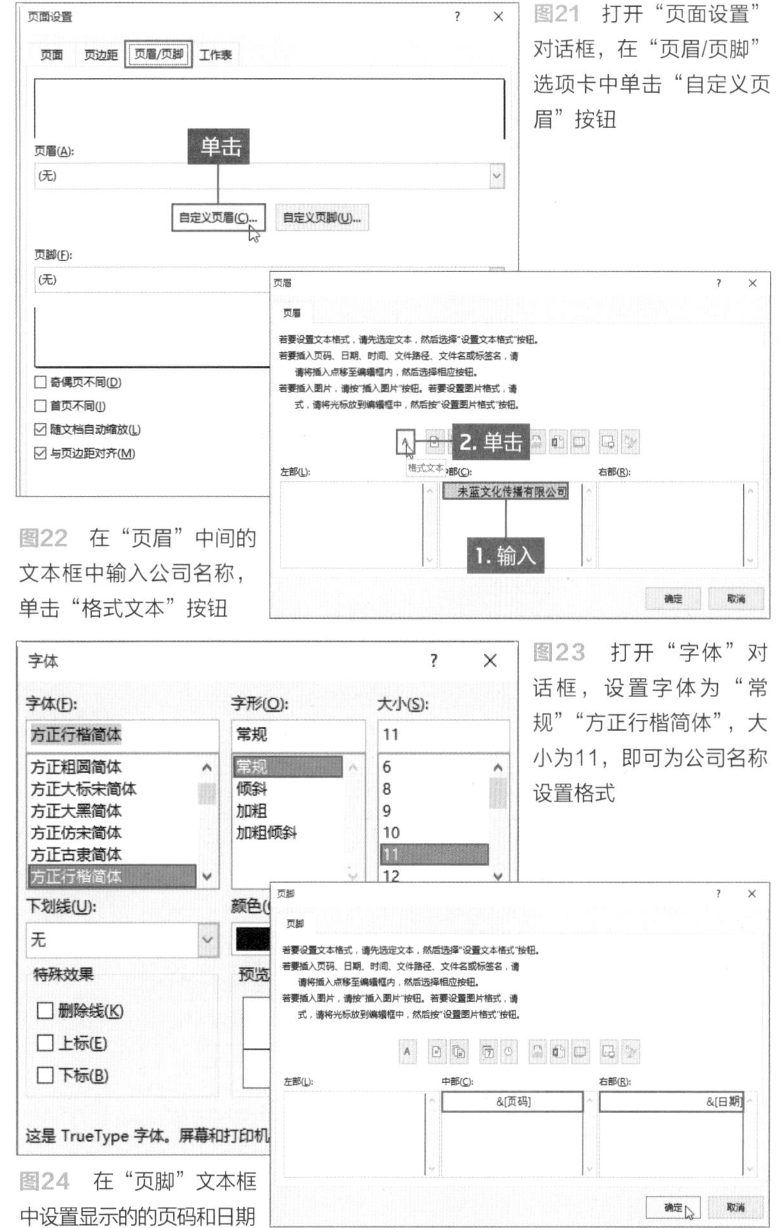

图21 打开“页面设置”对话框，在“页眉/页脚”选项卡中单击“自定义页眉”按钮

图22 在“页眉”中间的文本框中输入公司名称，单击“格式文本”按钮

图23 打开“字体”对话框，设置字体为“常规”“方正行楷简体”，大小为11，即可为公司名称设置格式

图24 在“页脚”文本框中设置显示的的页码和日期

Part 3

扫码看视频

制作复杂的工作周报表

使用Excel方格纸制作不同大小、不同结构的复杂表格。
利用Excel函数公式的优点，快速统计两个表格中数据之和。

效果图 通过单元格合并制作复杂表格

工作周报表

姓名： 职位： 日期：

一、本周工作总结

	时间		工作内容	完成情况	未完成原因	解决方法	计划完成时间
上周工作总结	星期一	上午					
		下午					
	星期二	上午					
		下午					
	星期三	上午					
		下午					
	星期四	上午					
		下午					
	星期五	上午					
		下午					

费用报销情况		
序号	报销金额	用途
1	¥4,500.00	企业新品设计
2	¥20,000.00	新品发布会
3	¥3,500.00	员工出差
4		
5		

费用报销情况		
序号	报销金额	用途
6		
7		
8		
9		
合计	¥28,000.00	

二、下周工作总结

	时间		工作内容	计划完成时间	解决方法	备注
下周工作计划	星期一	上午				
		下午				
	星期二	上午				
		下午				
	星期三	上午				
		下午				
	星期四	上午				
		下午				
	星期五	上午				
		下午				

三、例会议题

	序号	事项	计划完成时间	需配合部门/人员	完成要求解决方法	备注
需要协调解决事宜	1					
	2					
	3					
	4					
	5					

标题
许多不同的表格
计算
许多不同的表格

图1 工作周报表中包含许多不同结构的表格，还需要计算数据，使用Excel方格纸可以更好地制作这类复杂的表格

Part3中将制作复杂的表格，该工作周报表中包含多张不同大小，不同结构的表格，还包括计算两张表格中数据之和（图1）。对于这样的复杂表格，使用Excel方格纸更便于操作。因为再复杂的表格，只需要掌握合并单元格的数量和表格结构就可以迅速实现。

在此像这种复杂的工作周报表，需要每周都填写，为了方便以后使用，可以将其保存为模版反复使用。之后只需要输入相关的文本信息和数据即可。

在制作工作周报表之前，需要制作方格纸。在本案例中需要适当调高行高。新建空白工作表，选择整张工作表并右击，在快捷菜单中选择“行高”命令（图2）。打开“行高”对话框，设置其为18，单击“确定”按钮（图3）。保持工作表为选中状态，将A列右侧边界线向左拖动，目测A1单元格为正方形时，释放鼠标左键，即可完成方格纸的设置（图4）。

合并所需数目的单元格

在设置合并单元格之前，还需要对工作表的页面进行设置。设置纸张的大小为A4，页边距保持默认，我们在操作时只需要在虚线内制作表格即可。

首先制作表格的标题，其标题位于表格的最顶端，标题文本需要居中显示。选中A1:X2单元格区域，然后单击“合并后居中”按钮即可。根据标题需要合并单元格，然后再设置总结中的“星期一”到“星期五”需要合并的单元格。选中B7:D8单元格区域，单击“合并后居中”按钮（图5）。然后选中合并的单元格，将光标移至该单元格的右下角，光标变为黑色十字时，按住鼠标左键向下拖曳至D16单元格（图6）。释放鼠标左键，将选中的单元格区域每两行进行合并（图7）。然后

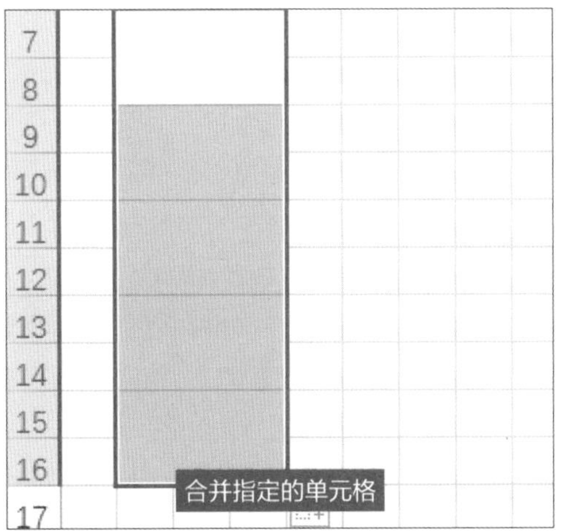

图7 释放鼠标后，选中的单元格区域每两行合并为一个单元格

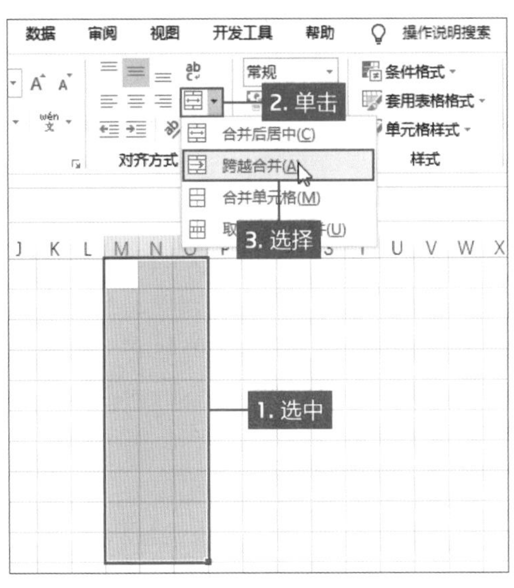

图8 将选中的单元格区域进行跨越合并，使之按行进行合并

方格纸的制作

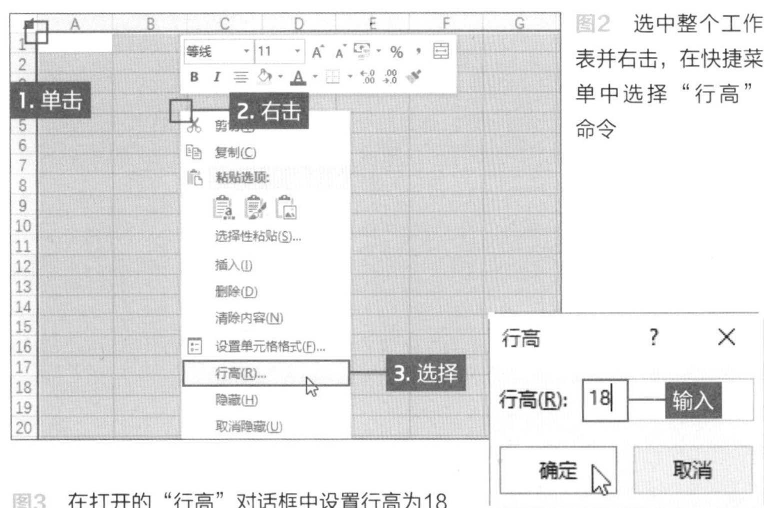

图2 选中整个工作表并右击，在快捷菜单中选择“行高”命令

图3 在打开的“行高”对话框中设置行高为18

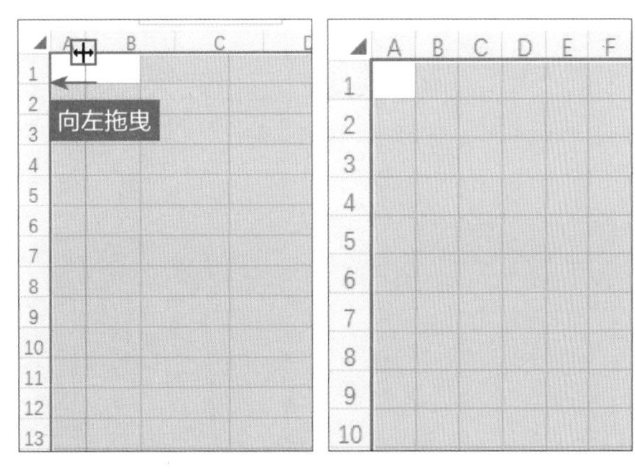

图4 通过拖曳的方法制作方格纸，将光标在某列的边界线上向左拖曳，在光标的右上方显示调整列宽的数值。拖至合适的位置释放鼠标左键即可

合并相关单元格

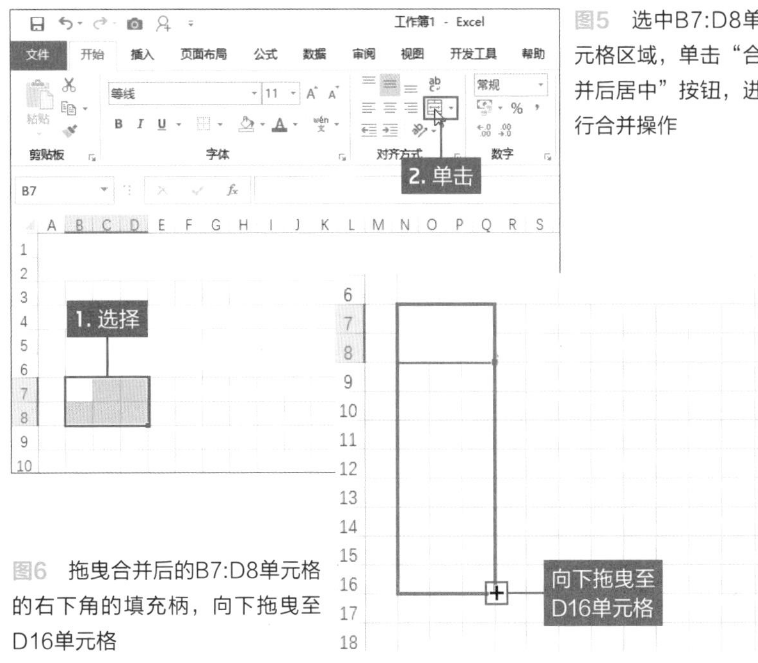

图5 选中B7:D8单元格区域，单击“合并后居中”按钮，进行合并操作

图6 拖曳合并后的B7:D8单元格的右下角的填充柄，向下拖曳至D16单元格

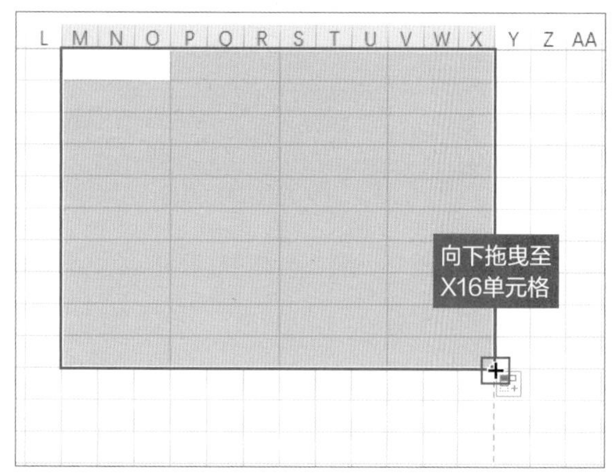

图9　合并后的单元格区域保持选中状态，拖曳填充柄向右到X16单元格，即可按相同合并单元格数进按行合并

设置表格的边框

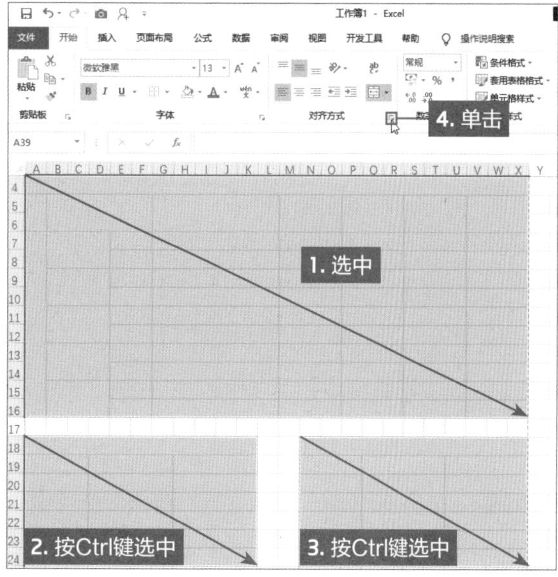

图10　先选中所有的表格区域，然后单击“对齐方式”选项组中对话框启动按钮，在打开的“设置单元格格式”对话框中设置边框

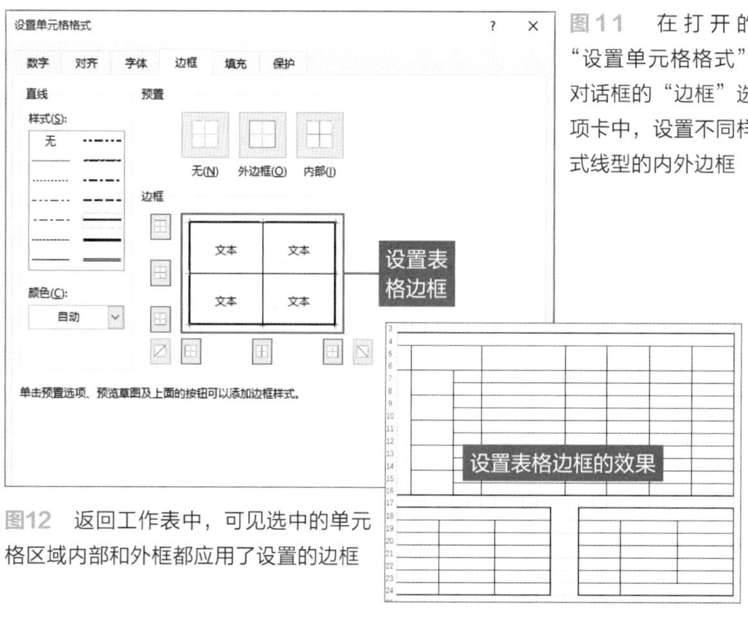

图11　在打开的“设置单元格格式”对话框的“边框”选项卡中，设置不同样式线型的内外边框

图12　返回工作表中，可见选中的单元格区域内部和外框都应用了设置的边框

选中M7:O16单元格区域，单击“合并后居中”下拉列表中的“跨越合并”选项（图8）。合并后保持该单元格区域不变，将光标移至右下角，拖曳填充柄向右至X16单元格，选中的单元格区域将进行相应的合并（图9）。类似填充公式的操作。对M7:O16单元格区域进行跨越合并后，选中M7:X16单元格区域，切换至“开始”选项卡，单击“编辑”选项组中的“填充”下三角按钮，在列表中选择“向右”选项，即可达到相同的效果。

对表格进行美化

接着再为表格添加边框，本案例的表格内边框为细实线，外边框为粗点的实线。设置不同的内外边框时，需要在“设置单元格格式”对话框中实现。选择本周工作总结表格，再按Ctrl键依次选择其他表格区域，然后单击“对齐方式”选项组中对话框启动按钮（图10）。打开“设置单元格格式”对话框，切换至“边框”选项卡，然后在“样式”列表中选择细点的实线线型，再单击“预置”选项区域中的“内部”按钮，在“边框”选项区域中预览设置的内外边框。再用相同的方法设置外边框线（图11）。完成后返回工作表即可见选中的表格已应用设置的边框（图12）。

在设置表格的边框时，边框颜色默认为黑色，用户可以根据需要设置其颜色。在“样式”列表框中选择合适的边框线形后，单击“颜色”下拉列表中的颜色，在“预置”选项区域中单击相应的按钮即可。用户还可以分别设置单元格的边框，设置好边框的线形和颜色后，在“边框”选项区域中分别单击相应的按钮即可。此外，还可以为单元格添加斜线。

边框设置完成后，为了能够将工作周报表和分报表的层次明显地区分开，我们可以为表格的标题填充颜色。本例中周报表的标题填充为深色；各分报表的总标题填充为稍浅的颜色，再将纵横标题填充为浅颜色。选择A1单元格，在“填充颜色”列表中选择深绿色，即可为选中的单元格设置填充颜色（图13）。如果需要为多个单元格区域填充相同的颜色，只需先选中单元格区域，然后在“填充颜色”列表中选择合适的颜色（图14）。如果列表中没有满意的颜色，可以在列表中选择“其他颜色”选项，可以在“自定义”选项卡中分别设置颜色的模式，然后再设置相关数值，最后单击“确定”按钮即可。我们在“填充颜色”列表中可设置的颜色是有限的，为了更丰富底纹填充，可以在“设置单元格格式”对话框中设置渐变色和图案等。打开该对话框，在“填充”选项卡中设置图案颜色，并在“图案样式”下拉列表中选择合适的图案即可。如果单击“填充效果”按钮，可以在打开的对话框中设置渐变的颜色。

使用函数计算费用总和

表格制作完成后，在表格中输入相关的数据和文本，并将深色单元格中的文本设为白色，最后设置文本的格式。选中U3单元格，将日期设置为短日期格式（图15）。即可将“2019年4月8日”的日期格式修改为“2019-4-8”。在“费用报销情况”的两个表格中合计的结果应该为D20:D24和Q20:Q23两个单元格区域中的数值的和。求和时需要使用引用运算符中的逗号，即在Q24单元格区域中输入“=SUM(D20:D24,Q20:Q23)”公式，按Enter键执行计算即可（图16）。

为表格填充颜色

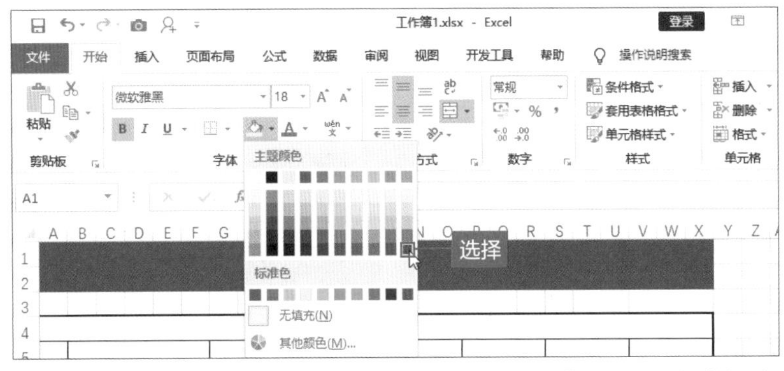

图13 选中A1单元格，切换至“开始”选项卡，在“字体”选项组中的“填充颜色”下拉列表中选择深绿色

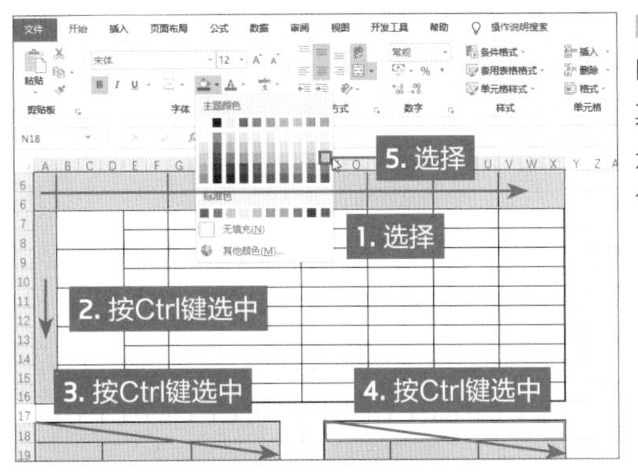

图14 选择A5:V5单元格区域，然后按住Ctrl键选择其他需要填充相同颜色的单元格区域，最后在“填充颜色”列表中选择浅绿色

输入数据并进行计算

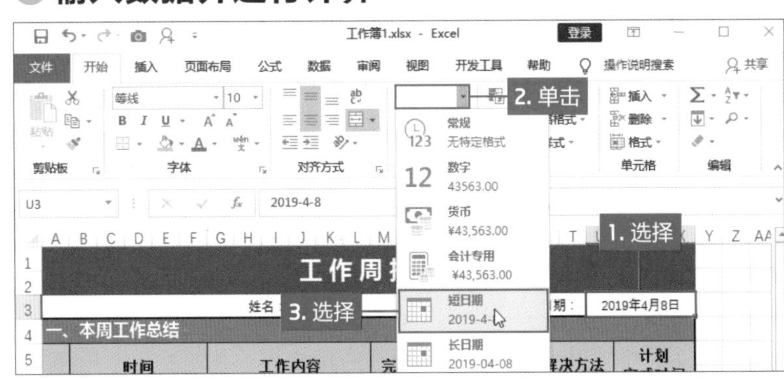

图15 选中U3单元格，单击“开始”选项卡的“数字”选项组中“数字格式”下三角按钮，在列表中选择“短日期”选项

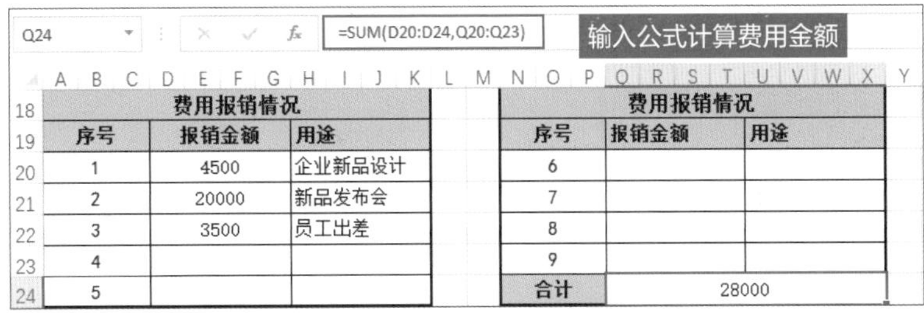

序号	报销金额	用途
1	4500	企业新品设计
2	20000	新品发布会
3	3500	员工出差
4		
5		

序号	报销金额	用途
6		
7		
8		
9		
合计	28000	

图16 计算两个表格的不同单元格的和时，只需要在参数之间输入逗号即可

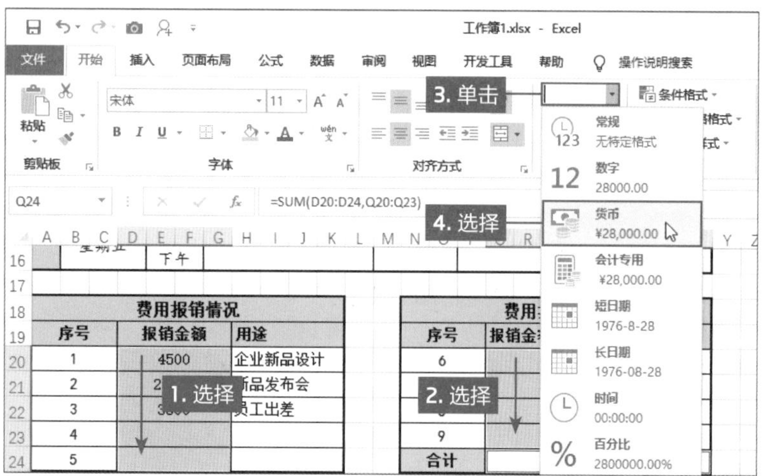

图17　选择报销金额，单击“数字”选项组中“数字格式”下三角按钮，在列表中选择“货币”选项

设置密码保护工作表

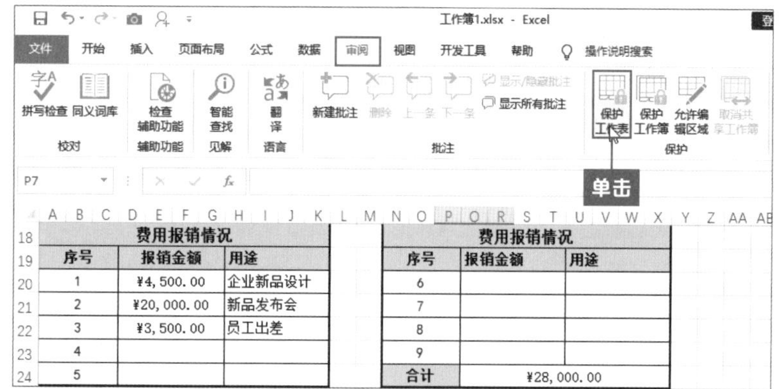

图18　切换至“审阅”选项卡，单击“保护”选项组中的“保护工作表”按钮

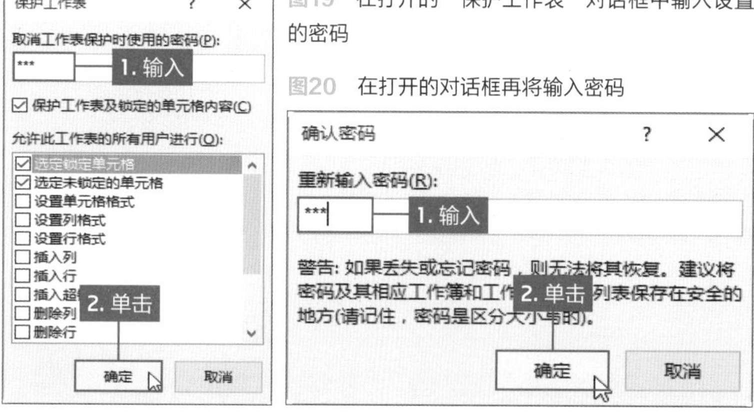

图19　在打开的“保护工作表”对话框中输入设置的密码

图20　在打开的对话框再将输入密码

图21　密码设置完成后，工作表区域不允许进行修改、添加和删除数据等操作，否则会弹出提示对话框

接下来可以将金额所在的单元格区域设置为“货币”格式，数据的显示更加清晰明了。设置货币格式的方法和设置短日期的方法一样（图17）。用户还可以进一步设置货币格式，在“设置单元格格式”对话框中，在“数字”选项卡的“分类”列表框中选择“货币”选项，在右侧可设置小数的位数、货币符号、负数等样式。

保护和保存工作表

工作周报表制作完成后，为防止其他浏览者修改相关信息，可以对工作表进行保护，有密码的浏览者才能修改数据。对工作表的保护我们在第1章的Part4中也介绍过，但和本章方法是不一样的。本章通过“保护工作表”功能设置密码，浏览者在没有密码的情况下只能浏览该工作表，但无法修改。

切换至“审阅”选项卡，单击“保护”选项组中的“保护工作表”按钮（图18）。在该选项组中还包括“保护工作簿”和“允许编辑区域”按钮，其中“允许编辑区域”在第一章的Part4中介绍过。“保护工作簿”主要是对工作簿的结构进行保护，用户不可以重命名、新建或删除工作簿中的工作表。

操作完成后，打开“保护工作表”对话框，在“取消工作表保护时使用的密码”框中输入密码，其他参数保持不变，单击“确定”按钮（图19）。打开“确定密码”对话框，在“重新输入密码”数值框输入相同的密码，单击“确定”按钮（图20），即可完成对工作表的保护。如果浏览者修改工作表中的任意数据或添加删除数据时，则会弹出提示对话框，该表格受保护（图21）。若要撤销保护，单击“保护”选项组中“撤销工作表保护”并应用即可。

本案例的报表为“工作周报表”，从名称就可以知道，会常用到。用户可以将该报表保存为模板，使用时直接套用即可。这样不但报表的格式统一，而且更方便员工填写和上级查看。将工作表保存为模板，需要通过另存为模板的方法进行操作，下面介绍具体操作方法。在表中单击“文件”标签，在列表中选择“另存为”选项，并在“这台电脑”中选择保护位置（图22）。打开“另存为”对话框，将默认的保存类型“Excel工作簿（*.xlsx）”，改为“Excel模板(*.xlts)”，然后在“文件名”文本框中输入“工作周报表”作为模板的名称（图23）。当修改保存类型为模板时，则文件保存的路径自动跳转至指定的文件夹中，用户不需要再设置保存路径，直接单击“保存”即可。

模板保存完成后，用户如果需要使用该模板，打开Excel工作表，单击“文件”标签，在列表中选择“新建”选项，在右侧面板中单击“个人”链接，则在下方显示“工作周报表”模板（图24）。用户直接单击该模板，即可在新的工作表中打开带有数据的工作周报表，该工作表的名称被命名为“工作周报表1”（图25）。

文件名称右侧的编号是由于模板文件的副本另外打开的状态，用户如果需要修改名称，则再进行另存为即可。对新文件进行保存不会覆盖基本的模板格式。

使用模板可提高用户的工作效率，不需要反复去制作相同的表格。如果用户需要将模板删除，则直接在保存模板的文件夹中将模板文件删除即可。当用户再次执行“新建”操作时，在“个人”模板中就不显示删除的模板了。

将工作表保存为模板

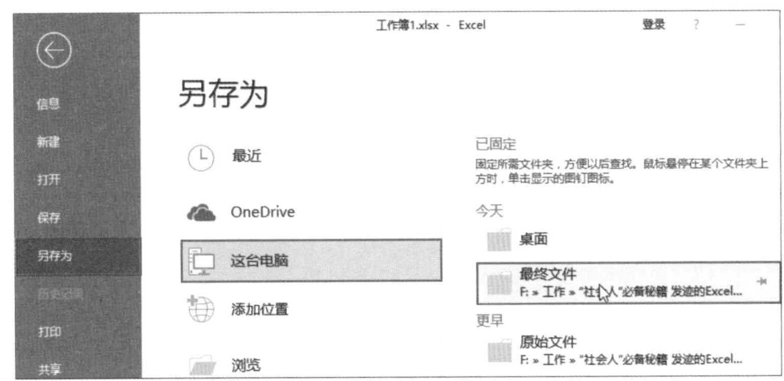

图22 将工作表另存为，在“这台电脑”的右侧列表中选择保存的路径，直接在上方单击即可

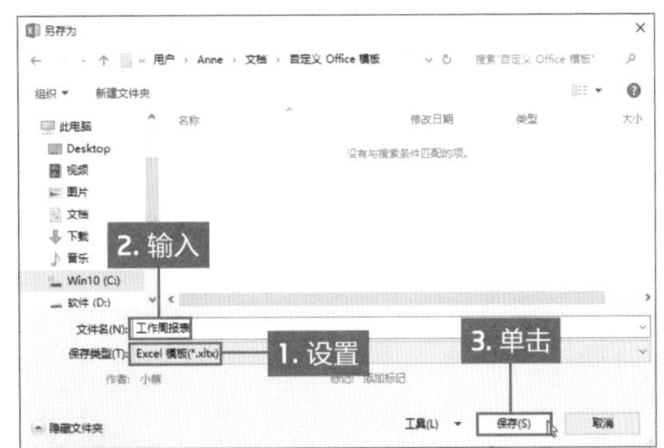

图23 在打开的“另存为”对话框中将保存类型修改为“Excel模板(*.xlts)”，然后输入文件名称，单击“保存”按钮

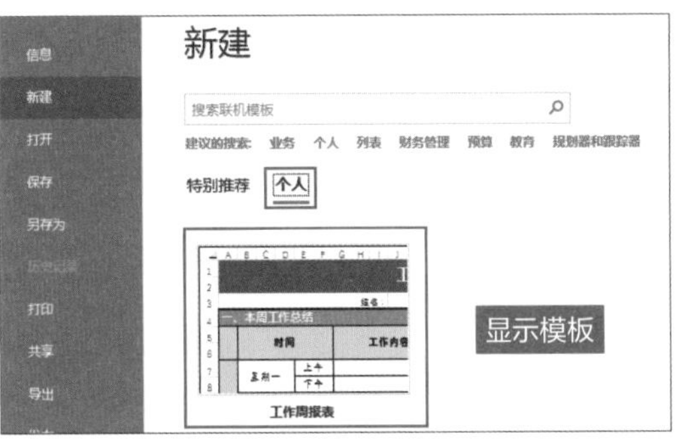

图24 “新建”区域中的“个人”模板中即可显示保存的模板，单击该模板即可

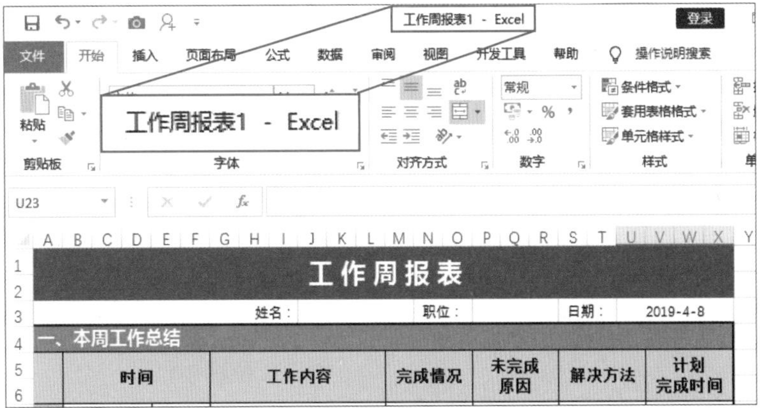

图25 打开“工作周报表1”工作簿，该工作表中显示制作的工作周报表的所有内容，用户直接填写即可

扫码看视频

制作简洁明快的图形

Excel方格纸中的格子可以作为制作图形的网络线来使用
通过本部分学习，掌握图形的制作方法。

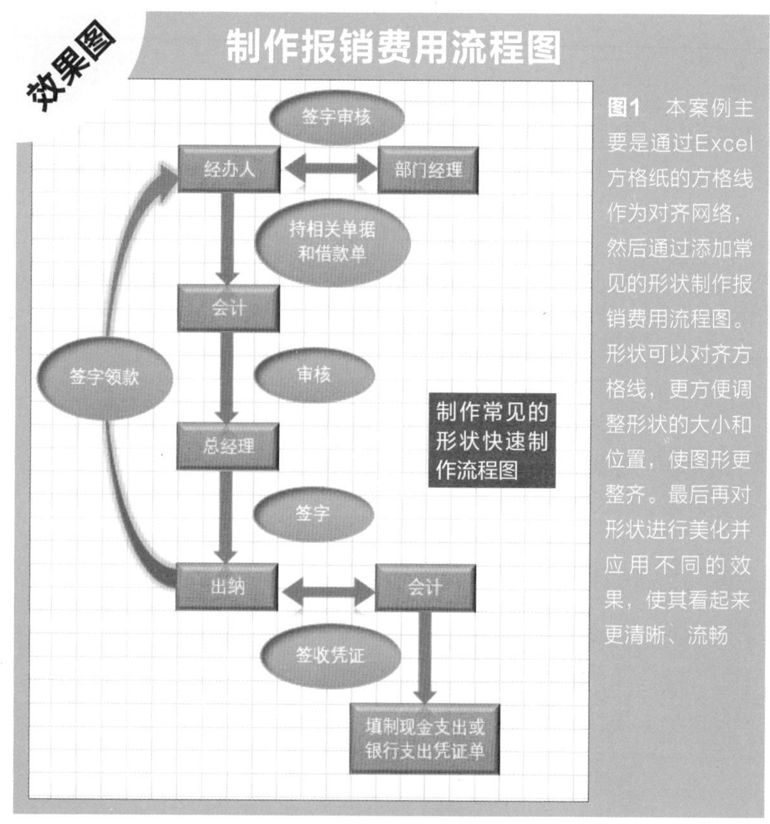

图1 本案例主要是通过Excel方格纸的方格线作为对齐网络，然后通过添加常见的形状制作报销费用流程图。形状可以对齐方格线，更方便调整形状的大小和位置，使图形更整齐。最后再对形状进行美化并应用不同的效果，使其看起来更清晰、流畅

在Part2和Part3中介绍使用Excel方格纸制作不同的表格，而在Part4中将介绍利用Excel方格纸绘制报销费用流程图（图1）。本案例主要利用方格纸的方格作为网格线来使用，这也是Excel方格纸不需要合并单元格的实例。

本章到目前为止，主要介绍在Excel方格纸中通过合并单元格实现自由布局，从而制作出比较复杂的表格，这也是其基本的功能之一。本部分则将方格视作为网格线，沿着纵横线绘制图形，制作出比较美观、整齐的图形。

如图1所示的图形，在Word和PowerPoint中也可以制作出来，但是它们的工作区没有这么宽敞，在制作图形时会受到一定限制。像这样的问题在Excel中就不会出现。

根据本案例的方法可以自由制定图形，比使用SmartArt图形更简单、随意。

下面马上开始在Excel方格纸中制作费用报销流程图吧！首先需要将工作表制作成方格纸，然后在“页面布局”选项卡中设置对齐方式为对齐网络（图2）。操作完成后，在方格纸中绘制图形时，会自动以方格线对齐，使得图形很整齐，也能更好地控制图形的大小和位置。

在Excel方格纸中设置对齐方式

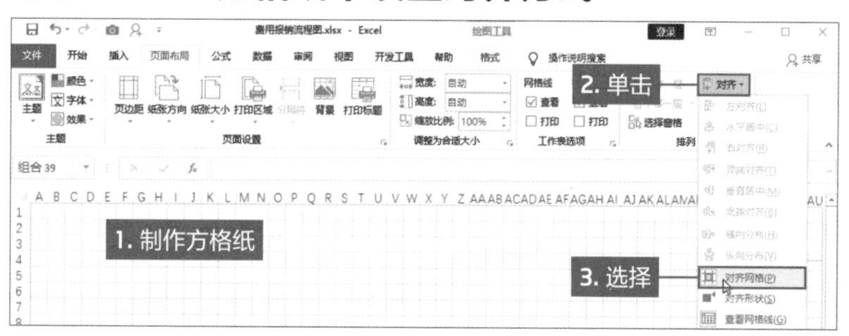

图2 创建Excel方格纸，然后切换至“页面布局”选项卡，单击“排列”选项组中的“对齐”按钮，在列表中选择“对齐网络”选项

图形的创建和文字输入

在制作各种图形时，需要相应的形状还需要输入对应的文本，才能使浏览者更加清晰地看懂描述的步骤。在本案例中包括7个矩形形状、6个椭圆形状和3种箭头形状。

首先介绍矩形的创建，在工作表中插入所有的形状都可在“形状”下拉列表中选择（图3）。在“矩形”选项区域中共包含9种矩形形式，主要为圆角矩形、切角矩形和圆顶角矩形几类，用户可根据需要选择。此时，光标变为十字形状，在方格纸中绘制2*4方格大小的矩形。矩形默认的填充颜色是蓝色的，用户可以通过Excel预置的形状样式来美化形状。选中绘制的矩形形状，在功能区中显示“绘图工具-格式”选项卡，在“形状样式”选项组中设置形状的样式（图4）。然后在框中输入“经办人”文本。输入的文本显示矩形形状的左上方，为了整体协调，在“开始”选项卡中设置水平和垂直居中显示（图5）。输入的文本颜色为白色，与设置的形状样式一致。

之前介绍过，本案例需要7个矩形形状，如果逐一这样绘制矩形、设置形状样式再输入文本的操作会耽误很多时间。用户可以通过复制矩形的方法快速绘制所需的矩形。下面介绍通过拖曳的方法快速复制矩形。首先选中矩形形状，按住Ctrl键当光标右上角出现小的加号形状，然后按住鼠标左键拖曳至合适的位置，然后释放鼠标和Ctrl键，即可完成复制操作。复制矩形的大小和原矩形一致，然后修改框内的文本内容，其中文本的格式不会发生变化（图6）。除此方法之外，还可以通过“Ctrl+C”和“Ctrl+V”组合键的方法复制形状。

插入矩形形状

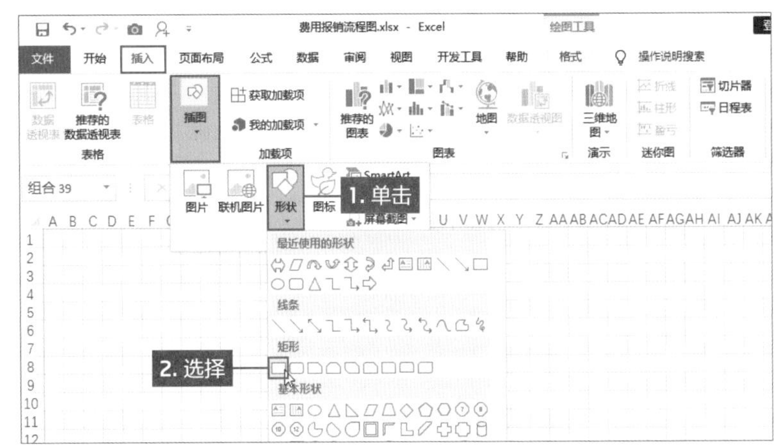

图3　切换至“插入”选项卡，单击“插图”选项组中的“形状”下三角按钮，在列表中选择矩形

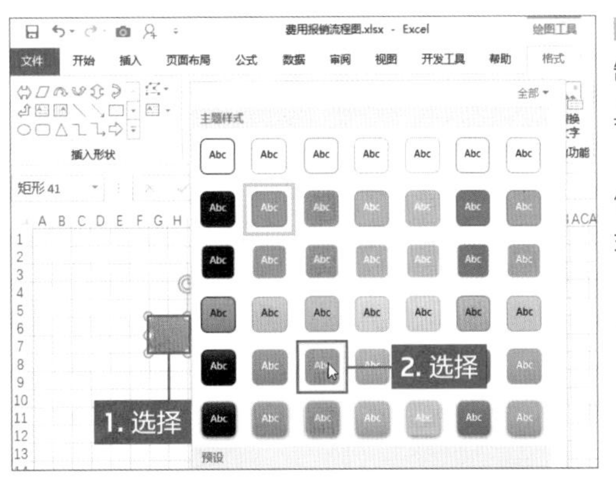

图4　在Excel方格纸中绘制矩形，切换至“绘图工具-格式”选项卡，单击“形状样式”选项组中“其他”按钮，在打开的形状样式库中选择合适的样式

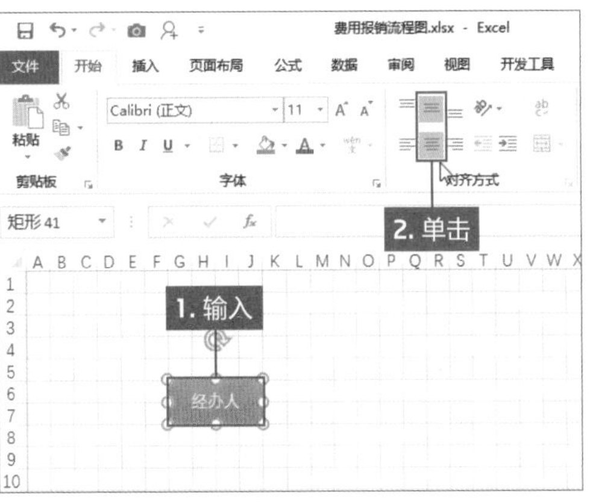

图5　在“开始”选项卡的“对齐方式”选项组中分别单击“垂直居中”和“居中”按钮，调整文本的位置

复制矩形形状

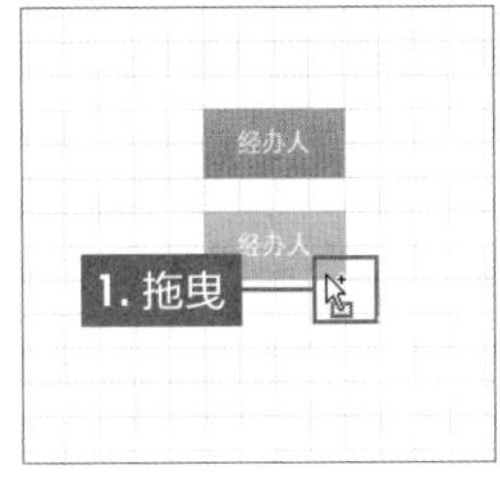

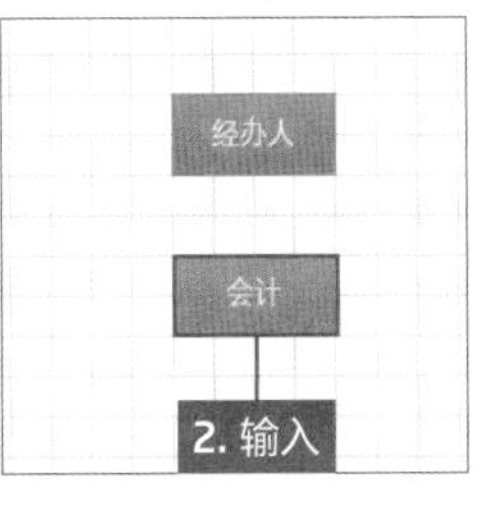

图6　通过拖曳的方法复制矩形形状，连文本也一同被复制，然后修改框内的文本

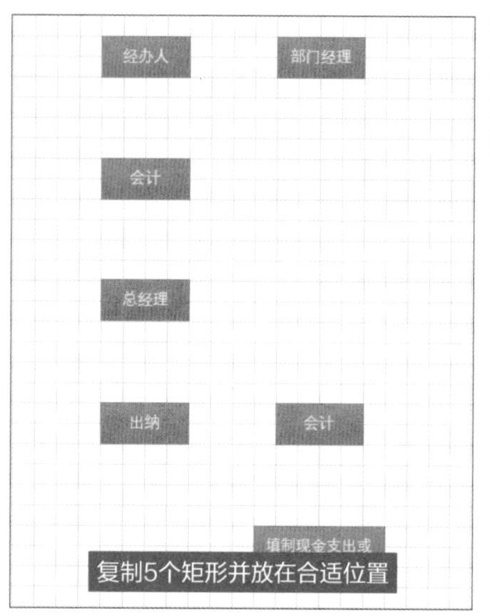

图7　再复制5个矩形，并放在合适的位置，然后在矩形中输入相应的文本。用户可根据文本的内容适当调整矩形的大小

接下来用相同方法再复制5个矩形，并修改对应的文本，将矩形放置在合适的位置（图7）。这一步操作是建立在用户对整个图形的框架有一个预设，这样才能更清楚矩形的位置。用户也可以在草稿纸上大概绘制出整体的轮廓。

添加箭头形状表示关系

在报销流程图中，需要根据流程一步一步完成。因此可通过箭头形状来表示先后顺序，同时为整体流程图的美观，对形状进行适当美化。

插入箭头形状的方法和插入矩形形状的方法一样，在“形状”列表的“箭头总汇”选项区域中选择“箭头:下”选项（图8）。然后在两个矩形之间绘制向下的箭头。因为之前设置对齐网络的对齐方式，所以绘制的箭头形状依附在方格线上，导致箭头不是中心对齐的。只需要将光标移至形状上，按住鼠标左键适当拖曳调整位置即可。选择绘制的箭头形状，切换至“绘图工具-格式”选项卡，在“形状样式”选项组中设置形状的填充颜色为深绿色，形状轮廓为无轮廓（图9）。设置完成后再复制3个向下箭头，并放在合适位置（图10）。同理再添加“箭头:左右”形状，在形状被选中时，出现两个黄色圆形的控制点。当调整左上角黄色控制点时，可以控制箭头的大小，而右侧则可控制调

插入箭头形状

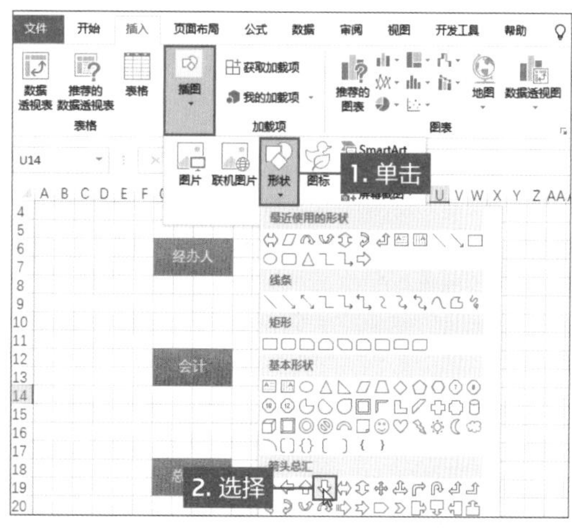

图8　单击“插图”选项组中的“形状”下三角按钮，在列表中选择向下的箭头

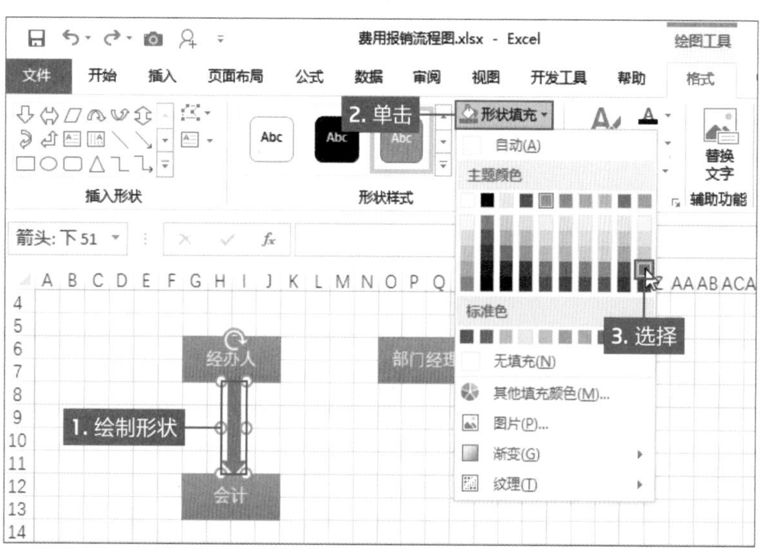

图9　在“形状样式”选项组中单击“形状填充”下三角按钮，在列表中选择深绿色，并在“形状轮廓”列表中选择“无轮廓”选项

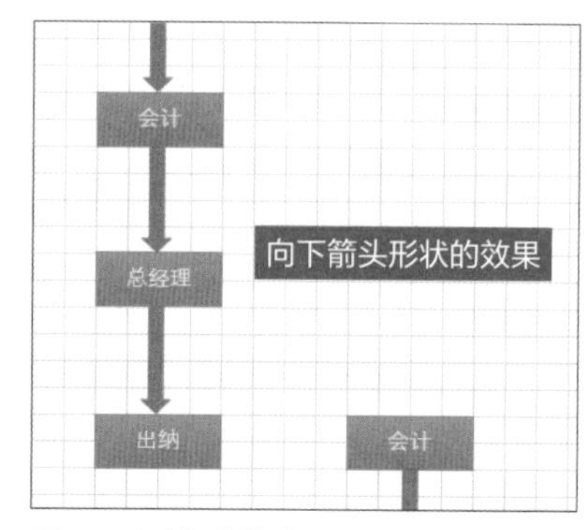

图10　复制3分箭头形状并放在合适位置

整两箭头中间横线的宽度。调整好后在“形状样式”选项组中设置形状颜色为深绿色、无轮廓（图11）。再复制同样的左右箭头形状，将其移到下方合适位置。

在“形状”列表中选择“箭头:上弧形”形状，然后将该形状向左旋转90°。适当调整该形状的大小，并移到流程图的左侧，由“出纳”指向“经办人”矩形。同样在“形状样式”选项组中设置形状颜色为深绿色、无轮廓（图12）。

添加椭圆形状并设置形状效果

下面再添中椭圆形状对各步骤进行说明。插入椭圆形在“形状样式”中应用合适的样式，并输入相关文字（图13）。将椭圆复制5份，并修改文本，最后放在合适的位置。

选择所有的椭圆形状，在“形状样式”选项组中设置形状效果（图14），然后根据相同的方法对流程图中的其他形状应用不同的效果（图15）。

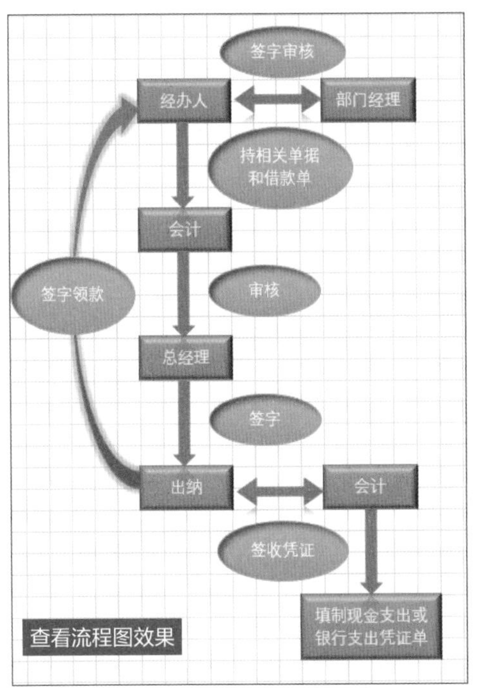

图15 为矩形应用棱台效果，向下和左右箭头应用映像效果，弧形箭头应用发光效果

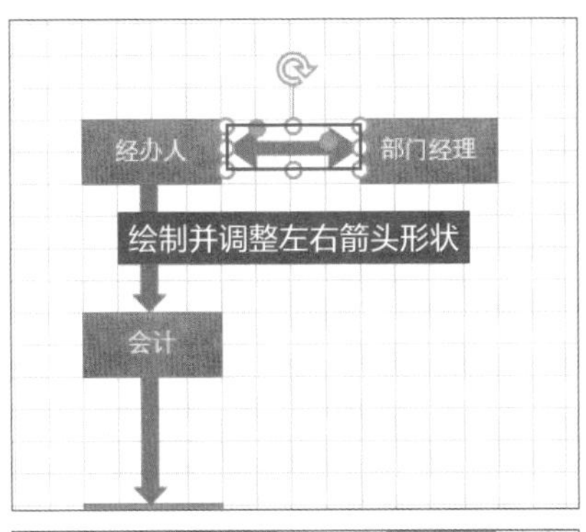

图11 在流程图的合适位置绘制出左右箭头的形状，并调整形状的大小和位置。然后设置填充颜色为深绿色、无轮廓

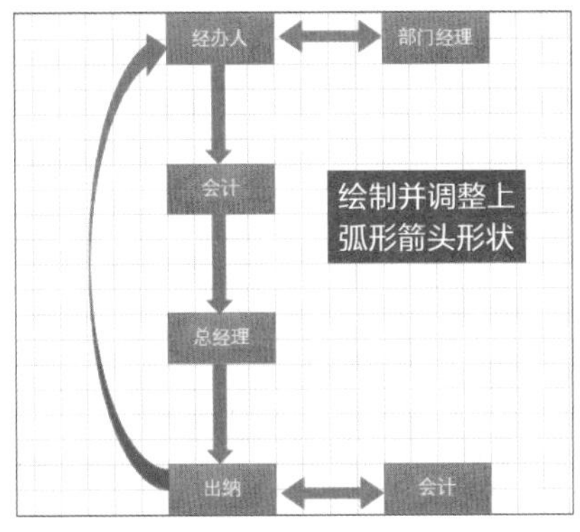

图12 在工作表中插入“箭头:上弧形”形状，单击“排列”选项组中的“旋转”下三角按钮，在列表中选择“向左旋转90°”选项。然后调整其大小和位置，在“形状样式”选项组中设置该形状的格式

添加椭圆形状并美化

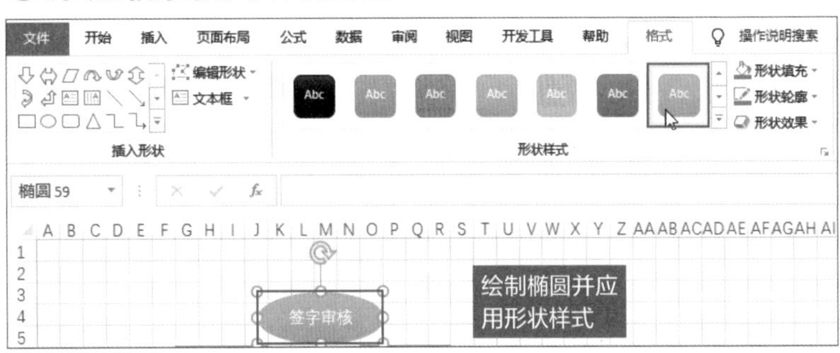

图13 在“形状”列表中选择椭圆形，并在工作表中绘制，然后应用合适的形状样式并输入文本

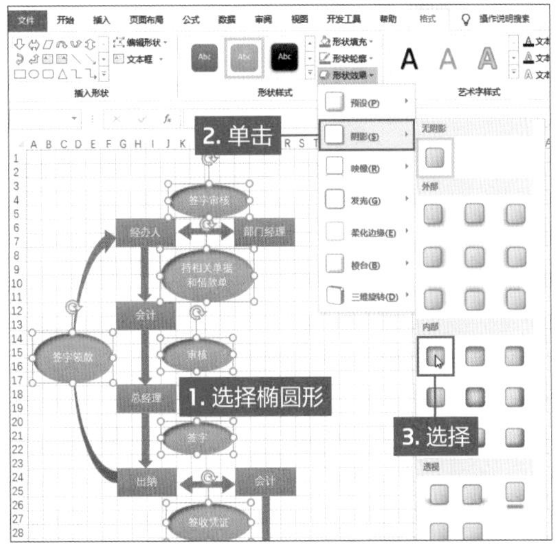

图14 选择所有的椭圆形状，在“形状样式”选项组中单击“形状效果”下三角按钮，在列表中选择“阴影>内部:左上”选项，可见选中的椭圆形已应用了相应的效果

第5章

使操作轻松便捷

使用Excel的目的是快速分析数据，从而提高工作的效率。
因此，如果对Excel的操作感到困惑，或者在简单的操作上花时间就是本末倒置。
如果不能使Excel的操作更轻松便捷，就会影响工作的效率。
所以本部分将介绍一些操作技巧，大大提高使用Excel的能力。
如快捷键的使用、自动填充文本、查找和替换功能以及复制和粘贴功能。

1秒钟的时间
也不浪费

Excel中的捷径 快捷键

使用鼠标在菜单栏中进行操作，是不是很费事儿呢？
如果能熟练使用快捷键，那么Excel的工作会变得更简洁。
现在就从经常使用的功能，慢慢记住这些快捷键。

在Excel中如果使用快捷键操作要比通过菜单命令更便捷。话虽如此，但是要想记住所有快捷键，不是一件容易的事情，那么可以从平时工作和生活中常用的快捷键学起。

首先，介绍一下常用的快捷键和相关功能（图1、图2）。当然，不同的工作要求对快捷键的使用频率也是不同的，这需要用户去总结和归纳。

当用户需要在表格中选择特定的单元格区域，使用快捷键也是很方便的（图3-图9）。这里介绍选择特定的单元格或单元格区域，还介绍了选择公式的引用或被引用的单元格。特别是在庞大的表格中，能够熟练使用适当的快捷键，可以显著提高工作效率。

另外使用快捷键也可以快速输入相关文本，如当前日期、时间或者从列表中选择需要输入的内容（图10-图14）。还可以通过快捷快速填充单元格内容或公式。

最后，使用快捷键可以对工作表中的行、列或单元格进行插入或删除的操作，以及显示隐藏的行或列（图15-图17）。熟练使用快捷键方便对工作表中的元素进行操作。下面开始我们的快捷键之旅吧！

●通过快捷键快速对工作表进行操作

B4 fx 冯巩

	B	C	D	E	F	G	H
1	一周销售统计表						
2			日期:	2019年4月1日		时间:	11:38
3	员工姓名	商品名称	版本	规格	销售数量	销售单价	销售总额
4	冯巩	荣 Ctrl + ↓	网通6-128	蓝色	11	¥1,988.00	¥21,868.00
5	冯巩	荣耀10	全网通6-64	白色	14	¥2,288.00	¥32,032.00
6	金平安	荣耀10	全网通6-128	白色	Ctrl + D	¥2,688.00	¥37,632.00
7	吕鹏东	荣耀8X	全网通6-64	紫色	17	¥1,688.00	¥28,696.00
8	卓飞	荣耀8X	全网通6-128	黑色	15	¥1,988.00	¥29,820.00
9	唐元冬	荣耀10	全网通6-64	白色	13	¥2,288.00	¥29,744.00
10	蔡晓明	荣耀10	全网通6-128	蓝色	14	¥2,688.00	¥37,632.00
11	冯巩	荣耀8X	全网通4-64	蓝色	7	¥1,488.00	¥10,416.00
12	吕鹏东	荣耀8X	全网通6-64	黑色	5	Ctrl + ; 00	¥8,440.00
13	吕鹏东	荣耀10	全网通6-64	黑色	14	¥2,288.00	¥32,032.00
14	唐元冬	荣耀10	全网通6-128	蓝色	13	¥2,688.00	¥34,944.00
15	周妙	荣耀10	全网通6-128	紫色	6	¥2,688.00	¥16,128.00
16	唐元冬	荣耀8X	全网通4-64	红色	9	¥1,488.00	¥13,392.00
17	卓飞	荣耀8X	全网通6-128	蓝色	12	¥1,988.00	¥23,856.00
18	唐元冬	荣耀8X	全网通6-128	红色	19	¥1,988.00	¥37,772.00
19	卓飞	荣耀10	全网通6-64	白色	19	¥2,288.00	¥43,472.00
20	卓飞	荣耀10	全网通6-64	紫色	15	¥2,288.00	¥34,320.00
21	蔡晓明	荣耀8X	全网通4-64	蓝色	16	¥1,488.00	¥23,808.00

图1　选择单元格或单元格区域常使用鼠标操作，但使用快捷键能够更高效。将特定的数据简单且准确地输入，进行单元格的插入和删除的操作也能使用快捷键

●常用快捷键介绍

快捷键	功能
Ctrl+箭头键	移动到当前数据区域的边缘
Shift+箭头键	将选定区域扩展一个单元格
Ctrl+Shift+箭头键	将选定区域扩展到与活动单元格在同一列或同一行的最后一个非空单元格
Ctrl+Home	移动到工作表的开头
Ctrl+A	选择整个数据区域或者整张工作表
Ctrl+{（左大括号）	选取由选定区域中的公式直接引用的所有单元格
Ctrl+}（右大括号）	选取包含直接引用活动单元格的公式的单元格
Ctrl+Shift+{	选取由选定区域中的公式直接或间接引用的所有单元格
Ctrl+ Shift+}	选取包含直接或间接引用活动单元格的公式的单元格
Ctrl+/	选定包含活动单元格的数组
Ctrl+D	向下填充
Ctrl+R	向右填充
Ctrl+;	输入当前日期
Ctrl+Shift+;	输入当前时间
Alt+向下键	显示清单的当前列中的数值下拉列表
Ctrl+Shift+(	取消选定区域内的所有隐藏行的隐藏状态
Ctrl+Shift+)	取消选定区域内的所有隐藏列的隐藏状态
Ctrl++	插入单元格、行或列
Ctrl+-	删除单元格、行或列

图2 常用快捷键的功能和含义。除此之外，Excel中还包含很多便利的快捷键

●快速选择表格中特定的区域

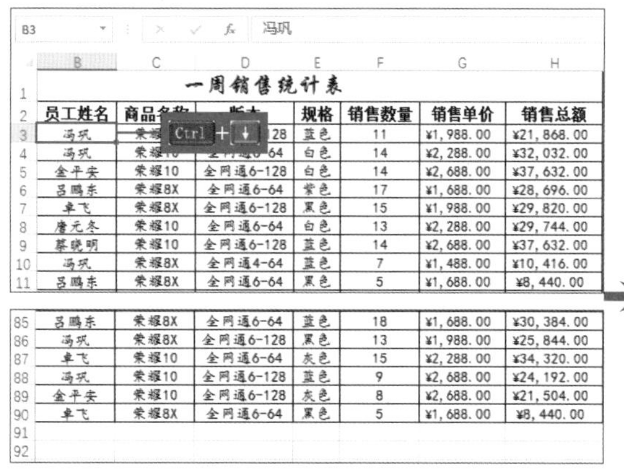

图3 光标定位在B3单元格，然后按Ctrl+↓键，系统自动选中数据区域中该列最下方的单元格。如果中间有空单元格，则选中空单元格上方的单元格

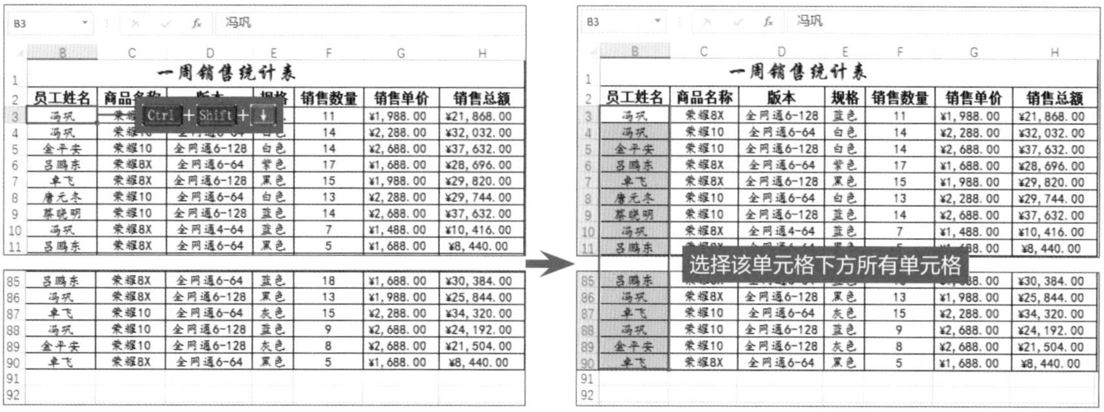

Ctrl + Shift + ↓

选择该单元格下方所有单元格

图4 在图3的操作中再按住Shift键，则会选中该单元格向下所有单元格区域。如果中间有空单元格，则选中该单元格至空单元格之间所有单元格

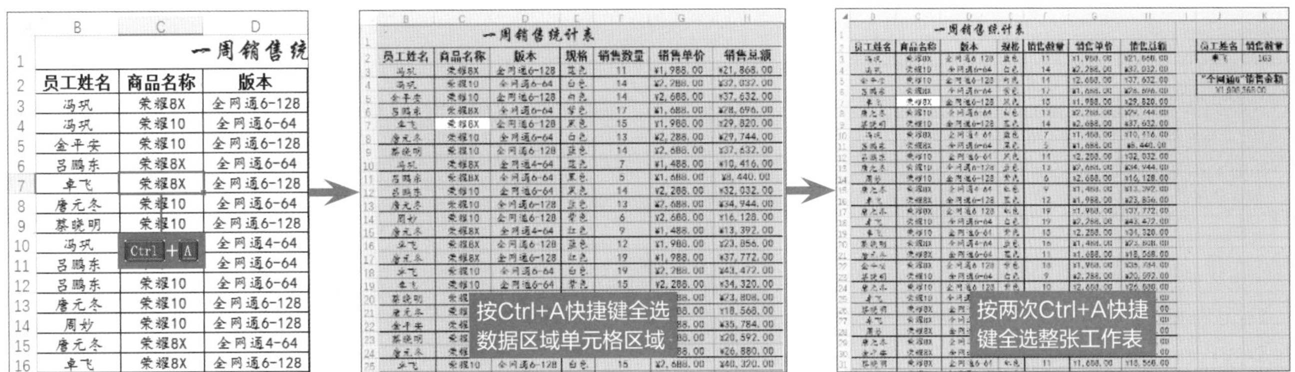

图5 选中表格内的任意单元格，按“Ctrl+A”快捷键即可选中表格内的所有单元格。如果按两次“Ctrl+A”快捷键则选中该工作表中所有单元格

●计算平均值并调整单元格的引用

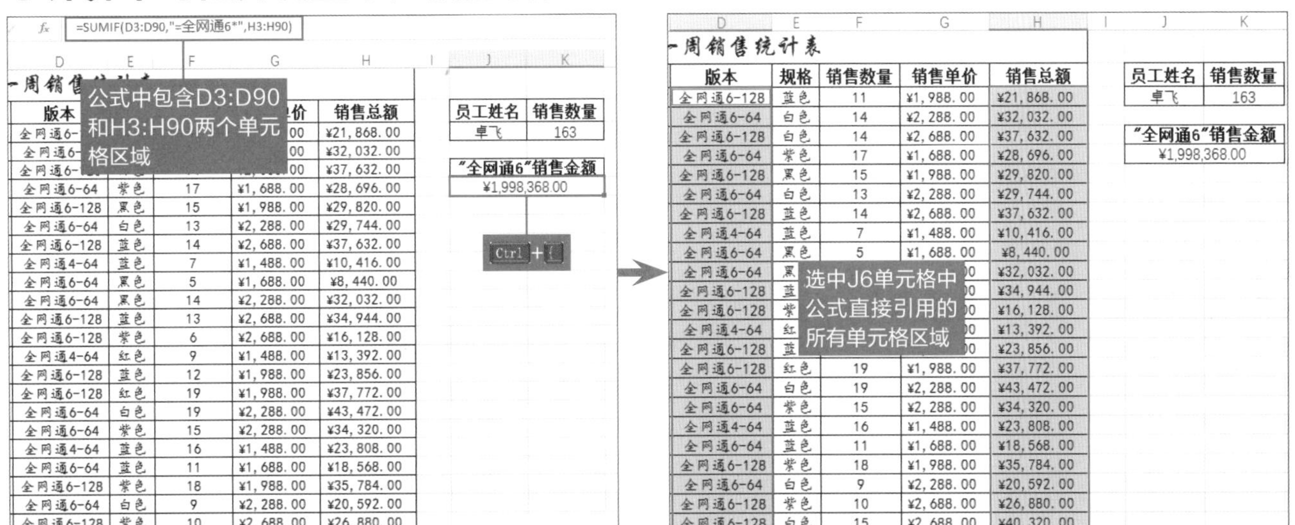

图6 选中J6单元格，在编辑栏中可见SUMIF函数，其中包含D3:D90和H3:H90两个单元格区域。按住“Ctrl+{”快捷键后，则自动选中SUMIF函数直接引用的两个单元格区域

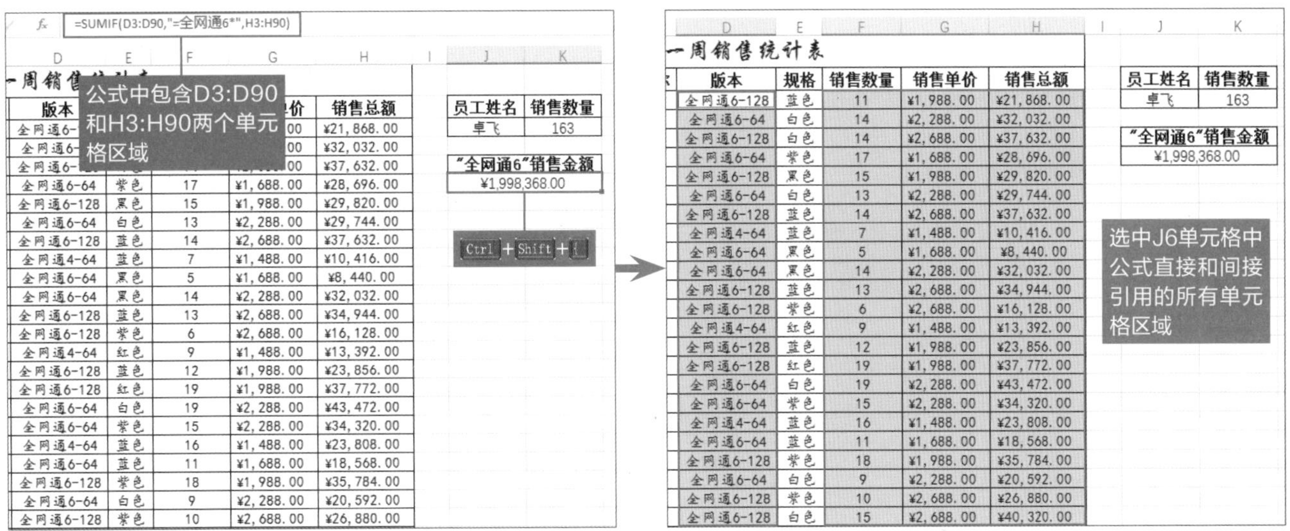

图7 在图6操作中再按下Shift键，则选中D3:D90、F3:F90、G3:G90和H3:H90单元格区域，因为按“Ctrl+Shift+{”快捷键选中直接和间接引用的单元格区域。H3:H90单元格区域中包含公式引用F3:F90和G3:G90单元格区域

F4 | 14

	一周销售统计表					
员工姓名	商品名称	版本	规格	销售数量	销售单价	销售总额
冯巩	荣耀8X	全网通6-128	蓝色	11	¥1,988.00	¥21,868.00
冯巩	荣耀10	全网通6-64	白色	14	¥2,288.00	¥32,032.00
金平安	荣耀10	全网通6-128	白色	14	¥2,688.00	¥37,632.00
吕鹏东	荣耀8X	全网通6-64	紫色	17	¥1,688.00	¥28,696.00
卓飞	荣耀8X	全网通6-128	黑色		¥1,988.00	¥29,820.00
唐元冬	荣耀10	全网通6-64	白色		¥2,288.00	¥29,744.00
蔡晓明	荣耀10	全网通6-128	蓝色	14	¥2,688.00	¥37,632.00
冯巩	荣耀8X	全网通4-64	蓝色	7	¥1,488.00	¥10,416.00
吕鹏东	荣耀8X	全网通6-64	黑色	5	¥1,688.00	¥8,440.00
吕鹏东	荣耀10	全网通6-64	黑色	14	¥2,288.00	¥32,032.00
唐元冬	荣耀10	全网通6-128	蓝色	13	¥2,688.00	¥34,944.00
周妙	荣耀10	全网通6-128	紫色	6	¥2,688.00	¥16,128.00
唐元冬	荣耀8X	全网通4-64	红色	9	¥1,488.00	¥13,392.00
卓飞	荣耀8X	全网通6-128	蓝色	12	¥1,988.00	¥23,856.00
唐元冬	荣耀8X	全网通6-128	红色	19	¥1,988.00	¥37,772.00
卓飞	荣耀10	全网通6-64	白色	19	¥2,288.00	¥43,472.00
卓飞	荣耀10	全网通6-64	紫色	15	¥2,288.00	¥34,320.00
蔡晓明	荣耀8X	全网通4-64	蓝色	16	¥1,488.00	¥23,808.00
唐元冬	荣耀8X	全网通6-64	蓝色	11	¥1,688.00	¥18,568.00

Ctrl + }

员工姓名	销售数量
卓飞	163

"全网通6"销售金额
¥1,998,368.00

按Ctrl+}快捷键后，选中引用F4单元格公式所在的单元格

图8　在工作表中选中F4单元格，然后按“Ctrl+}”快捷键，即可选中H4和K3单元格。因这两个单元格中的公式均引用F4单元格作为参数

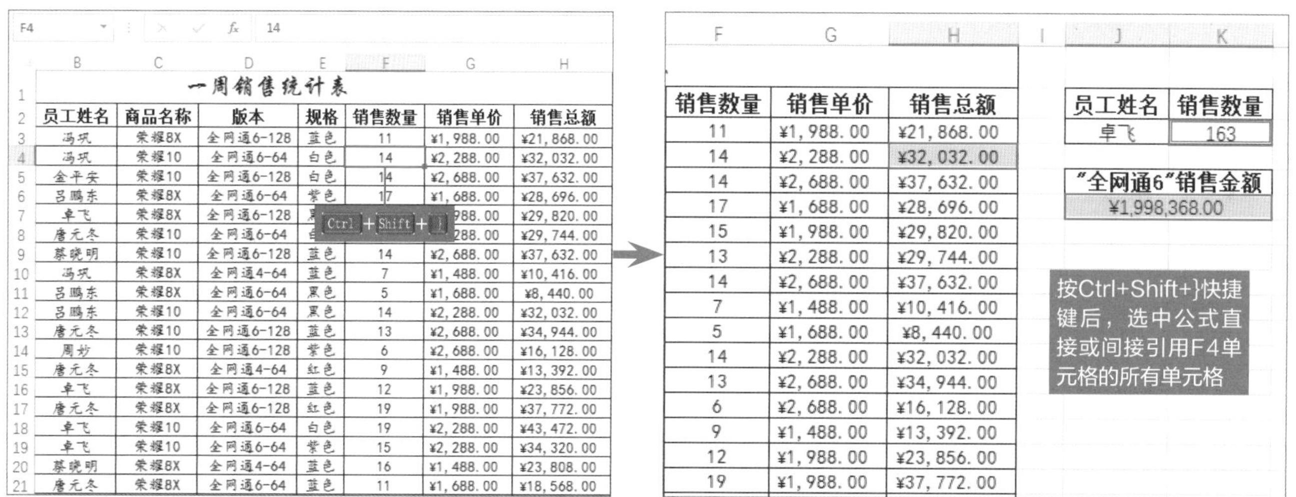

图9　在工作表中选中F4单元格，然后按“Ctrl+Shift+}”组合键，即可选中H4、K3和J6单元格。因为J6单元格中公式引用H列的数据，而H列中公式包含F列的数据

●快速输入指定的文本

一周销售统计表					
		日期：	2019年4月2日		时间：
员工姓名	商品名称	版本	规格	销售数量	销售单价
冯巩	荣耀8X	全网通6-128	蓝色		¥1,988.00
冯巩	荣耀10	全网通6-64	白色		¥2,288.00
金平安	荣耀10	全网通6-128	白色	14	¥2,688.00
吕鹏东	荣耀8X	全网通6-64	紫色	17	¥1,688.00
卓飞	荣耀8X	全网通6-128	黑色	15	¥1,988.00
唐元冬	荣耀10	全网通6-64	白色	13	¥2,288.00
蔡晓明	荣耀10	全网通6-128	蓝色	14	¥2,688.00
冯巩	荣耀8X	全网通4-64	蓝色	7	¥1,488.00
吕鹏东	荣耀8X	全网通6-64	黑色	5	¥1,688.00
吕鹏东	荣耀10	全网通6-64	黑色	14	¥2,288.00
唐元冬	荣耀10	全网通6-128	蓝色	13	¥2,688.00

Ctrl + ;

图10　如果需要在工作表中输入当前日期时，可按“Ctrl+;”快捷键，即可在选中的工作表中显示日期

一周销售统计表				
日期：	2019年4月2日		时间：	14:41
版本	规格	销售数量	销售单价	销售总额
全网通6-128	蓝色	11	¥1,988.00	
全网通6-64	白色	14	¥2,288.00	
全网通6-128	白色	14	¥2,688.00	¥37,632.00
全网通6-64	紫色	17	¥1,688.00	¥28,696.00
全网通6-128	黑色	15	¥1,988.00	¥29,820.00
全网通6-64	白色	13	¥2,288.00	¥29,744.00
全网通6-128	蓝色	14	¥2,688.00	¥37,632.00
全网通4-64	蓝色	7	¥1,488.00	¥10,416.00
全网通6-64	黑色	5	¥1,688.00	¥8,440.00
全网通6-64	黑色	14	¥2,288.00	¥32,032.00
全网通6-128	蓝色	13	¥2,688.00	¥34,944.00
全网通6-128	紫色	6	¥2,688.00	¥16,128.00

Ctrl + Shift + ;

图11　选择H2单元格，然后按“Ctrl+Shift+;”快捷键，即可快速输入当前时间

3	日期	员工姓名	商品名称	版本
79	2019年3月17日	卓飞	荣耀8X	全网通4-64
80	2019年3月17日	冯巩	荣耀8X	全网通4-64
81	2019年3月17日	周妙	荣耀8X	全网通6-64
82	2019年3月17日	卓飞	荣耀8X	全网通6-64
83	2019年3月17日	周妙	荣耀10	全网通6-64
84	2019年3月17日	唐元冬	荣耀10	全网通6-128
85	2019年3月17日	周妙	荣耀10	全网通6-128
86	2019年3月17日	吕鹏东	荣耀8X	全网通6-64
87	2019年3月17日	冯巩	荣耀8X	全网通6-128
88	2019年3月17日	卓飞	荣耀10	全网通6-64
89	2019年3月17日	冯巩	荣耀10	全网通6-128
90	2019年3月17日	金平安	荣耀10	全网通6-128
91	2019年3月17日	卓飞	荣耀8X	全网通6-64
92				
93				
94				
95				
96				
97				

Ctrl+D

3	日期	员工姓名	商品名称	版本
79	2019年3月17日	卓飞	荣耀8X	全网通4-64
80	2019年3月17日	冯巩	荣耀8X	全网通4-64
81	2019年3月17日	周妙	荣耀8X	全网通6-64
82	2019年3月17日	卓飞	荣耀8X	全网通6-64
83	2019年3月17日	周妙	荣耀10	全网通6-64
84	2019年3月17日	唐元冬	荣耀10	全网通6-128
85	2019年3月17日	周妙	荣耀10	全网通6-128
86	2019年3月17日	吕鹏东	荣耀8X	全网通6-64
87	2019年3月17日	冯巩	荣耀8X	全网通6-128
88	2019年3月17日	卓飞	荣耀10	全网通6-64
89	2019年3月17日	冯巩	荣耀10	全网通6-128
90	2019年3月17日	金平安	荣耀10	全网通6-128
91	2019年3月17日	卓飞	荣耀8X	全网通6-64
92	2019年3月17日			
93	2019年3月17日			
94	2019年3月17日			
95	2019年3月17日			
96	2019年3月17日			
97	2019年3月17日			

选中的单元格区域内显示最上方单元格内的信息

图12 选中A91:A97单元格区域，然后再按“Ctrl+D”快捷键，则在A92:A97单元格区域中显示A91单元格中的内容。根据相同的方法用户可以合理使用Ctrl+R快捷键向右填充相关数据

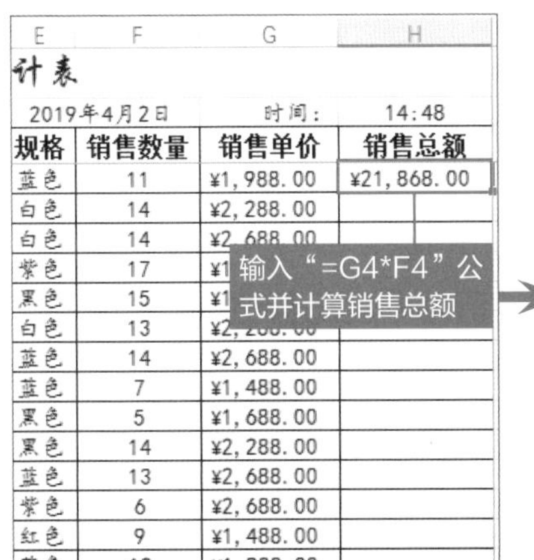

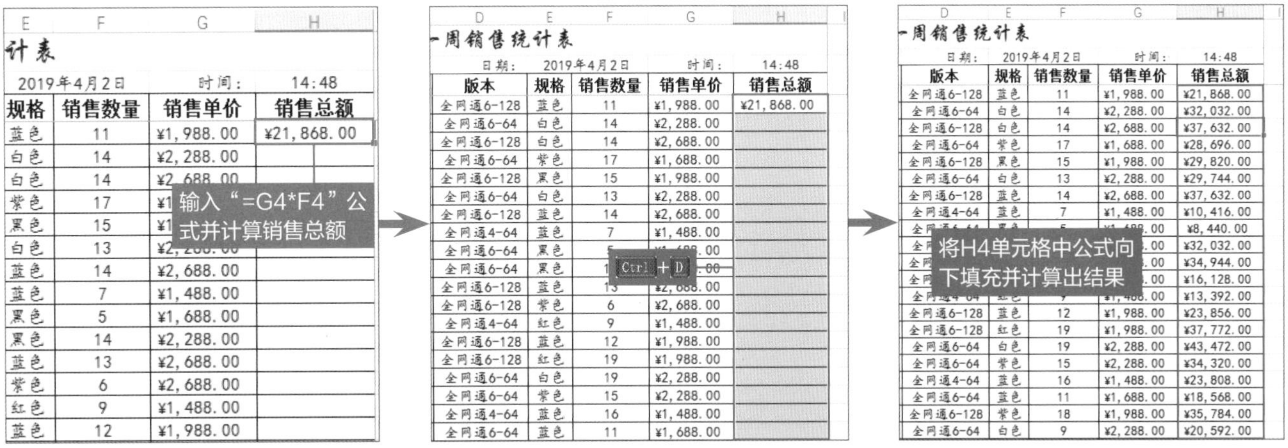

计表

日期：2019年4月2日 时间：14:48

规格	销售数量	销售单价	销售总额
蓝色	11	¥1,988.00	¥21,868.00
白色	14	¥2,288.00	
白色	14	¥2,688.00	
紫色	17	¥1[illegible]	
黑色	15	¥1[illegible]	
白色	13	¥2,[illegible]	
蓝色	14	¥2,688.00	
蓝色	7	¥1,488.00	
黑色	5	¥1,688.00	
黑色	14	¥2,288.00	
蓝色	13	¥2,688.00	
紫色	6	¥2,688.00	
红色	9	¥1,488.00	
蓝色	12	¥1,988.00	

一周销售统计表

日期：2019年4月2日 时间：14:48

版本	规格	销售数量	销售单价	销售总额
全网通6-128	蓝色	11	¥1,988.00	¥21,868.00
全网通6-64	白色	14	¥2,288.00	
全网通6-128	白色	14	¥2,688.00	
全网通6-64	紫色	17	¥1,688.00	
全网通6-128	黑色	15	¥1,988.00	
全网通6-64	白色	13	¥2,288.00	
全网通6-128	蓝色	14	¥2,688.00	
全网通4-64	蓝色	7	¥1,488.00	
全网通6-64	黑色	[illegible]	[illegible].00	
全网通6-64	黑色	1[illegible]	[illegible].00	
全网通6-128	蓝色	[illegible]	[illegible].00	
全网通6-128	紫色	6	¥2,688.00	
全网通4-64	红色	9	¥1,488.00	
全网通6-128	蓝色	12	¥1,988.00	
全网通6-128	红色	19	¥1,988.00	
全网通6-64	白色	19	¥2,288.00	
全网通6-64	紫色	15	¥2,288.00	
全网通4-64	蓝色	16	¥1,488.00	
全网通6-64	蓝色	11	¥1,688.00	

Ctrl+D

一周销售统计表

日期：2019年4月2日 时间：14:48

版本	规格	销售数量	销售单价	销售总额
全网通6-128	蓝色	11	¥1,988.00	¥21,868.00
全网通6-64	白色	14	¥2,288.00	¥32,032.00
全网通6-128	白色	14	¥2,688.00	¥37,632.00
全网通6-64	紫色	17	¥1,688.00	¥28,696.00
全网通6-128	黑色	15	¥1,988.00	¥29,820.00
全网通6-64	白色	13	¥2,288.00	¥29,744.00
全网通6-128	蓝色	14	¥2,688.00	¥37,632.00
全网通4-64	蓝色	7	¥1,488.00	¥10,416.00
[illegible]	[illegible]	[illegible]	[illegible].00	¥8,440.00
[illegible]	[illegible]	[illegible]	[illegible].00	¥32,032.00
[illegible]	[illegible]	[illegible]	[illegible].00	¥34,944.00
[illegible]	[illegible]	[illegible]	[illegible].00	¥16,128.00
[illegible]	[illegible]	[illegible]	[illegible].00	¥13,392.00
全网通6-128	蓝色	12	¥1,988.00	¥23,856.00
全网通6-128	红色	19	¥1,988.00	¥37,772.00
全网通6-64	白色	19	¥2,288.00	¥43,472.00
全网通6-64	紫色	15	¥2,288.00	¥34,320.00
全网通4-64	蓝色	16	¥1,488.00	¥23,808.00
全网通6-64	蓝色	11	¥1,688.00	¥18,568.00
全网通6-128	紫色	18	¥1,988.00	¥35,784.00
全网通6-64	白色	9	¥2,288.00	¥20,592.00

将H4单元格中公式向下填充并计算出结果

图13 按“Ctrl+D”快捷键除了可以向下填充外，还可以填充计算公式。如在H4单元格中输入公式并按Enter键计算，然后选择H4:H91单元格区域，按“Ctrl+D”快捷键即可完成公式向下填充

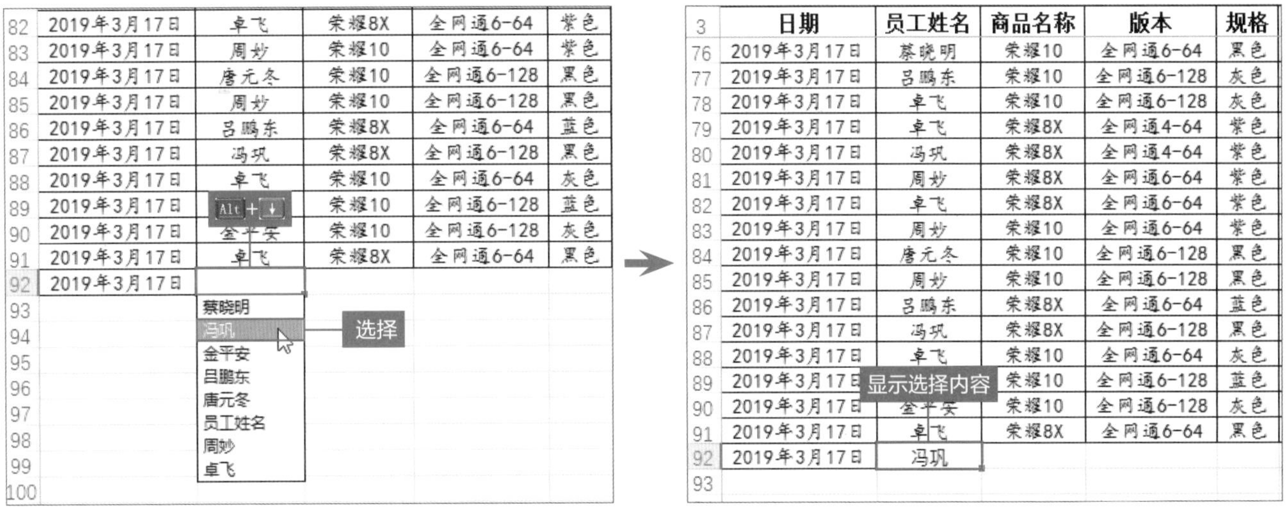

82	2019年3月17日	卓飞	荣耀8X	全网通6-64	紫色
83	2019年3月17日	周妙	荣耀10	全网通6-64	紫色
84	2019年3月17日	唐元冬	荣耀10	全网通6-128	黑色
85	2019年3月17日	周妙	荣耀10	全网通6-128	黑色
86	2019年3月17日	吕鹏东	荣耀8X	全网通6-64	蓝色
87	2019年3月17日	冯巩	荣耀8X	全网通6-128	黑色
88	2019年3月17日	卓飞	荣耀10	全网通6-64	灰色
89	2019年3月17日	[illegible]	荣耀10	全网通6-128	蓝色
90	2019年3月17日	金平安	荣耀10	全网通6-128	灰色
91	2019年3月17日	卓飞	荣耀8X	全网通6-64	黑色
92	2019年3月17日				

Alt+↓

蔡晓明
冯巩
金平安
吕鹏东
唐元冬
员工姓名
周妙
卓飞

选择

3	日期	员工姓名	商品名称	版本	规格
76	2019年3月17日	蔡晓明	荣耀10	全网通6-64	黑色
77	2019年3月17日	吕鹏东	荣耀10	全网通6-128	灰色
78	2019年3月17日	卓飞	荣耀10	全网通6-128	灰色
79	2019年3月17日	卓飞	荣耀8X	全网通4-64	紫色
80	2019年3月17日	冯巩	荣耀8X	全网通4-64	紫色
81	2019年3月17日	周妙	荣耀8X	全网通6-64	紫色
82	2019年3月17日	卓飞	荣耀8X	全网通6-64	紫色
83	2019年3月17日	周妙	荣耀10	全网通6-64	紫色
84	2019年3月17日	唐元冬	荣耀10	全网通6-128	黑色
85	2019年3月17日	周妙	荣耀10	全网通6-128	黑色
86	2019年3月17日	吕鹏东	荣耀8X	全网通6-64	蓝色
87	2019年3月17日	冯巩	荣耀8X	全网通6-128	黑色
88	2019年3月17日	卓飞	荣耀10	全网通6-64	灰色
89	2019年3月17日	[illegible]	荣耀10	全网通6-128	蓝色
90	2019年3月17日	[illegible]	荣耀10	全网通6-128	灰色
91	2019年3月17日	卓飞	荣耀8X	全网通6-64	黑色
92	2019年3月17日	冯巩			
93					

显示选择内容

图14 如果用户想在单元格中输入该列已输入过的数据时，则先选中单元格，然后再按“Alt+↓”快捷键，即可创建下拉列表。在列表中会显示该列所有不重复的数据，用户选出需要输入的数据即可。此快捷键只适合该列中的文本数据，对于数值和日期等格式数据无效

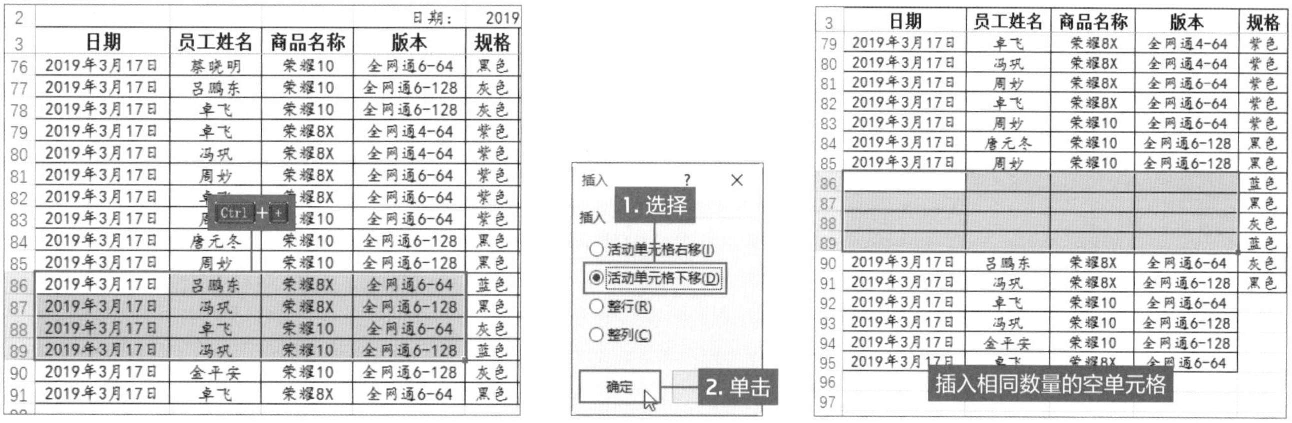

	日期	员工姓名	商品名称	版本	规格
2				日期：	2019
76	2019年3月17日	蔡晓明	荣耀10	全网通6-64	黑色
77	2019年3月17日	吕鹏东	荣耀10	全网通6-128	灰色
78	2019年3月17日	卓飞	荣耀10	全网通6-128	灰色
79	2019年3月17日	卓飞	荣耀8X	全网通4-64	紫色
80	2019年3月17日	冯巩	荣耀8X	全网通4-64	紫色
81	2019年3月17日	周妙	荣耀8X	全网通6-64	紫色
82	2019年3月17日	[illegible]	荣耀8X	全网通6-64	紫色
83	2019年3月17日	[illegible]	荣耀10	全网通6-64	紫色
84	2019年3月17日	唐元冬	荣耀10	全网通6-128	黑色
85	2019年3月17日	周妙	荣耀10	全网通6-128	黑色
86	2019年3月17日	吕鹏东	荣耀8X	全网通6-64	蓝色
87	2019年3月17日	冯巩	荣耀8X	全网通6-128	黑色
88	2019年3月17日	卓飞	荣耀10	全网通6-64	灰色
89	2019年3月17日	冯巩	荣耀10	全网通6-128	蓝色
90	2019年3月17日	金平安	荣耀10	全网通6-128	灰色
91	2019年3月17日	卓飞	荣耀8X	全网通6-64	黑色

Ctrl + +

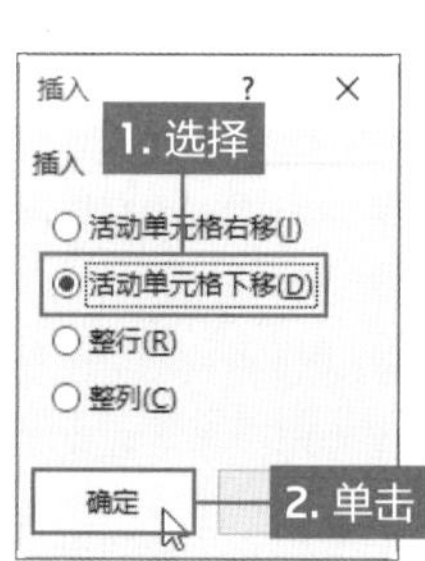

3	日期	员工姓名	商品名称	版本	规格
79	2019年3月17日	卓飞	荣耀8X	全网通4-64	紫色
80	2019年3月17日	冯巩	荣耀8X	全网通4-64	紫色
81	2019年3月17日	周妙	荣耀8X	全网通6-64	紫色
82	2019年3月17日	卓飞	荣耀8X	全网通6-64	紫色
83	2019年3月17日	周妙	荣耀10	全网通6-64	紫色
84	2019年3月17日	唐元冬	荣耀10	全网通6-128	黑色
85	2019年3月17日	周妙	荣耀10	全网通6-128	黑色
86					蓝色
87					黑色
88					灰色
89					蓝色
90	2019年3月17日	吕鹏东	荣耀8X	全网通6-64	灰色
91	2019年3月17日	冯巩	荣耀8X	全网通6-128	黑色
92	2019年3月17日	卓飞	荣耀10	全网通6-64	
93	2019年3月17日	冯巩	荣耀10	全网通6-128	
94	2019年3月17日	金平安	荣耀10	全网通6-128	
95	2019年3月17日	卓飞	荣耀8X	全网通6-64	
96					
97					

插入相同数量的空单元格

图15 在表格中选中A86:D89单元格区域，然后按“Ctrl++”快捷键，在打开的“插入”对话框中，选择“活动单元格下移”单选按钮，单击“确定”按钮后。即可在原单元格区域插入相同数量的单元格区域，而原单元格区域向下移动

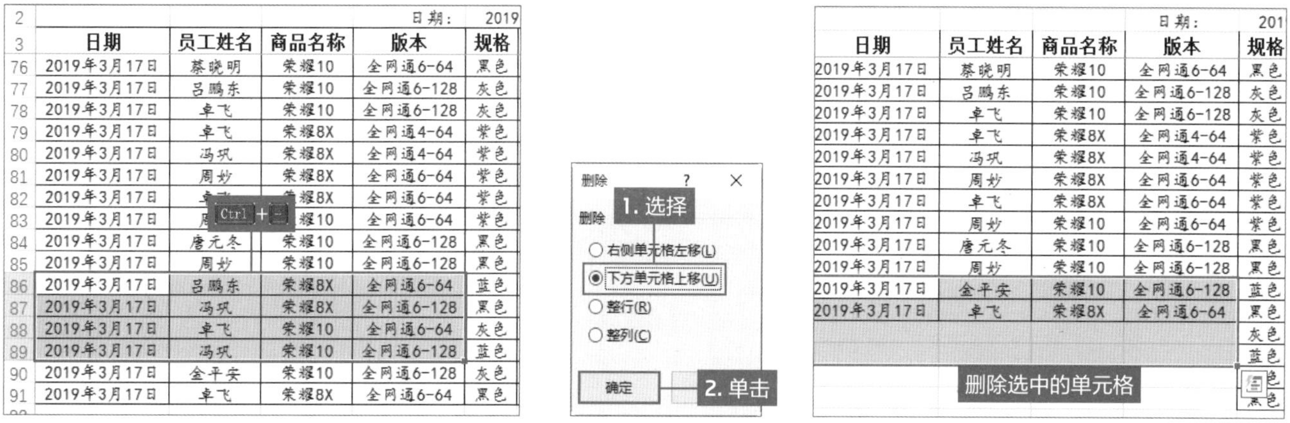

	日期	员工姓名	商品名称	版本	规格
2				日期：	2019
76	2019年3月17日	蔡晓明	荣耀10	全网通6-64	黑色
77	2019年3月17日	吕鹏东	荣耀10	全网通6-128	灰色
78	2019年3月17日	卓飞	荣耀10	全网通6-128	灰色
79	2019年3月17日	卓飞	荣耀8X	全网通4-64	紫色
80	2019年3月17日	冯巩	荣耀8X	全网通4-64	紫色
81	2019年3月17日	周妙	荣耀8X	全网通6-64	紫色
82	2019年3月17日	[illegible]	荣耀8X	全网通6-64	紫色
83	2019年3月17日	[illegible]	荣耀10	全网通6-64	紫色
84	2019年3月17日	唐元冬	荣耀10	全网通6-128	黑色
85	2019年3月17日	周妙	荣耀10	全网通6-128	黑色
86	2019年3月17日	吕鹏东	荣耀8X	全网通6-64	蓝色
87	2019年3月17日	冯巩	荣耀8X	全网通6-128	黑色
88	2019年3月17日	卓飞	荣耀10	全网通6-64	灰色
89	2019年3月17日	冯巩	荣耀10	全网通6-128	蓝色
90	2019年3月17日	金平安	荣耀10	全网通6-128	灰色
91	2019年3月17日	卓飞	荣耀8X	全网通6-64	黑色

Ctrl + -

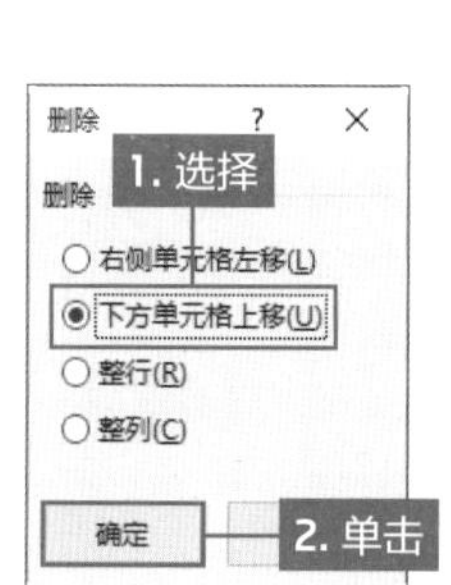

日期	员工姓名	商品名称	版本	规格
			日期：	201
2019年3月17日	蔡晓明	荣耀10	全网通6-64	黑色
2019年3月17日	吕鹏东	荣耀10	全网通6-128	灰色
2019年3月17日	卓飞	荣耀10	全网通6-128	灰色
2019年3月17日	卓飞	荣耀8X	全网通4-64	紫色
2019年3月17日	冯巩	荣耀8X	全网通4-64	紫色
2019年3月17日	周妙	荣耀8X	全网通6-64	紫色
2019年3月17日	卓飞	荣耀8X	全网通6-64	紫色
2019年3月17日	周妙	荣耀10	全网通6-64	紫色
2019年3月17日	唐元冬	荣耀10	全网通6-128	黑色
2019年3月17日	周妙	荣耀10	全网通6-128	黑色
2019年3月17日	金平安	荣耀10	全网通6-128	蓝色
2019年3月17日	卓飞	荣耀8X	全网通6-64	黑色
				灰色
				蓝色

删除选中的单元格

图16 在表格中选中A86:D89单元格区域，然后按Ctrl+-快捷键，打开“删除”对话框，选中“下方单元格上移”单选按钮，单击“确定”按钮。即可删除选中的单元格区域，而下方单元格会向下移动

●快速输入指定的文本

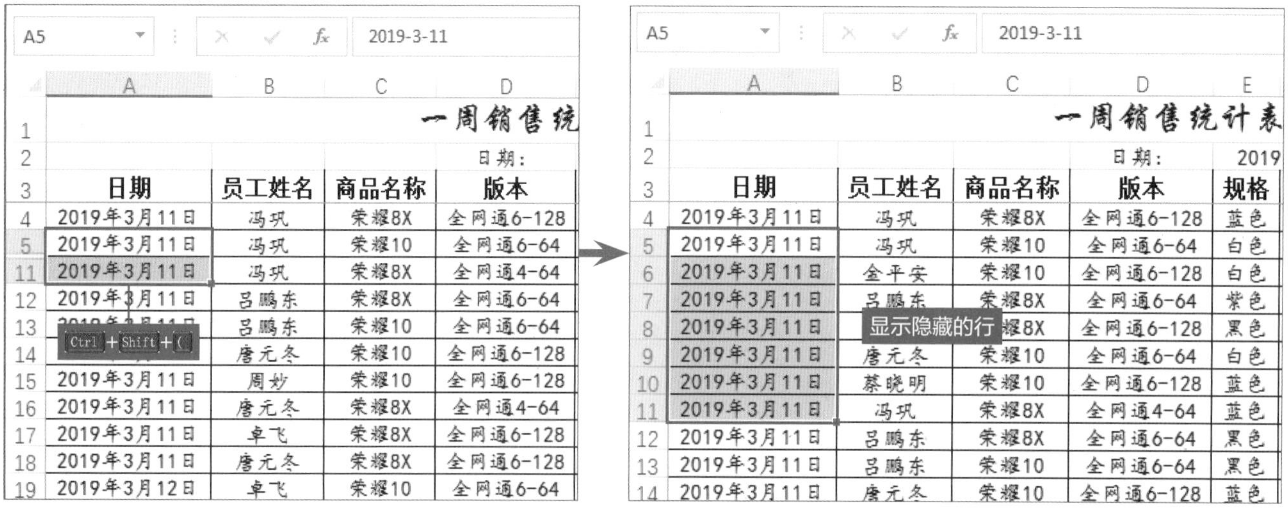

A5 | 2019-3-11

	A	B	C	D
1	一周销售统			
2				日期：
3	日期	员工姓名	商品名称	版本
4	2019年3月11日	冯巩	荣耀8X	全网通6-128
5	2019年3月11日	冯巩	荣耀10	全网通6-64
11	2019年3月11日	冯巩	荣耀8X	全网通4-64
12	2019年3月11日	吕鹏东	荣耀8X	全网通6-64
13	[illegible]	吕鹏东	荣耀10	全网通6-64
14	[illegible]	唐元冬	荣耀10	全网通6-128
15	2019年3月11日	周妙	荣耀10	全网通6-128
16	2019年3月11日	唐元冬	荣耀8X	全网通4-64
17	2019年3月11日	卓飞	荣耀8X	全网通6-128
18	2019年3月11日	唐元冬	荣耀8X	全网通6-128
19	2019年3月12日	卓飞	荣耀10	全网通6-64

Ctrl + Shift + (

A5 | 2019-3-11

	A	B	C	D	E
1	一周销售统计表				
2				日期：	2019
3	日期	员工姓名	商品名称	版本	规格
4	2019年3月11日	冯巩	荣耀8X	全网通6-128	蓝色
5	2019年3月11日	冯巩	荣耀10	全网通6-64	白色
6	2019年3月11日	金平安	荣耀10	全网通6-128	白色
7	2019年3月11日	吕鹏东	荣耀8X	全网通6-64	紫色
8	2019年3月11日	[illegible]	荣耀8X	全网通6-128	黑色
9	2019年3月11日	唐元冬	荣耀10	全网通6-64	白色
10	2019年3月11日	蔡晓明	荣耀10	全网通6-128	蓝色
11	2019年3月11日	冯巩	荣耀8X	全网通4-64	蓝色
12	2019年3月11日	吕鹏东	荣耀8X	全网通6-64	黑色
13	2019年3月11日	吕鹏东	荣耀10	全网通6-64	黑色
14	2019年3月11日	唐元冬	荣耀10	全网通6-128	蓝色

显示隐藏的行

图17 在表格中隐藏了从第6行到第10行的内容，选中A5:A11单元格区域，按Ctrl+Shift+快捷键，即可显示隐藏的内容

自动输入系列数据

使用Excel工作表时，输入数据是最基本的操作之一。
对于有规律的数据，用户可以用更便捷的方法输入，
如系列数据、相同的数据等，可以提高用户的工作效率。

●通过拖曳快速创建数据

编号	星期	开始时间	结束时间	讲座内容	教室	讲师
A	星期一	14:20	15:40	函数应用1	1	
B	星期二	15:20	16:40	图表应用1	3	
C	星期三	16:20	17:40	函数应用2	1	
D						
E						

编号	星期	开始时间	结束时间	讲座内容	教室	讲师
A	星期一	14:20	15:40	函数应用1	1	
B	星期二	15:20	16:40	1	3	
C	星期三	16:20	17:40	2	1	
D	星期四	17:20	18:40	2	3	
E	星期五	18:20	19:40	3	1	

拖曳填充让数据更便捷~

图1 在使用Excel处理数据时，首先要输入数据，这一步骤也是很费时费力的。对于一些有规律的数据输入，可以采用各种不同的方法，通过简单的拖曳就可以快速输入。学习完本部分知识后，还需要读者在工作和生活中熟练这些技巧，提高Excel的使用效率

“自动填充”是一个或多个单元格且基于一定规则，能够简单、快速、准确地将一系列数据输入到目标单元格内的功能（图1）。下面以计算讲座安排表为例，介绍“自动填充”的用法（图2）。

在单元格中输入数据后，选中单元格区域，拖曳右下角的填充柄，数据会以相同的间隔显示。自动输入规则的数据，拖曳填充柄时，如果按住Ctrl键，其填充数据的结果是不同的，有的可以复制选中的数据、有的可以填充数据（图3-图16）。

此外，还可以根据需要设置自动填充的数据，在单元格中输入部分内容，然后拖曳即可快速填充相关数据。也可以在工作表中将多个单元格的数据进行快速组合，在一个单元格中显示内容（图17-图20）。

处理各种有规则的数据

	A	B	C	D	E	F	G
1	计算机讲座安排表						
2							
3	编号	星期	开始时间	结束时间	讲座内容	教室	讲师
4	A	星期一	14:00	16:00	函数应用1	第1教室	李雨燕
5	B	星期二	15:00	17:00	图表应用1	第3教室	张强
6	C	星期三	16:00	18:00	函数应用2	第1教室	李雨燕
7	D	星期四	17:00	19:00	图表应用2	第3教室	张强
8	E	星期五	18:00	20:00	函数应用3	第1教室	李雨燕

图2　这里使用的案例是计算机讲座安排表。周一到周五每天开设一节计算相关的培训课程，并由两个讲师担任。通过制作安排表，介绍自动填充的便捷方法

将字符串复制到一系列单元格中

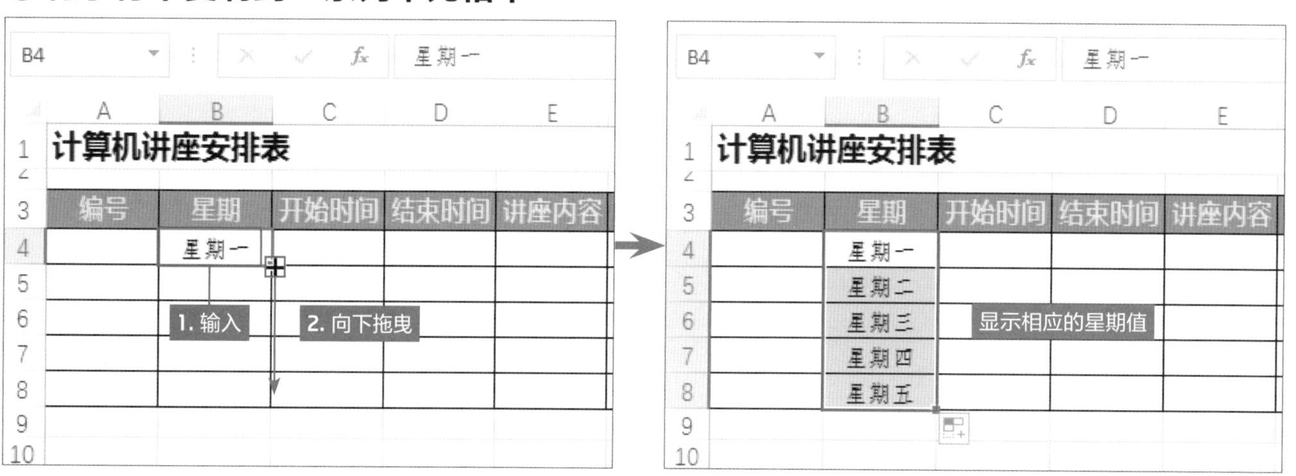

图3　在B4单元格中输入“星期一”文本，然后选中该单元格，拖曳右下角填充柄向下到B8单元格。释放鼠标左键，可见表中依次显示星期一到星期五

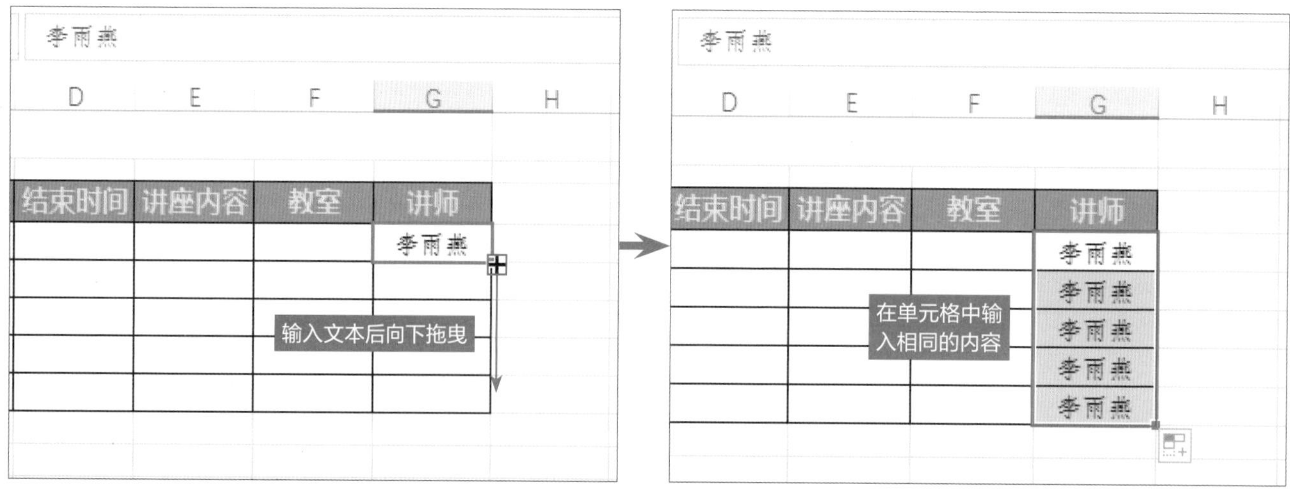

图4　如果在一系列单元格中输入相同的内容，可通过填充的方法实现。在G4单元格中输入讲师的姓名“李雨燕”，然后拖曳该单元格的填充柄向下到G8单元格，可见选中的单元格中均已输入“李雨燕”

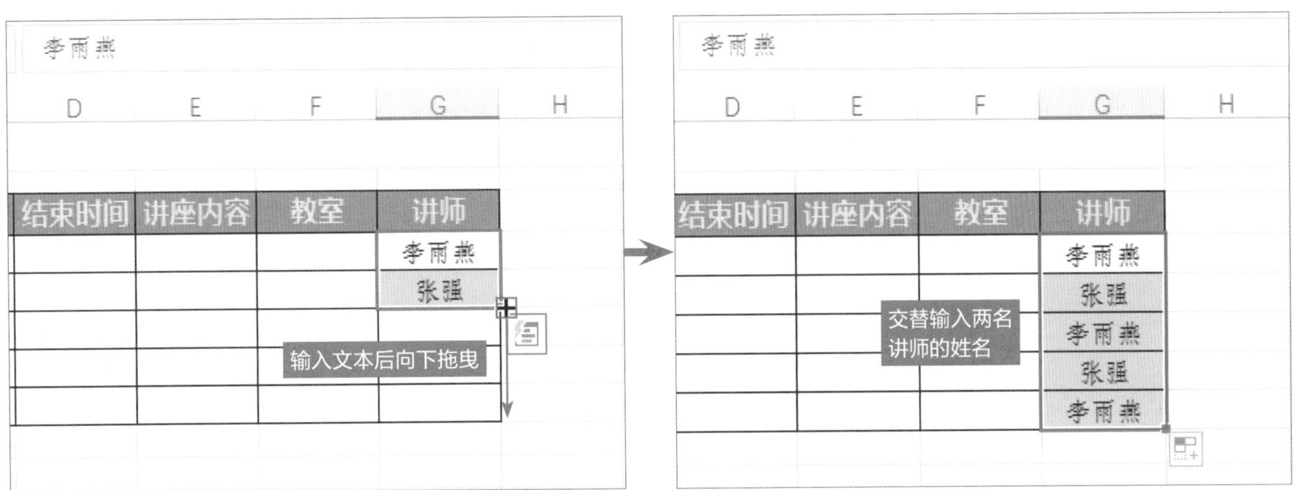

图5 在G4单元格中输入“李雨燕”，在G5单元格中输入“张强”，然后选中G4:G5单元格区域，拖曳填充柄至G8单元格，则该区域交替输入两位讲师的姓名

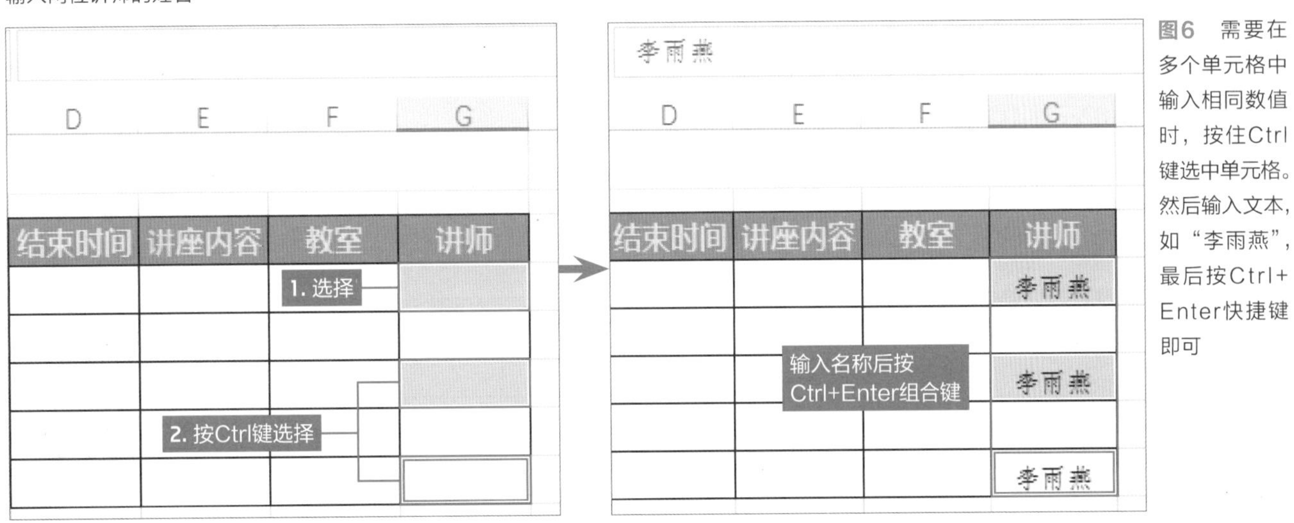

图6 需要在多个单元格中输入相同数值时，按住Ctrl键选中单元格。然后输入文本，如“李雨燕”，最后按Ctrl+Enter快捷键即可

●自动输入一系列数值

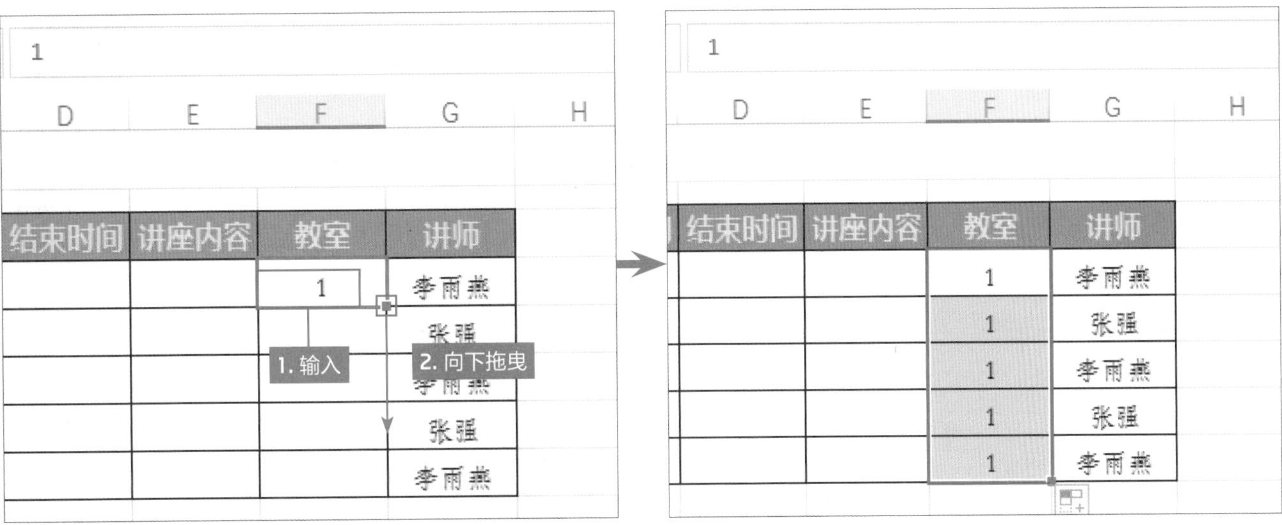

图7 在F4单元格输入数字1，表示第1教室，然后拖曳该单元格的填充柄向下至F8单元格。即可在该单元格区域中显示数字1

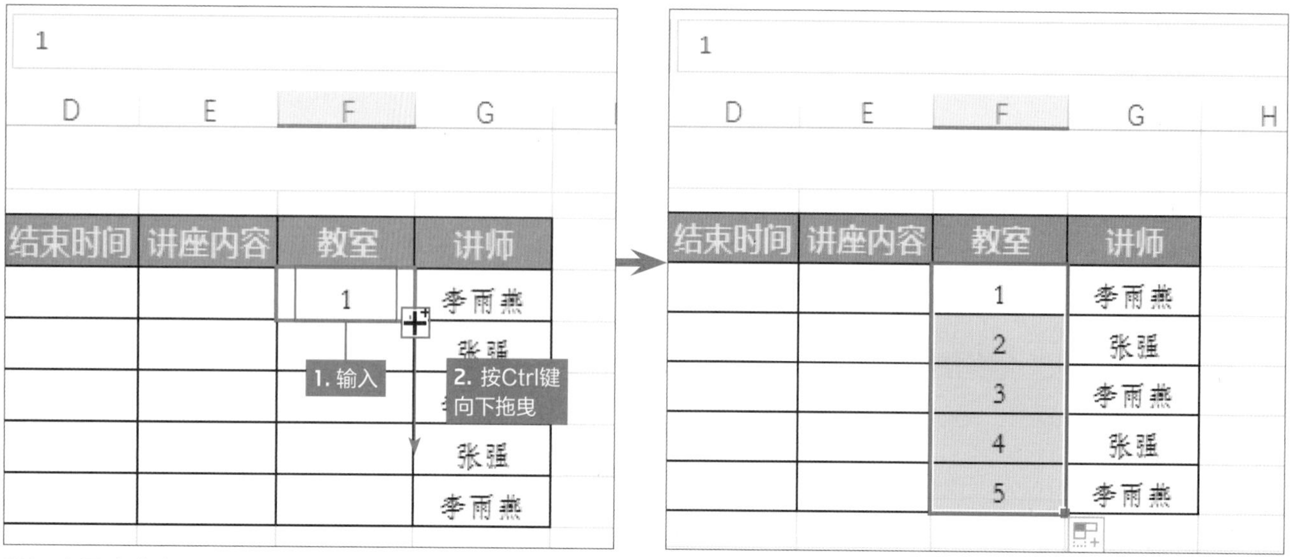

图8 在图7操作中，如果拖填充柄的同时再按住Ctrl键，光标右上角会显示小加号状图标，则会在单元格中输入等差为1的递增数字，即从1输入到5

●输入两个单元格中差值递增的数值

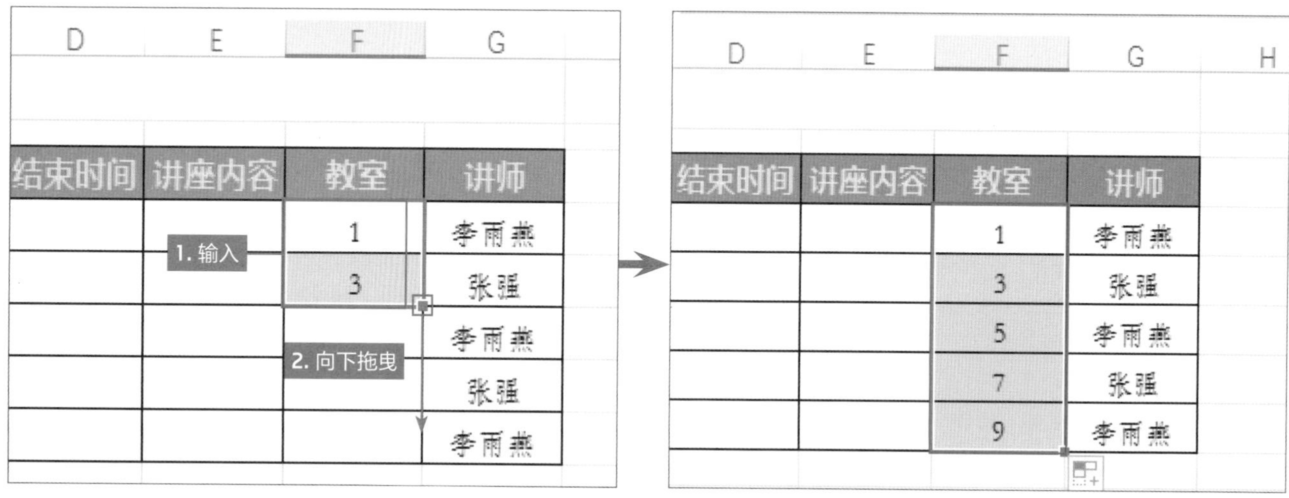

图9 分别在F4和F5单元格中输入数字1和3，然后选中F4:F5单元格区域，向下拖曳填充柄至F8单元格。即可在该单元格区域中输入以等差为2的递增数字

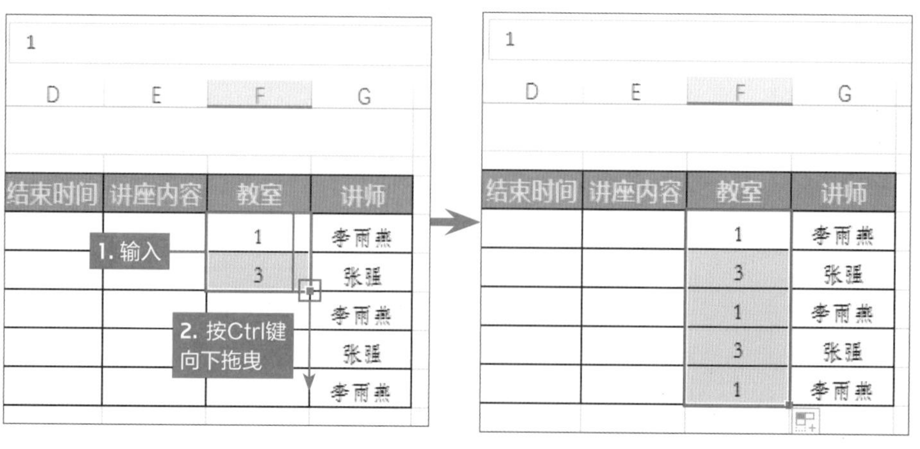

图10 在图9的操作中如果拖曳填充的同时按住Ctrl键。则在单元格区域中会依次显示数字1和3，和输入讲师姓名的效果一样

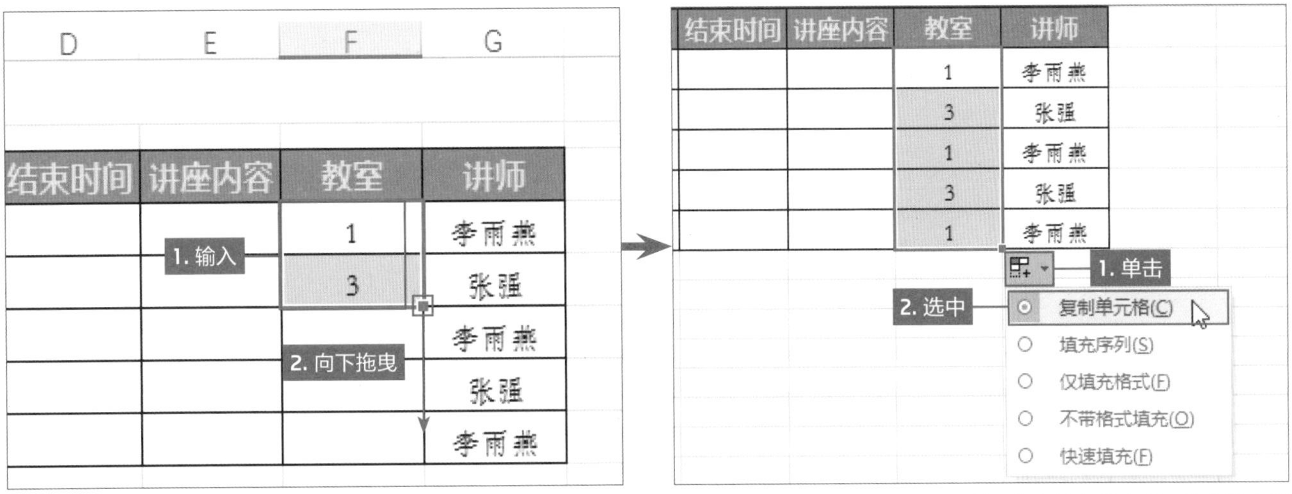

图11　要实现两个单元格的数据交替输入，除了上述方法外，用户还可以设置自动填充的格式。在两个单元格中输入数字后，拖曳填充柄到F8单元格，可见显示效果和图9一样。单击该单元格区域右下角的“自动填充选项”下三角按钮，在列表中选中“复制单元格”单选按钮即可

填充含有数字的字符

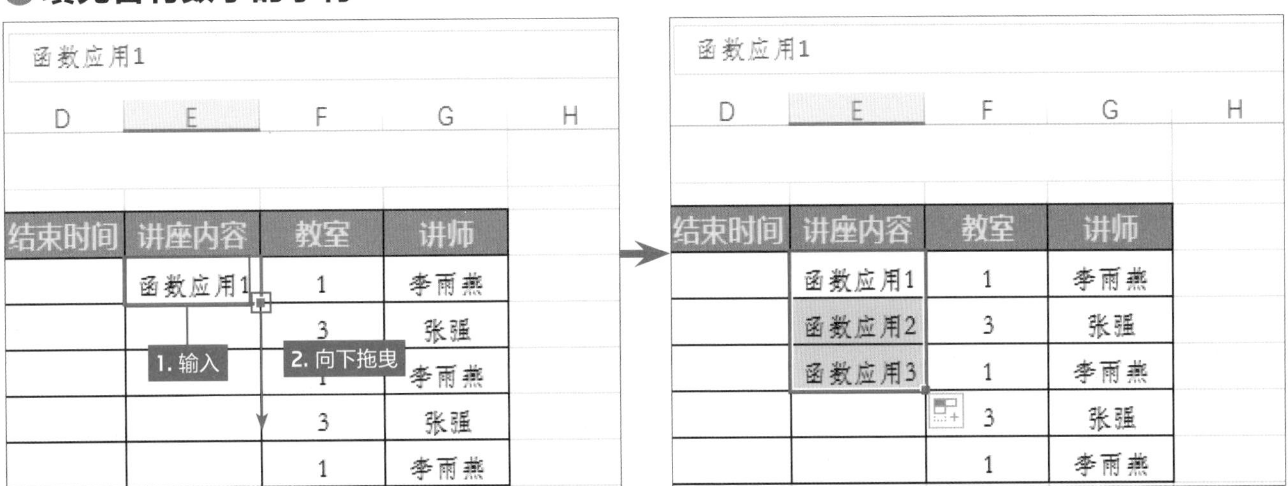

图12　对于包含数字的字符，在进行填充操作时，其数字部分也会递增显示。在E4单元格中输入“函数应用1”文本，向下填充至E6单元格时，则依次显示“函数应用2”和“函数应用3”文本

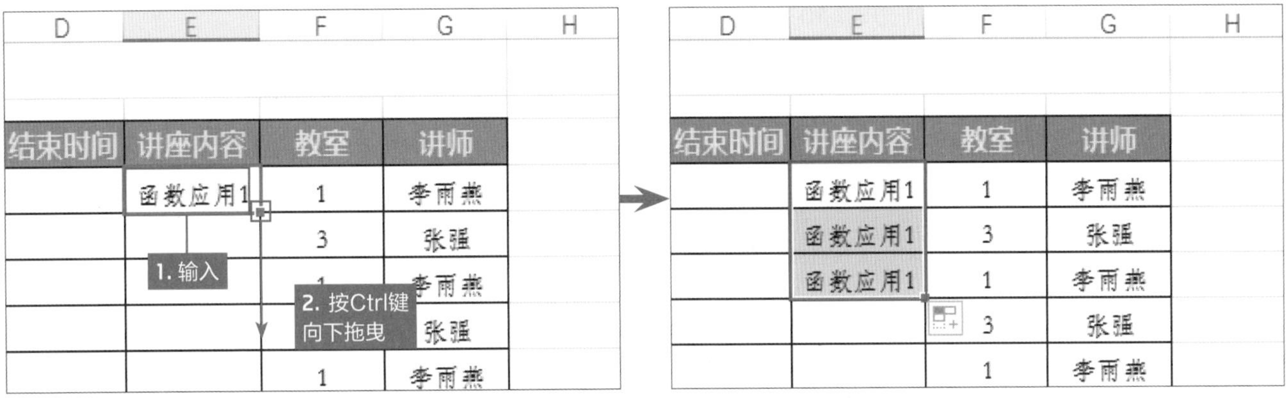

图13　如果不需要对数字部分进行序列填充，可以在拖曳时按住Ctrl键即可。本实例按Ctrl键的效果和图8中的效果差别很大，此处用户需要特别注意

结束时间	讲座内容	教室	讲师
	函数应用1	1	李雨燕
	图表应用1	3	张强
		1	李雨燕
		3	张强
		1	李雨燕

1. 输入　2. 向下拖曳

结束时间	讲座内容	教室	讲师
	函数应用1	1	李雨燕
	图表应用1	3	张强
	函数应用2	1	李雨燕
	图表应用2	3	张强
	函数应用3	1	李雨燕

图14　如果两个单元格中的字符部分不同，数字部分相同时，如在E4和E5单元格中分别输入“函数应用1”和“图表应用1”文本，向下拖曳填充柄时，根据字符部分相同的数字进行递增，而且是交替递增的

●时间按小时递增

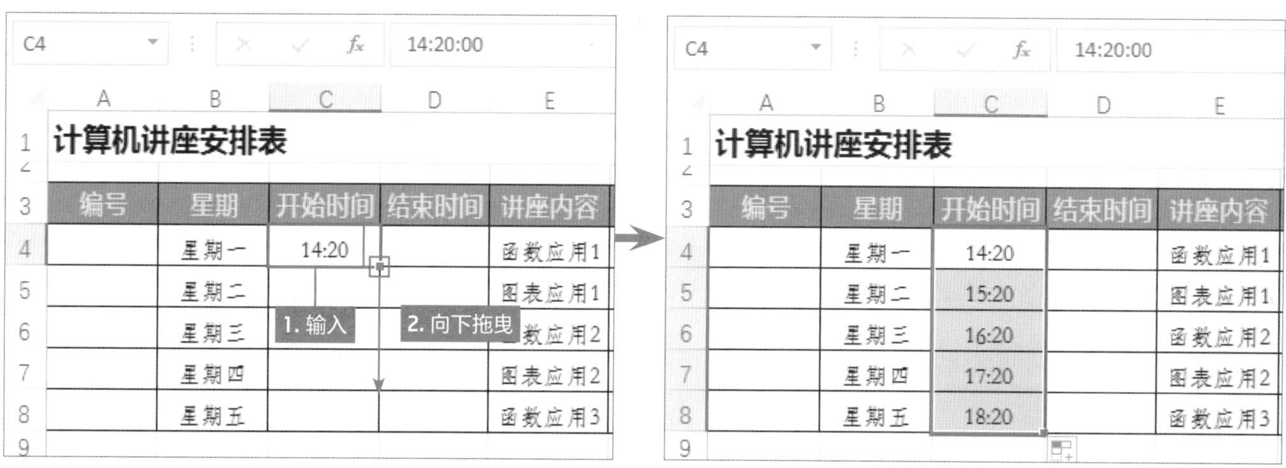

图15　对时间进行序列填充时，默认只对小时填充。在C4单元格中输入“14:20”，然后拖曳填充柄至C8单元格，可见小时以等差1递增，而分钟数值不变

●对于公式计算的数据进行填充

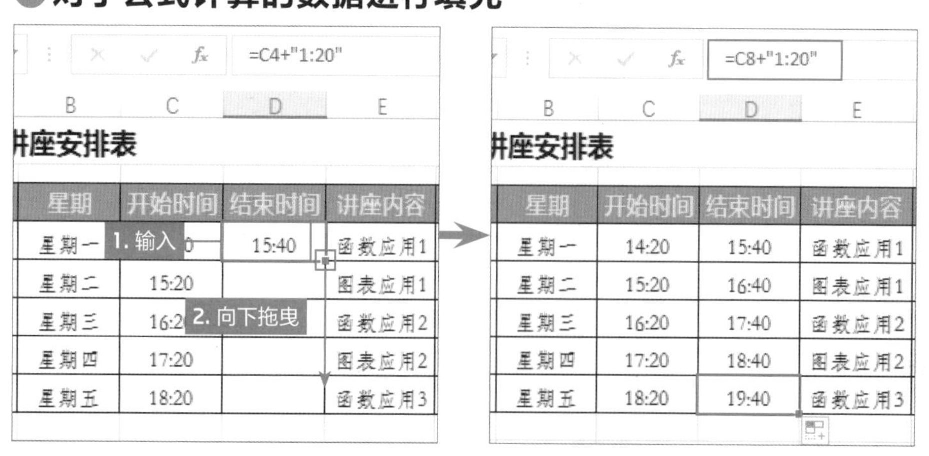

图16　在本案例中，每个讲座的时间均为1小时20分钟。在结束时间列应是开始时间加上讲座时间。在D4单元格中输入“=C4+"1:20"”公式，按Enter键进行计算，然后拖曳填充柄到D8单元格，即可计算出所有讲座的结束时间

自定义序列填充数据

图17 打开“Excel选项”对话框，选择“高级”选项，在右侧面板中单击“编辑自定义列表”按钮

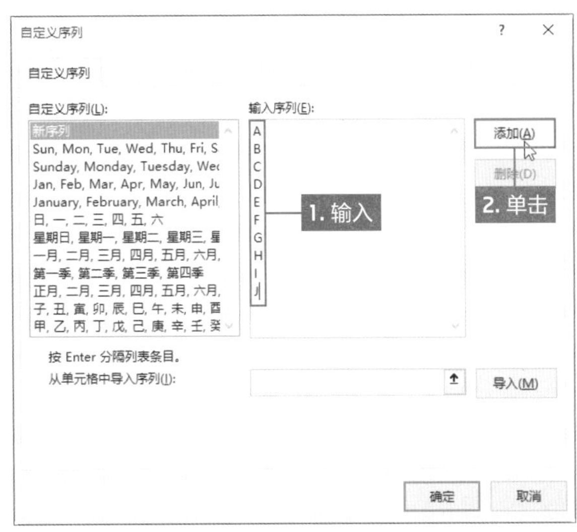

图18 打开“自定义序列”对话框，在“输入序列”列表中输入大写英文字母

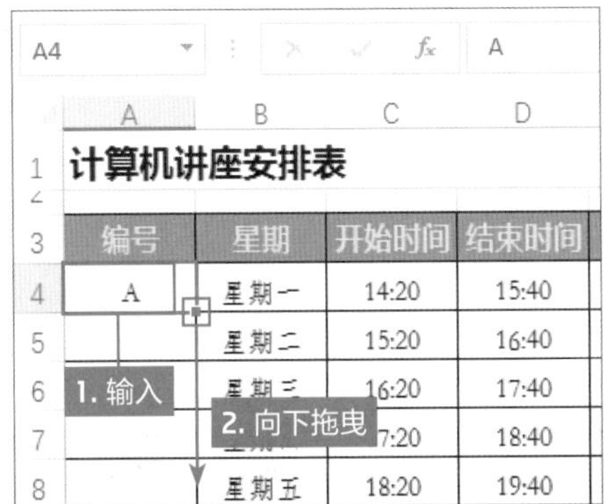

	A	B	C	D
1	计算机讲座安排表			
3	编号	星期	开始时间	结束时间
4	A	星期一	14:20	15:40
5	B	星期二	15:20	16:40
6	C	星期三	16:20	17:40
7	D	星期四	17:20	18:40
8	E	星期五	18:20	19:40

图19 自定义序列设置完成后，在A4单元格中输入字母A，然后拖曳填充柄到A8单元格，则在选中的单元格区域中依次显示A到E。如果不设置自定序列，则输入A后再填充是无法依次显示其字母的

自动合并两个单元格中的数据

	B	C	D	J	K	L	M	N
1	工实发工资表							
3	姓名	部门	职务	保险应扣	考勤	实发工资	奖励	
4	朱光济	行政部	经理	¥238.00	¥200.00	¥6,501.00	¥1,000.00	朱光济经理
5	焦鸿飞	行政部	职工	¥189.00	¥200.00	¥4,316.00	¥1,000.00	
6	赵海超	财务部	经理	¥238.00	(¥100.00)	¥6,050.00	¥1,000.00	
7	孙今秋	人事部	经理	¥238.00	(¥100.00)	¥5,246.00	¥1,000.00	
8	邹静	研发部	主管	¥256.00	¥0.00	¥6,985.00	¥1,000.00	
9	唐元冬	销售部	经理	¥238.00	¥200.00	¥6,048.00	¥1,000.00	
10	周妙	销售部	主管	¥256.00	¥200.00	¥5,827.00	¥1,000.00	
11	陈运鹏	财务部	主管	¥256.00	¥200.00	¥6,883.00	¥1,000.00	
12	杨宣枝	采购部	主管	¥256.00	¥200.00	¥6,029.00	¥1,000.00	
13	李晨然	采购部	职工	¥189.00	(¥100.00)	¥4,713.00	¥1,000.00	
14	吴明	财务部	职工	¥189.00	(¥100.00)	¥4,417.00	¥1,000.00	
15	吕鹏东	销售部	职工	¥189.00	¥200.00	¥4,215.00	¥1,000.00	
16	金平安	销售部	职工	¥189.00	¥0.00	¥4,517.00	¥1,000.00	
17	张泽洋	行政部	职工	¥189.00	¥200.00	¥5,170.00	¥1,000.00	
18	卓飞	销售部	职工	¥189.00	¥0.00	¥4,116.00	¥1,000.00	
19	周阳	研发部	经理	¥238.00	(¥100.00)	¥5,145.00	¥1,000.00	
20	蔡晓明	销售部	职工	¥189.00	¥200.00	¥4,215.00	¥1,000.00	

N5 焦鸿飞职工

输入并按Enter键

	B	C	D	J	K	L	M	N
1	工实发工资表							
3	姓名	部门	职务	保险应扣	考勤	实发工资	奖励	
4	朱光济	行政部	经理	¥238.00	¥200.00	¥6,501.00	¥1,000.00	朱光济经理
5	焦鸿飞	行政部	职工	¥189.00				焦鸿飞职工
6	赵海超	财务部	经理	¥238.00	(¥100.00)	¥6,050.00	¥1,000.00	赵海超经理
7	孙今秋	人事部	经理	¥238.00	(¥100.00)	¥5,246.00	¥1,000.00	孙今秋经理
8	邹静	研发部	主管	¥256.00	¥0.00	¥6,985.00	¥1,000.00	邹静主管
9	唐元冬	销售部	经理	¥238.00	¥200.00	¥6,048.00	¥1,000.00	唐元冬经理
10	周妙	销售部	主管	¥256.00	¥200.00	¥5,827.00	¥1,000.00	周妙主管
11	陈运鹏	财务部	主管	¥256.00	¥200.00	¥6,883.00	¥1,000.00	陈运鹏主管
12	杨宣枝	采购部	主管	¥256.00	¥200.00	¥6,029.00	¥1,000.00	杨宣枝主管
13	李晨然	采购部	职工	¥189.00	(¥100.00)	¥4,713.00	¥1,000.00	李晨然职工
14	吴明	财务部	职工	¥189.00	(¥100.00)	¥4,417.00	¥1,000.00	吴明职工
15	吕鹏东	销售部	职工	¥189.00	¥200.00	¥4,215.00	¥1,000.00	吕鹏东职工
16	金平安	销售部	职工	¥189.00	¥0.00	¥4,517.00	¥1,000.00	金平安职工
17	张泽洋	行政部	职工	¥189.00	¥200.00	¥5,170.00	¥1,000.00	张泽洋职工
18	卓飞	销售部	职工	¥189.00	¥0.00	¥4,116.00	¥1,000.00	卓飞职工
19	周阳	研发部	经理	¥238.00	(¥100.00)	¥5,145.00	¥1,000.00	周阳经理
20	蔡晓明	销售部	职工	¥189.00	¥200.00	¥4,215.00	¥1,000.00	蔡晓明职工

图20 如果需要快速将两个单元格中的内容合并在一起，如将员工姓名和职务合并。在N4单元格中输入“朱光济经理”，然后在N5单元格中输入下位员工的姓“焦”则自动显示所有员工姓名和职务，按Enter键即可

Part 3

扫码看视频

查找和替换功能的使用

如果需要在众多数据的单元格中查找某数据，使用“查找”功能。
要是在众多数据的单元格中替换某数据时，使用“替换”功能。
用户需要掌握“查找”和“替换”功能的基本用法。

●快速从众多数据中找到目标数据

客户名称	客户地址	联系电话	拜访事由	拜访结果	等级
伟业天地	海淀区浩海路71号	13920195863	维护客户	有意向再采购产品	A
源泰如美	北京朝阳国贸	18925620026	洽谈项目	签定合同	特A
长优金鑫	天津和平区	15698522254	技术支持	问题已经解决	B
浩海文化	重庆市沙坪区	14641421578	售后服务	产品正常	C
信安长林	海淀区号海路171号	13635381800	维护客户	有意向再采购产品	A
国辉电子	北京朝阳国贸	13916281712	洽谈项目	签定合同	特A
安宝文化	天津和平区	15240138308	技术支持	问题已经解决	B
鼎盛浩海	重庆市沙坪区	14534519508	售后服务	产品正常	C
协贸殷发	重庆市沙坪区	14126868743	维护客户	有意向再采购产品	A
鼎高时代	北京朝阳国贸	14006160955	洽谈项目	签定合同	特A
浩浩义发	天津和平区	14381522350	技术支持	问题已经解决	B
未蓝文化	重庆市沙坪区	13730146687	售后服务	产品正常	C

图1 当需要在Excel工作表中查找某数据时，可以使用“查找”功能，该功能可以查找相同的内容、格式等。如果需要将某数据替换为其他数据时，可以使用“替换”功能，该功能可以替换相应的内容或格式。

当工作表中的数据量比较多，找不到或者找不全需要的数据时，可以使用“查找”功能（图1）。指定关键字符，然后按照顺序在工作表中逐个查找包含该字符的单元格（图2–图5）。也可以指定查看数值，然后显示所有包括该数值的单元格（图6–图8）。用户也可以只在某区域内查找关键字，不会查找范围外的数据（图9–图10）。

若查找单元格中的值，而不是公式或部分内容为查找数据的单元格，此时可以使用匹配单元格进行查找（图11–图13）。除了查找内容外，还可以查找单元格的格式，如底纹颜色、对齐方式、字体等，也可以模糊查找（图14–图22）。

要将指定的数据更改为其他数据时，可以使用“替换”功能（图23–图30）。

●使用“查找”功能逐个确认相应的单元格

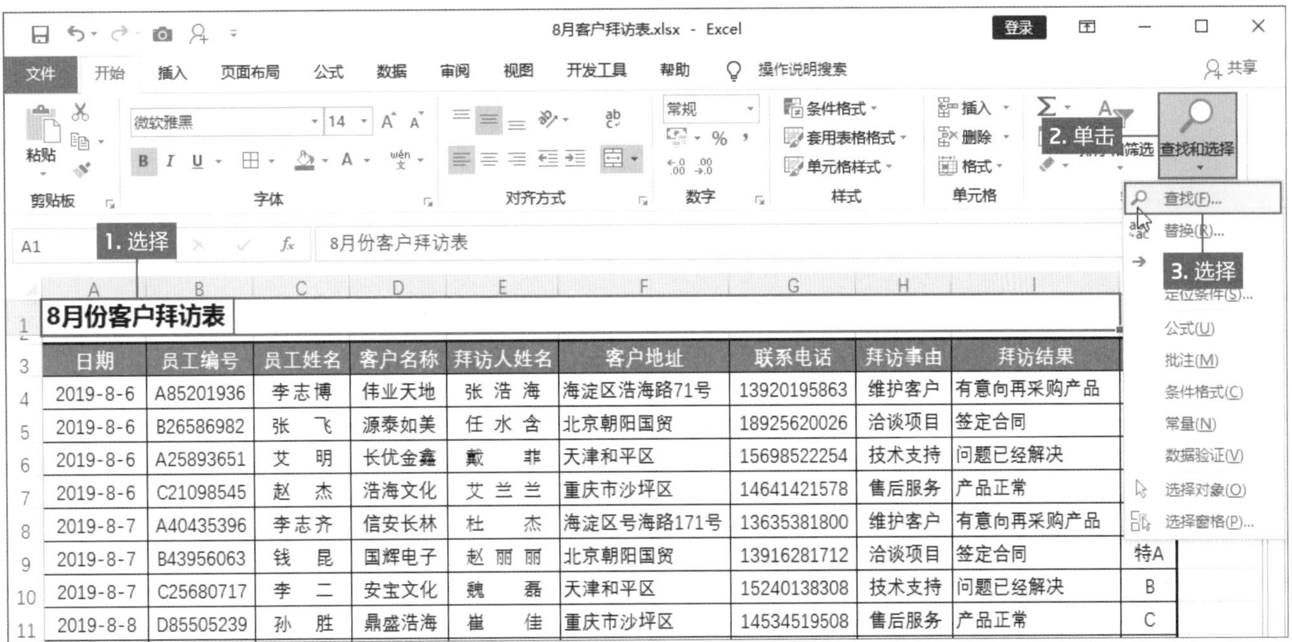

图2　在工作表中选择任意单元格，切换至“开始”选项卡，单击“编辑”选项组中的“查找和选择”下拉列表，选择“查找”选项。用户也可以按Ctrl+F快捷键

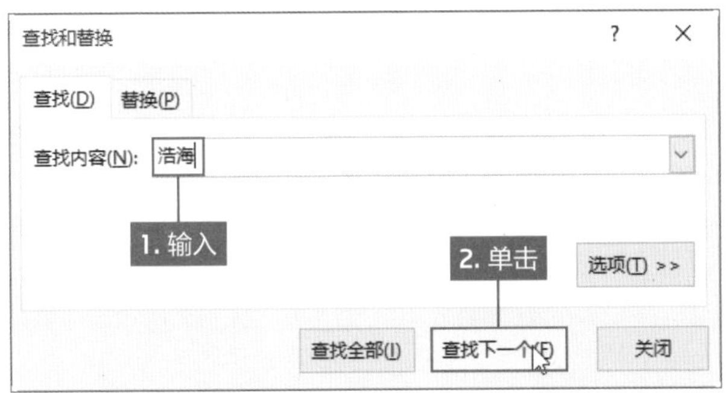

图3　打开“查找和替换”对话框，在“查找”选项卡的“查找内容”文本框中输入“浩海”文本，单击“查找下一个”按钮

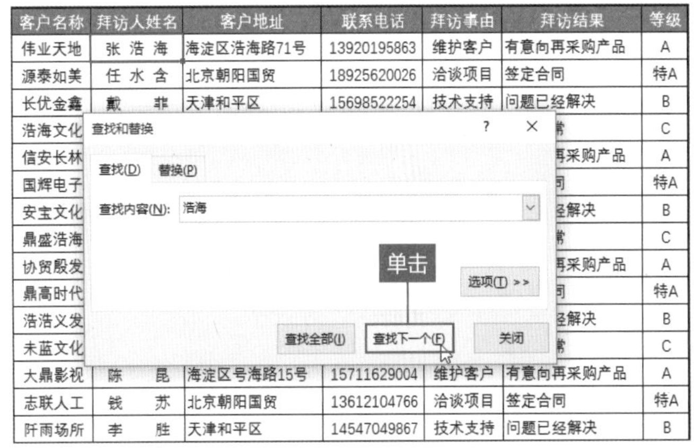

图4　可见在工作表中选中包含“浩海”文本的单元格，如果需要继续查找，则单击“查找下一个”按钮。在查找数据时，用户可以对表格中的数据进行编辑操作

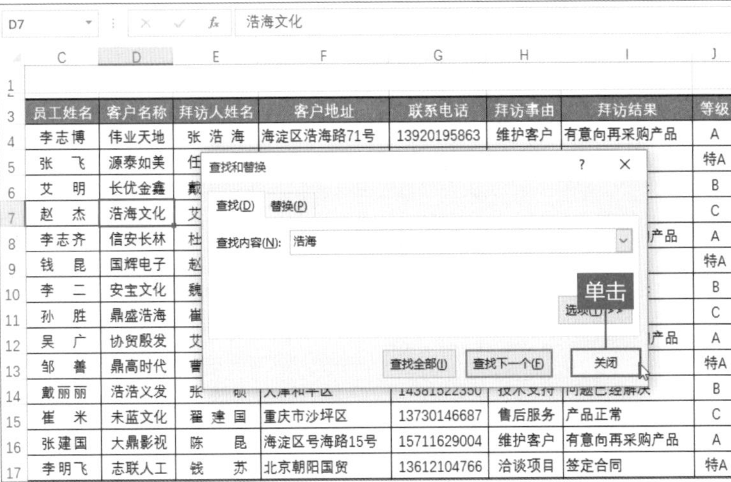

图5　当查找到表格最后时，会从头重新查找数据，如果不需要“查找和替换”对话框，可单击“关闭”按钮，关闭该对话框

选择所有符合条件的单元格

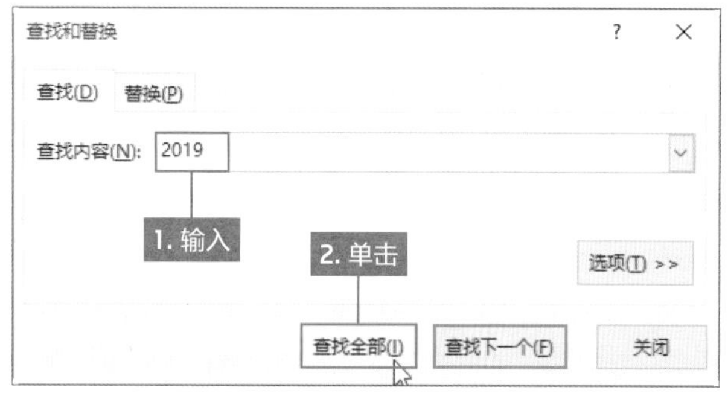

图6 在打开的“查找和替换”对话框的“查找内容”文本框中输入“2019”，单击“查找全部”按钮

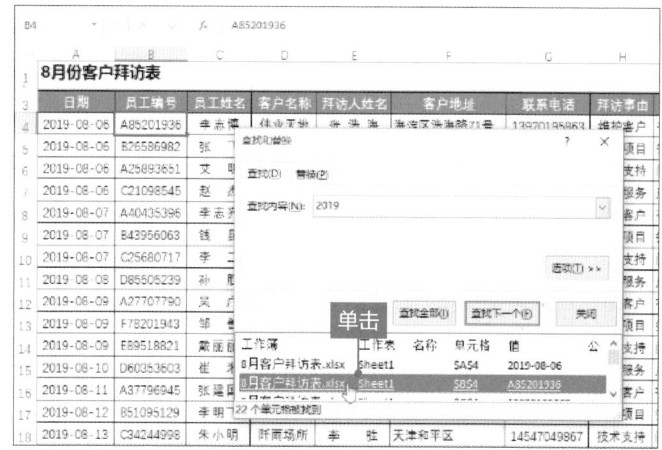

图7 在“查找和替换”对话框的下方显示查找包含“2019”文本的所有单元格的信息。单击选择任意一条信息，在表格中即可选中该单元格

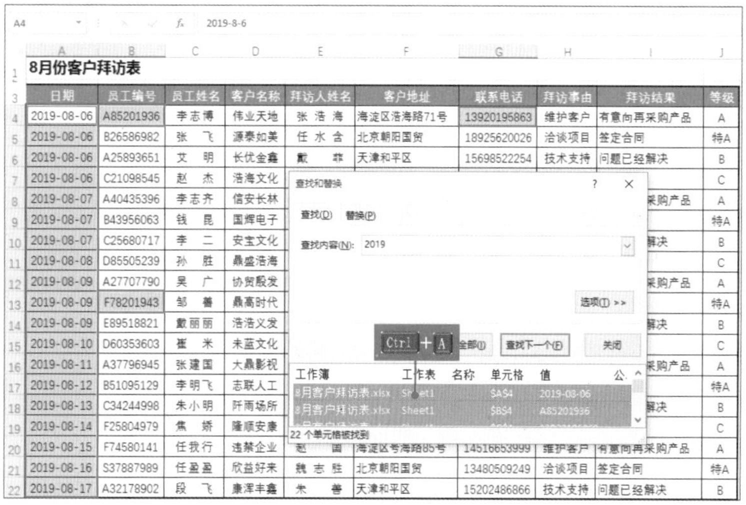

图8 在图7的状态，按下Ctrl+A组合键，即可全部选中所有包含“2019”文本的单元格

在指定范围内查找数据

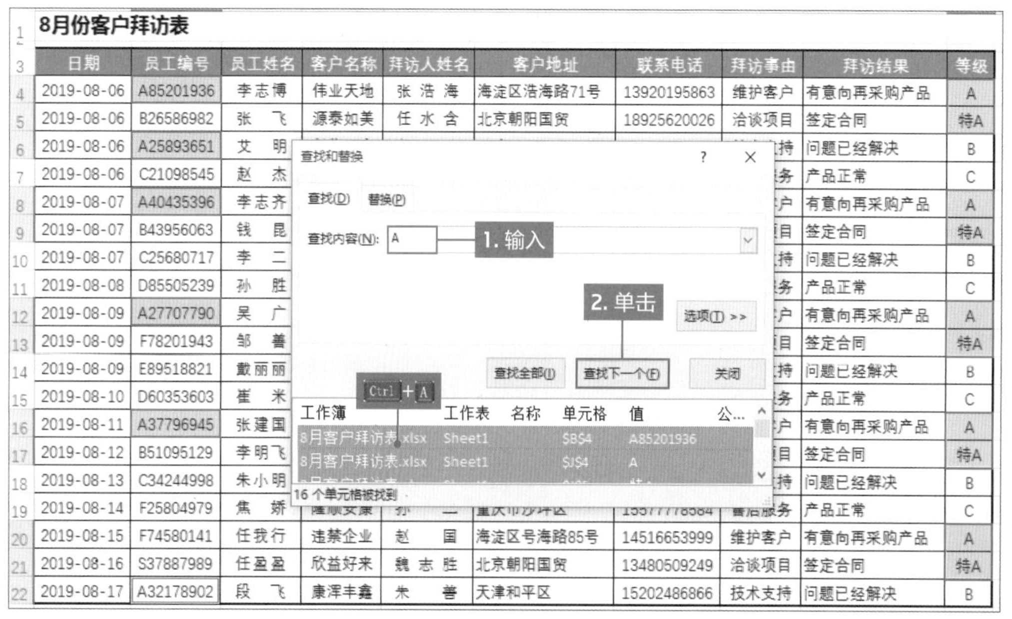

图9 在打开的“查找和替换”对话框的“查找内容”文本框中输入“A”，单击“查找全部”按钮，在对话框的下方选中任意一条信息，按Ctrl+A组合键即可全选所有包含字母A的单元格。如员工编号和等级中的单元格

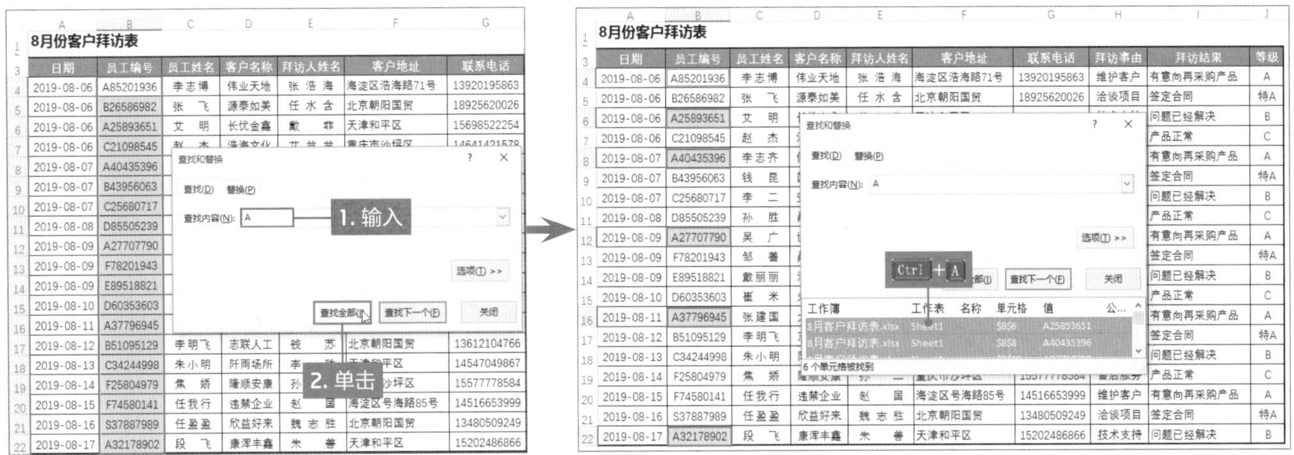

图10 如果只需要对表格中的某部分进行查找，首先要选中该单元格区域，打开“查找和替换”对话框，输入A，再单击“查找全部”按钮。在对话框的下方按Ctrl+A组合键全选，将只选中指定区域内包含字母A的单元格

●按单元格匹配进行查找

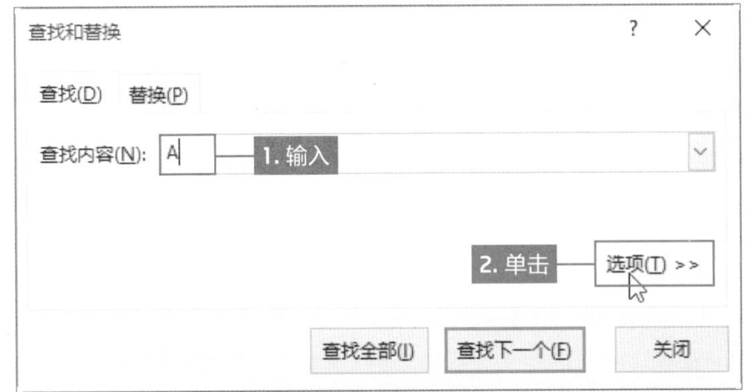

图11 在“查找和替换”对话框中设置查找内容为“A”，此时先不进行查找，而是单击“选项”按钮

图12 在对话框的下方显示更多查找条件，勾选“单元格匹配”复选框，单击“查找全部”按钮

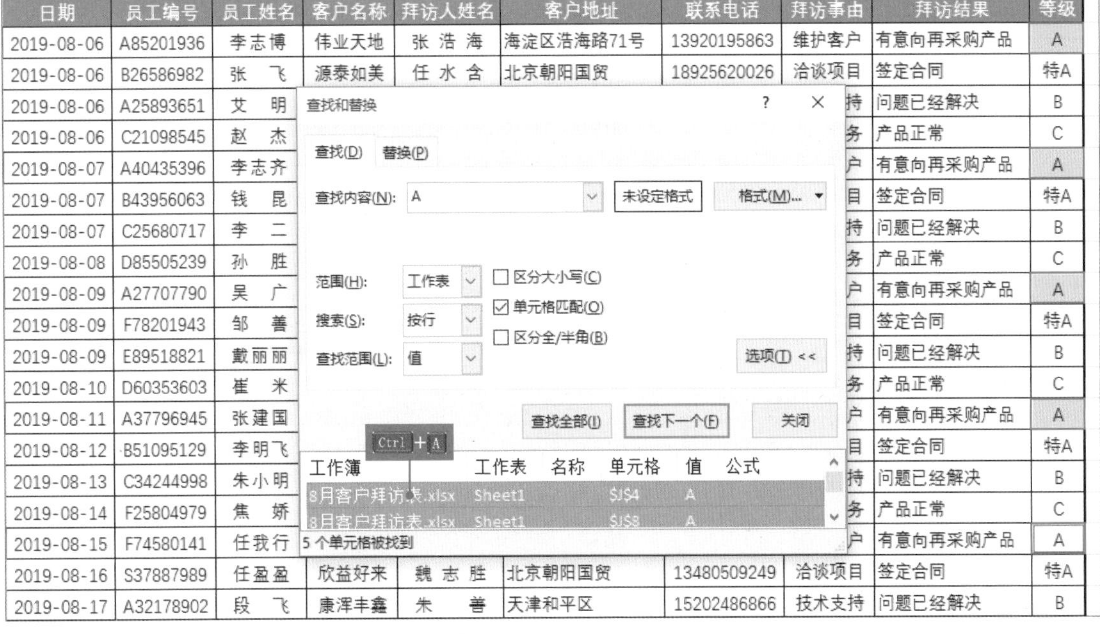

图13 在对话框的下方显示查找到单元格的数量，按Ctrl+A组合键，即可只选中只包含字母A的单元格。其他除了字母A还有别的文本的单元格则未被选中

●按单元格的格式进行查找

图14 在表格中为不同单元格填充颜色，然后根据格式查找单元格，在“查找和替换”对话框中单击“格式”按钮

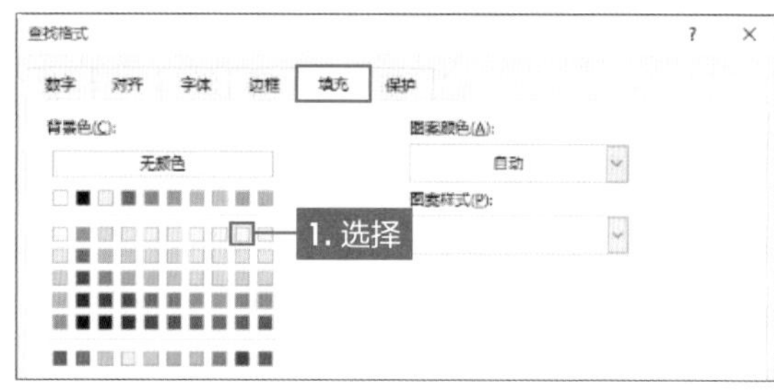

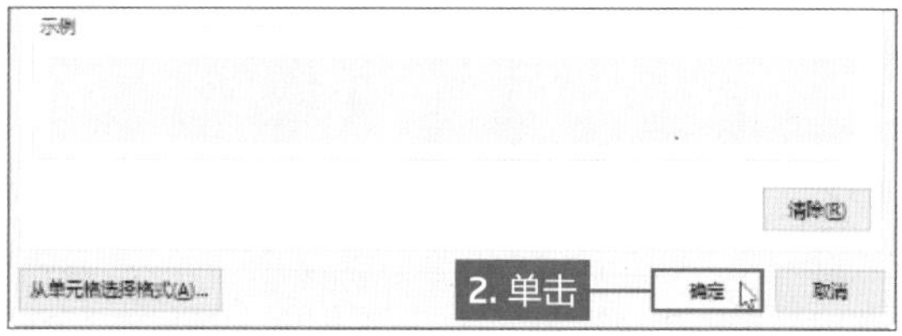

图15 在打开的“查找格式”对话框中切换至“填充”选项卡，选择填充的颜色

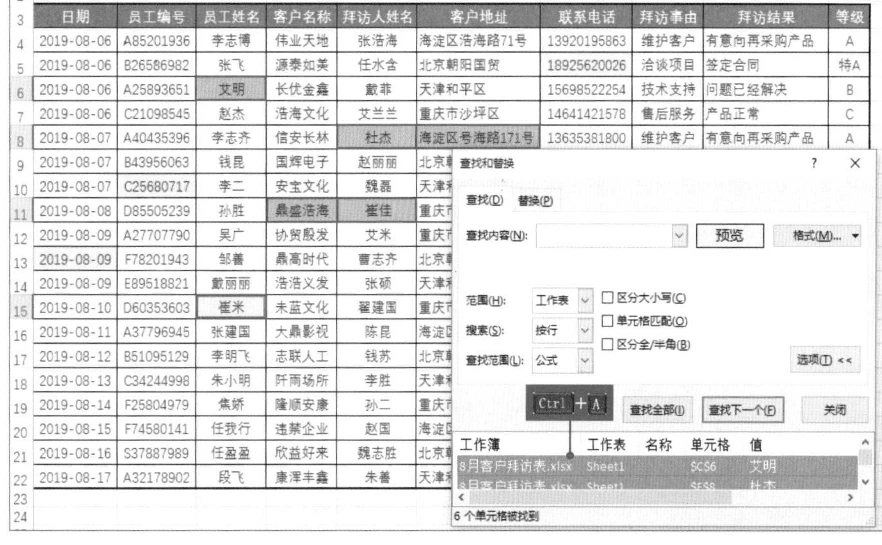

图16 设置完所查单元格的背景色后，返回“查找和替换”对话框，单击“查找全部”按钮。按Ctrl+A组合键选择所有查找的单元格。可见只要填充浅蓝色的单元格均被选中

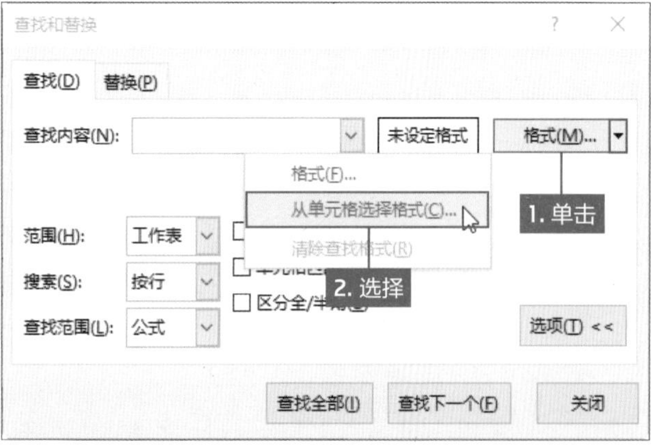

图17 用户也可以直接从单元格中选择查找的格式，单击“格式”下拉列表，并选择“从单元格选择格式”选项

员工编号	员工姓名	客户名称	拜访人姓名	客户地址	联系电话
A85201936	李志博	伟业天地	张浩海	海淀区浩海路71号	13920195863
B26586982	张飞	源泰如美	任水含	北京朝阳国贸	18925620026
A25893651	艾明	长优金鑫	戴菲	天津和平区	15698522254
C21098545	赵杰	浩海文化	艾兰兰	重庆市沙坪区	14641421578
A40435396	李志齐	信安长林	杜杰	海淀区号海路171号	13635381800
B43956063	钱昆	国辉电子	赵丽丽	北京朝阳国贸	13916281712
C25680717	李二	安宝文化	魏[illegible]	天津和平区	15240138308
D85505239	孙胜	鼎盛浩海	[illegible]	重庆市沙坪区	14534519508
A27707790	吴广	协贸殷发	艾米	重庆市沙坪区	14126868743
F78201943	邹善	鼎高时代	曹志齐	北京朝阳国贸	14006160955
E89518821	戴丽丽	浩浩义发	张硕	天津和平区	14381522350
D60353603	崔米	未蓝文化	翟建国	重庆市沙坪区	13730146687
A37796945	张建国	大鼎影视	陈昆	海淀区号海路15号	15711629004

单击

图18 此时光标变为吸管状，移到需要选择格式的单元格上方，单击即可设置查找的格式。本案例中单元格的格式为底纹颜色是浅蓝色、居中、字体、字号等

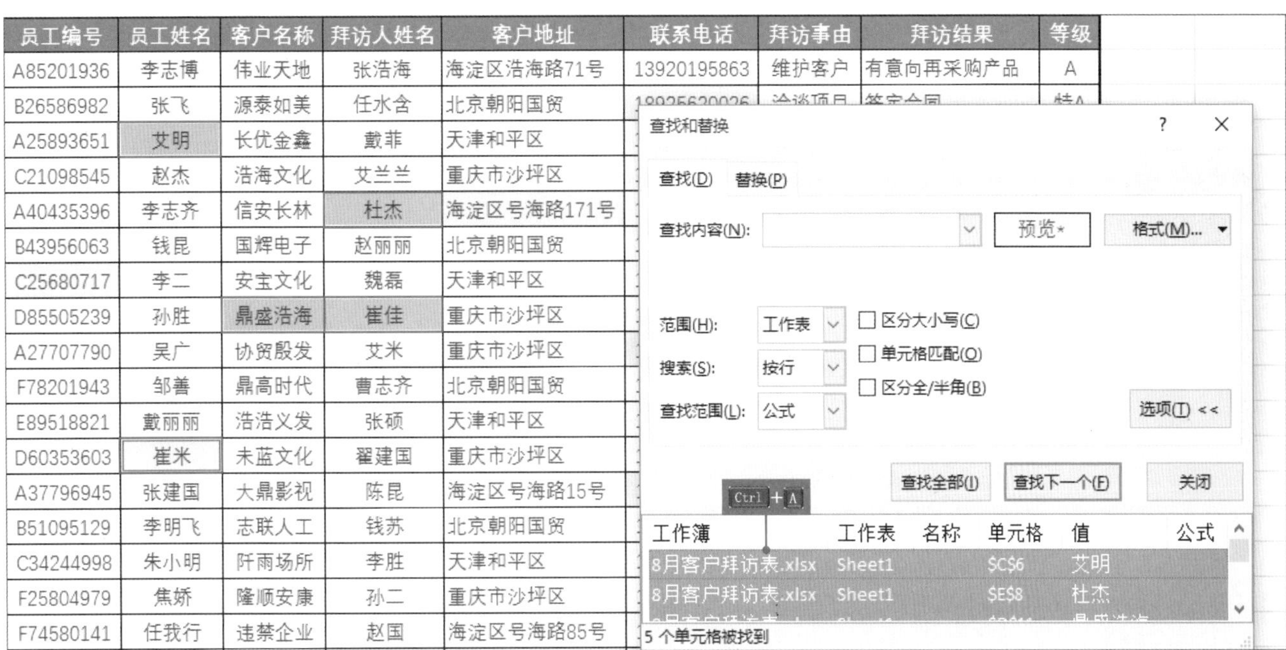

员工编号	员工姓名	客户名称	拜访人姓名	客户地址	联系电话	拜访事由	拜访结果	等级
A85201936	李志博	伟业天地	张浩海	海淀区浩海路71号	13920195863	维护客户	有意向再采购产品	A
B26586982	张飞	源泰如美	任水含	北京朝阳国贸				
A25893651	艾明	长优金鑫	戴菲	天津和平区				
C21098545	赵杰	浩海文化	艾兰兰	重庆市沙坪区				
A40435396	李志齐	信安长林	杜杰	海淀区号海路171号				
B43956063	钱昆	国辉电子	赵丽丽	北京朝阳国贸				
C25680717	李二	安宝文化	魏磊	天津和平区				
D85505239	孙胜	鼎盛浩海	崔佳	重庆市沙坪区				
A27707790	吴广	协贸殷发	艾米	重庆市沙坪区				
F78201943	邹善	鼎高时代	曹志齐	北京朝阳国贸				
E89518821	戴丽丽	浩浩义发	张硕	天津和平区				
D60353603	崔米	未蓝文化	翟建国	重庆市沙坪区				
A37796945	张建国	大鼎影视	陈昆	海淀区号海路15号				
B51095129	李明飞	志联人工	钱苏	北京朝阳国贸				
C34244998	朱小明	阡雨场所	李胜	天津和平区				
F25804979	焦娇	隆顺安康	孙二	重庆市沙坪区				
F74580141	任我行	违禁企业	赵国	海淀区号海路85号				

图19 单击“查找全部”按钮，再按Ctrl+A组合键选中所有满足条件的单元格，可见满足条件的为5个单元格。客户地址栏中某一单元格的对齐方式为左对齐，所以不在查找范围内

●使用通配符进行模糊查找

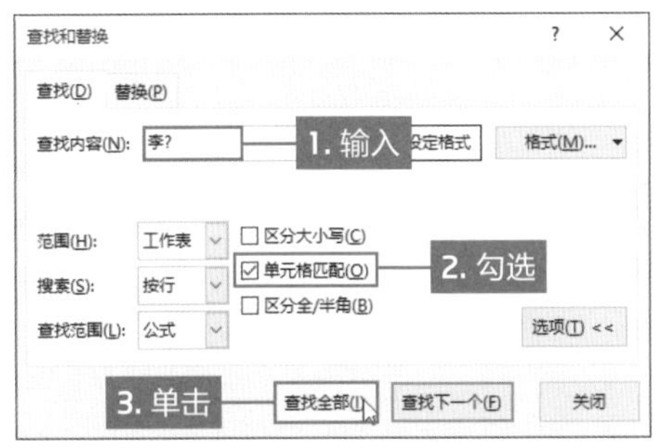

图20 在“查找内容”文本框中输入“李?”文本，然后再勾选“单元格匹配”复选框，单击“查找全部”按钮

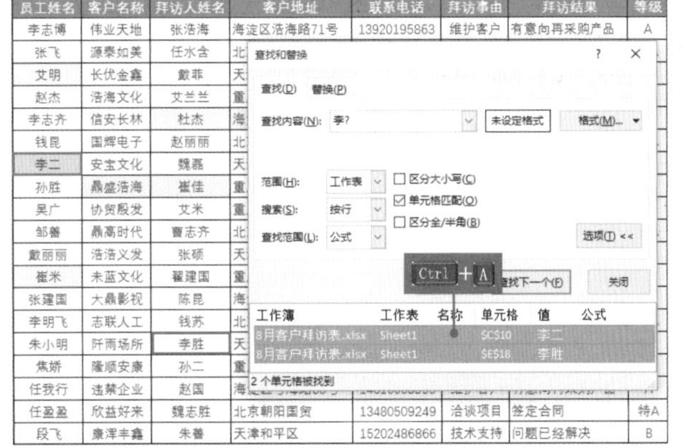

图21 可见在对话框中显示查找到2个单元格，按Ctrl+A组合键，选中单元格。可见所有姓李的名称只选中两个字，因为“?”只代替1个字符

日期	员工编号	员工姓名	客户名称	拜访人姓名	客户地址	联系电话	拜访事由	拜访结果	等级
2019-08-06	A85201936	李志博	伟业天地	张浩海	海淀区浩海路71号	13920195863	维护客户	有意向再采购产品	A
2019-08-06	B26586982	张飞	源泰如美	任水含					
2019-08-06	A25893651	艾明	长优金鑫	戴菲					
2019-08-06	C21098545	赵杰	浩海文化	艾兰兰					
2019-08-07	A40435396	李志齐	信安长林	杜杰					
2019-08-07	B43956063	钱昆	国辉电子	赵丽丽					
2019-08-07	C25680717	李二	安宝文化	魏磊					
2019-08-08	D85505239	孙胜	鼎盛浩海	崔佳					
2019-08-09	A27707790	吴广	协贸殷发	艾米					
2019-08-09	F78201943	邹善	鼎高时代	曹志齐					
2019-08-09	E89518821	戴丽丽	浩浩义发	张硕					
2019-08-10	D60353603	崔米	未蓝文化	翟建国					
2019-08-11	A37796945	张建国	大鼎影视	陈昆					
2019-08-12	B51095129	李明飞	志联人工	钱苏					
2019-08-13	C34244998	朱小明	阡雨场所	李胜					
2019-08-14	F25804979	焦娇	隆顺安康	孙二					
2019-08-15	F74580141	任我行	违禁企业	赵国					

查找和替换

查找内容(N): 李* 输入

工作簿 工作表 名称 单元格 值 公式

8月客户拜访表.xlsx Sheet1 $C$4 李志博

8月客户拜访表.xlsx Sheet1 $C$8 李志齐

5 个单元格被找到

图22 在“查找内容”文本框中输入“李*”文本，勾选“单元格匹配”复选框，单击“查找全部”按钮，共查找到5个单元格。包括所有姓“李”的姓名。通配符“*”表示任意多个字符，即“李”右侧任意个字符的单元格都满足查找

查找数据并将其替换为其他数据

日期	员工	员工姓名	客户名称	等级
2019-08-06	A85201936	李志博	伟业天地	A
2019-08-06	B26586982	张飞	源泰如美	特A
2019-08-06	A25893651	艾明	信安长林	B
2019-08-06	C21098545	赵杰	国辉电子	C
2019-08-07	A40435396	李志齐	安宝文化	A
2019-08-07	B43656063	钱昆	鼎盛浩海	B
2019-08-07	C25680717	李二	协贸殷发	C
2019-08-08	D85505239	孙胜	鼎高时代	特A
2019-08-09	A27707790	吴广	浩浩义发	B
2019-08-09	F78201943	邹善	赤蓝文化	C

图23 接下来介绍一下"替换"功能的应用。首先查找到需要替换的数据，然后再替换。可以逐个替换，也可以批量替换，或全部替换。展开"选项"区域，还可以替换单元格的格式

逐个确认并替换相应的数据

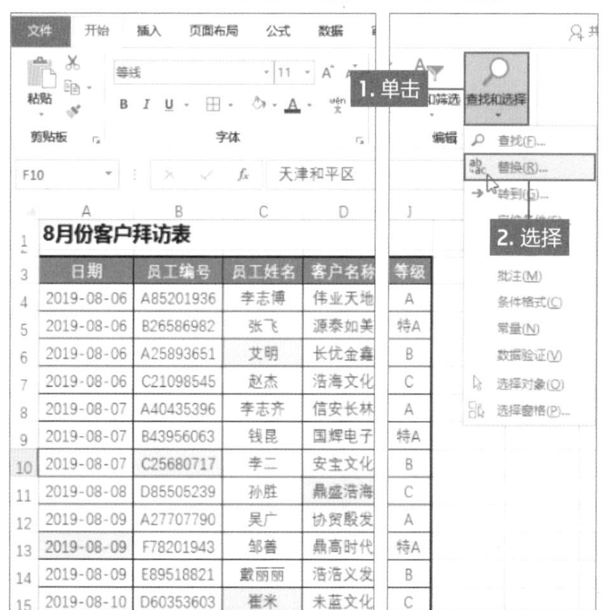

日期	员工编号	员工姓名	客户名称	等级
2019-08-06	A85201936	李志博	伟业天地	A
2019-08-06	B26586982	张飞	源泰如美	特A
2019-08-06	A25893651	艾明	长优金鑫	B
2019-08-06	C21098545	赵杰	浩海文化	C
2019-08-07	A40435396	李志齐	信安长林	A
2019-08-07	B43956063	钱昆	国辉电子	特A
2019-08-07	C25680717	李二	安宝文化	B
2019-08-08	D85505239	孙胜	鼎盛浩海	C
2019-08-09	A27707790	吴广	协贸殷发	A
2019-08-09	F78201943	邹善	鼎高时代	特A
2019-08-09	E89518821	戴丽丽	浩浩义发	B
2019-08-10	D60353603	崔米	未蓝文化	C

图24 选择任意单元格，在"开始"选项卡的"编辑"选项组中，单击"查找和选项"下三角按钮，在列表中选择"替换"选项

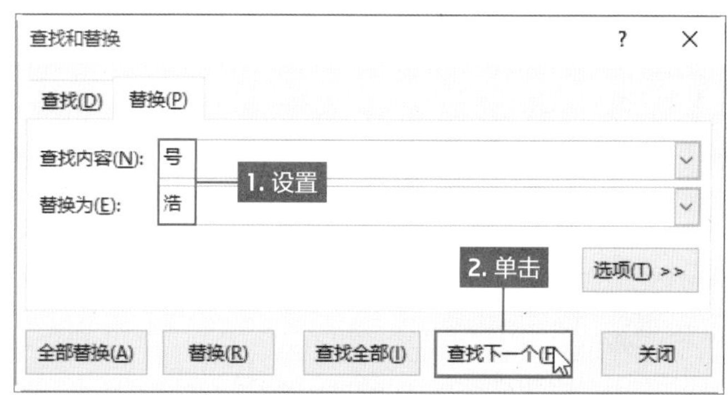

图25 打开"查找和替换"对话框，在"查找内容"文本框中输入"号"文本，在"替换为"文本框中输入"浩"文本，单击"查找下一个"按钮

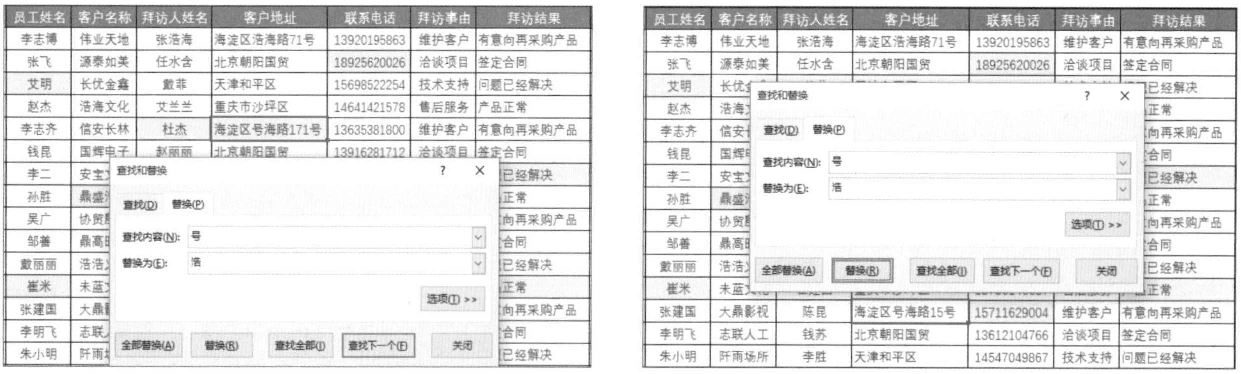

员工姓名	客户名称	拜访人姓名	客户地址	联系电话	拜访事由	拜访结果
李志博	伟业天地	张浩海	海淀区浩海路71号	13920195863	维护客户	有意向再采购产品
张飞	源泰如美	任水含	北京朝阳国贸	18925620026	洽谈项目	签定合同
艾明	长优金鑫	戴菲	天津和平区	15698522254	技术支持	问题已经解决
赵杰	浩海文化	艾兰兰	重庆市沙坪区	14641421578	售后服务	产品正常
李志齐	信安长林	杜杰	海淀区号海路171号	13635381800	维护客户	有意向再采购产品
钱昆	国辉电子	赵丽丽	北京朝阳国贸	13916281712	洽谈项目	签定合同
李二	安宝					已经解决
孙胜	鼎盛					正常
吴广	协贸					向再采购产品
邹善	鼎高					合同
戴丽丽	浩浩					已经解决
崔米	未蓝					正常
张建国	大鼎					向再采购产品
李明飞	志联					合同
朱小明	阡雨					已经解决

查找和替换
查找(D) 替换(P)
查找内容(N): 号
替换为(E): 浩
选项(T) >>
全部替换(A) 替换(R) 查找全部(I) 查找下一个(F) 关闭

员工姓名	客户名称	拜访人姓名	客户地址	联系电话	拜访事由	拜访结果
李志博	伟业天地	张浩海	海淀区浩海路71号	13920195863	维护客户	有意向再采购产品
张飞	源泰如美	任水含	北京朝阳国贸	18925620026	洽谈项目	签定合同
艾明	长优					已经解决
赵杰	浩海					正常
李志齐	信安					向再采购产品
钱昆	国辉					合同
李二	安宝					已经解决
孙胜	鼎盛					正常
吴广	协贸					向再采购产品
邹善	鼎高					合同
戴丽丽	浩浩					已经解决
崔米	未蓝					正常
张建国	大鼎影视	陈昆	海淀区号海路15号	15711629004	维护客户	有意向再采购产品
李明飞	志联人工	钱苏	北京朝阳国贸	13612104766	洽谈项目	签定合同
朱小明	阡雨场所	李胜	天津和平区	14547049867	技术支持	问题已经解决

查找和替换
查找(D) 替换(P)
查找内容(N): 号
替换为(E): 浩
选项(T) >>
全部替换(A) 替换(R) 查找全部(I) 查找下一个(F) 关闭

图26 在工作表中选中包含"号"的单元格，然后单击"替换"按钮，可见该单元格中"号"文本替换为"浩"文本，此时自动选中下一个包含"号"的单元格，根据相同的方法逐个替换即可

●批量替换单元格中的数据

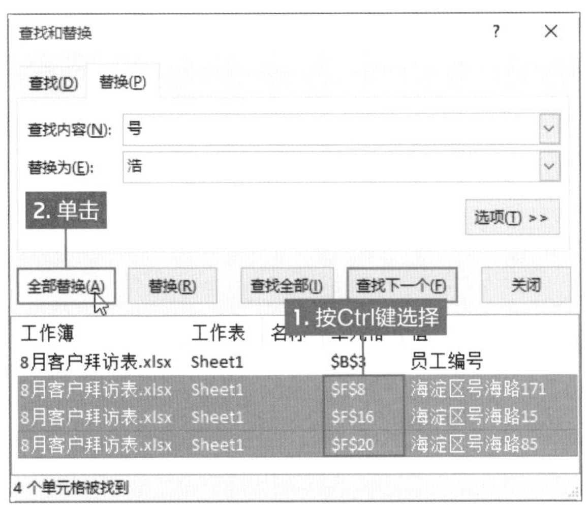

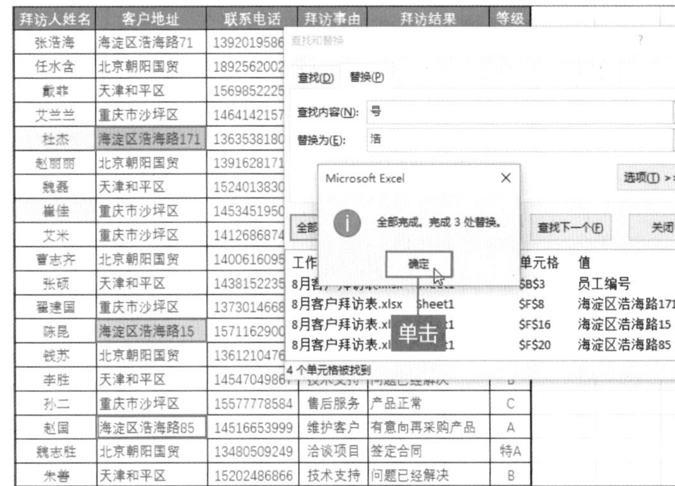

图27 在“查找和替换”对话框中设置查找和替换内容后，单击“查找全部”按钮，在下方显示所有查找内容，可见第一条是不需要替换的，按住Ctrl键选择需要替换的内容，单击“全部替换”按钮，即可将选中内容中所有包含“号”的部分替换为“浩”，并弹出提示对话框，显示最终替换的数量

●替换单元格的底纹颜色

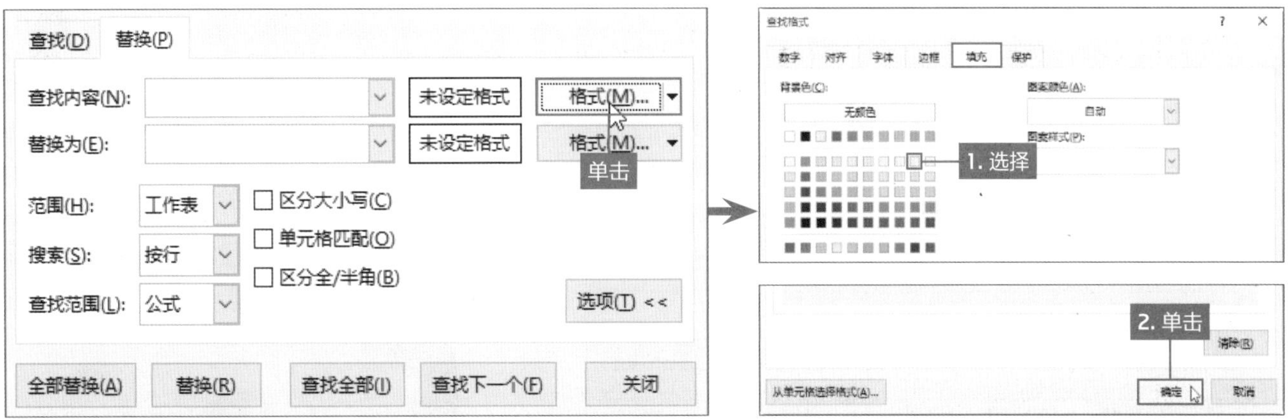

图28 打开“查找和替换”对话框，在“替换”选项卡中单击“查找内容”右侧的“格式”按钮。打开“查找格式”对话框，在“填充”选项卡中设置填充颜色为浅蓝色

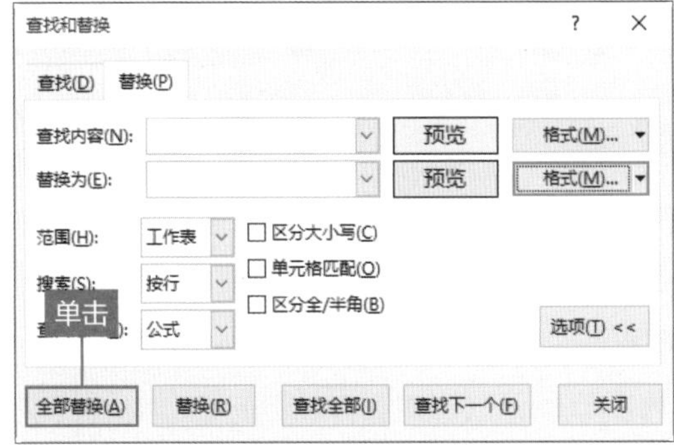

图29 根据相同的方法，设置替换为的格式，如底纹颜色设置为浅橙色。在“查找和替换”对话框中单击“全部替换”按钮。在设置替换格式时，还可以设置对齐、字体等格式

员工编号	员工姓名	客户名称	拜访人姓名	客户地址
A85201936	李志博	伟业天地	张浩海	海淀区浩海路71
B26586982	张飞	源泰如美	任水含	北京朝阳国贸
A25893651	艾明	长优金鑫	戴菲	天津和平区
C21098545	赵杰	浩海文化	艾兰兰	重庆市沙坪区
A40435396	李志齐	信安长林	杜杰	海淀区浩海路171
B43956063	钱昆	国辉电子	赵丽丽	北京朝阳国贸
C25680717	李二	安宝文化	魏磊	天津和平区
D85505239	孙胜	鼎盛浩海	崔佳	重庆市沙坪区
A27707790	吴广	协贸殷发	艾米	重庆市沙坪区
F78201943	邹善	鼎高时代	曹志齐	北京朝阳国贸
E89518821	戴丽丽	浩浩义发	张硕	天津和平区
D60353603	崔米	未蓝文化	翟建国	重庆市沙坪区
A37796945	张建国	大鼎影视	陈昆	海淀区浩海路15
B51095129	李明飞	志联人工	钱苏	北京朝阳国贸

图30 返回工作表中可见，所有单元格的底纹为浅蓝色的均被替换为浅橙色

Part 4

扫码看视频

复制和粘贴对数据进行加工

复制和粘贴是比较常用的操作。

两个功能同时使用，可以对数据进行一次性变更。

使用这两个功能还可以直接运算原始数据，或将公式结果粘贴为值。

●在数据上添加各种变更并粘贴

A1　8月份各产品销量计划表

8月份各产品销量计划表

店面	手机	笔记本电脑	台式机	洗衣机	液晶电视
天津1店	25403	16596	16988	16182	23495
北京国贸店	22722	15539	21836	25495	22332
北京中关村店	26066	15676	23462	18411	16432
石家庄店	15372	22527	23968	19373	15924

A1　8月份各产品销量计划表

8月份各产品销量计划表

店面	天津1店	北京国贸店	北京中关村店	石家庄店
手机	25403	22722	26066	15372
笔记本电脑	16596	15539	15676	22527
台式机	16988	21836	23462	23968
洗衣机	16182	25495	18411	19373
液晶电视	23495	22332	16432	15924

图1 “复制”和“粘贴”功能是每个人都会操作的，但使用该功能对数据进行处理加工，相信很多读者都很陌生。例如将表格行列进行转置、为目标数据统计进行加法和乘法的运算等

如果需要对单元格区域内的数值进行统一计算或者行列转置，可以使用“复制”和“粘贴”功能（图1）。

如在销量计划表中输入各店的计划销量，需统一加100，可以使用“粘贴选项”实现（图2-图6）。如果需要将计划销量提升0.05个点，可以由加法延伸到乘法统一计算（图7-图11）。

在计算数值时会处理小数情况，在销量表中是不需要小数的，此时使用相关函数将小数舍去，并将计算的数据粘贴到原数据上（图12-图16）。公式和函数也可以应用到字符的运算，如需要在指定单元格区域内的字符前添加相同的文本，同样可以使用复制和粘贴功能（图17-图21）。此外，使用该功能还可以互换行和列（图22-图25）。

●为所有粘贴的单元格添加指定的值

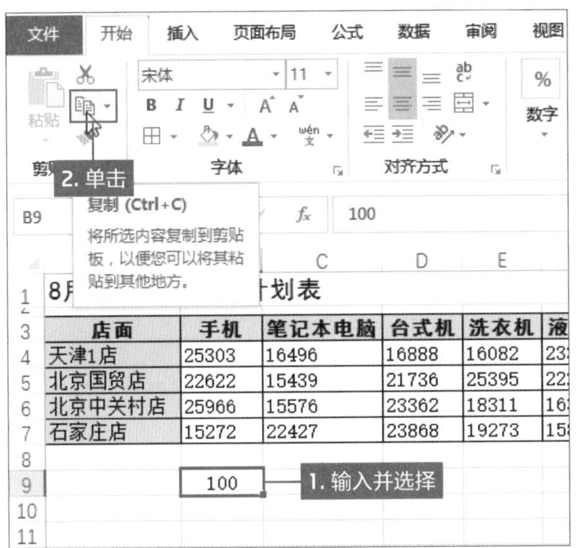

图2 预计将计划表中的各销量数据加100，在B9单元格中输入100，并选中该单元格，在“开始”选项卡的“剪贴板”选项组中单击“复制”按钮。也可以按Ctlr+C组合键

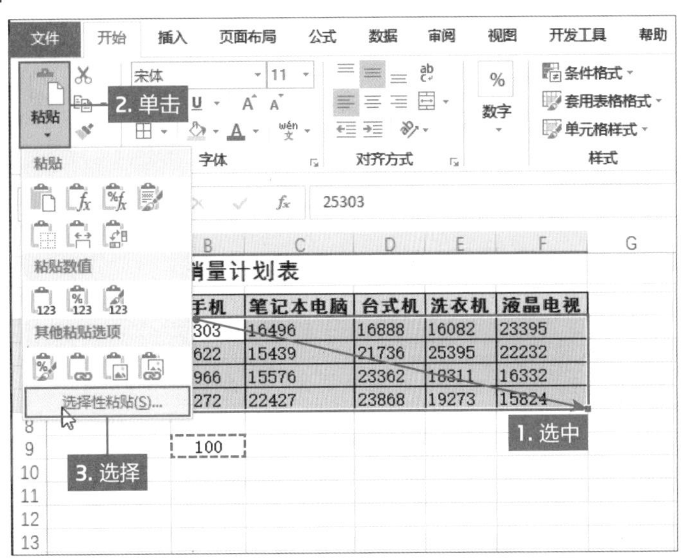

图3 可见在B9单元格四周出现滚动的虚线，然后选中B4:F7单元格区域，然后单击“剪贴板”选项组中“粘贴”下三角按钮，在列表中选择“选择性粘贴”选项

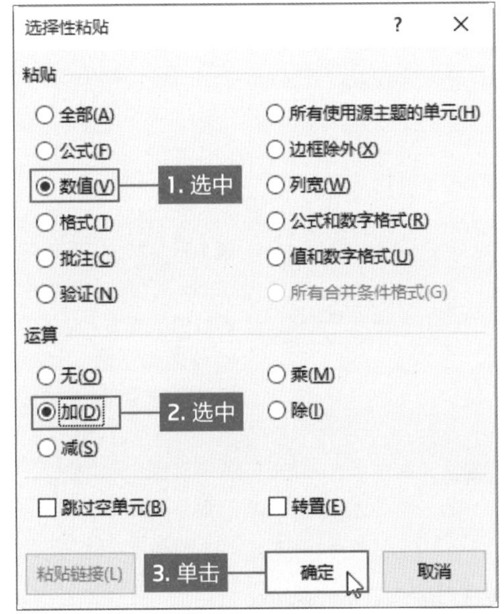

图4 打开“选择性粘贴”对话框，在“粘贴”选项区域中选中“数值”单选按钮。在“运算”选项区域中选中“加”单选按钮

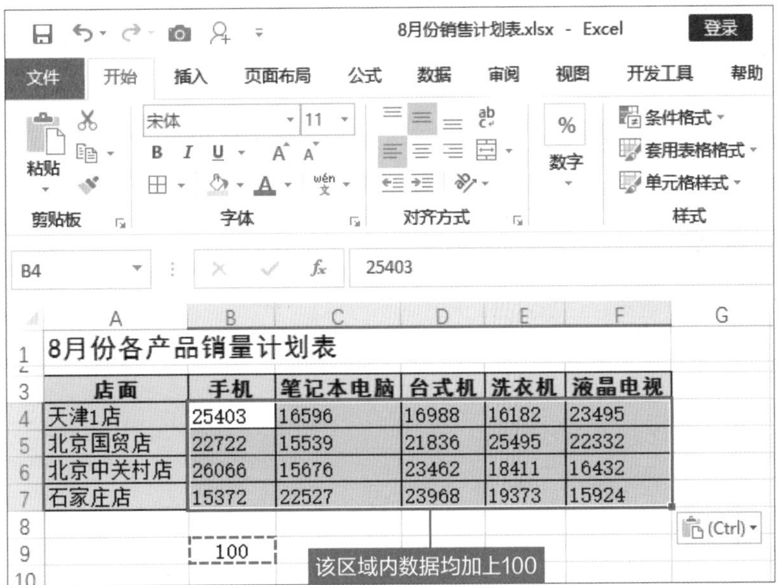

图5 单击“确定”按钮，可见复制到选择范围的各个单元格的数值均加上100，用户可以删除B9单元格内的数据。此处可以选择多个单元格区域，也可以同时加上指定的数

图6 在图4操作中，如果在“粘贴”选项区域中选中“格式”单选按钮，设置无运算，则选中的单元格区域只应用B9单元格的格式，如居中对齐和无边框。

用户也可以复制B9单元格，选中相应的单元格区域，单击“粘贴”下三角按钮，在列表的“其他粘贴选项”选项区域中选择“格式”选项

●通过乘法修改粘贴目标单元格的数据

8月份各产品销量计划表
店面 手机 笔记本电脑 台式机 洗衣机 液晶电视
天津1店 25403 16596 16988 16182 23495
北京国贸店 22722 15539 21836 25495 22332
北京中关村店 26066 15676 23462 18411 16432
石家庄店 15372 22527 23968 19373 15924
1.05
1. 输入
2. 单击

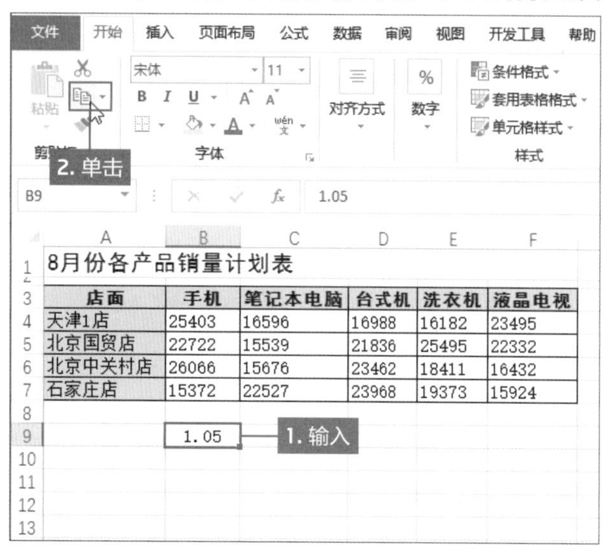

图7　预计将计划表中的各销量数据乘1.05，在B9单元格中输入1.05，并选中该单元格，在“开始”选项卡的“剪贴板”选项组中单击“复制”按钮。也可以按Ctlr+C组合键

2. 单击
粘贴
粘贴数值
其他粘贴选项
选择性粘贴(S)...
1. 选中
3. 选择

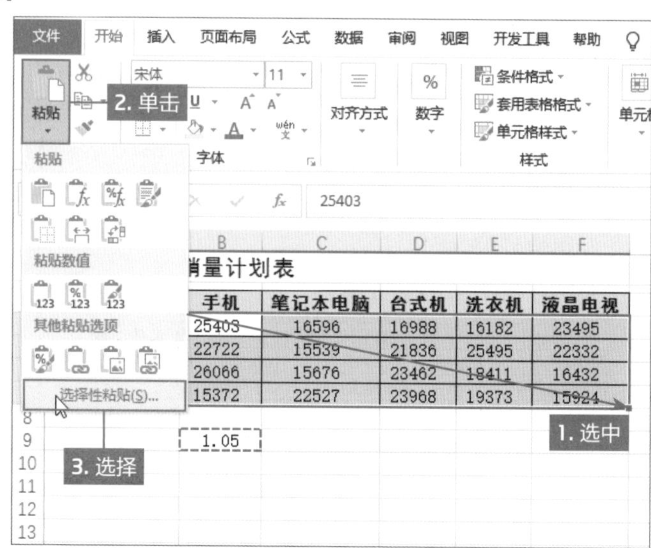

图8　可见在B9单元格四周出现滚动的虚线，然后选中B4:F7单元格区域，然后单击“剪贴板”选项组中“粘贴”下三角按钮，在列表中选择“选择性粘贴”选项

选择性粘贴
粘贴
全部(A)
公式(F)
数值(V)
格式(T)
批注(C)
验证(N)
所有使用源主题的单元(H)
边框除外(X)
列宽(W)
公式和数字格式(R)
值和数字格式(U)
所有合并条件格式(G)
运算
无(O)
加(D)
减(S)
乘(M)
除(I)
跳过空单元(B)
转置(E)
粘贴链接(L)
确定
取消
1. 选中
2. 选中
3. 单击

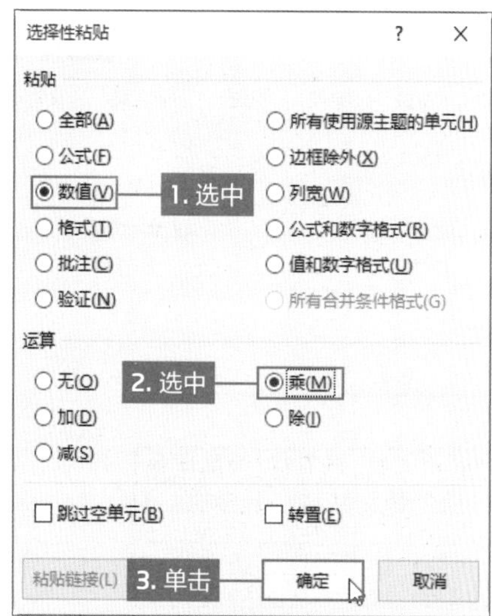

图9　在打开的“选择性粘贴”对话框中，选中“数值”和“乘”单选按钮

设置单元格格式
数字
对齐
字体
边框
填充
保护
分类(C):
常规
数值
货币
会计专用
日期
时间
百分比
分数
科学记数
文本
特殊
自定义
小数位数(D): 0
使用千位分隔符(,)(U)
负数(N):
数值格式用于一般数字的表示。货币和会计格式则提供货币值计算的专用格式。
确定
取消
1. 选中
2. 设置
3. 单击

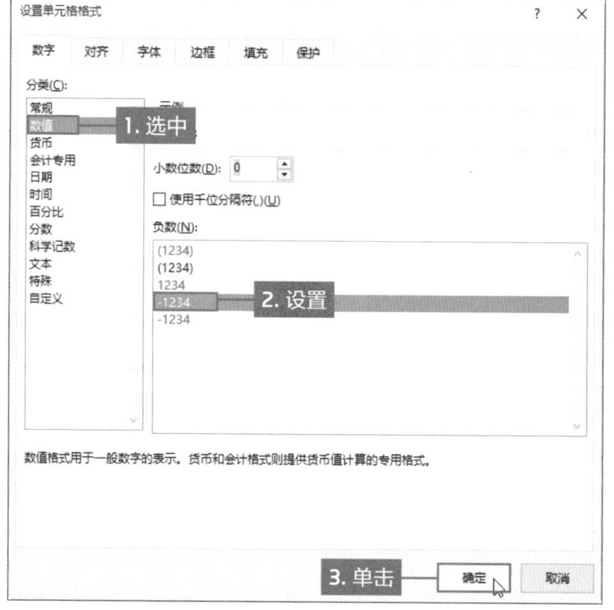

图10　单击“确定”按钮，可见粘贴区域中的数值都发生了变化，部分还有小数。选中目标单元格区域，按“Ctrl+1”组合键，打开“设置单元格格式”对话框，在“数字”选项卡中设置分类为“数值”，小数位数为0，单击“确定”按钮

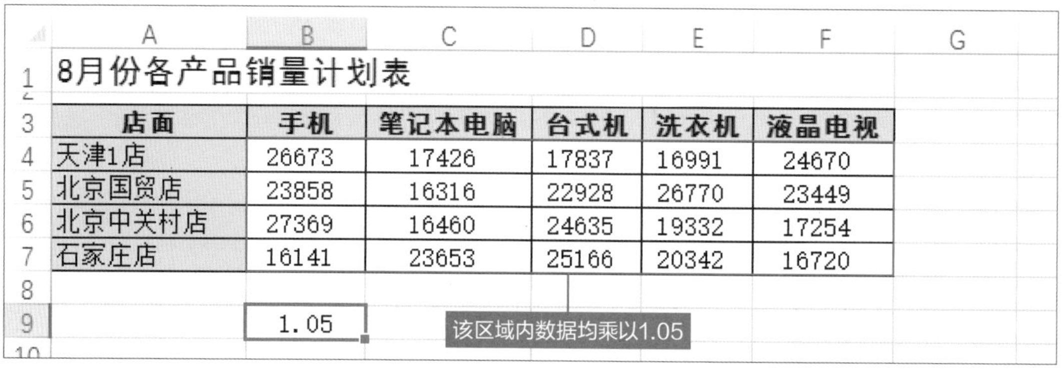

8月份各产品销量计划表
店面 手机 笔记本电脑 台式机 洗衣机 液晶电视
天津1店 26673 17426 17837 16991 24670
北京国贸店 23858 16316 22928 26770 23449
北京中关村店 27369 16460 24635 19332 17254
石家庄店 16141 23653 25166 20342 16720
1.05
该区域内数据均乘以1.05

图11　返回工作表，可见目标单元格内数值分别乘以1.05，且所有的带小数的数值均已被改为整数

使用函数计算数据并粘贴值

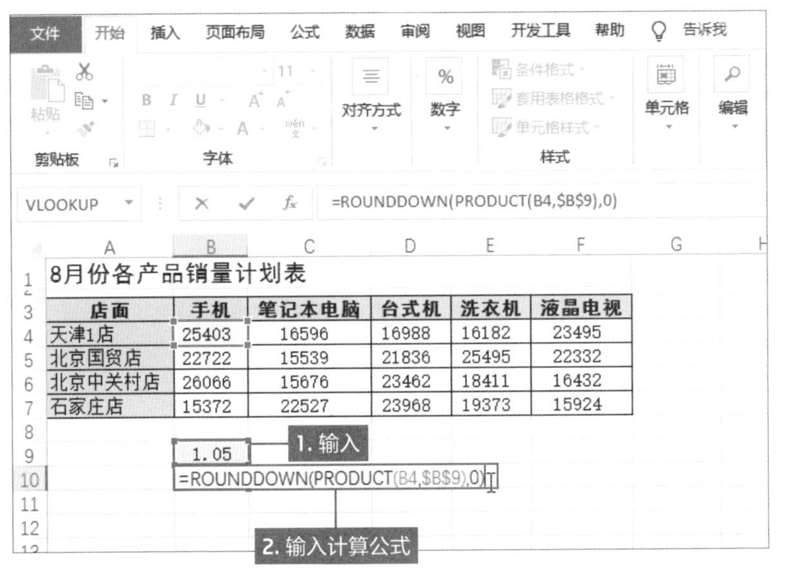

ROUDDOWN函数简介

=ROUDDOWN(数值,位数)
将数值无条件地按指定位数舍去

PRODUCT函数简介

=PRODUCT(数值1, 数值1…数值n)
计算多个数值的积

图12 在B9单元格中输入1.05，然后在B10单元格中输入“=ROUNDDOWN(PRODUCT(B4,$B$9),0)”公式，计算B4乘以B9并且只保留整数的值。ROUNDDOWN函数直接舍去指定的位数，如果需要四舍五入，可以使用ROUND函数

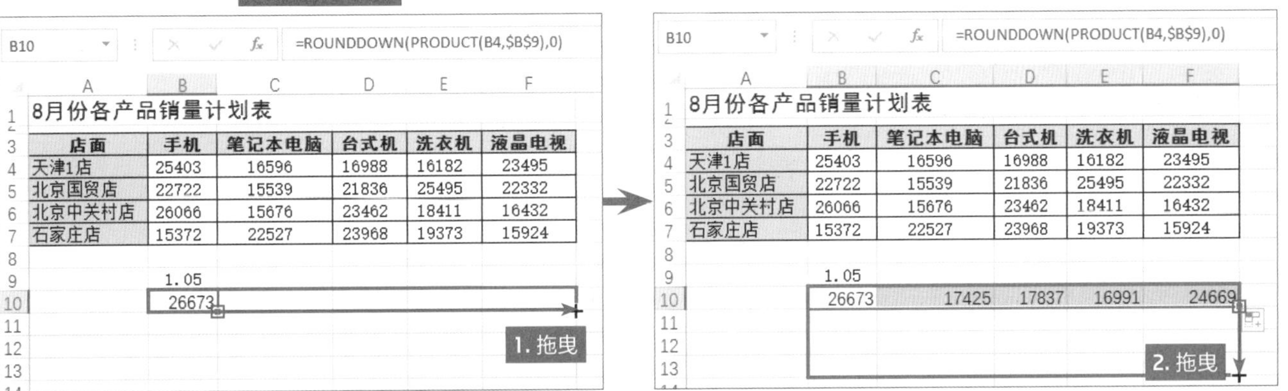

图13 按Enter键即可计算出相应的数值，然后选中该单元格，将光标移至单元格右下角填充柄■上，当其变为黑色十字时，按住鼠标左键向右拖曳到F10单元格。可见B10单元格中的公式已填充到F10单元格，并计算出数据，保持该单元格区域为选中状态，根据相同的方法拖曳填充至F13单元格

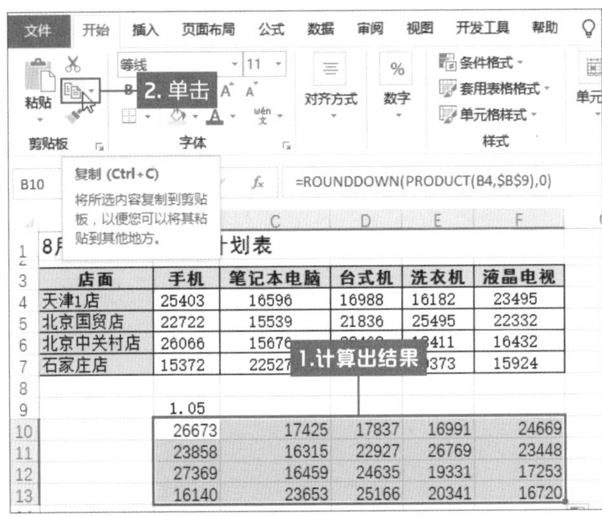

图14 可见在B10:F13单元格区域内计算出B4:F7单元格区域内数值分别乘以B9单元格的值。然后单击“复制”按钮

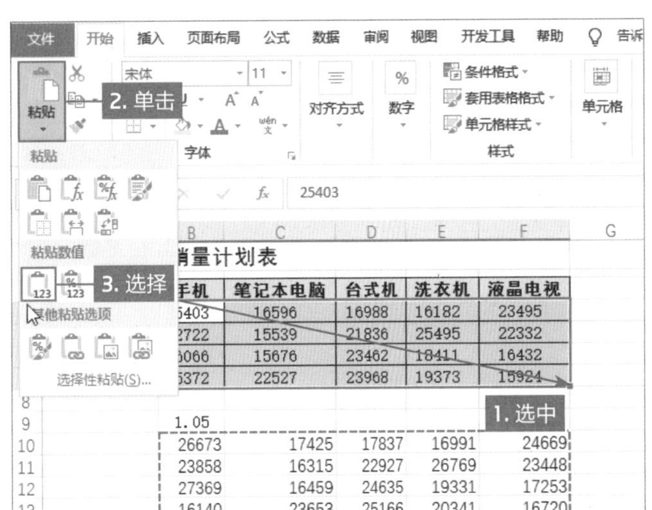

图15 选中B4:F7单元格区域，单击“剪贴板”选项组中“粘贴”下三角按钮，在列表中选择“粘贴数值”选项区域中的“值”选项

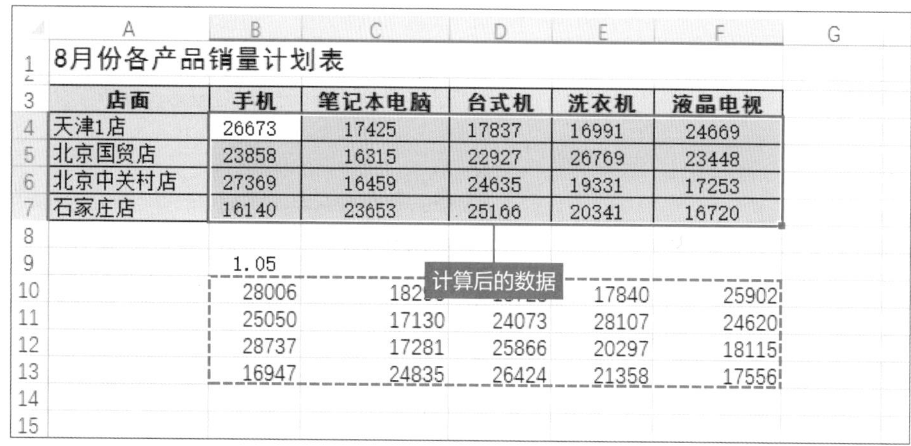

图16 操作完成后，可见B4:F7单元格区域内的数值已被粘贴为计算后的数值，且保留原单元格格式。则B10:F13单元格区域内的数值又执行计算，此时只需要选中该单元格区域，然后按Delete键删除即可

●使用函数加工并粘贴字符串

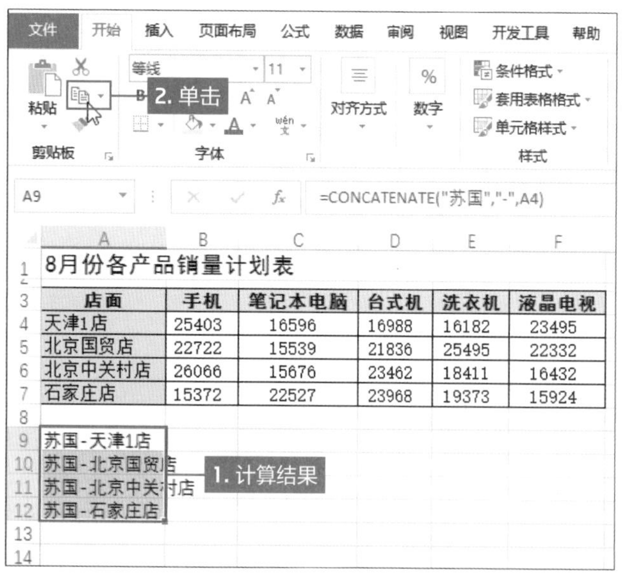

图17 在所有店面之前输入公司的简称，选中A9单元格，然后输入“=CONCATENATE("苏国","-",A4)”公式。此处也可以使用“&”符号，如也可以输入“="苏国"&"-"&A4”公式

图18 按Enter键后，可见在A9单元格中显示“苏国-天津1店”。选中该单元格，将光标移到右下角填充柄上方，按住鼠标左键向下拖曳至A12单元格

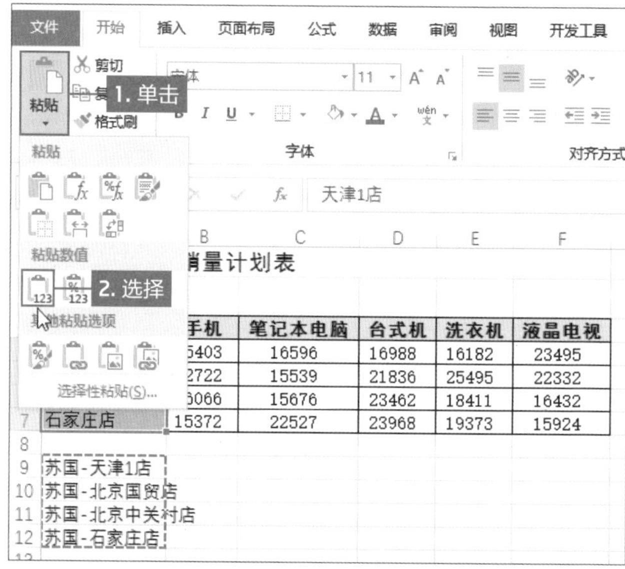

图19 A9:A12单元格区域中显示加工文本后的效果，然后单击“复制”按钮

图20 选中A4:A7单元格区域，单击“粘贴”下三角按钮，在列表中选择“值”选项

图21　操作完成后可见在“店面”列的名称前均添加“苏国－”文本。将光标移到A列右侧分界线变为左右箭头时，向右拖曳调整A列的列宽显示所有数据。然后选中A9:A12单元格区域，按Delete键删除

●将表格中的行和列互换粘贴

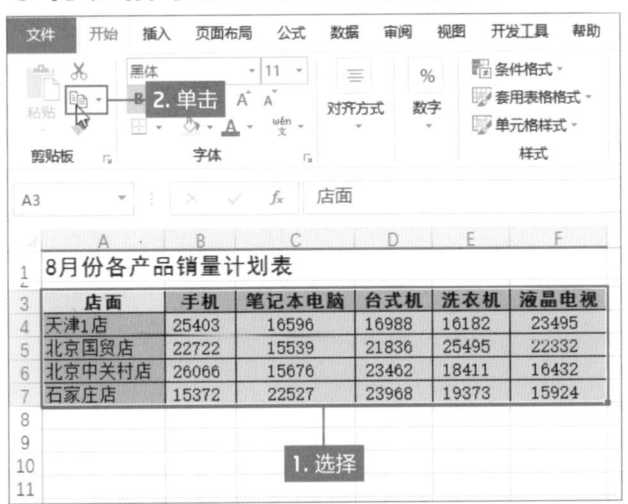

图22　下面介绍将店面和产品名称进行互换的方法，选择A3:F7单元格区域，单击“剪贴板”选项组中“复制”按钮

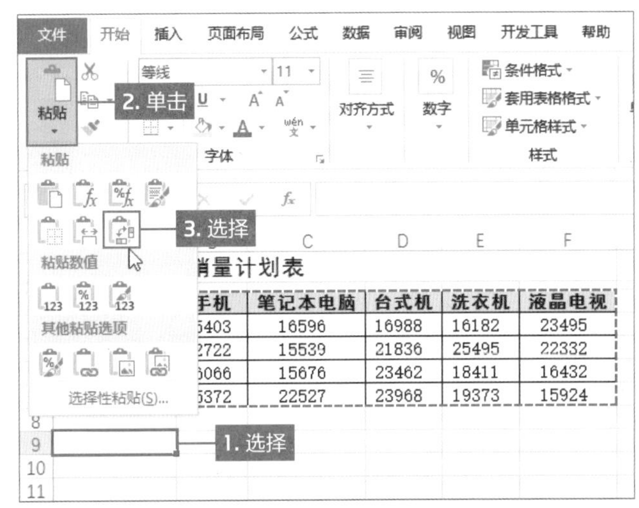

图23　选择需要粘贴的位置，如A9单元格，单击“剪贴板”选项组中“粘贴”下三角按钮，在列表中选择“转置”选项

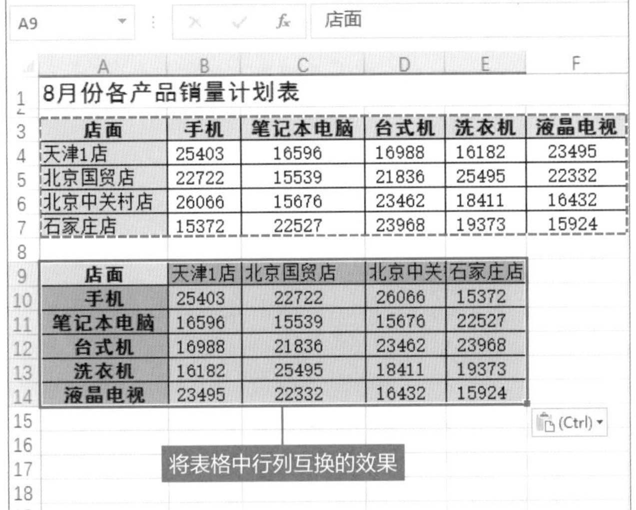

图24　操作完成后，可见复制的单元格区域在指定的位置进行了转置。左侧显示产品名称，标题显示各店面的名称，其相应数据也进行了转置

“粘贴选项”的应用

图25　执行粘贴数据后，在右下角显示“粘贴选项”下三角按钮，单击该按钮，在列表中可以选择粘贴方式

第6章

用函数操作数据

在庞大的申请者信息中，需要将其籍贯的省份提取出来，
如果手动一个接一个复制粘贴，估计几天也完成不了。
如果使用函数可以在数秒内完成。
Excel中的函数涉及到各个方面，其类型有10多种，
如财务函数、数学与三角函数、日期和时间函数等。
函数在日常工作和生活中发挥着重要的作用。

对顾客管理和统计表
的效果也非常好

Part 1

字符串的转换、修改、分割

扫码看视频

在输入数据时经常发现，字母的大小写没有统一，
有时还会忽略全角和半角的问题。
此时，如果逐个修改是很麻烦的工作，可以使用文本函数。

在工作场所中，顾客的信息和商品的清单等，大多都是以表格的形式管理。在输入和维护信息时容易出现问题，如将姓名连起来输入还是分开输入在不同单元格中，或者英文是大写还是小写，以及数字是选半角还是全角……如果这些不统一可能会在排序、筛选数据查找等操作时，导致数据分析错误。

当发现出现以上错误时，数据的输入还是需要继续的，但是如果手工一个一个修改很费时费力。对于忙碌的商务人士来说，花费大量的时间来重新输入数据，是绝对要避免的事情，同时领导也不愿看到这么没工作效率的方法。

在这种情况下发挥“文本”的相关函数，使用函数修改之前出现的问题，是分分钟的事。

转换文字的大小写

从统一输入英文字母的大写/小写，英文和数字的全角/半角等来看，通常首字母需要大写，其次英文和数字需要在半角状态下输入，才能和其他文本统一。在示例中输入“管理编号”时，英文字母为小写且是全角状态，因此需要进行修改（图1）。

●小写转换为大写，全角转换为半角

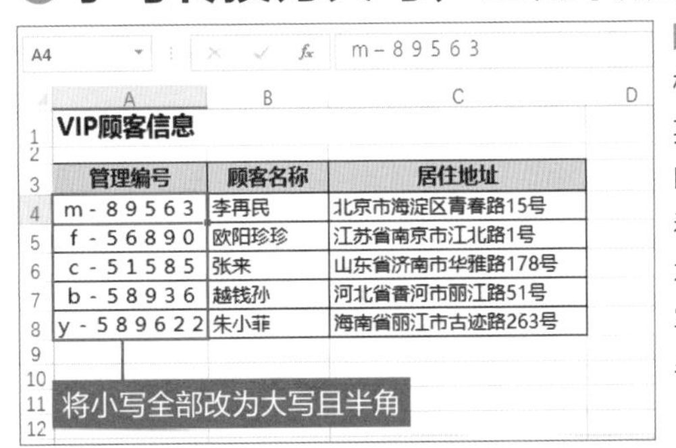

图1 在“VIP顾客信息”表格中，输入“管理编号”的英文字母为小写，而且输入时是在全角状态。这样整体看起来字符间距宽与其他文本也不协调，因此需要将小写字母改为大写，并转换为半角状态

UPPER	ASC
=UPPER(文本)	=ASC(文本)
将小写英文字母转换为大写	将全角字符转换为半角

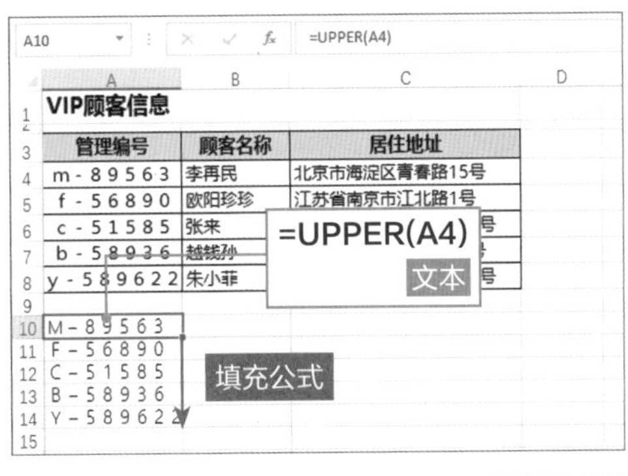

图2 在Excel中需要将小写字母转换为大写时可使用UPPER函数。如在A10单元格中输入函数公式“=UPPER(A4)”，按Enter键可见字母转换为大写。然后将A10单元格中的公式向下填充至A14单元格，即可将所有编号中的小写字母转换为大写

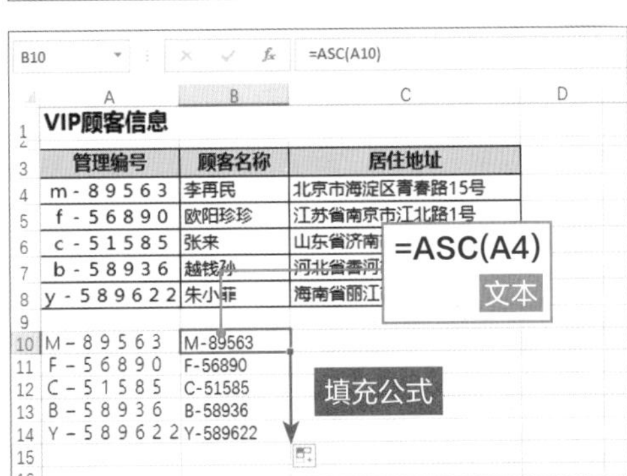

图3 将小写字母转换为大写后，下面需要将全角转换为半角状态。选中B10单元格，使用ASC函数将A10单元格中的英文和数字转换成半角状态，然后将公式向下填充至B14单元格

函数	意义
UPPER	将小写字母转换为大写
LOWER	将大写字母转换为小写
ASC	将全角字符转换为半角字符
WIDECHAR	将半角字符转换为全角字符
PROPER	将英文单词第一个字母转换为大写

图4　在Excel中转换英文大小写的函数，以及转换英文数字的全角和半角的函数

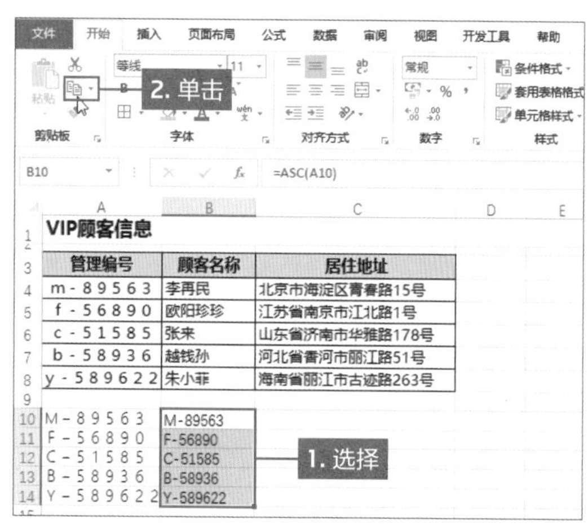

图5　先选择B10:B14单元格区域，然后单击“剪贴板”选项组中“复制”按钮

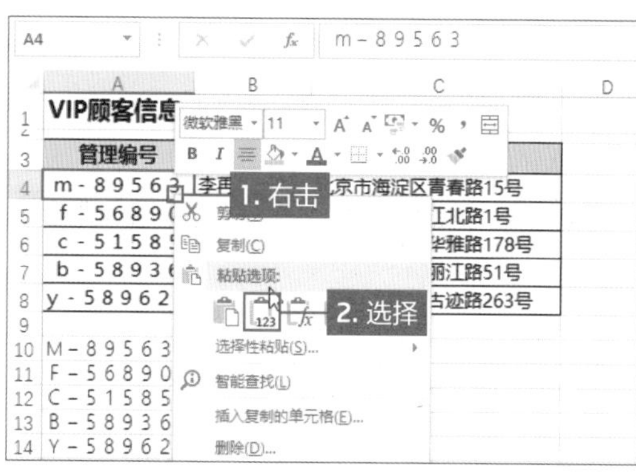

图6　选中A4单元格并右击，在快捷菜单的“粘贴选项”区域中选择“值”选项，即可完成数值的替换

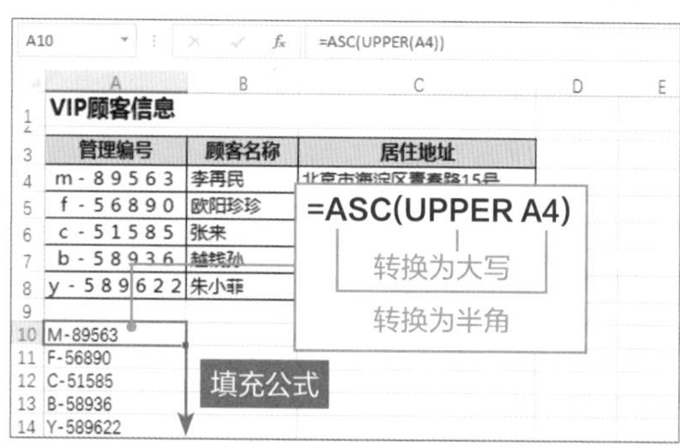

图7　可以将UPPER和ASC两个函数结合使用，一步完成转换。在A1单元格中输入“=ASC(UPPER(A4))”公式，然后将公式向下填充至A14单元格即可

在Excel中将小写字母转换为大写字母的函数是UPPER（图2）。首先需要使用UPPER函数将A4单元格的转换结果显示在A10单元格中。拖曳A10单元格的填充柄向下拖曳到A14单元格，即可完成将管理编号的字母转换为大写，此时并没有将全角转换为半角状态。

接下来，将全角转换为半角，在Excel中使用ASC函数。首先将转换为大小写的A10单元格中的英文和数字转换为半角，然后将公式向下填充至B14单元格，即可将所有英文和数字转换为半角状态（图3）。操作完成后，即可将英文转换为大写并且转换为半角状态，结果显示在B10:B14单元格区域内。

另外，与UPPER函数相反，将大写字母转换为小写字母时使用LOWER函数。将半角字符转换为全角字符时使用WIDECHAR函数。如果需要将每个英文单词的第一个字母大写，可以使用PROPER函数（图4）。

将转换结果覆盖原数据

操作到图3时，B10:B14单元格区域中的数值应当显示在A4:A8单元格区域中。因此，需要将B10:B14单元格区域中的数值复制，并粘贴到A4:A8单元格区域中，但是如果直接执行“复制”和“粘贴”操作，则会显示错误的代码，所以此处需要注意。这是因为在B10:B14单元格区的管理编号是通过公式计算的结果，“粘贴”时会将公式和数值一起粘贴，原本的管理编号、公式的结果就会消失。

选择B10:B14单元格区域，然后单击“复制”按钮（图5），再选中A4单元格并右击，在快捷菜单的“粘贴选项”选项区域中选择“值”命令（图6）。将结果复制好后，即可将A10:B14单元格区域内容的

●替换相关文本

VLOOKUP　=REPLACE(C4,7,3,"****")

管理编号	顾客名称	居住地址	隐藏地址
M-89563	李再民	北京市海淀区青春路15号	=REPLACE(C4,7,3,"***")
F-56890	欧阳珍珍	江苏省南京市江北路1号	
C-51585	张来	山东省济南市华雅路178号	
B-58936	越钱孙	河北省青河市丽江路51号	输入公式
Y-589622	朱小菲	海南省丽江市古迹路263号	

图8　在D4单元格中输入公式，隐藏地址中路的名称

数值进行删除。

至此，已经将小写英文字母转换为大写，且将全角字符转换为半角字符，其通过UPPER和ASC两个函数逐步转换。其实也可以通过嵌套函数一步将其转换完成（图7）。在本案例中的转换函数公式是“=ASC(UPPER(A4))”，其中UPPER函数嵌套ASC函数中。在转换时没有固定的顺序，所以公式也可修改为“=UPPER(ASC(A4))”，此时，ASC函数嵌套在UPPER函数中。

使用符号替换部分文本

如果需要将单元格中的文本部分内容替换为符号，以便更好地保护相关信息，可以使用Excel中的REPLACE函数。该函数可以设置被替换文本的开始位置、替换文本的数量、替换文本等。如现在需要将VIP顾客的住址中路的信息用“*”星号代替。

在D列创建相关信息，选中D4单元格并输入“=REPLACE(C4,7,3,"***")”公式（图8）。按Enter键计算后可见地址信息从第7个文本开始3个字符用星号代替。然后将公式向下填充至D8单元格，即可完成文本的替换（图9）。此时，显示两个地址，所以还需要进一步设置，在隐藏C列的完整地址的同时，还需要将D列的计算公式隐藏，这样可以更好地保护信息。

首先，选中C列，然后通过快捷菜单将其隐藏起来，可见B列右侧显示的是D列（图10）。

此时，如果选中B和D列并右击，在快捷菜单中选择“取消隐藏”命令，即可将隐藏的C列显示出来。同时在D列还显示计算公式，还不能有效地保护相关信息。

最后再对工作表进行保护，在“数据”选项卡中单击“保护工作表”按钮，

REPLACE

=REPLACE(被替换文本,起始位置,字符数[,替换文本])

将文本中的部分文本根据指定的字符数替换为新文本

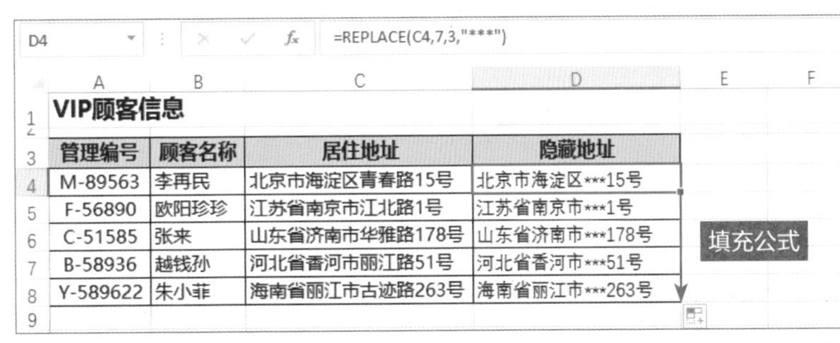

管理编号	顾客名称	居住地址	隐藏地址
M-89563	李再民	北京市海淀区青春路15号	北京市海淀区***15号
F-56890	欧阳珍珍	江苏省南京市江北路1号	江苏省南京市***1号
C-51585	张来	山东省济南市华雅路178号	山东省济南市***178号
B-58936	越钱孙	河北省香河市丽江路51号	河北省香河市***51号
Y-589622	朱小菲	海南省丽江市古迹路263号	海南省丽江市***263号

图9　使用自动求和功能计算平均值。选择C12单元格，然后在“自动求和”下拉列表中选择“平均值”选项

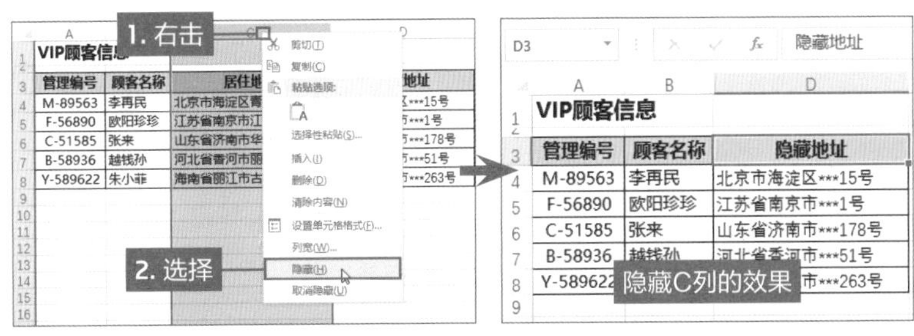

图10　将光标移到C列并选中，然后右击，在快捷菜单中选择“隐藏”命令，即可将C列隐藏起来

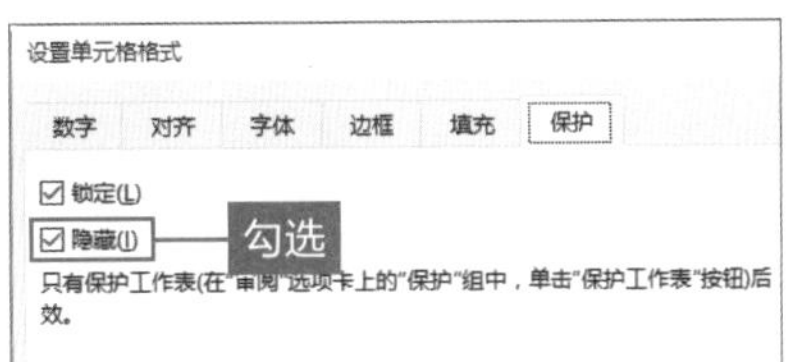

图11　全选工作表，按Ctrl+1组合键打开“设置单元格格式”对话框，在“保护”选项卡中勾选“隐藏”复选框，单击“确定”按钮

图12　切换至“审阅”选项卡，单击“保护”选项组中的“保护工作表”按钮

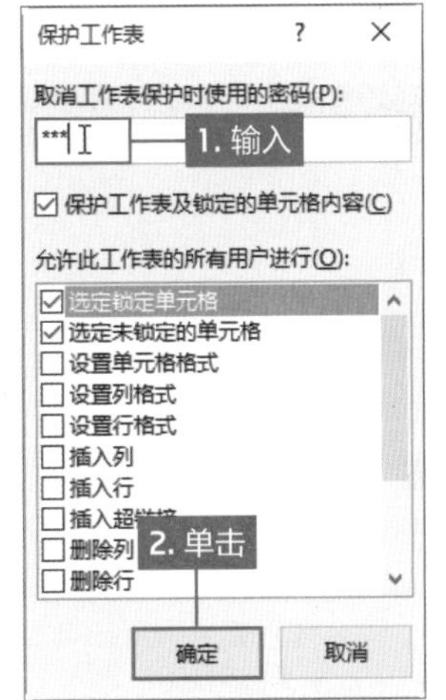

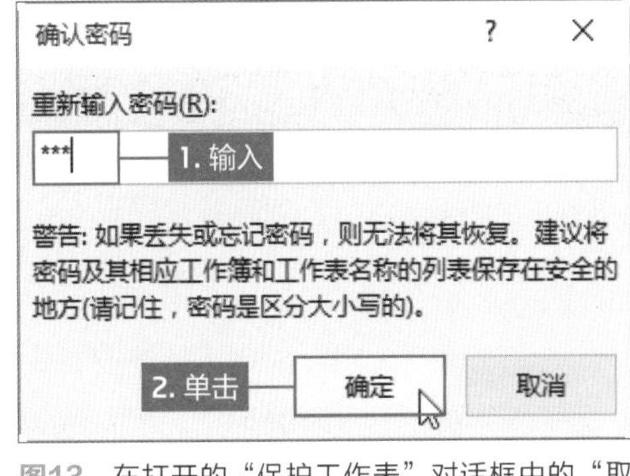

图13　在打开的“保护工作表”对话框中的“取消工作表保护时使用的密码”文本框中，输入保护密码，然后在“确认密码”对话框中再次输入保护密码，即可完成保护操作

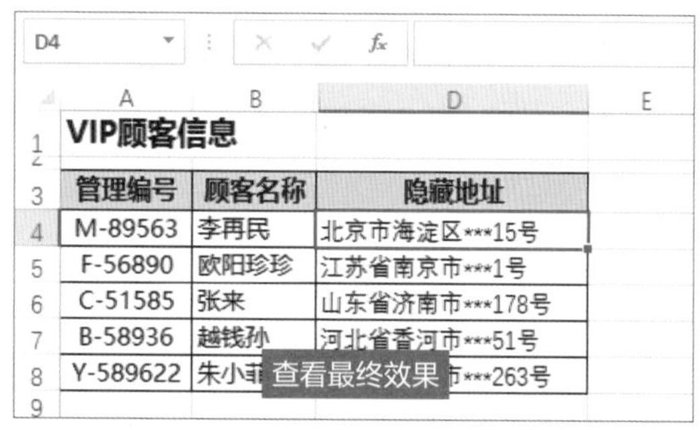

图14　对工作表进行保护后，可以验证效果。选中D4单元格，可见编辑栏不显示计算公式。同样，用户也无法显示C列的内容

将住址中省会和直辖市信息提取出来

LEFT

=LEFT(文本[,字符数])
从文本的最左端开始向右提取出指定字符数的文本

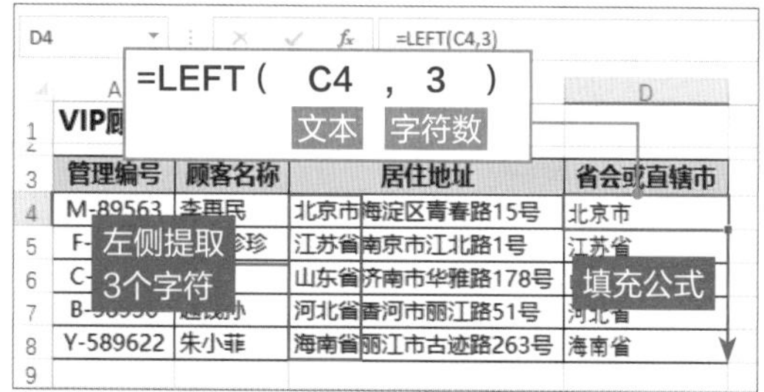

图15　在D列完善表格，在D4单元格输入LEFT函数公式，向下填充至D8单元格，即可提取省会或直辖市的名称

MID

=MID(文本,起始位置,字符数)
从文本指定位置提取出指定字符数的文本

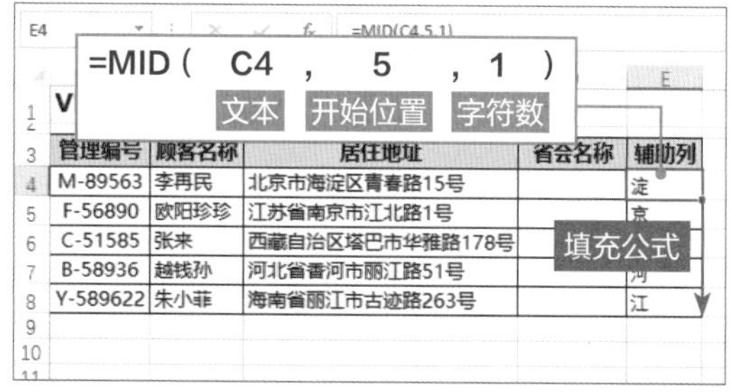

图16　在工作表中创建D和E列，在E4单元格中使用MID函数提取地址中的第5个文本，然后将公式向下填充到E8单元格，分别提取

IF

=IF(逻辑表达式,为真时的处理,为假时的处理)
根据条件判断的结果分别处理

D4　=LEFT(C4,IF(E4="区",5,3))

VIP顾客信息

管理编号	顾客名称	居住地址	省会名称	辅助列
M-89563	李再民	北京市海淀区青春路15号	北京市	淀
F-56890	欧阳珍珍	江苏省南京市江北路1号	[illegible]	京
C-51585	张来	西藏自治区塔巴市华雅路1[illegible]	[illegible]	区
B-58936	越钱孙	河北省香河市丽江路51号	河北省	河
Y-589622	朱小菲	海南省丽江市古迹路263号	海南省	江

填充公式

图17　然后在D4单元格中输入LEFT和IF函数公式，并将公式向下填充至D8单元格，即可正确提取出省会的名称

在打开的“保护工作表”对话框中输入保护密码123，其他参数保持不变，并单击“确定”按钮。在“确认密码”对话框中再次输入保护的密码，单击“确定”按钮，即可完成保护操作（图12、图13）。在工作表中选中B和D列并右击，在快捷菜单中无法选择“取消隐藏”命令，选择D列相关单元格，如D4单元格，在编辑栏中也不显示计算公式（图14）。

提取省会或直辖市

下面介绍从原文本中查找部分文本并提取出来的方法。

由居住地址可见，所有省会和直辖市的名称都是3位数，而且位于最左侧，所以可以使用LEFT函数进行快速提取。在D4单元格中输入“=LEFT(C4,3)”公式，然后将该公式向下填充至D8单元格，即可提取出省会和直辖市的名称（图15）。

我国还包含自治区和行政区，其名称就不是3个字符了，此时可以使用MID函数提取关键字，然后再使用LEFT和IF函数进行提取。

打开“VIP顾客信息.xlsx”工作表并对表格进行完善，选中E4单元格并输入MID函数公式提取最长省会文本的最后一个字符，也就是“西藏自治区”中的“区”（图16）。由此可见，当关键字为“区”时需要提取5个字符，其他需要提取3个字符即可。

关键字创建完成后，使用IF函数判断提取字符的数量。在D4单元格中输入公式“=LEFT(C4,IF(E4="区",5,3))”。IF函数公式判断E4单元格内文本是否是“区”，如果是则返回数字5，即LEFT函数从C4单元格中提取左侧5个字符。否则提取C4单元格中左侧3个字符，然后将公式向下填充至D8单元格，可分别提取出正确的省会名称

（图17）。下面将介绍通过空格法提取文本，可以自己偿试一下。

为了使读者能更清晰地理解LEFT和IF函数提取省会名称的过程，此处为图解方式（图18）。分别解说两种不同条件的情况下返回不同文本的过程。最主要是通过IF函数返回提取文本的数量。

提取顾客的姓和名

将顾客的姓和名分别提取出来并放在不同的单元格中。员工的姓可能是单姓也可能是复姓，而且顾客的名可能是1个字符，也可能是2个字符，存在各种不确定性。我们可以通过在姓和名之间添加空格，然后再FIND函数查找空格的位置。

打开“VIP顾客信息.xlsx”工作表，首先在顾客姓和名之间添加一个空格，然后在右侧插入两列（图19）。选中C4单元格并输入“=LEFT(B4,FIND(" ",B4)-1)”公式。“FIND(" ",B4)-1)”使用FIND函数返回在B4单元格中空格的位置，然后再减1即可返回顾客姓的位置。最后再通过LEFT函数从左侧提取顾客的姓，将公式向下填充到C8单元格，可见无论顾客的姓是单数还是复数的都可以提取出来（图20）。

下面以图解的方式介绍图20中函数的操作过程（图21）。使用FIND函数返回的数值减1就是该顾客的姓的位置。

顾客的姓提取出来后，接着再提取名，此时需要使用RIGHT函数从右侧提取名文本。因顾客姓名的字符数不一样，所以不能直接使用RIGHT函数提取，需要判断顾客名的字符数。判断名的字符数时，可将姓名的总字符数减去姓和空格的字符数即可，此时还需要配合使用LEN和FIND函数。

选中D4单元格，输入公式“=RIGHT(B4,LEN(B4)-FIND(" ",B4))”，按Etner键

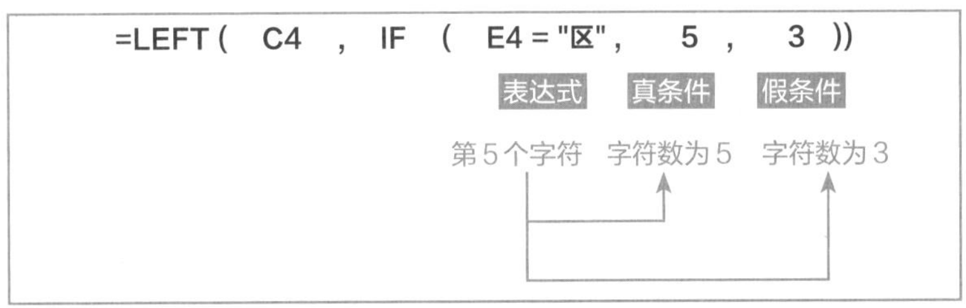

图18　首先介绍公式中各部分的含义，以及IF函数条件为真假时返回的数字，然后介绍满足条件和不满足条件的两种情况中函数公式的计算过程，看其是如何分别提取出3个或5个字符的

通过空格提取顾客的姓和名

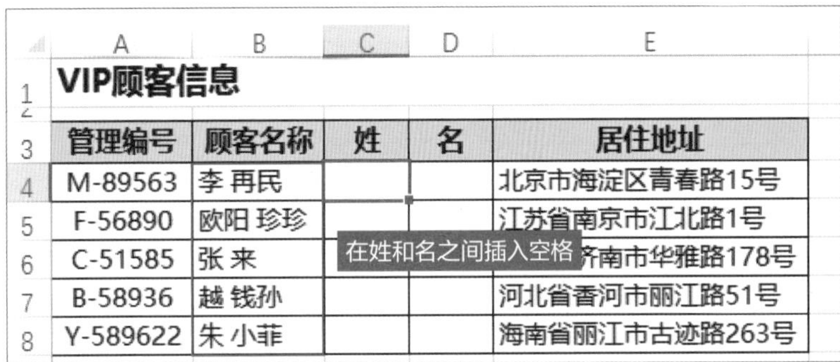

管理编号	顾客名称	姓	名	居住地址
M-89563	李 再民			北京市海淀区青春路15号
F-56890	欧阳 珍珍			江苏省南京市江北路1号
C-51585	张 来			济南市华雅路178号
B-58936	越 钱孙			河北省香河市丽江路51号
Y-589622	朱 小菲			海南省丽江市古迹路263号

图19　打开对应的工作表，在姓和名之间添加1个空格，然后在右侧插入两列并完善表格

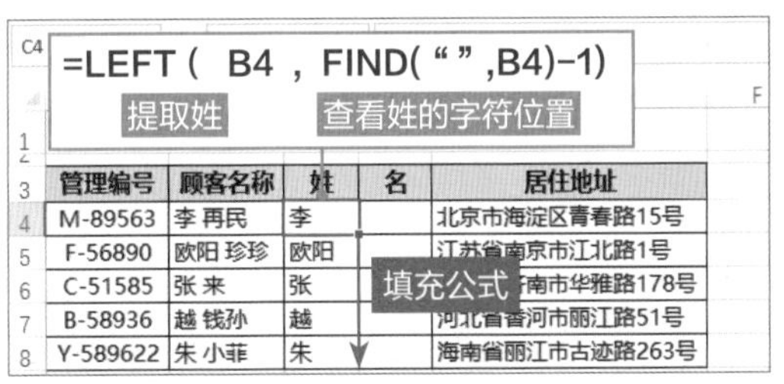

管理编号	顾客名称	姓	名	居住地址
M-89563	李 再民	李		北京市海淀区青春路15号
F-56890	欧阳 珍珍	欧阳		江苏省南京市江北路1号
C-51585	张 来	张		济南市华雅路178号
B-58936	越 钱孙	越		河北省香河市丽江路51号
Y-589622	朱 小菲	朱		海南省丽江市古迹路263号

图20　在C4单元格中输入LEFT和FIND的函数公式，提取空格左侧的姓。使用FIND函数查找空格的位置，再使用LEFT函数提取文本

李再民 ▶ 空格的位置是2 ▶ 姓的位置是1 ▶ 李

FIND　　−1　　LEFT

图21　首先使用FIND函数查找查找至空格位置为2，再减去1是姓的位置，再提取姓

RIGHT

=RIGHT(文本,字符数)

从文本的右侧向左提取指定的字符数

LEN

=LEN(文本)

计算出文本的字符数量

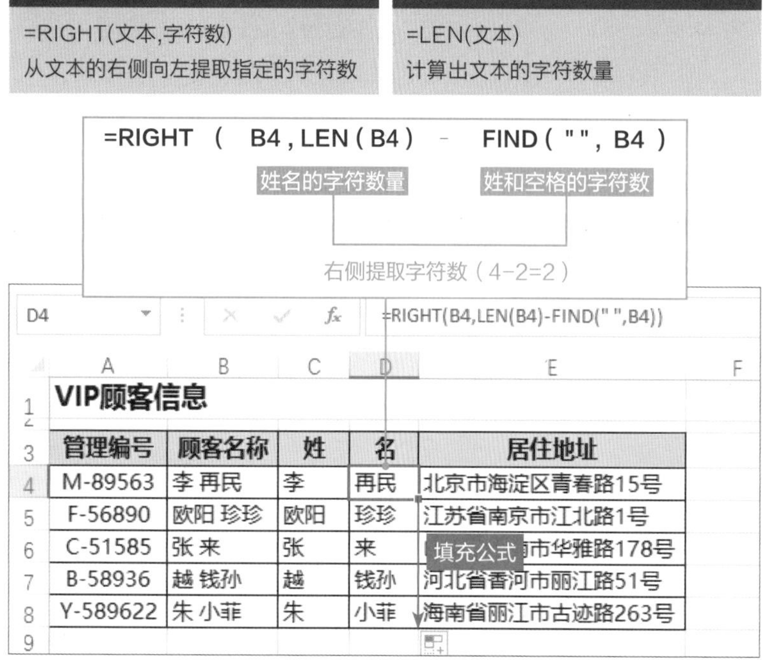

图22　在D4单元格中输入提取顾客名的公式，然后将公式向下填充到D8单元格，即可完成名称的提取

SUBSTITUTE

=SUBSTITUTE (文本，查找文本，替换文本，替换数值)

查找文本内部并用新字符替换部分文本

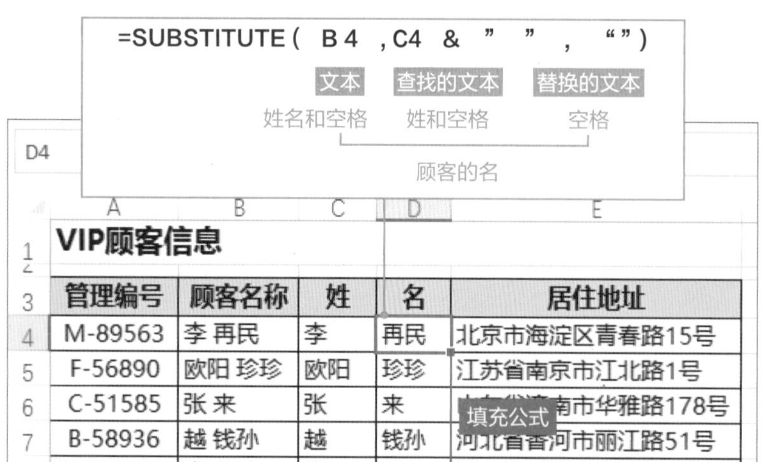

图23　利用C列提取的姓，然后使用SUBTITUTE函数将姓和空格从顾客的姓名中替换为空值，即可提取出顾客的名

知识拓展链接

本部分介绍Excel中文本函数的相关应用，由于篇幅有限，读者可关注“未蓝文化”(ID:WeiLanWH) 读者服务号，在对话窗口发送“文本函数”关键字查看更多详细的文本函数学习资源。

执行计算，再向下填充公式，即可提取出所有顾客的姓名（图22）。在函数公式中，首先使用LEN函数提取出顾客姓名和空格的字符数量，FIND函数计算出顾客姓和空格的字符数。两个数相减就是顾客名的字符数，最后使用RIGHT函数从右侧提取出名。

除了上述使用RIGHT、LEN和FIND函数提取出顾客名的方法外，还可以直接使用SUBSTITUTE函数快速提取名。SUBTITUTE函数是文本的替换函数，可以将查找到的文本替换为其他文本。在本案例中是将姓和空格替换为空的文本，即可提取顾客的名。该函数的功能和“查找”“替换”功能类似。

提取出顾客的姓之后，在D4单元格中输入“=SUBSTITUTE(B4,C4&" ","")”公式，其中需要注意在SUBTITUTE函数的第2个参数中双引号之间为1个空格；按Enter键执行计算即可提取该顾客的名，最后将公式向下填充至D8单元格，即可提取出所有顾客的名（图23）。

数值尾数的处理

扫码看视频

下面介绍用于数据尾数处理的基本函数，应用这些函数的特殊处理方法。

在处理各种数据时，过长的数据表达很难让人理解。如在计算招生人数的倍率时，其小数位数为9位，必须对小数进行处理。这种处理方法叫做“舍入”，直接舍去指定的位数或者是五舍六入等。在第5章的Part4中介绍过ROUDDOWN函数的应用方法，本部分将介绍其他舍入函数的意义和应用方法。

图1是本市教师预计招生的人数和实际报名的人数，然后通过两个数据相除得到的倍率。当单元格的格式为“常规”时，小数位数也不统一，而且因位数较多，单元格的宽度也发生了变化。

ROUND函数四舍五入

图1也可以通过设置单元格格式来控制小数点后的位数。当然也可使用ROUND函数设置小数点其保留的位数。

选中D4单元格，输入公式“=ROUND(C4/B4,2)”，按Enter键可见小数点右侧只保留了两位小数。之后将公式向下填充至D6单元格，在D5单元格中执行五入，在其他两个单元格执行四舍操作（图2）。ROUND函数的第2个参数表示需要取舍的位数，该参数为正数时，表示取小数点右侧对应数的四舍五入的数值；该参数为负数时，为小数点左侧指定位数进行四舍五入；该参数为0时，则将数值四舍五入到整数（图3）。

接下来再查看以整位数进行四舍五入的效果。图4中计算出2019年各产品销售额，为了使数据更直观些，将整数后的4位数进行四舍五入，结果为D4中的280万。

●按指定位置进行四舍五入

图1　在D4单元格中计算出倍率，实计人数除以预计人数，然后将公式向下填充。可见小数点右侧的位数较多且不统一

ROUND

=ROUND (数值,位数)

返回按照指定的位数进行四舍五入的运算结果

等级	预计人数	实计人数	倍率
幼儿园	300	1532	5.11
小学	350	2159	6.17
初中	400	2619	6.55

=ROUND (C4/B4, 2)　数值：计算倍率　位数：2位小数　填充公式

图2　在D4单元格中输入ROUND的函数，第1个参数计算倍率，第2个参数设置小数的位数。Excel会对小数右侧的第3位进行四舍五入

数据的位数	…	百位	十位	个位	第一位	第二位	第三位	…
原始数据	…	1	2	3	4	5	6	…
位数	…	−2	−1	0	1	2	3	…

图3　从该图中可以清晰地看到，数值不同的位数，对应的ROUND函数的第2个参数的值

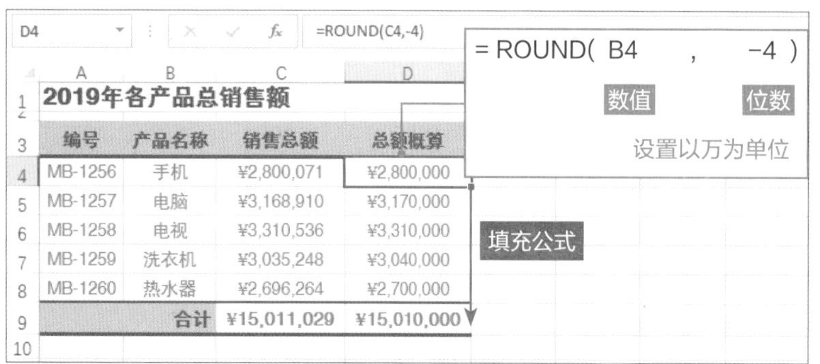

图4　统计出2019年各产品的销售金额后，由于数据比较大，将金额进行以万为单位的四舍五入，这样可以清晰地查看数据

●使用SUMPRODUCT函数计算数据

SUBTOTAL()函数

=SUBTOTAL(function_number,ref1,ref2, ...)

该函数返回列表或数据库中的分类汇总

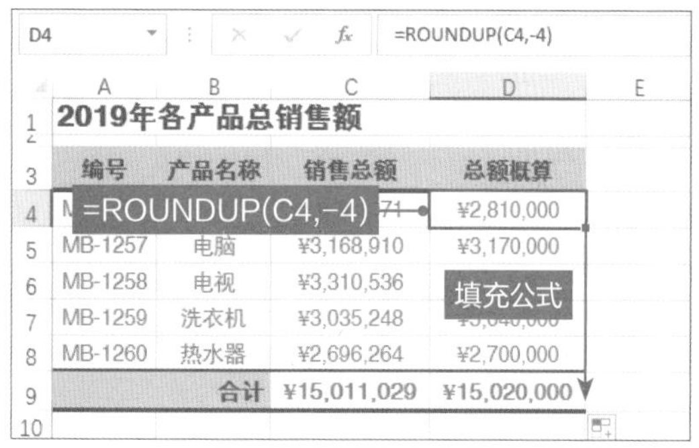

图5　使用ROUNDUP函数对数值的整数进行统一提升。在D4单元格中输入相关函数公式，对整数的万位数进行提升，然后将公式向下填充到D9单元格

图6　为了将长文本缩短使其便于查看结果，可以采用文本结合数据的方式显示。如将总额概算的值以"约290万"显示，这样查看数值就比较直观

对整数进行四舍五入后，其数据会有一定偏差，如五入后数据比实际值大点，四舍后的数据比实际值小点。我们可以使用相关函数统一处理数据，如将数据进行升值处理，使用ROUNDUP函数。使用ROUNDUP函数对2019年销售总额进行概算时，无论舍去首数据是否大于4都要向上加1，然后将公式向下填充至D9单元格，单击"自动填充选项"下拉列表中选中"不带格式填充"单选按钮，即可完成操作（图5）。在这里为了不让浏览者错误地认识数据，可设为"约290万"。需要将销售总额除以10000，然后使用ROUNDUP函数将第一位整数上调，最后使用"&"符号连接各部分即可（图6）。

如果需要进行相反的操作，可将数值按指定的位数下降数据，使用ROUND-DOWN函数。在统计销售员工的9月份销售金额后，企业为员工按照销售金额的5%提成。为了方便计算，提成将所有小数部分全部舍去。选中C4单元格，然后输入"=ROUNDDOWN(B4*0.05,0)"公式，按Enter键执行计算，最后将公式向下填充至C9单元格，即可计算出销售员工的提成并只显示整数部分的金额（图7）。

如果舍弃小数位数，只保留整数部分，除了上述介绍的函数外，还可以使用INT函数。该函数只有一个参数，不需要指定保留的位数。在C4单元格中输入"=INT(B4*0.05)"公式并按Enter键，可见计算的结果只保留整数部分，然后将公式向下填充至C9单元格，即可完成计算（图8）。

此外，TRUNC函数可以根据需要舍去指定的位数。如果使用该函数舍去所有小数其结果和INT函数的结果一样；使用该函数舍去指定位数时，和ROUNDDOWN函数返回相同的结果。TRUNC和INT函数之间还是有区别的，TRUNC函数在舍去时不受正负号的影响。INT函数返回的值不能大于原数数值，因此，舍去负数时会TRUNC函数的结果小"1"。

提升到基准值的倍数

上述介绍的函数都是以指定的位数舍入数值。而在工作中经常遇到基准值的倍数的情况，比如0.5或50的乘以值作为基准值，然后进行成倍数的处理。当按箱采购某商品，每箱包含15件商品时，要按商品数量15的倍数采购。

在Excel中，也有指定任意基准值，并舍入为其倍数的函数，例如CEILING.MATH函数。该函数是计算在指定的数值以上最接近的基准值的倍数。最后为使其成为基准值的倍数，可进行数值提升处理。

下面以企业采购生活用品为例介绍基准值和倍数的计算方法。以生活用品的“需要数量”和“每箱数量”为基础，计算实际需要采购的数量和箱数，即使用CEILING.MATH函数来计算“需要数量”以上最接近的“1箱”的倍数，然后再使用“采购数量”除以“每箱数量”就可以计算出采购的箱数。打开“采购统计表.xlsx”工作表，在D4单元格中输入公式“=CEILING.MATH(B4,C4)”，算出采购数量。在E4单元格中输入“=D4/C4”公式，算出需要采购的箱数。在F4单元格中输入“=D4-B4”公式，计算出将要剩余的数量，然后将D4:F4单元格区域中的公式向下填充即可（图9）。

另外，CEILING.MATH函数是Excel 2013中新增的函数，在此之前如果实现同样功能则使用CEILING函数，该函数在Excel 2013之后就不再使用了。

当参数的“数值”和“基准值”都为正数，使用CEILING系列的函数计算的值都是一样的。在“数值”为负数的情况下，根据函数的种类和“基准值”的正负，升值的方向是不同的。

CEILING.MATH函数中如果指定了

向下舍去小数部分

ROUNDDOWN

=ROUNDDOWN (数值,位数)

根据指定的位数向下舍入数值

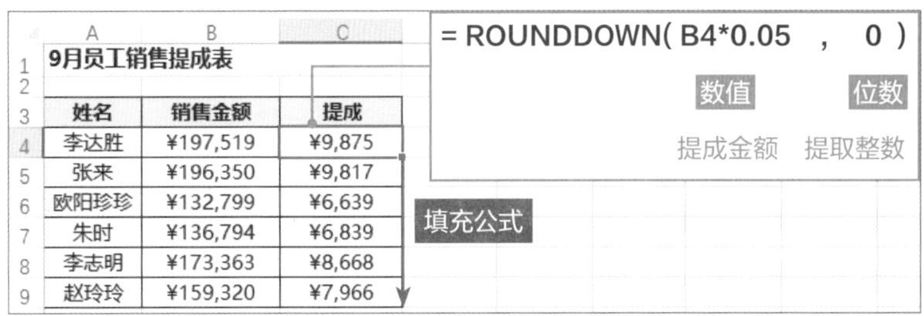

9月员工销售提成表		
姓名	销售金额	提成
李达胜	¥197,519	¥9,875
张来	¥196,350	¥9,817
欧阳珍珍	¥132,799	¥6,639
朱时	¥136,794	¥6,839
李志明	¥173,363	¥8,668
赵玲玲	¥159,320	¥7,966

图7 在计算销售员工的提成时，一般将小数位数舍去。将销售金额乘以0.05即可计算出提成金额，然后再使用ROUNDDOWN函数进行取整

INT

=INT(数值)

把小数点之后部分舍去

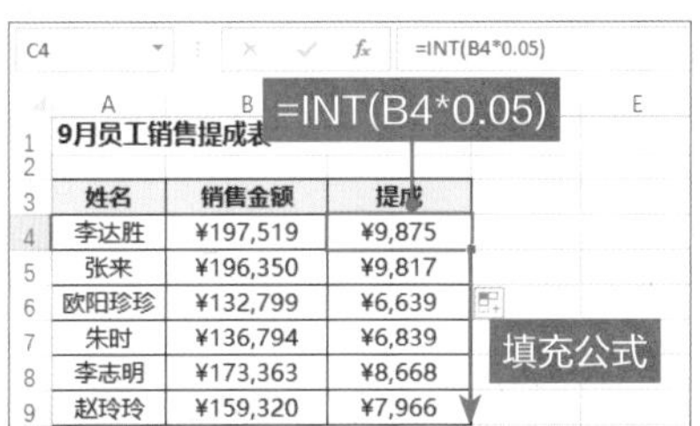

9月员工销售提成表		
姓名	销售金额	提成
李达胜	¥197,519	¥9,875
张来	¥196,350	¥9,817
欧阳珍珍	¥132,799	¥6,639
朱时	¥136,794	¥6,839
李志明	¥173,363	¥8,668
赵玲玲	¥159,320	¥7,966

图8 使用INT函数也可以舍去数值的小数部分。INT函数只包含一个参数

通过基准值和倍数计算采购数量

CEILING.MATH

= CEILING.MATH (数值,基准值,模式)

将数字向下舍入到最接近整数或最接近指定基数的倍数

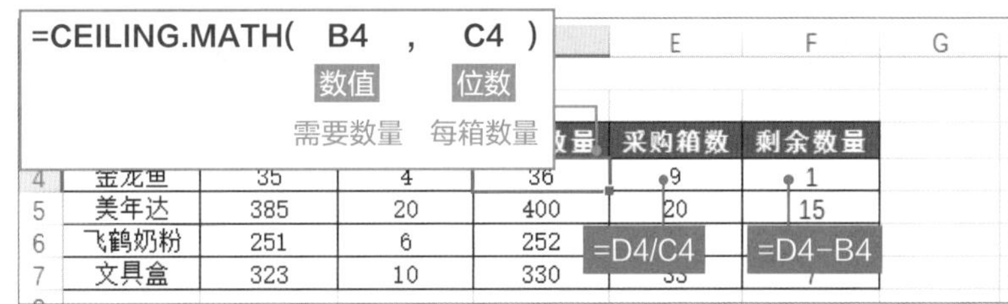

图9 在D4单元格中使用CEILING.MATH函数计算采购的数量，在E4单元格中计算采购箱数，在F4单元格中计算出剩余产品的数量

知识拓展链接

本章介绍关于数学与三角函数中数值处理的相关函数，还有计算、三角函数、随机数等更多的函数没有介绍。用户关注“未蓝文化”(ID:WeiLanWH) 读者服务号并发送“数学与三角函数”关键字即可获取更多相关的教学资源。

函数名	可用版本	“数值”为负时
CEILING	全部版本	根据版本不同
CEILING.MATH	Excel 3013之后	可以指定参数舍入的方向
CEILING.PRECISE	Excel 2010之后（Excel 2013不能用）	将半角字符转换为全角字符

图10　通过图形的方式介绍CEILING、CEILING.MATH和CEILING.PRECISE函数的版本以及“数值”的情况

FLOOR.MATH

= FLOOR.MATH (数值,基准值,模式)

将数字向下舍去，返回最接近基准数的倍数

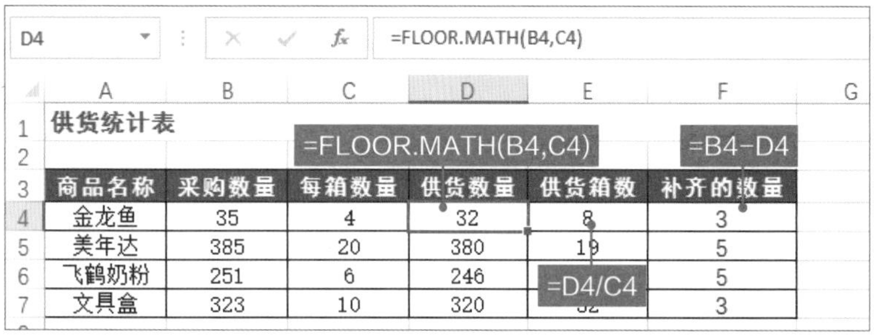

D4　=FLOOR.MATH(B4,C4)

供货统计表

=FLOOR.MATH(B4,C4)　=B4-D4

商品名称	采购数量	每箱数量	供货数量	供货箱数	补齐的数量
金龙鱼	35	4	32	8	3
美年达	385	20	380	19	5
飞鹤奶粉	251	6	246		5
文具盒	323	10	320	32	3

=D4/C4

图11　在D4单元格中计算出供货的数量，在E4单元格中计算供货的箱数，在F4单元格中计算出需要补齐的产品数量，然后将D4:F4单元格区域中的公式向下填充，即可计算出相应的结果

MOUND

= MOUND (数值,基准值)

将数值四舍五入到指定值的倍数

MOD

= MOD (被除数,除数)

计算出两数相除后的余数

D4　=MROUND(B4,C4)

供货统计表

=MROUND(B4,C4)　=B4-D4

商品名称	采购数量	每箱数量	供货数量	供货箱数	数值/倍数的余数
金龙鱼	35	4	36	9	3
美年达	385	20	380	19	5
飞鹤奶粉	251	6	252		5
文具盒	323	10	320	32	3

=D4/C4

图12　在D4单元格中使用MROUND函数计算出供货的数量，在E9单元格中计算供货箱数，在F4单元格中计算出数值除以倍数后的余数。计算完成后比较余数大于或小于倍数的一半时，供货数量的情况

“模式”参数是0还省略，则负数被舍入“数值”以上的值，即接近0的方向。如果指定非0的话，则向绝对值大的方向舍入。图10介绍CEILING系列函数的适用版本和数值的不同。

舍弃为基准值的倍数

相反在指定的数值以下计算出接近基准值的倍数时，使用FLOOR.MATH函数。在不超过数值的位数中取最大值，也就是说数值减去基准值乘以倍数的值小于基准值。

这里以供货商的角度制作表格，根据客户需要的数量和每箱数量，使用FLOOR.MATH函数计算出供货数，再算出箱数，再计算还需要补齐的数量。根据上述分析，在D4单元格中输入“=FLOOR.MATH(B4,C4)”公式，计算出按箱供货时舍弃基准值的供货数量。在E4单元格输入“=D4/C4”公式，计算出需要供货的箱数。在F4单元格中输入“=B4-D4”公式，计算出还差的商品数量（图11）。

除此之外，末端数是否比倍数一半大，如果大则返回值比基准值大，如果小于倍数一半，则返回值比基准值小。此时使用MROUND函数。该函数用来四舍五入数值到基数的值。数值除以倍数，余数小于倍数的一半时，则返回和FLOOR.MATH函数相同的值。如果余数大于倍数的一半时，则返回和CEILING.MATH函数相同的值。

还是以供货方为例，从图12中可见，“金龙鱼”的余数是3，每箱数量是4，则使用MROUND函数计算的数量为36，则比采购数量大。“美年达”的余数为5，小于每箱数量的一半，则计算出供货数量小于采购数量。

Part 3

搜索表格并提取数据

扫码看视频

下面介绍用于数据尾数处理的基本函数，
应用这些函数的特殊处理数值的方法。

在日常工作中，经常会从大量的数据中查找某些数据，这就需要使用函数来快速实现。在Part3中将介绍在指定单元格中的查找值，提取与该商品名称对应的价格。

商品名称自动标价

为了查找商品所对应的价格，首先制作“商品价格表”，将商品名称和对应价格列举出来。

然后在单元格中输入需要查找的相关信息，如查找时间、价格、数量、金额等。在Excel中可以使用VLOOKUP函数查找商品对应的价格。在G3单元格中输入公式“=VLOOKUP(E3,$A$3:$B$8,2,FALSE)”，按Enter键即可查找至“逆袭PS”的单价。在H3单元格输入“=F3*G3”公式，计算出该商品的总金额（图1）。使用VLOOKUP函数时，首先在$A$3:$B$8单元格区域的第一列查找到“逆袭PS”，在第2列查找该商品对应的价格（图2）。

VLOOKUP函数有两种“查找形式”。如果查找形式为TRUE或省略时表示近似匹配，此时首列必须以升序排列，若找不到查找的数值，则返回小于查找值的最大值；如果查找形式为FALSE，则返回精确匹配，若找不到查找的数值，则返回#N/A错误值。

快速查找对应商品名称的价格

VLOOKUP

=VLOOKUP(查找值,查找范围,列序号,查找形式)

在单元格区域的首列查找指定的数值，返回该区域的相同行中任意指定的单元格中的数值

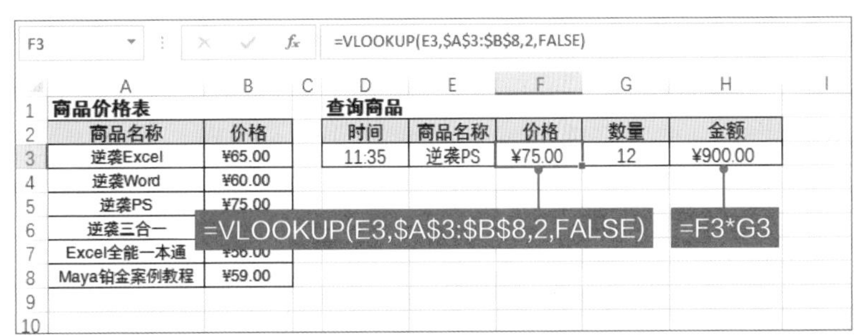

图1　可以使用VLOOKUP函数查找某商品在其他表中对应的价格，然后再计算出该商品的总金额

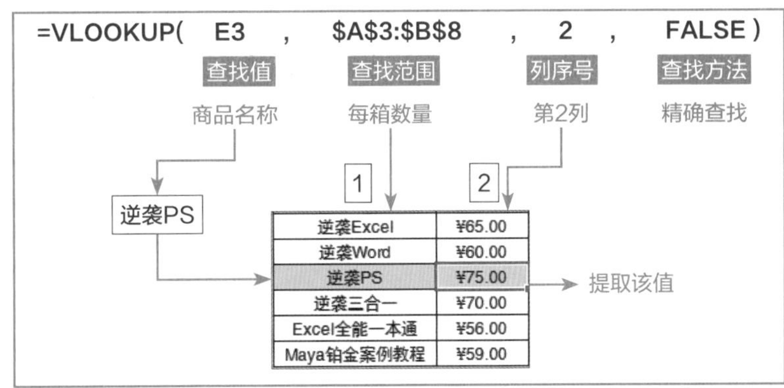

图2　VLOOKUP函数中的查找范围的最左列为查找值所在的列，查到该值后，从该列向右数对应的列序号，则该列和查找值所在行交的单元格中的值就是需要提取的数值。第4个参数为FALSE表示精确查找，如果找不到查找的值则返回#N/A错误值

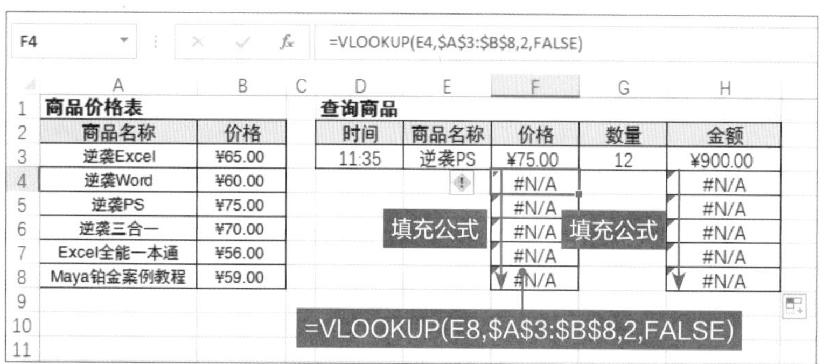

图3　在使用VLOOKUP函数查找指定数据时，如果没有确定查找值，则返回错误的值

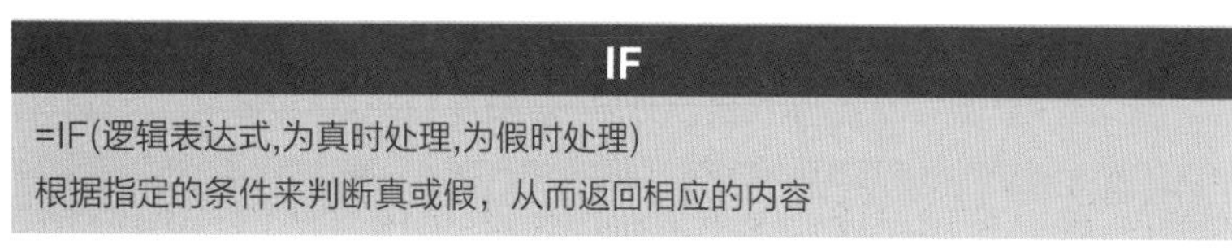

IF

=IF(逻辑表达式,为真时处理,为假时处理)

根据指定的条件来判断真或假，从而返回相应的内容

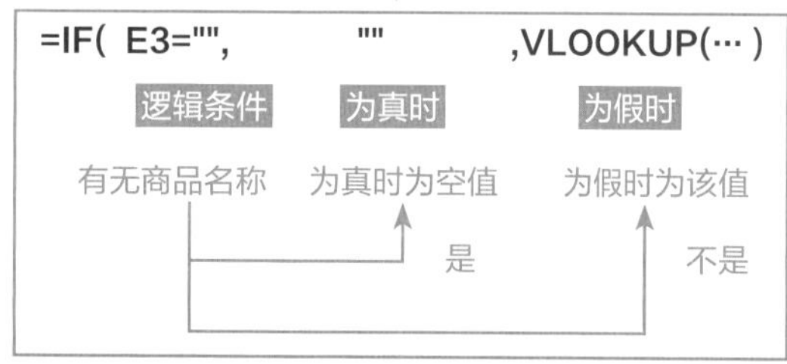

图4　结合IF函数将单元格中显示#N/A错误值显示为空值。通过条件判断在单元格中的显示结果

COUNT

=COUNT(数值1,数值2,…)

返回数值的个数

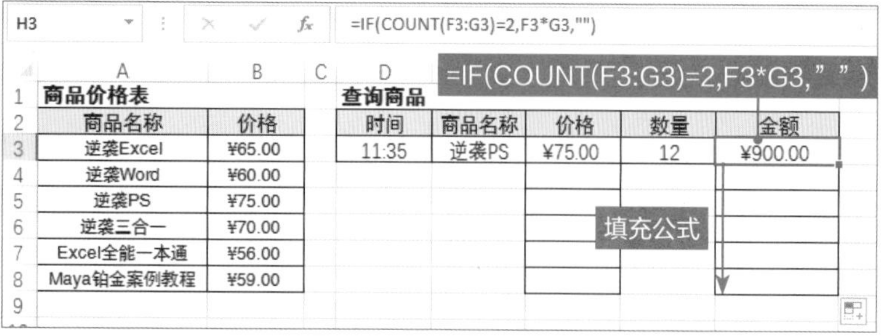

图5　在金额列中显示错误值，使用IF函数结合COUNT函数取消显示错误值。首先使用COUNT函数统计价格和数量的个数，等于2则显示不计算公式的结果，如果不等于2则显示空值

如果没有确定查找商品的名称，将公式向下填充，在单元格中显示“#N/A”错误值。该错误值表示值无效，也就是没有查找到指定的商品名称（图3）。

如果想使表格显得更专业，不显示错误的值，可以结合IF函数。使用IF函数判断是否有商品名称，如果没有则在价格对应的单元格中显示空值，如果有商品名称，则显示VLOOKUP函数返回的值。

选中F3单元格，在编辑栏中将公式修改为发“=IF(E3="","",VLOOKUP(E3,$A$3:$B$8,2,FALSE))”，在公式中需要注意IF函数前两个参数的双引号之间是空值。该公式表示的意思是如果E3单元格中是空值则返回空值，否则返回“VLOOKUP(E3,$A$3:$B$8,2,FALSE)”的值。然后将公式向下填充至F8，可见在没有确定商品名称对应价格的单元格中不显示任何数值，同时金额对应的单元格中显示“#VALUE！”错误值（图4）。

在计算金额时，使用IF和COUNT函数来确定单元格中显示的内容。如果没有确定商品名称的价格时，在单元格中显示空值，如果有价格则显示计算公式的结果。选中H3单元格，编辑栏中将公式修改为“=IF(COUNT(F3:G3)=2,F3*G3,"")”，并将公式向下填充（图5）。该公式首先通过COUNT函数判断该商品有没有提取价格，然后使用IF函数判断如果没有价格则显示空值，如果有价格则显示计算公式的结果。其中“COUNT(F3:G3)=2”显示价格和数量对应的单元格的个数是否等于2，如果等于2表示已经提取价格，如果不等于2表示还没有提取价格。

在Excel 2016版本中新增IFNA函数，该函数可以将错误值“#N/A”，根据条件返回指定的信息。如果在“价格”列中有商品名称则提取对应的价格，如果没有商品名称，则显示“请选择商品”文本。选择F3单元格，在编辑栏中将公式修改为“=IFNA(VLOOKUP(E3,$A$3:$B$8,2,FALSE),"请选择商品")”。然后将公式向下填充，则在没有确定商品名称时，单元格中显示“请选择商品”文本（图6）。

从列表中选择商品名称

在查询商品价格时，需要手动输入商品名称。如果能够通过简单地操作鼠标就能完成商品名称的输入，是不是很完美（图7）。从单元格的列表中选择商品的名称，操作即简单，而且还不会出现错误，真是一举两得。在Excel中通过“数据验证”功能就能实现这样的操作。首先选择“商品名称”列的相关单元格区域。再切换至“数据”选项卡，单击“数据工具”选项组中“数据验证”按钮（图8）。打开“数据验证”对话框，在“设置”选项卡中单击“验证条件”选项区域中的“允许”下三角按钮，在列表中选择“序列”选项，单击“来源”右侧折叠按钮，在工作表中选择“商品价格表”中的A3:A8单元格区域，再次单击折叠按钮返回上级对话框，在“来源”文本框中自动输入“=$A$3:$A$8”，最后单击“确定”按钮即可（图9）。在“来源”文本框中也可以直接输入相关文本，但必须在商品名称之间添加英文半角状态下的逗号。

设置完成后即可实现图7所示的效果，当选择商品名称后，自动提取该商品的价格。再输入数量后，自动计算出该商品的总金额。

搜索区间内的数据

VLOOKUP函数除了在精确查找出商品名称等特定的数据外，还可以将并排在单元格范围的数值与数值之间视为区间，

IFNA

=IFNA(错误值的公式,返回值)

表示如果公式返回错误值#N/A，则结果返回指定的值，否则返回公式的结果

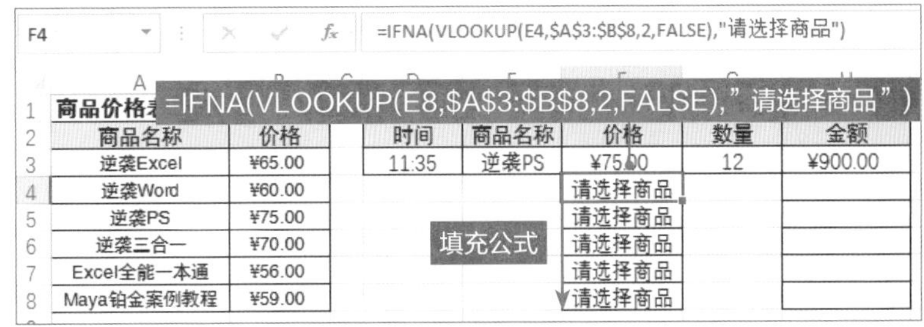

图6　除了上述介绍的使用IF函数，还可以使用IFNA函数处理返回#N/A的错误值，将公式修改并向下填充公式

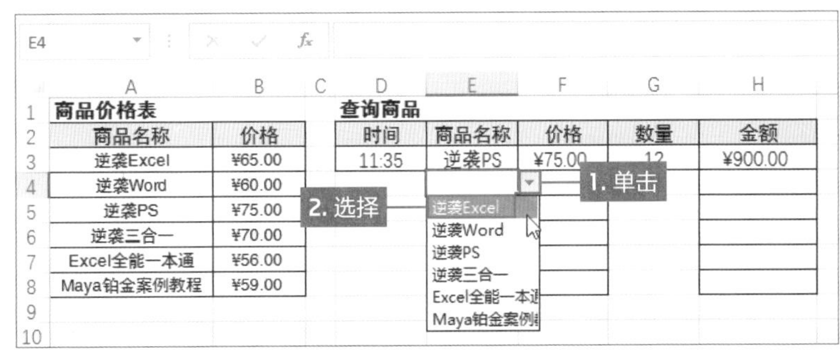

图7　通过“数据验证”功能规范商品名称的输入，只需要单击右侧下三角按钮，在列表中选择需要查找单价的商品名称即可

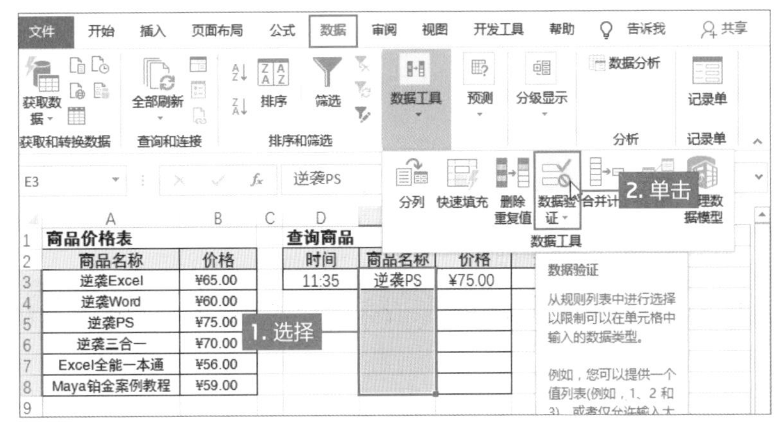

图8　首先选择需要添加商品名称的单元格区域，然后在“数据”选项卡的“数据工具”选项组中单击“数据验证”按钮

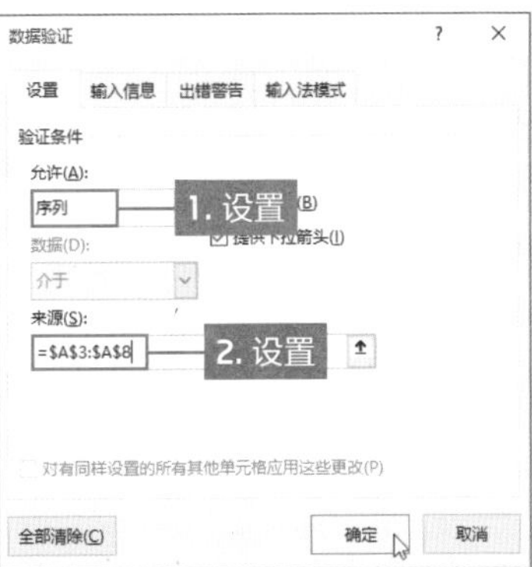

图9　在打开的“数据验证”对话框的“设置”选项卡中，设置“允许”为“序列”，再设置“来源”的区域为A3:A8单元格区域，单击“确定”按钮完成

知识拓展链接

在使用“数据验证”功能规范文本时，还可以设置“输入信息”“出错警告”等相关信息，用户可以关注“未蓝文化”(ID:WeiLanWH) 读者服务号并发送“数据验证”关键字即可获取更多相关的教学资源。

查找数据的区间并提取对应的数据

C4 =VLOOKUP(B4,$F$4:$G$7,2,TRUE)

=VLOOKUP(B4,$F$4:$G$7,2,TRUE)

填充公式

	A	B	C	D	E	F	G
1	销…					提成率一览表	
2							
3	员工姓名	销售金额	提成率	提成金额		范围	提成率
4	朱光济	¥74,829.00	0.03	¥2,244.87		¥0.00	0.03
5	焦鸿飞	¥135,119.00	0.05	¥6,755.95		¥100,000.00	0.05
6	赵海超	¥81,886.00	0.03	¥2,456.58		¥500,000.00	0.08
7	孙今秋	¥102,048.00	0.05	¥5,102.40		¥1,000,000.00	0.1
8	邹静	¥101,103…	0.05	¥5,055.15			
9	唐元冬	¥69,657.00	0.03	¥2,089.71			
10	周妙	¥65,154.00	0.03	¥1,954.62			
11	陈运鹏	¥97,330.00	0.03	¥2,919.90			
12	杨宣楼	¥69,002.00	0.03	¥2,070.06			

图10　在计算员工提成率时，使用VLOOKUP函数进行数据区间查找对应的数据，第4个参数需要设置为TRUE

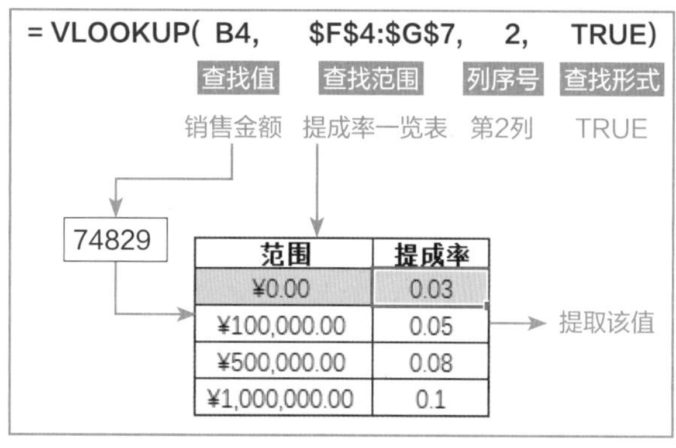

图11　使用VLOOKUP函数进行模糊查找时，设置第4个参数为TRUE。会根据数据区域提取对应的提成率

在表格中横向查找数据

HLOOKUP

=HLOOKUP(查找值,查找范围,行序号,查找形式)

在查找范围的首行查找指定的数值，返回区域中指定行的所在列的单元格中的数值

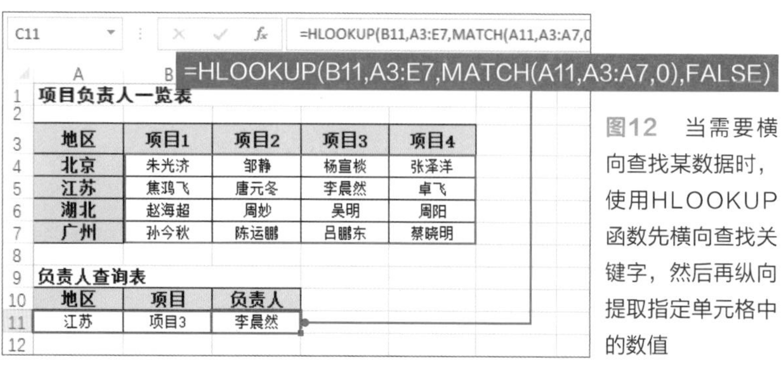

C11 =HLOOKUP(B11,A3:E7,MATCH(A11,A3:A7,0),FALSE)

	A	B	C	D	E
1	项目负责人一览表				
2					
3	地区	项目1	项目2	项目3	项目4
4	北京	朱光济	邹静	杨宣楼	张泽洋
5	江苏	焦鸿飞	唐元冬	李晨然	卓飞
6	湖北	赵海超	周妙	吴明	周阳
7	广州	孙今秋	陈运鹏	吕鹏东	蔡晓明
8					
9	负责人查询表				
10	地区	项目	负责人		
11	江苏	项目3	李晨然		
12					

图12　当需要横向查找某数据时，使用HLOOKUP函数先横向查找关键字，然后再纵向提取指定单元格中的数值

然后自动判断查找数值在哪个区间并提取出对应的数据。如企业根据销售员工的销售金额制作5个档次的提成标准，可以通过VLOOKUP函数模糊查找各员工销售金额所对应的提成率。

为了使用VLOOKUP函数准确地提取提成率，需要设置该函数的第4个参数为TRUE。然后在“提成率一览表”中将销售金额的等级按升序排列。否则无法提取正确的提成率。

企业规定销售金额小于10万元按0.03提成；在10万和50万元之间按0.05提成；在50万和100万之间按0.08提成；大于100万按钮0.1提成。在计算员工的提成工资时，先提取该员工的提成率。在C4单元格中输入VLOOKUP函数公式，以B4单元格中的销售金额为查找数值，判断该金额小于10万元，所以返回0.03。在D4单元格中输入“=B4*C4”公式计算出该员工的提成工资，最后将公式向下填充即可计算出所有员工的提成工资（图10、图11）。

除了纵向查找数据之外，还可以横向查找，此时使用HLOOKUP函数。在项目负责人一览表中查找负责人的信息。在C11单元格中输入“=HLOOKUP(B11,A3:E7,MATCH(A11,A3:A7,0), FALSE)”公式，按Enter键执行计算即可显示“李晨然”负责人的姓名（图12）。使用HLOOKUP函数查找B11单元格在B3:E3单元格区域中的位置，然后再确定A11单元格中所在的行，列和行的交叉单元格就是要查找的数据。

行和列的查找

在Excel中没有任何一个函数可以查找行标题和列标题所交叉的单元格，只能通过复合函数来实现，如图12中的HLOOKUP和MATCH函数。

使用MATCH函数可以查找指定值在某

单元格区域中的位置，如横向或纵向的。在“项目负责人一览表”中需要查找指定地区所在的纵向位置和横向的位置。在B12单元格中输入“=MATCH(B11,A4:A7,0)”公式，计算出“江苏”在A4:A7单元格区域中所在位置。在C12单元格中输入“=MATCH(C11,B3:E3)”公式，计算出“项目2”在B3:E3单元格区域中所在的位置（图13）。接下来，以查找“江苏”的位置为例介绍MATCH函数的应法，其中该函数的第3个参数为0，表示函数查找的值必须是“江苏”（图14）。MATCH函数的查找形式和VLOOKUP函数不同，它是用1、0、-1表示的。当该参数为1或省略时，函数查找的数值小于或等于查找值的最大值，查找范围必须按升序排列；当参数为-1时，函数查找的数值大于或等于查找值的最小值，查找范围必须按降序排列；该参数为0时，函数查找的数值等于查找值的第一个数值，查找范围可以按任何顺序排列。

目前，需要在B4:E7单元格区域中查找江苏地区项目2的负责人，此时使用INDEX函数。在E11单元格区域中输入“=INDEX(B4:E7, B12,C12)”公式，计算出指定“江苏”的行号和“项目2”的列标，在B4:E7单元格区域中查找单元格内的值（图15），接着可以将两个函数结合使用，不需要分别计算出位置，再提取数据，只需要使用嵌套函数计算即可，但是其运算的顺序是一样的。在E11单元格中输入“=INDEX(B4:E7,MATCH(B11,A4:A7,0),MATCH(C11,B3:E3))”公式，按Enter键即可提取出数据。将计算查找值位置的公式作为INDEX函数的参数（图16）。

也可使用VLOOKUP函数进行行列的查找，其中第3个参数是使用MATCH函数计算出横向位置的数值（图17）。

查找表格的行标题和列标题

MATCH

=MATCH(查找值,查找范围,查找形式)

返回指定数值在指定区域中的位置

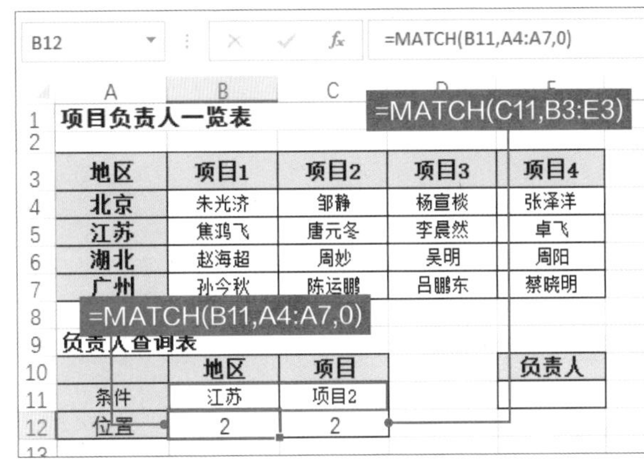

图13 需要从列标题中查找“项目2”的位置，再从行标题中查找“江苏”的位置。使用MATCH函数分别计算出相应的数值

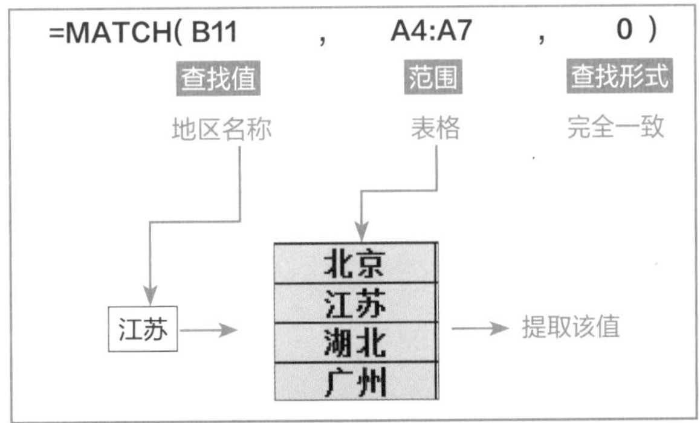

图14 使用MATCH函数查找“江苏”在指定单元格区域的位置，第3个参数为0，表示查找内容必须是“江苏”

INDEX

=INDEX(查找范围,行号,列号)

返回指定行号和列标交叉处单元格内的值

=INDEX(B4:E7,B12,C12)

项目负责人一览表

地区	项目1	项目2	项目3	项目4
北京	朱光济	邹静	杨宣榱	张泽洋
江苏	焦鸿飞	唐元冬	李晨然	卓飞
湖北	赵海超	周妙	吴明	周阳
广州	孙今秋	陈运鹏	吕鹏东	蔡晓明

负责人查询表

	地区	项目	负责人
条件	江苏	项目2	唐元冬
位置	2	2	

图15 分别计算出“江苏”和“项目2”所对应的位置后，使用INDEX函数在B4:E7单元格区域中查找交叉的单元格并提出数据

=INDEX(B4:E7, MATCH(B11,A4:A7,0), MATCH(C11,B3:E3))

项目负责人一览表

地区	项目1	项目2	项目3	项目4
北京	朱光济	邹静	杨宣榱	张泽洋
江苏	焦鸿飞	唐元冬	李晨然	卓飞
湖北	赵海超	周妙	吴明	周阳
广州	孙今秋	陈运鹏	吕鹏东	蔡晓明

负责人查询表

	地区	项目	负责人
条件	江苏	项目2	唐元冬
位置	2	2	

图16 将两个函数嵌套使用，就不需要逐步计算了。使用MATCH函数计算出位置作为INDEX函数的参数使用

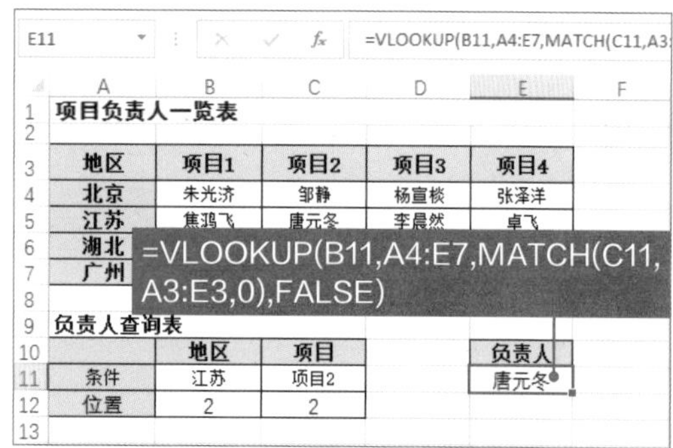

E11 =VLOOKUP(B11,A4:E7,MATCH(C11,A3:

	A	B	C	D	E
1	项目负责人一览表				
3	地区	项目1	项目2	项目3	项目4
4	北京	朱光济	邹静	杨宣桢	张泽洋
5	江苏	焦鸿飞	唐元冬	李晨然	卓飞
6	湖北				
7	广州				
9	负责人查询表				
10		地区	项目		负责人
11	条件	江苏	项目2		唐元冬
12	位置	2	2		

图17　使用VLOOKUP函数结合MATCH函数也可以进行行列查找，使用MATCH函数返回列的数值作为VLOOKUP函数的偏移量

从其他表格中提取数据

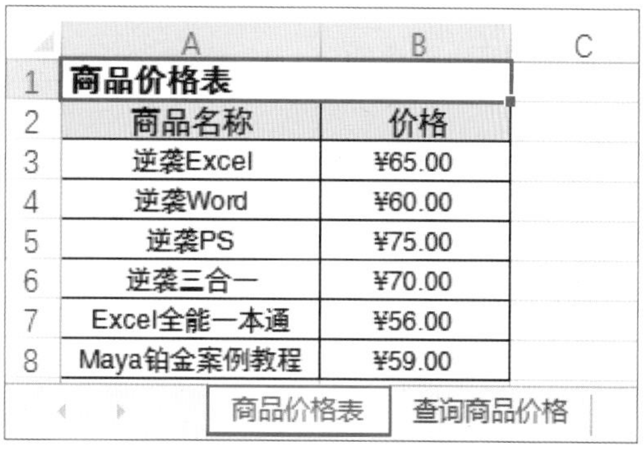

	A	B
1	商品价格表	
2	商品名称	价格
3	逆袭Excel	¥65.00
4	逆袭Word	¥60.00
5	逆袭PS	¥75.00
6	逆袭三合一	¥70.00
7	Excel全能一本通	¥56.00
8	Maya铂金案例教程	¥59.00

商品价格表　查询商品价格

图18　在“商品价格表”工作表中输入商品的价格。在“查询商品价格”工作表中显示需要查询价格的商品名称

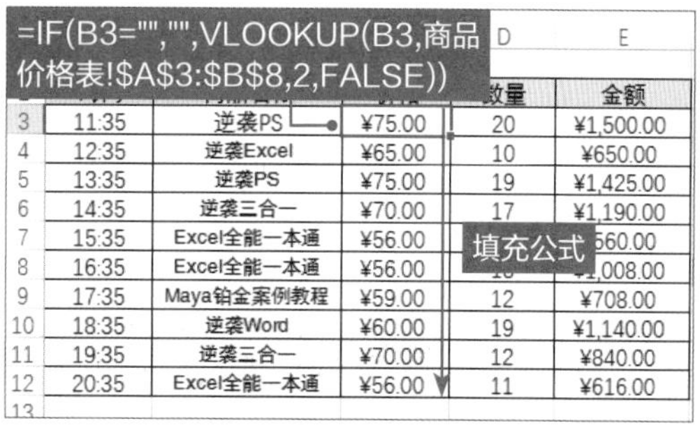

=IF(B3="","",VLOOKUP(B3,商品价格表!$A$3:$B$8,2,FALSE))

	A	B	C	数量	金额
3	11:35	逆袭PS	¥75.00	20	¥1,500.00
4	12:35	逆袭Excel	¥65.00	10	¥650.00
5	13:35	逆袭PS	¥75.00	19	¥1,425.00
6	14:35	逆袭三合一	¥70.00	17	¥1,190.00
7	15:35	Excel全能一本通	¥56.00		560.00
8	16:35	Excel全能一本通	¥56.00		1,008.00
9	17:35	Maya铂金案例教程	¥59.00	12	¥708.00
10	18:35	逆袭Word	¥60.00	19	¥1,140.00
11	19:35	逆袭三合一	¥70.00	12	¥840.00
12	20:35	Excel全能一本通	¥56.00	11	¥616.00

填充公式

图19　在计算商品价格时需要从不同工作表中引用，可以使用VLOOKUP函数，只是在引用的区域之前添加工作表名称和感叹号

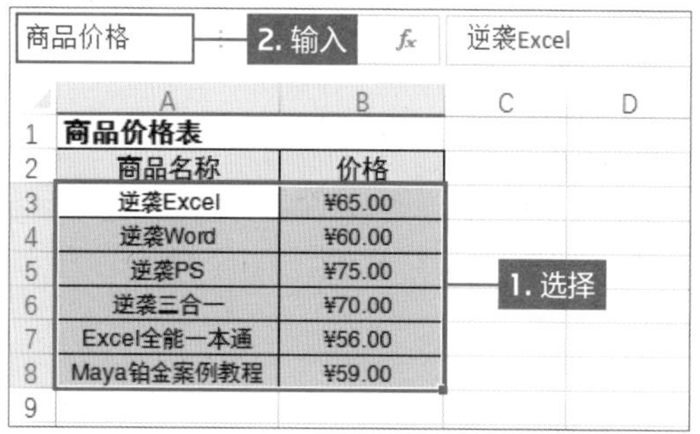

商品价格　2. 输入　逆袭Excel

	A	B
1	商品价格表	
2	商品名称	价格
3	逆袭Excel	¥65.00
4	逆袭Word	¥60.00
5	逆袭PS	¥75.00
6	逆袭三合一	¥70.00
7	Excel全能一本通	¥56.00
8	Maya铂金案例教程	¥59.00

图20　如果在同一工作簿中为引用的单元格区域创建名称会更方便。选中单元格区域，在名称框中输入名称，按Enter键即可

	A	B	C	D	E
1	查询商品				
2	时间	商品名称	价格	数量	金额
3	11:35	逆袭PS	¥75.00	20	¥1,500.00
4	12:35	逆袭Excel	¥65.00	10	¥650.00
5				19	¥1,425.00
6					190.00
7					60.00
8				18	¥1,008.00
9	17:35	Maya铂金案例教程	¥59.00	12	¥708.00
10	18:35	逆袭Word	¥60.00	19	¥1,140.00
11			70.00	12	¥840.00
12			56.00	11	¥616.00

=IF(B3="","",VLOOKUP(B3,商品价格,2,FALSE))

填充公式

使用名称指定引用

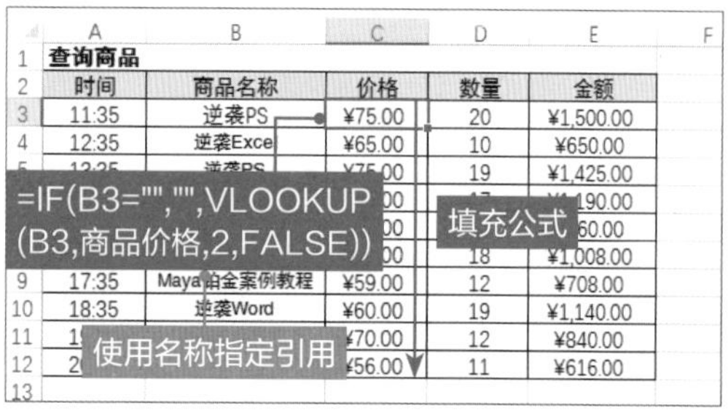

图21　为某单元格区域设置好名称后，在使用函数公式进行计算时，如果引用该区域则直接输入名称即可

跨表格查找数据

以上介绍的所有查找的数据和查找的范围都是在同一工作表中的。在实际工作中很有可能是在不同工作表中或在不同的工作簿中的（图18）。在Excel中可以参照其他工作表或工作簿中的单元格区域，引用时直接在左侧输入工作表名称加“！”即可，其他参数不变（图19）。如果跨工作簿引用单元格，格式为：[工作簿名称.xlsx]+工作表名称!+单元格引用的区域。

为了防止引用时出错，可以为跨工作表引用的单元格区域创建名称，在“商品价格表”的工作表中选择A3:B8单元格区域并输入名称，按Enter键即可（图20）。在输入公式时，引用该单元格区域只需输入名称即可（图21）。在使用名称时，也不需要考虑单元格的引用问题。

Part 4

自由支配日期和星期

扫码看视频

使用用于处理日期的函数，
可对日期进行运算，如计算特定日期、标记周末等。

订单和一些商务文件中必须填写日期，同时还需要对这些日期进行处理。在Excel中可以使用日期函数对日期进行计算处理，如自动显示特定日期、计算两个日期之间的天数。

Excel中的日期是以数字来管理的，此数字称为序列值。序列值分为整数与小数两部分，整数部分管理日期，小数部分管理时间。

日期的序列值是“整数.小数”中的整数部分，是将1900年1月1日作为1，直到9999年12月31日为止的天数顺序来划分。日期和其序列值是一一对应的，因此不用担心闰年的问题。例如将43651数值设置日期格式后，则显示为“2019-7-5”的日期数值。

在Excel中如果输入“2019-7-5”或“7-5”，按Enter键后，可自动将该单元格的格式修改为日期并作为日期数据显示。

计算某天后的日期

商业中的日期，一般不包括节假日，如计算某天之后的日期时，需要将期间内的周末和节假日除外。例如，公司采购一批商品，现在商家可以在规定的时间内生产出采购的商品，在计算“到货日期”时，需要在“采购日期”的基础上加上供货的天数，并且去除期间内所有周末和节

●使用公式计算到货日期

F3 =D3+E3

采购统计表

商品名称	采购数量	采购价格	采购日期	供货天数	到货日期		假日
晶体二极管	500	¥10.50	2019-6-15	35	2019-7-20		2019-8-1
直插电解电容	680	¥58.00	2019-6-20	60	2019-8-19		2019-8-2
晶体管	590	¥26.00	2019-6-26	40	[illegible]		
光耦	540	¥35.00	2019-7-2	30	[illegible]		
发光管	120	¥21.00	2019-7-3	26	2019-7-29		
连接器	300	¥87.00	2019-7-5	55	2019-8-29		

=D3+E3
填充公式

图1 计算日期某天数之后的日期，可以直接将日期加上天数即可。将D3单元格中的日期加E3单元格中的天数就可以计算出到货日期

WORKDAY

=WORKDAY(开始日期,天数,节假日)
返回某日期之前或之后相隔指定工作日天数的日期

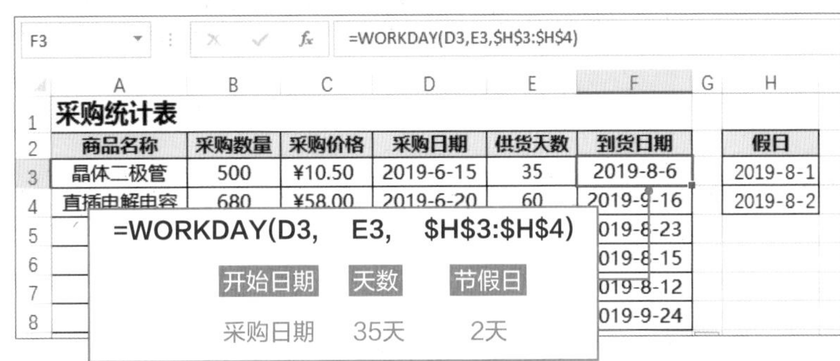

图2 使用WORKDAY函数计算相隔指定天数后的日期时，可以去除周末和指定的节假日，只计算相隔指定工作日后的日期

假日。

在计算日期之后某天的日期时，如果不考虑周末或节假日，可以将日期加上天数即可（图1）。但在商业中提到的天数一般指的是工作日。此时可以使用WORKDAY函数进行计算。使用该函数在计算日期时，一般周末的日期不需要在公式中体现出

WORKDAY.INTL

=WORKDAY.INTL(开始日期,天数,周末,节假日)

返回去除公休日和节假日之后指定天数的日期

	采购统计表							
2	商品名称	采购数量	采购价格	采购日期	供货天数	到货日期		假日
3	晶体二极管	500	¥10.50	2019-6-15	35	2019-7-26		2019-8-1
4	直插电解电容	680	¥58.00	2019-6-20	60	2019-8-31		2019-8-2
5	晶体管	590	¥26.00	2019-6-26	40	2019-8-14		
6	光耦	540	¥35.00	2019-7-2	30	2019-8-8		
7	发光管	120	¥21.00	2019-7-3	26	2019-8-5		
8	连接器	300	¥87.00	2019-7-5	55	2019-9-1		

填充公式

=WORKDAY.INTL(D3, E3, 11, $H$3:$H$4)

开始日期 天数 周末 节假日

采购日期 35天 周六 2天

图3 使用相关函数计算出除指定休息日和节假日之后的日期

计算月底的结账日期

EOMONTH

=EOMONTH(开始日期,月)

计算指定月数最后一天的日期

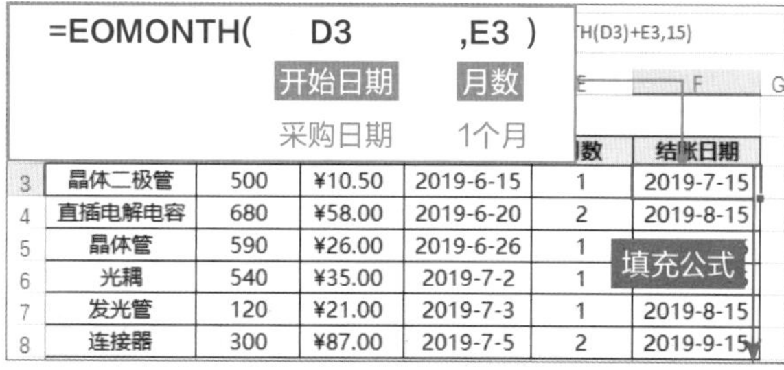

=EOMONTH(D3 ,E3)

开始日期 月数

采购日期 1个月

					数	结账日期
3	晶体二极管	500	¥10.50	2019-6-15	1	2019-7-15
4	直插电解电容	680	¥58.00	2019-6-20	2	2019-8-15
5	晶体管	590	¥26.00	2019-6-26	1	
6	光耦	540	¥35.00	2019-7-2	1	
7	发光管	120	¥21.00	2019-7-3	1	2019-8-15
8	连接器	300	¥87.00	2019-7-5	2	2019-9-15

填充公式

图4 采购商品到货后，企业将在该月的月底为供货商结账。使用EOMONTH函数计算出供货月数最后一天的日期

计算指定月数当月15号的日期

DATE

=DATE(年,月,日)

由年、月、日的数值计算日期的序列值

YEAR

=YEAR(日期序列值或日期字符串)

计算出指定日期的年

MONTH

=MONTH(日期序列值或日期字符串)

计算出指定日期的月

	采购统计表					
2	商品名称	采购数量	采购价格	采购日期	月数	结账日期
3	晶体二极管	500	¥10.50	2019-6-15	1	2019-7-31
4	直插电解电容	680	¥58.00	2019-6-20	2	2019-8-31
5	晶体管	590	¥26.00	2019-6-2		2019-7-31
6	光耦	540	¥35.00	2019-7-		2019-8-31
7	发光管	120	¥21.00	2019-7-3	1	2019-8-31
8	连接器	300	¥87.00	2019-7-5	2	2019-9-30

填充公式

来，需要将节假日的时间在第3个参数体现。在工作表中的H2:H4单元格区域中输入放假的日期。在F3单元格中输入“=WORKDAY(D3,E3,$H$3:$H$4)”公式，然后将公式向下填充至F8单元格（图2）。用户可以比较一下图1和图2中的到货日期。

根据行业的不同，企业休息的时间也不同，如有的周末上班，周一至周五休息一天；有的是周六上班，周日休息。这些都可以使用WORKDAY.INTL函数进行计算。该函数的功能和WORKDAY函数相同，但是可以使用“周末”的参数，将任意日期设定为休息日。

在F3单元格中输入公式“=WORKDAY.INTL(D3,E3,11,$H$3:$H$4)”。其中第3个参数11表示指定周日为休息日，然后将公式向下填充（图3）。

计算某月最后一天的日期

很多企业中都是确认收货后该月的月底结清货款。在Excel中计算某月的最后一天的日期，使用EOMONTH函数。在采购统计表的F3单元格中输入“=EOMONTH(D3,E3)”公式，即可计算出指定月数后当月最后一天的日期（图4）。

有的企业需要在每月的20号为结账或其他操作，因此，可以从基准日期中分别提取年和月，然后在月份上加指定的月数即可。使用YEAR函数提取日期中的年份，使用MONTH函数提取日期中的月数；最后再使用DATE函数将提取的数据构成日期（图5）。

如果指定的日期中的月份加上指定的月数超过12时，用户也不需要担心，Excel会自动切换至下一年并显示对应的月份。如2019年13月，则自动显示为2020年1月。根据同样的方法，可以计算出指定年数的日期，即使用YEAR函数提取年份，然后加上指定的数字即可。

我们可以进一步分析，计算指定月数的15号的日期，其实相当于指定月数前一个月的月末日期加15。可以使用EOMONTH函数先计算出指定月数的上一个月的最后一天的日期，然后再加15表示在日期的基础上加上15天就是需要的日期（图6）。

在截止日之前或之后

相信很多商务人士都遇到过这种情况，某公司的结账日是每个月的15号，但是供货的日期如果是在当月15号之后，则结账日期会再向后推1月。如2019年6月10日供货，结账日期应为2019年7月15日；如果是2019年6月16日供货，结账日期就为2019年8月15日。

根据截止日期判断结账日期，首先使用IF和DAY函数判断日期是在结账日之前还是之后，其返回的值作为EOMONTH函数的第2个参数，最后再加15即可。在E3单元格中输入“=EOMONTH(D3,IF(DAY(D3)<=15,0,1))+15”公式，并将该公式向下填充至E8单元格，即可计算出结账日期（图7）。

结账日为休息日则改为第2个工作日

当企业规定每月20号为结账日时，难免会遇到该天为休息日的情况，那么就推迟两天。例如，结账日20号为星期六，则推迟到下周一结账，也就是设22号为结账日。

为了实现这样的操作，可以使用WORKDAY函数。其要点是先计算结账日期的前一天，然后再使用WORKDAY函数计算出推迟的结账日。在“计算支

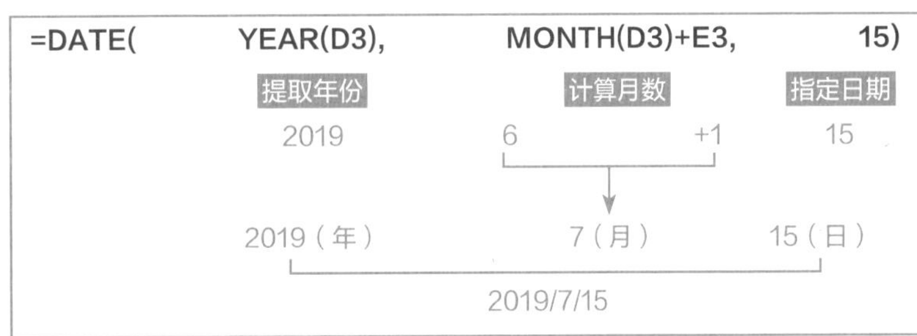

图5　在计算指定月数的15号，将日期中年、月、日分解后再进行处理。用YEAR函数提取年；用MONTH函数提取月，并加E3单元格中的值；15是表示日。最后使用DATE函数指定日期

F3　=EOMONTH(D3,E3-1)+15

采购统计表

商品名称	采购数量	采购价格	采购日期	供货天数	到货日期
晶体二极管	500	¥10.50	2019-6-15	1	2019-7-15
直插电解电容	680	¥58.00	2019-6-20	2	2019-8-15
晶体管	590	¥26.00	2019-6-26	1	2019-7-15
光耦	540	¥35.00	2019-7-2	1	2019-8-15
发光管	120	¥21.00	2019-7-3	2	2019-9-15
连接器	300	¥87.00	2019-7-5	1	2019-8-15

=EOMONTH(D3,E3-1)+15　填充公式

图6　使用EOMONTH函数计算出指定月数上个月最后一天的日期，然后再加15，表示计算指定月数的指定日期

●结账日之后再转到下一个月

采购统计表

商品名称	采购数量	采购价格	到货日期	结账日期
晶体二极管	500	¥10.50	2019-6-15	2019-7-15
直插电解电容	680	¥58.00	2019-6-20	2019-8-15
晶体管	590	¥26.00	2019-6-26	2019-8-15
光耦	540	¥35.00	2019-7-2	2019-8-15
发光管	120	¥21.00	2019-7-3	2019-8-15
连接器	300	¥87.00	2019-7-5	2019-8-15

填充公式

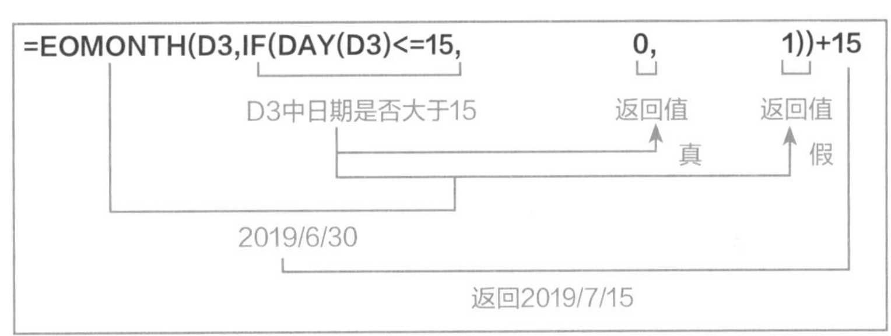

图7　使用图4中的函数结果IF和DAY函数来计算出结账日期每月15日为截止日，之后的转到下个月

如果当日为休息日则改更改结账日期

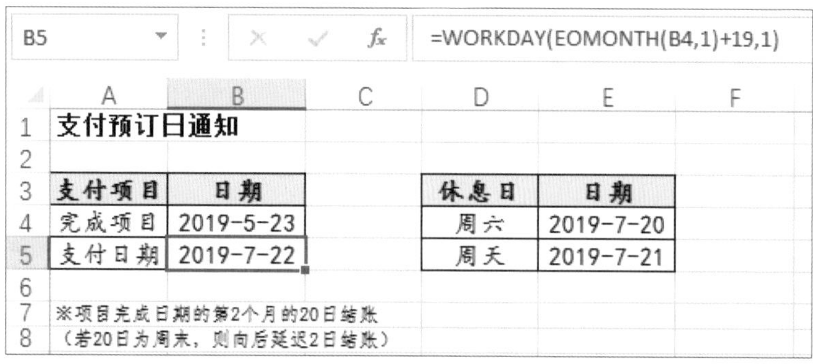

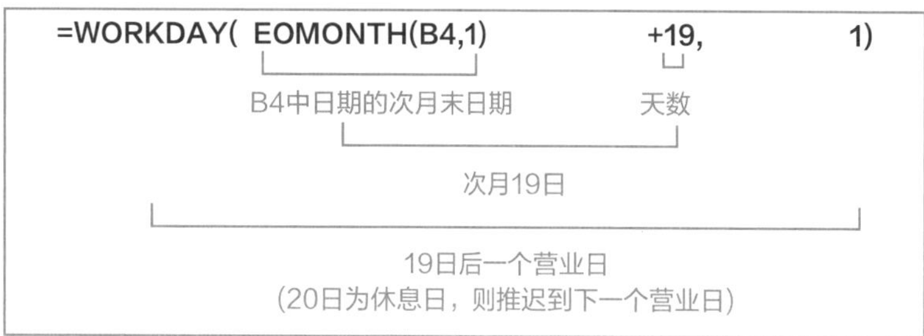

图8　本来支付日为休息日，所以将下一个营业日作为结账日期。使用EOMONTH函数计算结账日上个月月末的日期，然后加19，再使用WORKDAY函数计算出1个工作日后的日期即可

图9　企业为20号对账，月末结账。如果月末是休息日，则结账日期提前至上一个工作日。使用4个函数嵌套计算出月末的结账日期

显示日期对应的星期值

WEEKDAY

=WEEKDAY(日期序列值或日期字符串,类型)
计算出指定日期是星期几

B4　=WEEKDAY(DATE($A$2,$B$2,A4),2)

	A	B	C	D	E
1	年	月	7月计划表		
2	2019	7			
3	日	星期值	上午	下午	总结
4	1	1			
5	2	2			
6	3	3	填充公式		
7	4	4			
8	5	5			
9	6	6			
10	7	7			

付日期.xlsx”工作表中支付日期应当是2019年7月20日，但该天为星期六，在B5单元格中输入“=WORKDAY(EOMONTH(B4,1)+19,1)”公式，按Enter键，可见支付日期为2019年7月22日（图8）。

如果结账日为周末时，也可在提前两天的工作日结账。也可以使用该方法计算支付日期，只需要将WORKDAY函数的第3个参数修改为-1即可。

如果某企业为20号结算，月底付款，当月末最后一天为休息日时，提前一个工作日结账。例如，月末为30号，且是星期六，则29号星期五为结账日。在B5单元格输入“=WORKDAY(EOMONTH(B4,IF(DAY(B4)<=20,0,1)),-1)”公式，按Enter键即可计算出2019年6月末的结账日期（图9）。2019年6月30日为周天，上一个营业日为2019年6月28日。该公式中IF和DAY函数判断结算的月份，即如果项目完成日期在20号之前则当月20号结算，月底结账；如果在20号之后，则次月20号结算并且月底结账。

自动显示星期值的计划表

当我们在制作月计划表时，为更明确星期值，可以为周末填充不同的颜色。这样可以很明显地表示计划表的周情况。

在Excel中将和月的数值分别输入在不同单元格中，然后将日期依次输入在A4:A34单元格区域中。为了在周末的日期上填充底纹颜色，可以将“条件格式”和函数结合在一起使用。

在B4单元格中输入公式“=WEEKDAY(DATE($A$2,$B$2,A4),2)”，按Enter键执行计算，然后向下填充公式。数字1表示星期一，数字2表示星期二，以此类推（图10）。其中第2个参数确定星期值的表示方法，如果值越过范围，则返回#NUM

的错误值。第2个参数的数字表示不同日期的表示方式（图11）。

接着在计划表示为周末的内容填充底纹颜色，需要将“条件格式”和函数结合在一起使用。

选择A4:E34单元格区域，切换至“开始”选项卡，单击“样式”选项组中“条件格式”下三角按钮，在列表中选择“新建规则”选项（图12）。打开“新建格式规则”对话框，在“选择规则类型”列表中选择“使用公式确定要设置格式的单元格”选项，在“为符合此公式的值设置格式”文本框中输入“=$B4>5”公式，然后单击“格式”按钮（图13）。图13操作是为B4:B34单元格区域中星期值大于5的单元格区域设置格式。

在图13中输入“$B4”，表示B列是绝对引用，第4行为相对引用，这种情况被称为混合引用。当输入B4时，按3次F4功能键即可。完成图13的操作后，打开“设置单元格格式”对话框，用户可以根据实际需要设置满足公式的格式，如设置字体、边框、底纹颜色等。此处只设置底纹颜色为浅蓝色，设置完成后单击“确定”按钮（图14）。返回上级对话框可以通过“预览”区域查看设置格式的效果。返回到工作表中可见在周六和周天的行中填充设置浅蓝色底纹颜色。

将超出的日期设置为灰色

操作中第35行显示的是2019年8月1日的相关信息，如何将超出的部分显示灰色呢？可同样使用“条件格式”和函数结合使用。

选择28行之后的所有单元格区域，单击“条件格式”下三角按钮，在列表中选择“新建规则”选项。打开“新建格式规则”对话框，在“选择规则类型”列表中

图10 在B4:B34单元格中返回星期值，首先使用DATE函数返回日期，然后使用WEEKDAY函数返回数字

类型	说明
1或省略	星期日作为一周的开始，数字1(星期日)到数字7(星期六)
2	星期一作为一周的开始，数字1(星期一)到数字7(星期日)
3	星期一作为一周的开始，数字0(星期一)到数字6(星期日)
11	星期一作为一周的开始，数字1(星期一)到数字7(星期日)
12	星期二作为一周的开始，数字1(星期二)到数字7(星期一)
13	星期三作为一周的开始，数字1(星期三)到数字7(星期二)
14	星期四作为一周的开始，数字1(星期四)到数字7(星期三)
15	星期五作为一周的开始，数字1(星期五)到数字7(星期四)
16	星期六作为一周的开始，数字1(星期六)到数字7(星期五)
17	星期日作为一周的开始，数字1(星期日)到数字7(星期六)

图11 WEEKDAY函数的参数种类的数值分别表示不同含义，在图10中设置数值为2，其表示星期值的顺序与我们习惯一致。此图详细介绍各数字的表示方法

为周末填充底纹颜色

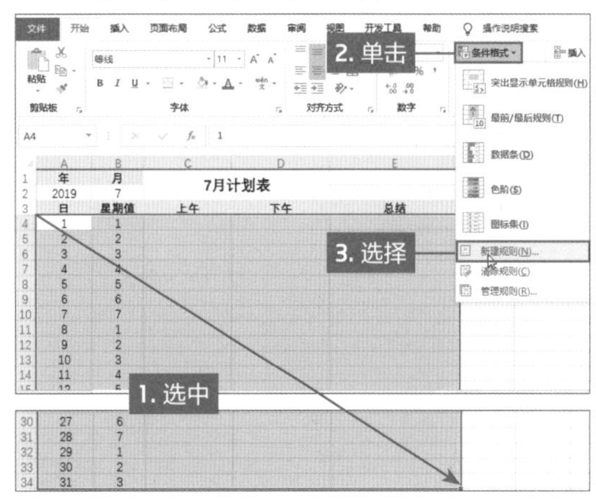

图12 选择计划表的正文区域，然后单击“开始”选项卡中“条件格式”下三角按钮，在列表中选择“新建规则”选项

图13 打开“新建格式规则”对话框，使用公式确定设置格式的单元格范围。公式为“=$B4>5”，表示为星期值大于5的单元格设置格式。计算的星期值的6和7表示周末，所以此公式也可以修改为“=$B4>=6”，此处不再介绍，读者可自行尝试

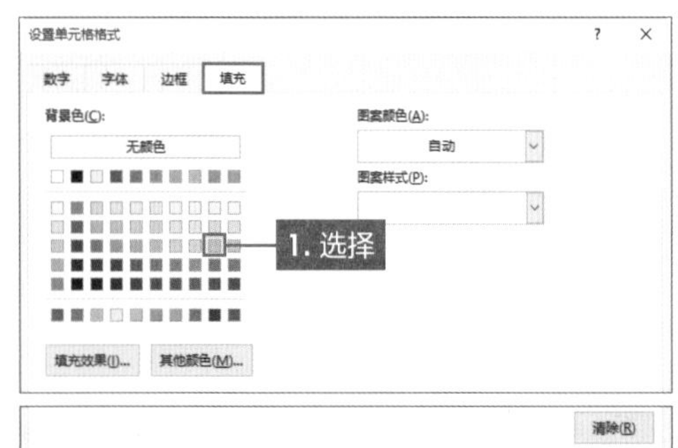

图14　打开“设置单元格格式”对话框，设置“填充”颜色为浅蓝色

图15　在打开的“新建格式规则”对话框中，输入满足条件的函数公式，然后单击“格式”按钮

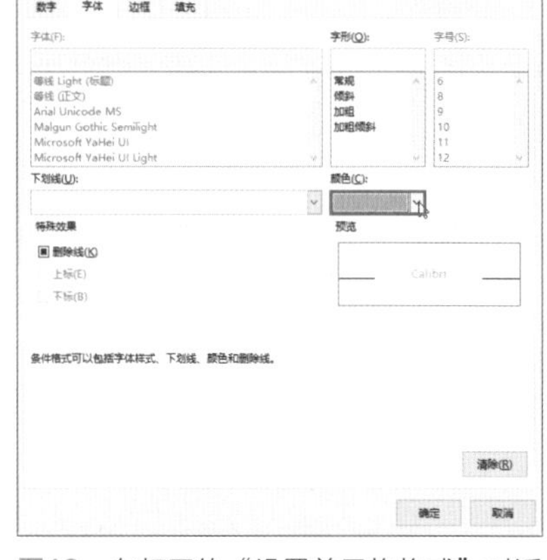

图16　在打开的“设置单元格格式”对话框中，设置字体的颜色和填充颜色均为灰色，然后单击“确定”按钮

C33　fx

	A	B	C	D	E
1	年	月	7月计划表		
2	2019	7			
3	日	星期值	上午	下午	总结
4	1	1			
5	2	2			
27	24	3			
28	25	4			
29	26	5			
30	27	6			
31	28	7			
32	29	1			
33	30	2			
34	31	3			
35					
36					

最后一行显示灰色

图17　操作完成后，可见第35行超出日期范围的信息显示为灰色，其他范围内的信息正常显示

知识拓展链接

用户关注“未蓝文化”(ID:WeiLanWH) 读者服务号并发送“日期和时间函数”关键字即可获取更多相关的教学资源。

选择“使用公式确定要设置格式的单元格”选项，在“为符合此公式的值设置格式”文本框中输入“=MONTH(DATE($A$2,$B$2,$A31))<>$B$2”公式，然后单击“格式”按钮（图15）。该图中的公式主要是通过DATE函数计算出第31行的日期，然后使用MONTH函数提出该日期的月份，通过和B2单元格中规则的月份进行比较。如果等于B2中数值则表示在范围之内，否则为在范围之外。

在打开的“设置单元格格式”对话框中设置格式，本案例需要将超出的信息显示为灰色，那么就需要将文本和填充颜色均设置为灰色。在“字体”和“填充”选项卡中设置颜色为灰色，单击“确定”按钮（图16）。根据相同的方法可以将超出范围的信息设置为其他相同的颜色。

返回上级对话框，可以预览设置的效果，单击“确定”按钮，可见第35行显示为灰色，并且不显示相关数据信息，其他单元格正常显示（图17）。

该月度计划表制作完成后，可以作为模版。在A2和B2单元格中输入不同的年份和月份时，在A4:E34单元格区域中会自动更新并标记出周末的单元格。其中在右侧的单元格中也可以根据需要添加相关内容，只是在设置条件格式之前选中所有单元格。

Part 5

根据时刻计算时间和费用

扫码看视频

**使用用于处理时间的函数，
可对时间进行运算，如计算特定时间、根据时间单位计算费用等。**

与日期数据相同，Excel时间的数据也是通过序列值来管理的。因此，可以使用公式参照在单元格中输入的时刻、时间数据进行计算。

时间数据的实体为小数

日期数据是把1日作为1的整数的数据。时间数据的序列值是“整数.小数”中的小数部分。深夜0点时作为0，经过1天24小时后成为1的小数的数据。如1点为1/24，2点为2/24…。隔天的深夜0点再次被设置为0。如中午12点时为0.5，下午6点时为0.75。

将时间的显示形式作为小数后，在Excel上作为时刻数据。表示的形式通常为时、分、秒，用数字表示为0:00:00，有时也可以省略秒的部分，如0:00。但是在编辑栏中均显示为0:00:00形式，如果单元格中输入时间的数据，则Excel自动将该单元格显示为时间格式，并将其显示为时刻的数据。某3个会场将在同一天安排6场演讲，在Excel中分别统计出演讲的开始时间、演讲时间，然后通过公式计算出结束时间。在布置演讲会场时，一定需要注意时间安排要合理。在F3单元格中输入“=D3+E3”公式，即可计算该场演讲的结束时间，然后将公式向下填充至F8单元格（图1）。

●计算演讲结束的时间

F3　=D3+E3

演讲安排一览表

会场	演讲内容	老师	开始时间	演讲时间	结束时间
A	Excel在工作中的高效功能	张栋栋	09:30	02:00	11:30
B	PPT在工作中的高效应用	朱晓秋	10:20	01:30	11:50
A	中小企业人才流失的原因	李志明	13:00	02:20	[illegible]
C	如何管理员工	贾正	15:30	01:50	[illegible]
B	员工如何正确选择公司	任正非	13:10	02:20	15:30
C	规划自己的人生	董丽清	18:00	01:45	19:45

=D3+E3　填充公式

图1　在Excel中时间和时刻可以运算。如在计算演讲结束时间时，可以将开始时间加上演讲时间即可

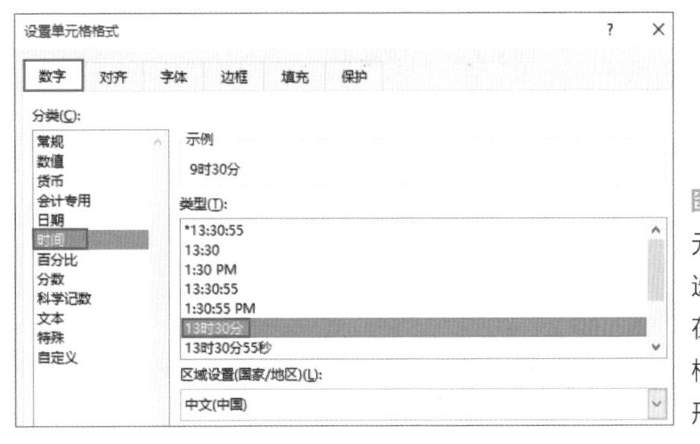

图2　打开“设置单元格格式”对话框，选择“时间”选项，在右侧“类型”列表框中选择时间显示的形式

E3　=D3+"1:30"

演讲安排一览表

会场	演讲内容	老师	开始时间	结束时间
A	Excel在工作中的高效功能	张栋栋	09:30	11:00
B	PPT在工作中的高效应用	朱晓秋	10:20	11:50
A	中小企业人才流失的原因	李志明	13:00	14:30
C	如何管理员工	贾正	15:30	17:00
B	员工如何正确选择公司	任正非	13:10	14:40
C	规划自己的人生	董丽清	18:00	19:30

=D3+"1:30"　填充公式

图3　将时间直接和指定的时刻进行运算，但是在公式中直接输入时间序列值时，必须用英文半角状态下的双引号

在Excel中输入时间形式的数据后单元格自动调整格式。我们也可以通过“设置单元格格式”对话框进一步设置。在“分类”列表框中选择“时间”选项，在右侧“类型”列表框中选择时间的显示形式，在“示例”区域可以预览其效果（图2）。

公式中时间字符串的格式

也可以在公式中直接使用时间的字符串进行运算。在这6场演讲中演讲的时间均为1个半小时，此时只需要在公式中添加时间字符串的值即可。在E3单元格中输入“=D3+"1:30"”公式，然后将公式向下填充至E8单元格，即可快速计算出6场演讲的结束时间（图3）。

TIME

=TIME(时,分,秒)

由进、分、秒的数值计算出时间的序列值

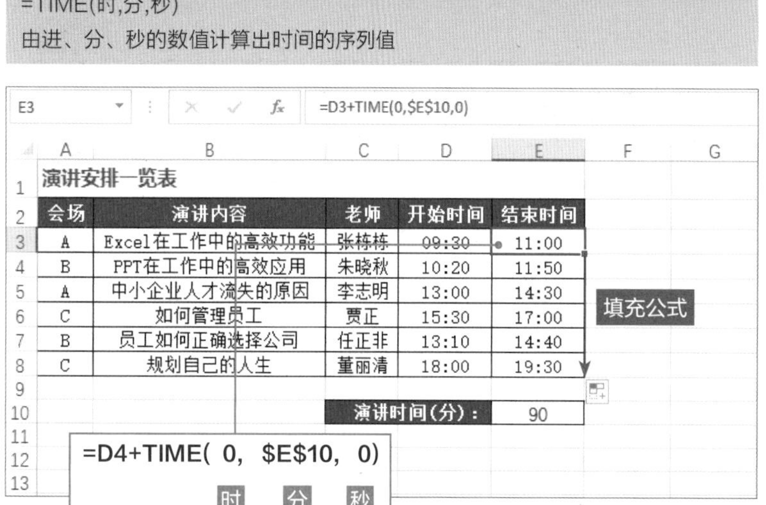

图4　如果通过演讲的分钟数和开始时间计算结束时间，可以使用TIME函数将分钟数转换为时间的序列值，然后再进行计算即可

●根据使用时间计算费用

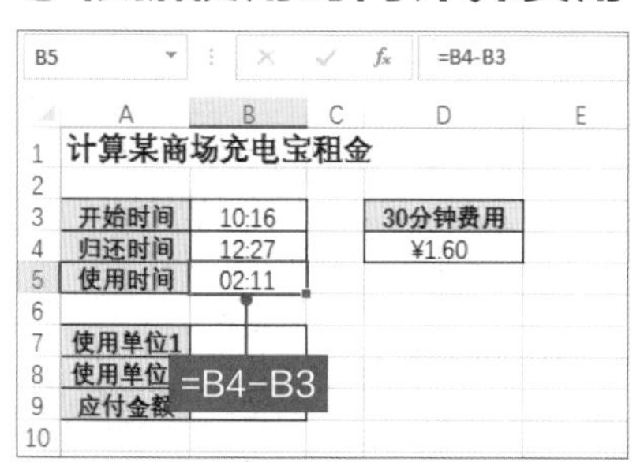

图5　某商场租赁充电宝，按30分钟1.6元租用。首先需要计算出使用时间

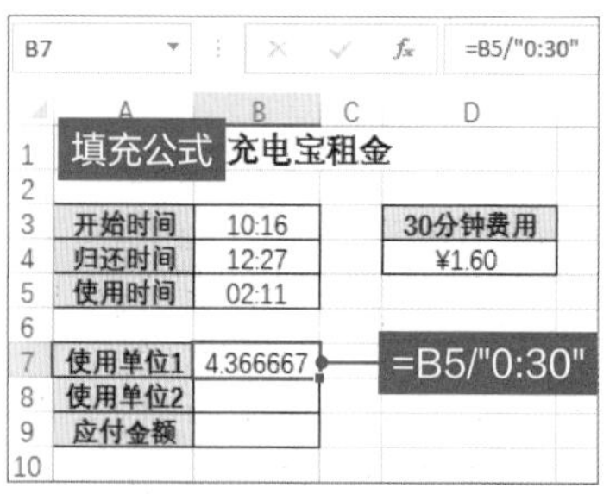

图6　在计算费用之前需要计算使用多少个30分钟。在B7单元格输入公式，计算结果

在公式中可见时间的字符串用英文半角的双引号括起来。像这样输入的时间，在公式中才能作为时间进行运算。如果在公式中的时间序列值没有添加英文半角的双引号，则系统不会将其作为时间序列值，而结果会出现错误的内容。

在统计演讲时间时，也经常会遇到这种情况，演讲的时间不是时间序列值，而是作为分钟表示。此时可以通过TIME函数将分钟数据转换为时间序列，并参于计算。在E3单元格中输入“=D3+TIME(0,$E$10,0)”公式，按Enter键即可计算出结束时间，然后将公式向下填充即可（图4）。在该函数公式中，首先使用TIME函数将90分钟数据转换为时间序列值，然后再加开始时间就计算出演讲的结束时间了。TIME函数公式中的“时”和“秒”均设置为0，将“秒”设置为90，即可将分钟转换为时间序列值了。

另外，在TIME函数中的“时”，其范围在0-23之间的数字，忽略小数部分，但是不可以为负数；“分”的范围在0-59之间的数字，忽略小数部分，如果大于59的整数时，则按60分钟为1小时向“时”数值进位。如果指定的数为负数，则时间会向前推移；“秒”的取值范围和“分”一样。例如，演讲的时间为90分钟，也就是1小时30分钟。则TIME函数返回的时间序列值为“1:30”。在使用TIME函数时，可以直接引用数字，此时不需要使用双引号，如输入“=D3+TIME(0,90,0)”公式。

TIME函数和DATE函数的用法相同，只是其功能不同，DATE函数将数据转换为日期，TIME函数将数据转换为时间。在学习日期和时间函数时，可以将两个函数在一起学习。

计算以30分钟为单位的费用

之前介绍关于时间的计算，接下来就来看看与时间相应的引用计算方法。某商场为了满足顾客手机的需求，提供充电宝的租赁业务。按30分钟为单位进行收费，每30分钟收费为1.6元。

本案例将计算某顾客使用充电宝的费用，统计使用时间到分，秒通常为0。

首先计算出使用充电宝的时间，将“归还时间”减去“开始时间”即可。在B5单元格中输入“=B4-B3”公式，即可计算出使用时间（图5）。需要计算出顾客租赁充电宝的租金，还要计算使用了多少个30分钟，在B7单元格输入“=B5/"0:30"”公式，按Enter键执行计算，该单元格自动显示相应的时间，显示“08:48”，只需要设置该单元格的格式为“常规”即可显示计算结果(4.366667),表示4个完整的30分钟和一个不到30分钟（图6）。

在收费用系统中，不到30分钟的按30分钟计算，所以需要对计算使用多少个30分钟的结果还需要向下取整数。此时，可以使用到在Part2中的ROUNDUP函数，将计算的结果取整数操作。在B8单元格中输入“=ROUNDUP(B7,0)”公式，即可将B7单元格中的数据向下取整（图7）。在计算出使用单位后，再乘以每30分钟的租赁费用即可计算出该顾客的租金。在B9单元格中输入“=B8*D4”公式，按Enter键计算出结果，设置该单元格格式为“货币”即可（图8）。

从图5-图8，按步骤将计算出顾客租金，使学习起来更直观明了。当然后也可以将图6-图8的步骤合并成一个步骤。将相应的单元格删除，在B7单元格中输入“=ROUNDUP(B5/"0:30",0)*D4”公式，按Enter键即可计算出结果（图9）。将计算步骤汇总在一起，这样更清晰、容易查看计算结果。

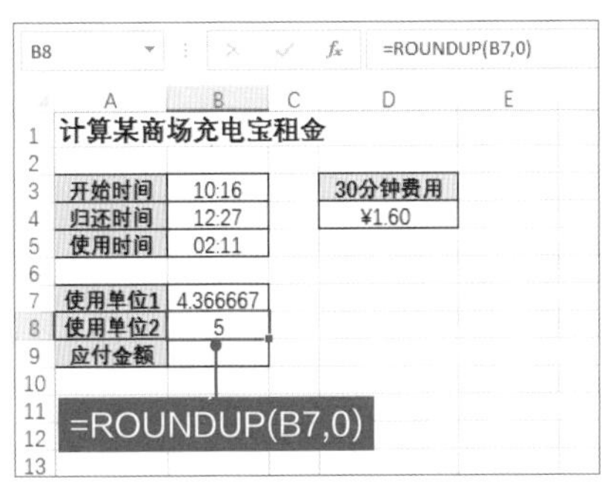

图7 系统规定不足30分钟按30分钟计算，所以需要将B7单元格中计算数据向下取整

图8 计算完成后，只需要再乘以每30分钟的费用，即可计算出充电宝的租金

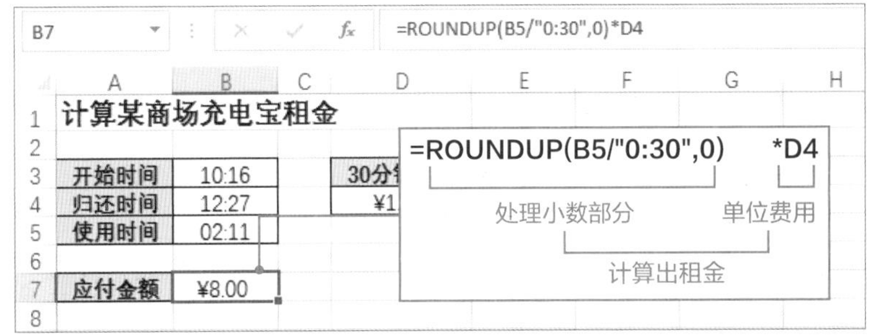

图9 可以将图6-图8的计算步骤汇总在一起，通过一个完整的公式计算出该顾客租赁充电宝应付的租金

将计算误差进行修正

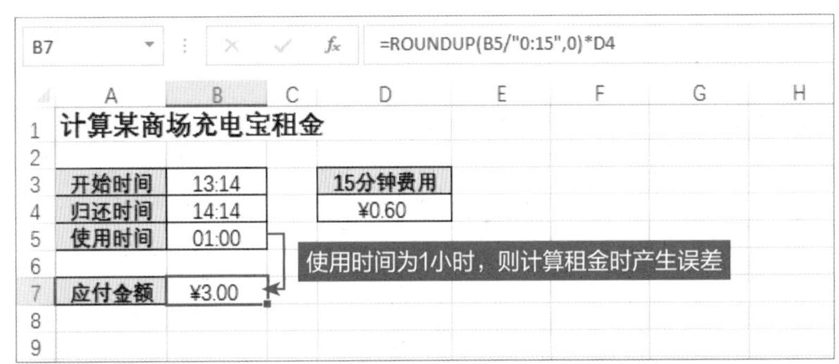

图10 应用图9中公式计算以15分钟为单位使用1小时的租金，可见结果比实际多付了15分钟的费用

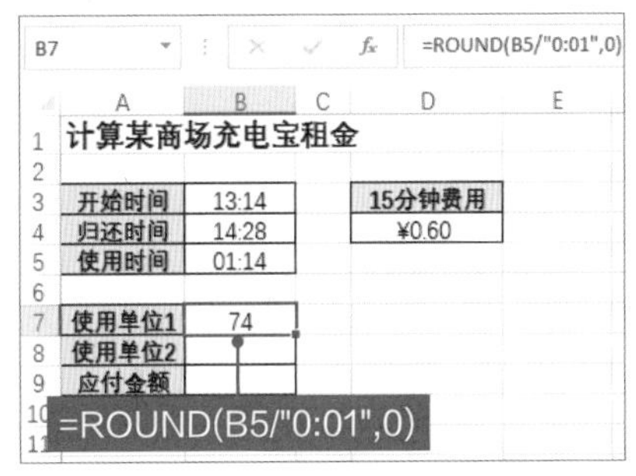

图11 为了避免误差，首先将使用时间除以1分钟，使用ROUND函数转换成使用分钟为单位的整数

图12 将1分钟为单位的计算结果除以15，基本是整数的相互计算，所以不会产生误差

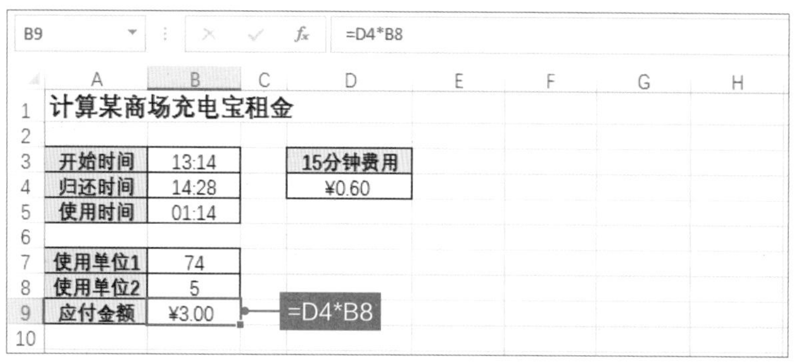

B9 =D4*B8

	A	B	C	D
1	计算某商场充电宝租金			
2				
3	开始时间	13:14		15分钟费用
4	归还时间	14:28		¥0.60
5	使用时间	01:14		
6				
7	使用单位1	74		
8	使用单位2	5		
9	应付金额	¥3.00	=D4*B8	

图13　然后将计算15分钟倍数乘以每15分钟的费用，即可计算出该顾客应付的租金

B7 =ROUNDUP(ROUND(B5/"0:01",0)/15,0)*D4

	A	B	C	D
1	计算某商场充电宝租金			
2				
3	开始时间	13:14		15分钟费用
4	归还时间	14:14		¥0.60
5	使用时间	01:00		
6				
7	应付金额	¥2.40	=ROUNDUP(ROUND(B5/"0:01",0)/15,0)*D4	

图14　将图11-图13中的公式汇总为一个步骤，其公式有点长，感觉很难理解，但是通过之前分步介绍，应当不难理解公式的含义

●将计算误差进行修正

E36 =ROUNDUP(E35/"1:00"*F2,0)

	A	B	C	D	E	F
1	年	月	加班费用统计表		李文惠	1小时
2	2019	7				¥50.00
3	日	星期值	上班时间			
28	25	4	08:25			
29	26	5	08:50	18:45	00:55	
30	27	6				
31	28	7				
32	29	1	08:00	18:30	01:30	
33	30	2	08:30	19:00		
34	31	3	08:45	19:30	01:45	
35				加班时间	29:45:00	
36				加班费用	¥1,488.00	

=ROUNDUP(E35/"1:00"*F2,0)　=SUM(E4:E34)

图15　根据之前所学所知识，计算员工的加班费用，首先计算出加班总时长，然后使用ROUNDUP函数计算加班的费用

以分钟为单位避免误差

当使用以上方法计算以“15分钟”为单位的租金时，有时会出现误差。当使用的时间刚好是15分钟的倍数时，则使用之前公式会多计算1个15分钟，则计算结果是错误的（图10）。

根据以上所述，时刻数据是24点为1的小数，而出现误差的根源就是“小数”。实际上，在Excel中使用计算机都会出现误差。计算机使用二进制进行处理数据，但小数的运算不能正确处理所有的位数，所以存在细微的误差情况。

为了避免这样的误差，将使用时间转换为以1分钟为单位的整数参与计算。这样就能防止小数计算中产生的误差了。

要使时间数据以分钟为单位的整数，必使用将使用时间除以“0:01”，使用ROUND函数将结果的小数进行四舍五入，使结果成为整数（图11）。将计算出的结果除以15，即可计算出使用时间包含15分钟的数量（图12）。然后将每15分钟的租金乘以B8单元格中的结果（图13）。

也可以将图11-图13汇总为一个步骤（图14）。可见计算出的租金为2.4元，为正确的结果，而在图10中计算出的租金为3元。

计算员工加班费用

公司规定工作超过9个小时算加班，而且加班1小时其费用按50元计算。

首先，在E列中将下班时间减去上班时间再减去9小时即可计算出员工该天的加班时间。在计算总加班时间前设置该单元格格式为自定义[h]:mm:ss格式。使用SUM函数计算总加班时间。最后再将总加班时按1时为单位计算数量，再乘以1小时的费用（图15）。

如何使用DATEDIF函数计算年龄

在Excel中使用函数计算年龄时，使用DATEDIF函数是最快速的方法之一。打开“插入函数”对话框时，在“日期和时间”选项中却无法找到该函数（图1）。

其实，DATEDIF函数是以前表格计算软件装载的函数，Excel为了维护其兼容性，也没有特别说明，只能手动输入该函数。

DATEDIF函数总共包含3个参数，分别为开始日期、结束日期和计算单位。在计算出生日期时，开始日期为出生日期，结束日期为当天日期，单位为“Y”即可计算出年龄（图2）。在输入计算单位参数时，要添加英文半角状态下的双引号。其计算单位共包含6种类型，“Y”表示期间内的年数；“M”表示期间内的月数；“D”表示期间内的天数；“YM”表示不满一年的月数；“YD”不满一年的天数；“MD”表示不满一月的天数。

疑惑 计算年龄时找到DATEDIF函数

图1 当需要计算年龄时，在“插入函数”对话框中是无法打开DATEDIF函数

解说 隐藏函数需要手动输入

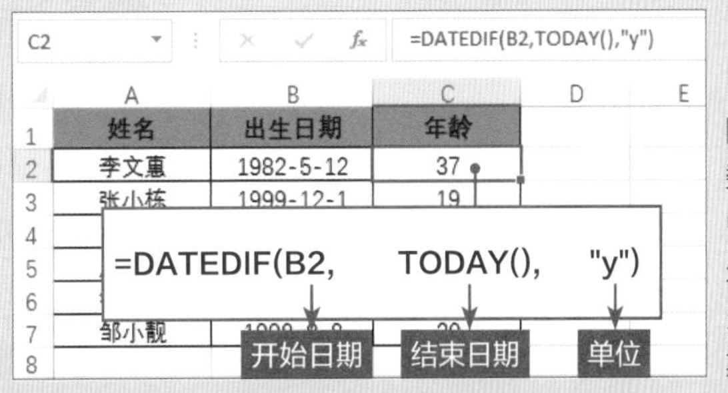

图2 DATEDIF函数只能手动输入，其中参数包含3种，出生日期为开始日期，当天的日期为结束日期，计算单位为“Y”

无法正确显示时间之和

在Excel中对时间进行求和时，如果结果在24小时之内则计算出正确的时间。如计算员工一个月的加班时间，才显示5个多小时（图1）。

其根源在于，时间为小数部分，当相加大于24时，则只显示小数部分而整数部分省略。此时，可以通过设置单元格格式来显示时间之和。

选中该单元格，在“设置单元格格式”对话框中选择“自定义”选项，然后在右侧选择“[h]:mm:ss”类型，即可显示时间之和（图2）。

疑惑 计算时间之和时，显示错误结果

E35 =SUM(E4:E34)

年	月	加班费用统计表		李文蕙
2019	7			
日	星期值	上班时间	下班时间	加班时间
25	4	08:25	18:00	00:35
26	5	08:50	18:45	00:55
27	6			
28	7			
29	1	08:00	18:30	01:30
30	2	08:30	19:00	01:30
31	3	08:45	19:30	01:45
			加班时间	05:45:00
			加班费用	

显示错误结果

图1 在Excel中使用SUM函数计算时间之和，若结果大于24小时，则显示错误

解说 设置单元格格式显示正确结果

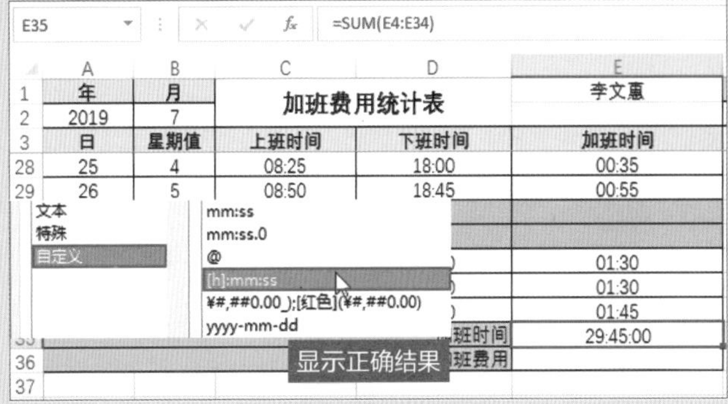

图2 将该单元格的格式设为“自定义”，类型设为“[h]:mm:ss”，即可显示正确的时间之和

第7章

用宏自动化

打开Excel后，会打开业务软件那样专用画面。
像这样，实现独立的画面和功能就是宏（VBA）。
一般被认为是Ecxel高手的功能，也可在工作中很好地被使用。
预先掌握VBA的基本结构和用法。

最大化业务效率

Part 1

根据宏第一次编程

使用Excel所具备的“VBA”
来学习在工作生活中的编程吧!

VBA是Visual Basic for Application的缩写，是属于Office软件中用于执行自动化任务的编程语言，能够扩展Office软件功能。根据在Office不同软件中应用开发，可以分为Excel VBA、Word VBA、Access VBA和PowerPoint VBA等，本书主要讲解Excel VBA。

VBA最强大的功能即自动执行任务，将大量的重复性操作变成可自动重复执行的编程语言，从而大大简化工作。

第7章通过Excel VBA学习编程的基本知识，挑战制作简单的程序。

宏和VBA

在开始学习VBA之前，要先了解VBA与宏。宏是能够执行的一系列VBA语句，可以看作是指令集合，能够自动完成用户指定的各项操作。宏本身就是一种VBA应用程序，但是宏是通过录制出来的，而VBA需要手动编译程序。也就是说，二者本质上都是VBA程序命令，但是制作方法不同，录制宏得到的程序，其实是软件自动编译的VBA语言。

可以将操作内容以用户直接写入的形式创建宏，用于描述宏的语言是VBA。

●使用VBA的准备工作

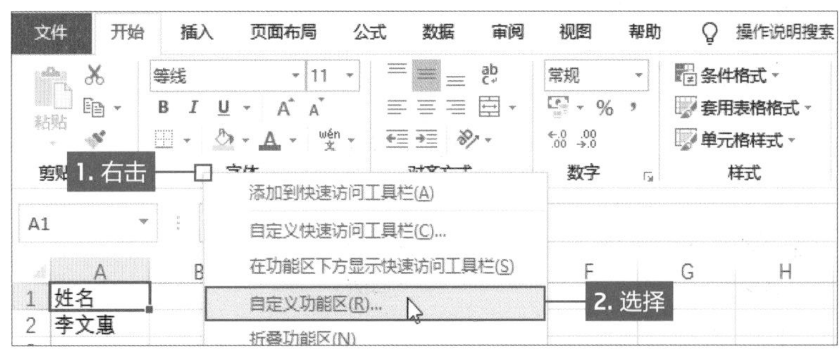

图1 在使用Excel VBA之前需要添加“开发工具”选项卡，右击“字体”选项组中的空白处，选择“自定义功能区”选项

图2 在打开的“Excel选项”对话框中自动切换至“自定义功能区”选项，在右侧列表框中勾选“开发工具”复选框，单击“确定”按钮

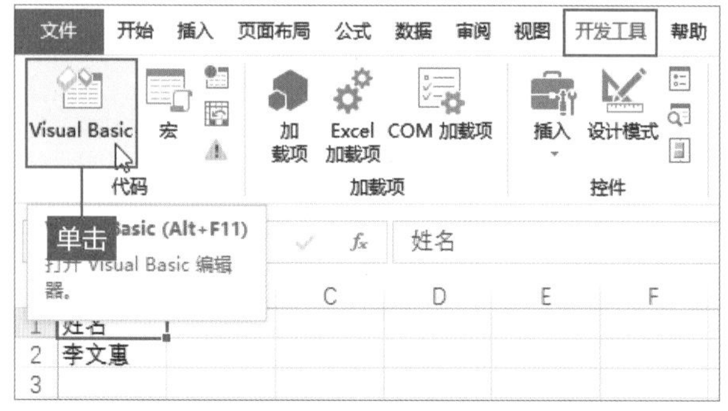

图3 VBA的程序需要在VBE窗口中输入代码，可以通过单击“开发工具”选项卡中的Visual Basic按钮或者按Alt+F11组合键，打开VBE窗口

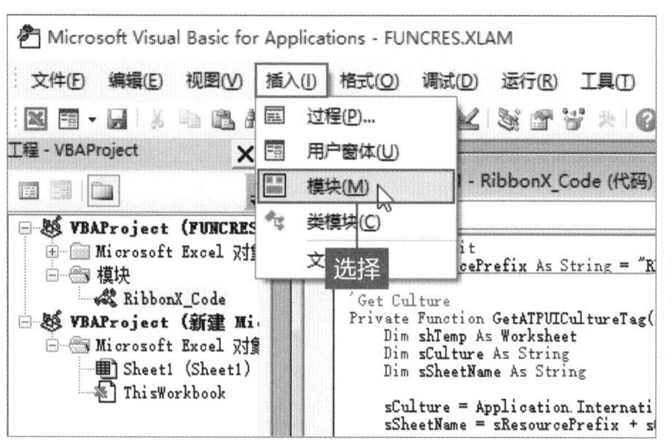

图4 进入VBE窗口后，在“插入”菜单中选择“模块”命令，即可创建模块

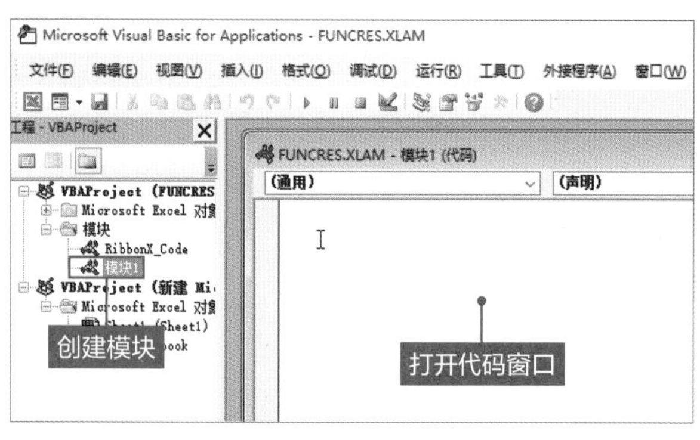

图5 在工程资源管理窗口中创建了“模块1”，同进在右侧显示“模块1”的代码窗口

图6 在代码窗口中输入“Sub-Dong_01_mp”，然后按Enter键换行。此时在名称右侧显示“()”，在下一行显示“End Sub”，接下来我们就可以在两行之间输入代码

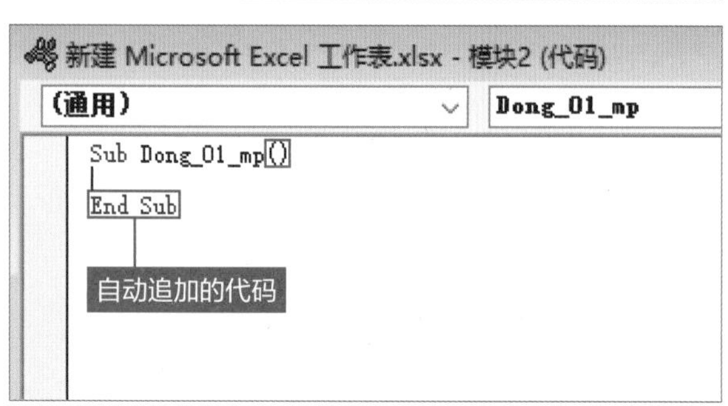

显示“开发工具”选项卡

在打开Excel软件后，用户会发现，功能区中并没有VBA的相关选项，我需要先把功能区中的VBA选项调出，进入VBE中进行编制。

打开Excel软件，在任意选项组的空白处右击，如在“开始”选项卡的“字体”选项组中右击，在快捷菜单中选择“自定义功能区”命令（**图1**）。打开“Excel选项”对话框，自动切换至“自定义功能区”选项，在右侧勾选“开发工具”复选框，然后单击“确定”按钮（**图2**）。操作完成后，即可在“视图”右侧显示“开发工具”选项卡。

VBA的编写和调试，是在VBE窗口中完成的。可以通过“开发工具”选项卡下的相关功能进入VBE窗口。切换至“开发工具”选项卡，单击“代码”选项组中的Visual Basic按钮，或者按Alt+F11组合键（**图3**）。

VBE窗口分为不同的组件，主要包括标题栏、菜单栏、工具栏、工程资源管理窗口、属性窗口和代码窗口。在工程资源管理窗口中，双击选择不同的对象，会出现不同的代码窗口，在代码窗口中可输入或修改该对象的代码。在代码窗口顶部为“对象”下拉列表和“过程”下拉列表中，分别用于选择当前模块中包含的对象和指定Sub过程、Function过程或事件过程。

在“插入”菜单中选择“模块”命令，即可在工程资源管理窗口中创建“模块1”。同时在右侧打开“模块1”的空白代码窗口（**图4、图5**）。该代码窗口记录着模块1的代码。

另外，如果之前已经创建了模块，在打开VBE窗口时没有打开对应的模块窗口，只需要在工程资源管理窗品中双击该模块即可。如果需要关闭某代码窗口，只需要单击右上角的“关闭”按钮。

输入一行代码

首先在代码窗口中输入“Sub”然后按下空格键。在右侧再输入名称对宏进行命名，此处输入“Dong_01_mp”。宏的名称可以是组合的文字，如使用英文和数字组合，当使用符号时需要注意，除了下划线之外的符号均不能使用，而且名称不能以数字开头。

名称输入完成后按Enter键进行换行。可见在宏名称的右侧显示单括号，在下面显示“End Sub”，光标定位在这两行代码的中间。在代码窗口的第2个文本框中显示定义的宏名称（图6）。从“Sub 宏名称()”到“End Sub”的行是被称为“Sub程序”的执行单位，然后在中间输入程序命令，执行程序时，指令从上方开始逐行运行的。

下面尝试输入一行代码，首先手动输入“MagBox”命令，然后再输入“"欢迎使用Excel", vbDefaultButton1, "Excel 2019"”命令（图7）。

MsgBox是Message Box消息提示框的缩写。和第6章介绍的函数形式差不多，在MagBox中包含5个参数，将对应的信息输入在相应的参数中即可。如在本案例中“欢迎使用Excel”表示提示对话框中显示的内容，第2个参数表示显示的图标或按钮，第3个参数表示提示对话框的标题名称。另外，在“Sub宏名()”与“End Sub”之间代码。

宏的运行方法

如果需要运行设置的宏程序，也就是输入的Sub程序，在VBE窗口中单击“运行子过程/用户窗体”按钮（图8）。切换

MsgBox

=MsgBox (显示内容,按钮或图标,标题栏,帮助文件,编号)

弹出一个提示对话框

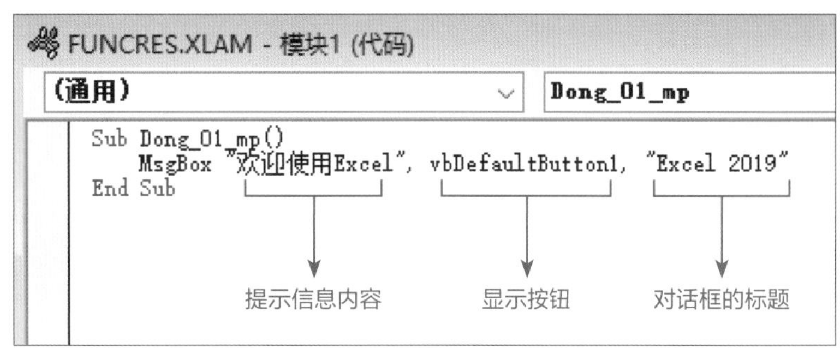

图7 以Sub开始的宏程序被称为“Sub程序”，然后在两行之间输入命令，执行时从上到下一行一行执行。在本案例中追加“MsgBox”命令，此处定义提示对话框的显示内容、按钮和对放框的标题

●运行输入的程序

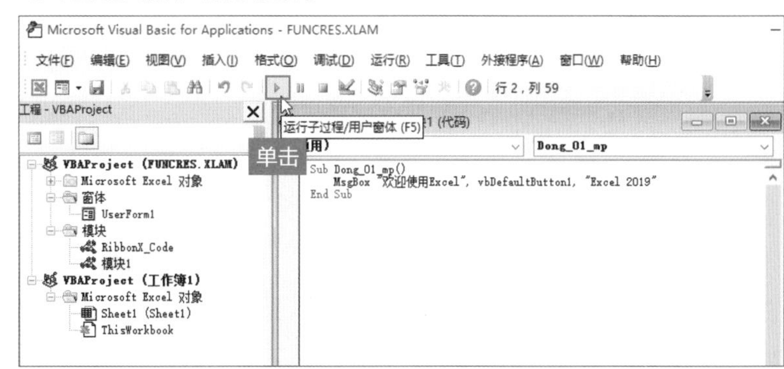

图8 如果想查看输入的程序动作，可以从VBE窗口中直接执行。单击工具栏中“运行子过程/用户窗体”按钮

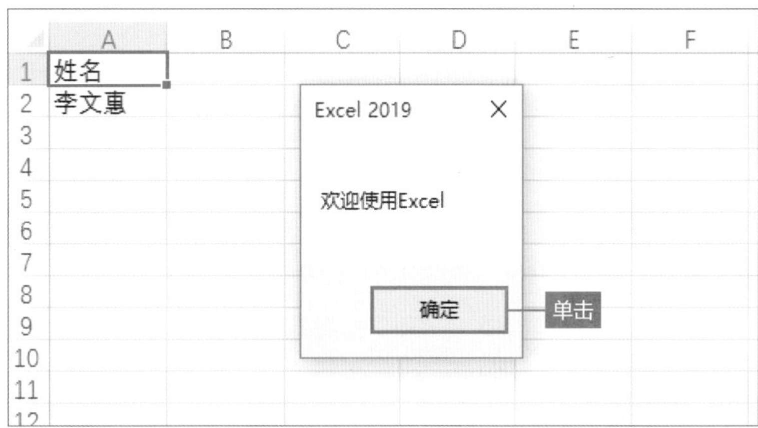

图9 切换至Excel页面，显示设置的对话框，该对话框的标题为“Excel 2019”，提示内容为“欢迎使用Excel”，在对话中包含“确定”按钮

●通过“宏”对话框执行

图10 在Excel的代码窗口中输入Sub程序是作为宏执行的。单击“开发工具”选项卡中“代码”选项组中的“宏”按钮

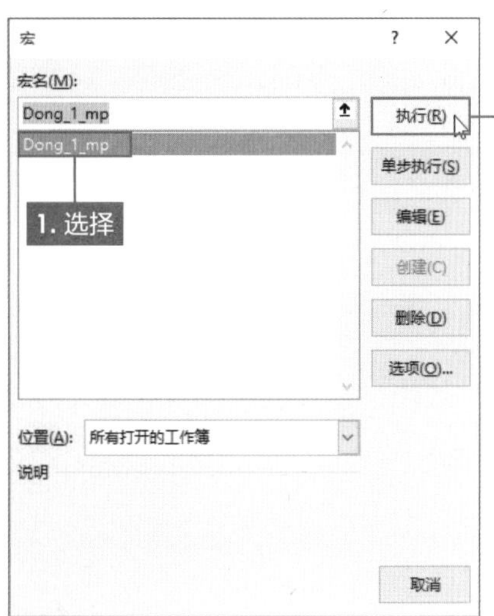

图11 打开“宏”对话框，在“宏名”列表中选择需要执行的宏，选择Dong_1_mp，最后再单击“执行”按钮

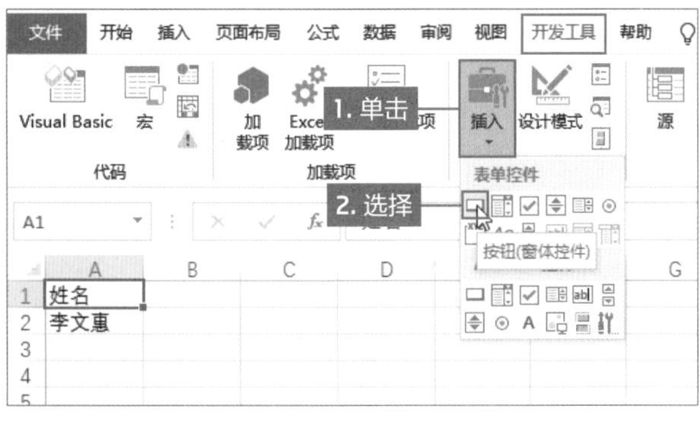

图12 通过添加按钮执行宏。单击“开发工具”选项卡中的“插入”下三角按钮，在列表中选择“按钮”控件

图13 光标变为黑色十字形状，然后在工作区按住鼠标左键进行拖曳即可完成按钮的绘制

至Excel界面，弹出设置的对话框，其中显示对话框的名称、提示信息、按钮（图9）。如果从VBE窗品中运行该程序，单击“确定”按钮后，返回VBE窗口。

在标准模块中描述的Sub程序可以从Excel的操作界面作为“宏”来执行。切换至“开发工具”选项卡，单击“代码”选项组中“宏”按钮（图10）。在打开的“宏”对话框中选择需要运行的宏名称，单击“执行”按钮即可（图11）。

在打开的“宏”对话框中可以通过设置选择宏名称，在“位置”列表中选择合适的选项，即可应用不同位置的宏。在列表中包括“所有打开的工作簿”“当前工作薄”和“工作簿1”选项。

也可以将编写的程序通过控件来实现。切换至“开发工具”选项卡，单击“控件”选项组中“插入”下三角按钮，在列表中选择“按钮(窗体控件)”表单控件（图12）。此时，光标变为黑色十字形状，在工作表中按住鼠标左键绘制一个按钮（图13）。释放鼠标左键即可打开“指定宏”对话框，在“宏名”列表框中选择需要运行的宏的名称，如Dong_1_mp，然后再单击“确定”按钮（图14）。

返回工作表内，将光标移到该按钮上，变为手状时单击即可执行选中的宏。右击该按钮，在快捷菜单中选择“编辑文字”命令，此时按钮名称为可编辑状态，然后输入名称即可（图15）。

显示单元格的值或时间

创建一个程序可以显示相同的内容。用户可以设置MsgBox的参数显示不同的信息，例如显示单元格的值或时间等。

首先分析一下本案例结构，需要弹出第一个提示对话框，在该对话框中显示A2

单元格的值和其他相关信息。单击“确定”按钮后，弹出第二个提示对话框，显示当前的日期和时间，其中时间单独显示在一行，然后开始写代码。打开模块的代码窗口，输入Sub程序，首先输入显示第一个对话框的内容。使用MsgBox函数显示，其中“Range("A2").Value”表示显示A2单元格中的值。除此之外，还需要显示“欢迎使用Excel”文本，可以通过“&”符号连接，结合在一起显示的信息为“张栋欢迎使用Excel”。第一行代码中的最后一串字符表示对话框的名称。

最后再输入第二个对话框显示的内容。还是使用MsgBox函数，其中“Date”表示当前的日期，“Time”表示当前的时间。在两者之间使用“vbCr”表示其右侧文本换行显示。也就是说日期和之前文本显示在一行，时间显示在下一行中。至此，所有代码输入完成（图16）。

接下来执行输入的代码并查看效果，单击工具栏中“运行字过程/用户窗体”按钮，返回Excel工作表中，可见弹出第一个对话框显示对应的内容，单击“确定”按钮，弹出第二个对话框，显示日期和时间（图17）。

在以上案例是显示单元格内的值，也可以定义某单元格内显示的内容。如在B4:E5单元格区域内创建各品牌的销售数量表。新建模块，在代码窗口中输入代码（图18）。

该代码有点长，但是应用的函数都是Range比较简单。代码的前8行是对指定的单元格赋予对应的文本数据。第9行为B4:E5单元格区域添加边框；第10行设置B4:E4单元格区域的底纹颜色为红色；第11行设置B4:E4单元格区域内文本的颜色为白色；第12行设置B4:E5单元格区域为居中对齐。

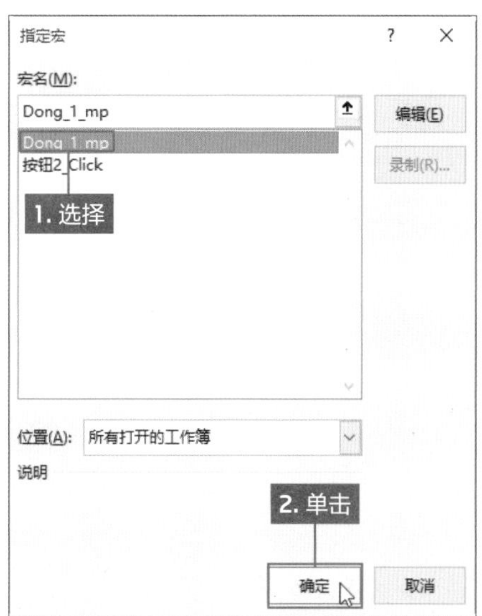

图14 绘制完按钮后释放鼠标左键，打开“指定宏”对话框，选择需要运行的宏，单击“确定”按钮

图15 如果需要运行程序，将光标移到按钮上变为小手形状时单击即可。可以根据需要对按钮进行重命名

根据需要显示信息

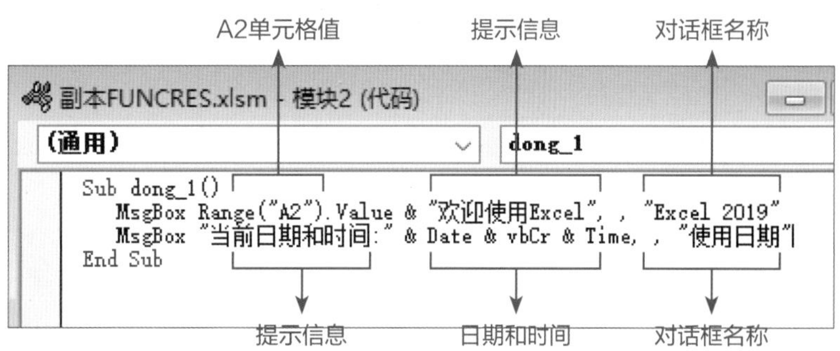

图16 MsgBox的参数可以引用单元格内的值，但是必须通过range函数引用单元格。当需要输入多个文本信息时，之间使用“&”符号连接

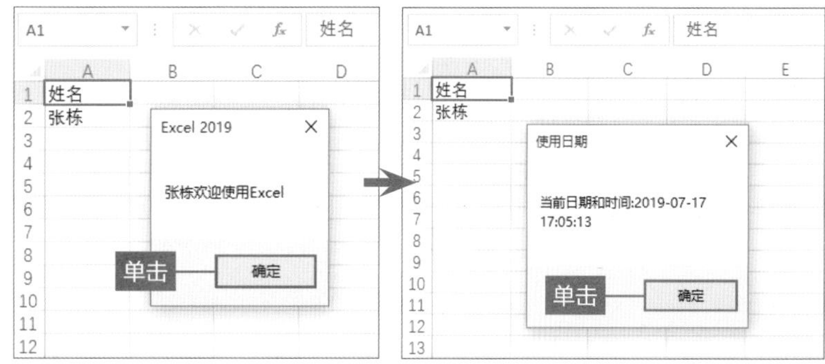

图17 运行代码并查看效果，弹出第一个对话框，单击“确定”按钮弹出第二个对话框。每个对话框中显示对应的内容信息

●在特定的单元格区域内创建表格

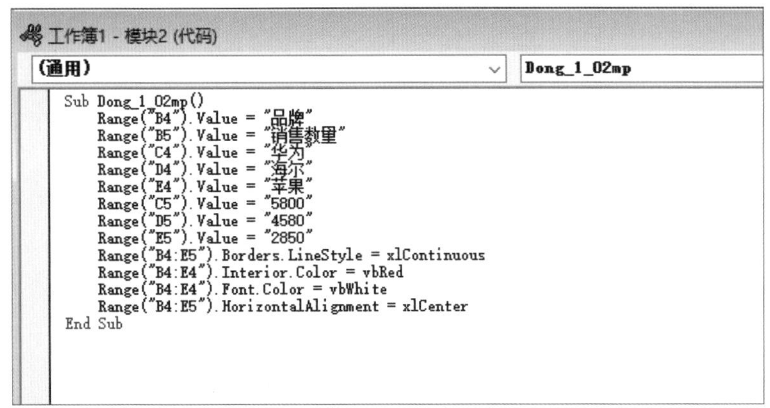

图18 在B4:E5单元格区域内容创建各品牌销售数量表，使用Range函数对单元格赋予数据，然后分别为单元格区域进行添加边框、设置底纹颜色、字体的颜色和对齐方式

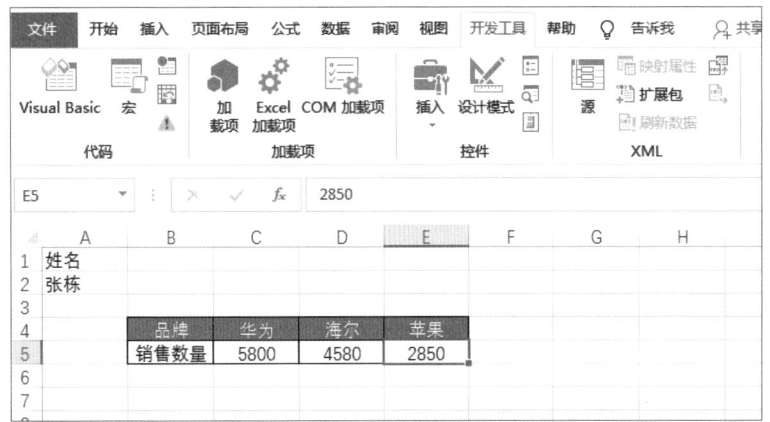

图19 执行代码后，返回可见在B4:E5单元格中显示代码内设置的数据以及设置的格式

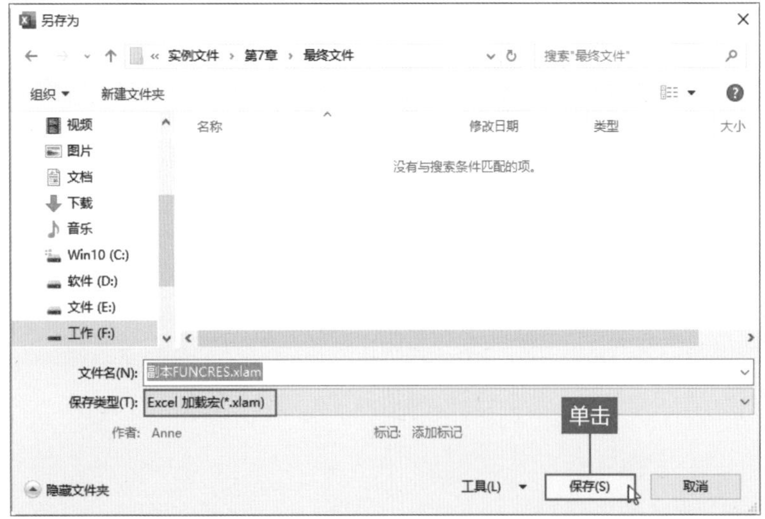

图20 对输入的代码进行保存，单击工具栏中的“保存”按钮，在打开的对话框中设置保存类型，然后单击“保存”按钮

代码输入完成后，运行查看效果，单击“运行子过程/用户窗体”按钮，返回工作表中可见在B4:E5单元格区域中显示设置内容并且应用设置的格式（**图19**）。

保存宏

当需要的代码指令已经录制好或编辑好之后，又该如何将它们保存下来以便下次操作使用呢？

对于一些仅含简单录制宏指令的Excel电子表格，可以直接单击Excel快速访问工具栏中的保存命令进行保存，此时Excel工作簿的后缀名为xlsx。

可以将含有宏指令的工作表另存为启用宏的Excel工作簿，在VBE窗口中单击工具栏中的“保存”按钮，在打开的“另存为”对话框中选择需要保存的路径，然后设置保存类型为“Excel加载宏(*.xlam)”，然后设置文件名称，最后单击“保存按钮即可（**图20**）。此方法保存的文件适用于不低于保存版本的Excel软件。

考虑到Excel向下兼容的特性，如果想让宏代码文件通用于Excel各个版本，建议将含宏指令的工作簿保存为低版本，即Excel97-2003工作簿。

知识拓展链接

读者可关注“未蓝文化”(ID:WeiLanWH) 读者服务号，发送“VBA”关键字获得更多详细的VBA教学资源。

Part 2

是否满足条件执行不同的处理

作为编程的重要因素
掌握不同条件分支的语句的使用方法。

VBA等程序从指令的开头到末尾，是以一行一行依次执行的。有时也会根据条件的不同选择执行命令，如使用IF函数根据条件的真假，对数据进行不同处理。此时，需要控制处理流程的结构。

顺序结构程序比较简单，执行顺序为语句的先后顺序，但是这种结构主要用于处理简单的运算。对于复杂的问题，采用顺序结构往往无法满足要求，需要根据条件来判断和选择程序的流向。在VBA中，主要通过条件语句来实现分支选择结构。

在Part2中，根据条件是否成立对处理分歧的方法进行详细解说。

单行条件分支

在分支选择结构中，可以根据程序分支数量分为单分支、双分支和多分支结构。单分支有一个程序分支，只有满足指定的条件才能执行该分支的语句。

VBA根据IF语句进行条件分支。在IF语句中有一种仅用一行描述的写法，一种是多行描述的写法。

IF-Then语句是最常用的单分支结构语句。下面先输入单行条件分支的代码，创建模块，在代码窗口中输入IF-Then语句的代码（图1）。在输入的代码中“If Range("E3") >= 250”是条件表达式，表示E3单元格中的值是否大于或等于250。

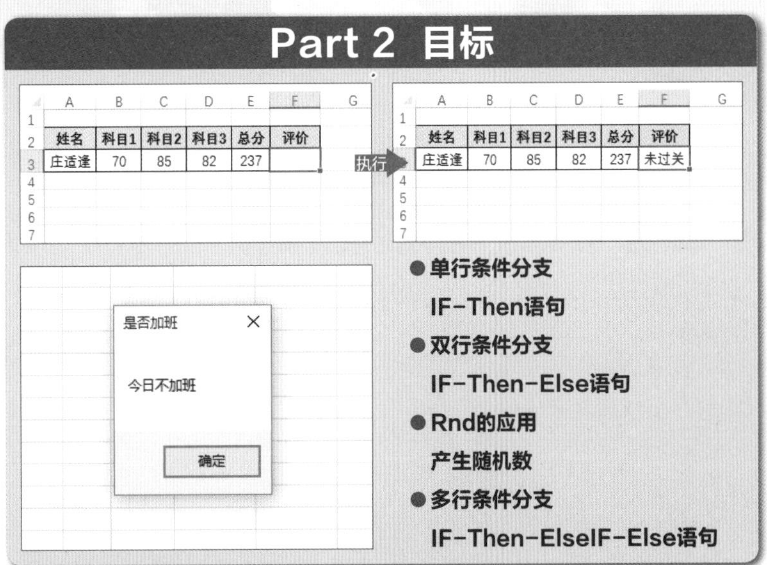

●将考试总分大于250分标记为“过关”

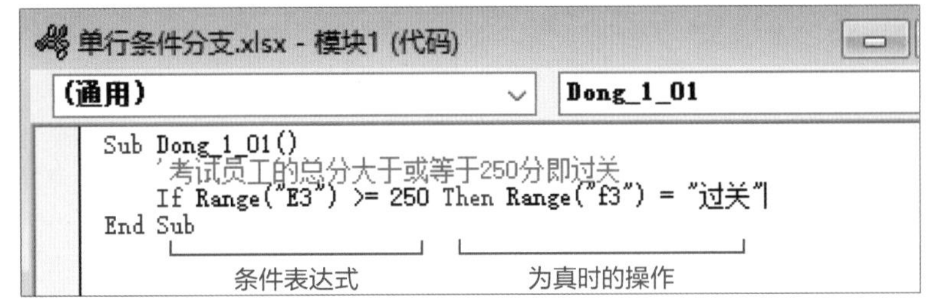

图1 使用IF语句判断E3单元格的总分是否大于或等于250，如果条件成立，则在F3单元格显示“过关”；条件为假时，F3单元格中不显示任何值

“Then Range("f3") = "过关"”表示如果条件为真时执行的操作，即在F3单元格中显示“过关”。由上可知IF语句的结构为满足条件则执行Then的操作，否则不执行操作（图2）。

代码输入完成后，在VBE窗口中运行该程序，可见在F3单元格中显示“过关”，若E3单元格小250，则显示空值（图3）。

语句结构

If 条件 Then 为真时操作

图2 如果仅在指定条件成立时执行操作，可以使用IF语句。根据左侧语句结构输入相关条件和执行的操作

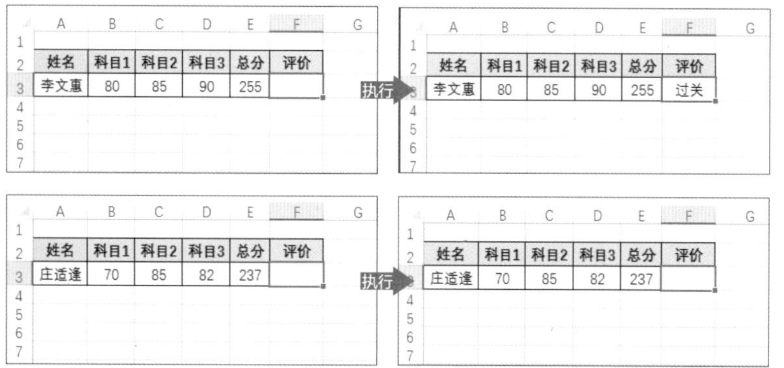

图3 执行图1中的代码后，当E3单元格中的数值大于250分时，则F3单元格中显示“过关”。如李文惠总分为255分则显示“过关”，而庄适逢总分为237，则执行操作

●无论条件真假，均执行相关操作

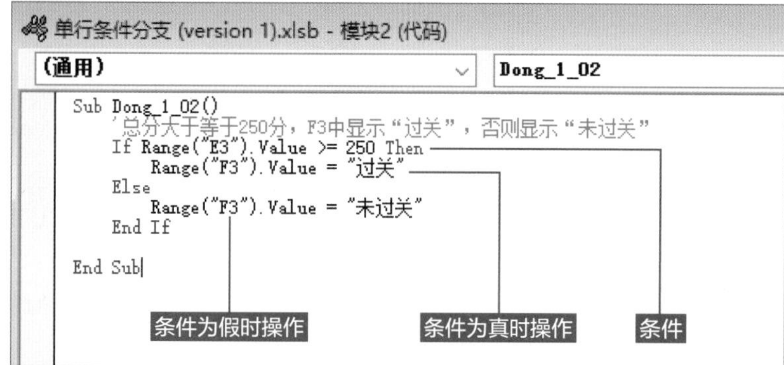

图4 如果想让条件为真或为假时，显示不同的内容，可以使用IF-Then-Else语句。当条件为真时执行Then和Else之间的操作，当条件为假时执行Else和End If之间的操作

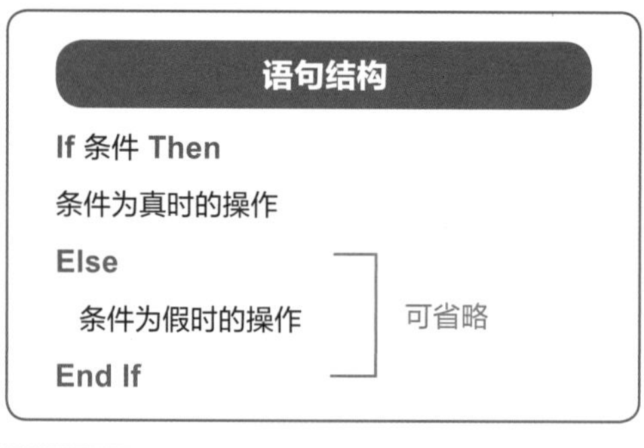

图5 使用双行条件分支结构的语句中，在单行条件分支语句中添加条件为假时的操作。在Else和End If之间添加相关操作。当省略该部分的内容时，为单选条件分支语句

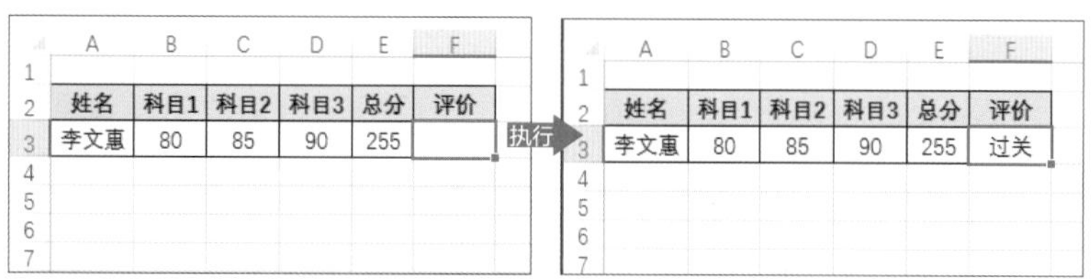

细心的读者会发现，在图1的代码窗口中，If语句上方显示一行文本，此为注释文字。注释性文字是不影响程序执行的，在输入注释性文字之前先输入“'”英文半角状态下单引号，表示批注的开始，到该行结尾表示结束。

双行条件分支

双分支结构程序中有两个分支，可根据表达式的值来决定执行哪一条分支。VBA中双分支结构IF语句为IF-Then-Else语句。

使用该语句，可以在条件为真或假时分别执行不同的操作。如当总分大于等于250分表示“过关”，小于250分表示“未过关”。在代码窗口中输入IF-Then_Else语句代码（**图4**）。

条件表达式的结果为True时，将执行Then后面的语句；若条件表达式的结果为False，则执行Else后面的语句（**图5**）。在IF右侧表示条件表达式，输入Then后并换行表示条件为真时执行该操作，在Else和End If之间表示条件为假时执行该操作。当使用IF-Then-Else语句时，必须以End If结束。

在VBE窗口中执行该程序，当总分大于250分时在F3单元格中显示“过关”；总分小于250分时，在F3单元格中显示“未过关”（**图6**）。

这样在使用双行条件分支结构的语句时，可以很清晰地根据条件执行不同的操作。条件分支的块比较明确，在以后需要修改分支语句时，可以更清楚地修改各分支语句，防止出现错误。

另外，如果只想在条件为真时执行操作，只需要省图Else后面的程序，保留End IF就可以了。

If结束。当条件为真时F3单元格中显示“过关”，G3单元格中显示“颁发证书”

等，用户可以自行尝试。当使用Else条件为假时，也可以执行多个操作。

是否加班“神器”

接下来，根据IF-Then-Else语句制作是否加班的“神器”。通过随机产生的0-1的数值并乘以2，将结果与1比较大小，条件为真或假时返回不同的对话框。

创建模块，在代码窗口中输入代码（图7）。在代码的条件表达式中使用“Rnd*2>1”判断真假。Rnd*2表示0-1的随机数乘以2其结果范围在0-2之间，然后再和1比较，也就是说真假条件各占50%。当条件为真时在弹出的对话框中显示“今日要加班”，否则显示“今日不加班”（图8）。

在代码中使用Rnd生成0-1的随机数，和函数中的Rand功能一样。在图7的代码中使用Rnd*2>1主要是使是否满足的几率都为50%，这样其结果的可信度更高点。如果将Rnd乘以的数值越高，则弹出需要加班的对话框几率就大，反之亦然。在设置条件时，也可以直接将Rnd生成的数与0.5进行比较。当Rnd>0.5时，则显示要加班，否则显示不加班。

另外，在输入条件之前输入Randomize，它是Rnd函数改变随机数据生成的基准值的指令。如果没有事先输入该值，那么下次再打开该工作簿，执行程序后，会弹出与上次顺序相同的对话框。这样就没有意思了，这也是使用Rnd函数时需要注意的事项之一。

在图7的代码中“*”表示乘号是算术运算符的一种；“>=”表示大于等于，它是比较运算符的一种。下面将这两种符号进行总结方便读者使用（图9）。不同的运算符表示不同的运算关系，在VBA中主要包括算术运算符、赋值运算符、比较运算符、连接运算符和逻辑运算符5种。

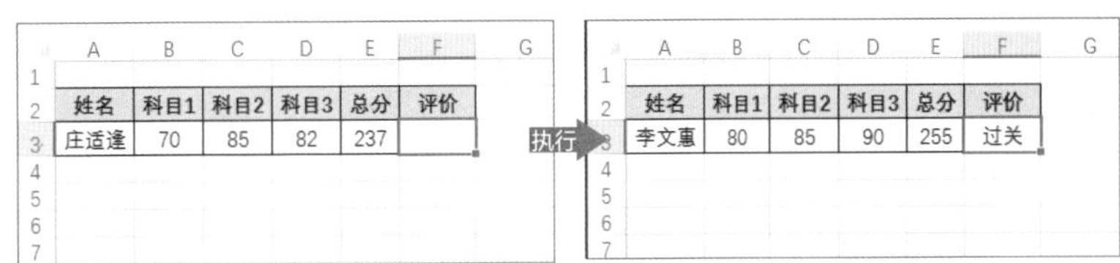

图6　当执行图4内的程序时，无论条件为真还是假都会执行对应的操作。当总分大于250时，显示“过关”；总分小于250时，显示“未过关”

●使用双行分支结构语句判断是否加班

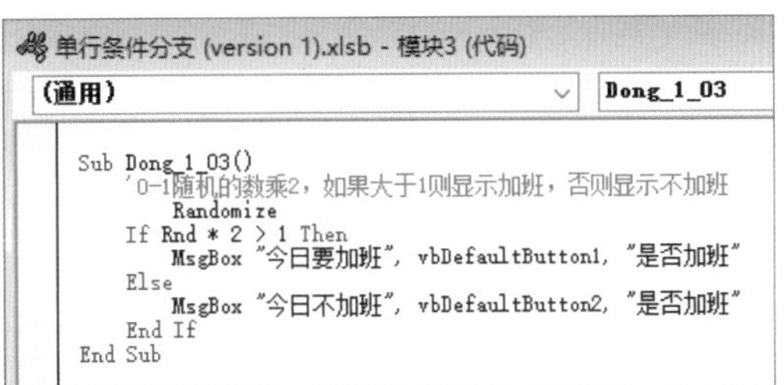


```
Sub Dong_1_03()
    '0-1随机的数乘2，如果大于1则显示加班，否则显示不加班
        Randomize
    If Rnd * 2 > 1 Then
        MsgBox "今日要加班", vbDefaultButton1, "是否加班"
    Else
        MsgBox "今日不加班", vbDefaultButton2, "是否加班"
    End If
End Sub
```

图7　使用Rnd生成0-1的随机数，再乘以2，根据结果是否大于1，弹出对话框显示不同的信息

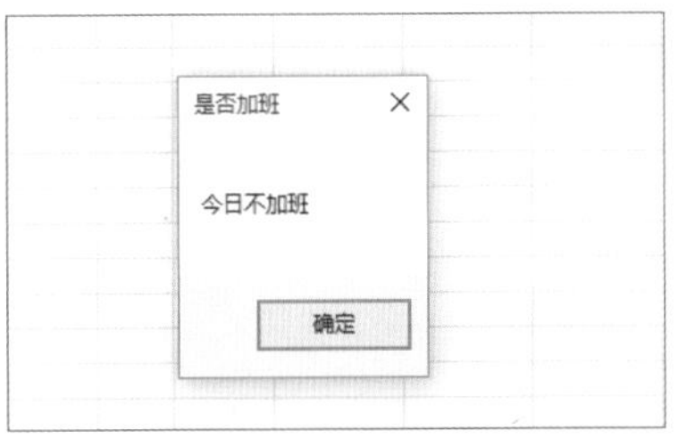

图8　在VBE窗口中执行图7的程序后，则弹出两种对话框，显示“今日不加班”和“今日要加班”，这两种对话框都是随机显示的

算术运算符

算术运算符	名称	作用	示例	运算结果
+	加法	相加	2+3	5
-	减法	相减	3-2	1
*	乘法	相乘	2*3	6
/	除法	相除	6/2	3
\	整除	取商	7/3	2
^	指数	乘幂	2^3	8
Mod	求余	取余	7 Mod 3	1

算术运算符

比较运算符	名称	示例	运算结果
<	小于	3<2	False
>	大于	3>2	True
=	等于	3=2	False
<=	小于等于	3<=2	False
>=	大于等于	3>=2	True
<>	不等于	3<>2	True

图9　在输入代码时经常需要输入相关的运算符号，如“*”“>=”等，将常用的运算符总结在一起，方便读者使用

●将分数分为三个级别并进行评价

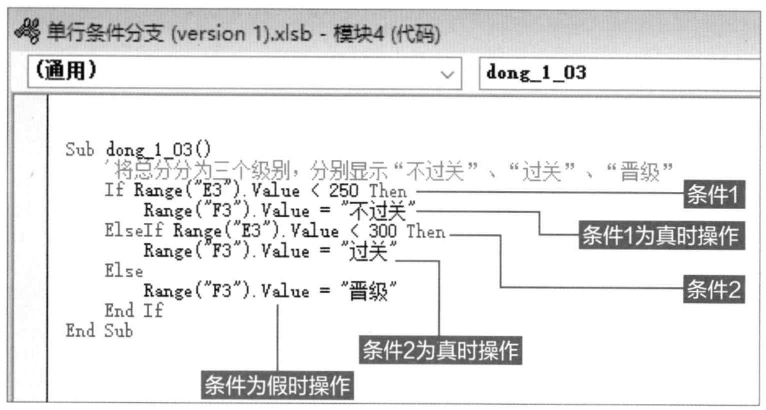

图10　将E3单元格中的分数分为3个等级，并在F3单元格中分别对3和各等级进行评价

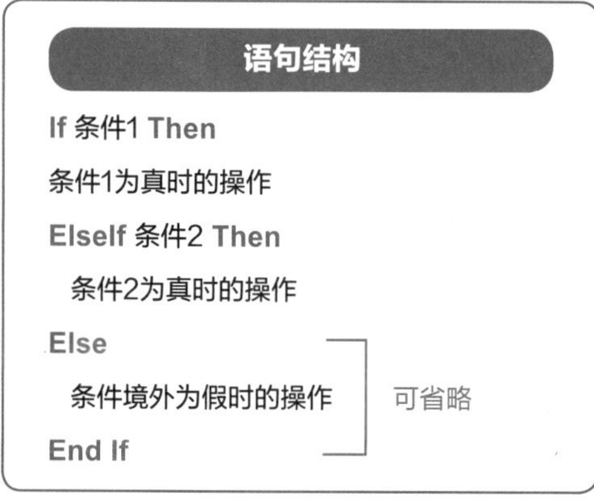

图11　该语句比双行分支语句多ElseIf的条件。通过ElseIf添加判断的条件，所有条件为假时，则执行Else后的操作。用户可以根据需要添加ElseIf条件对数据进行分更多的等级

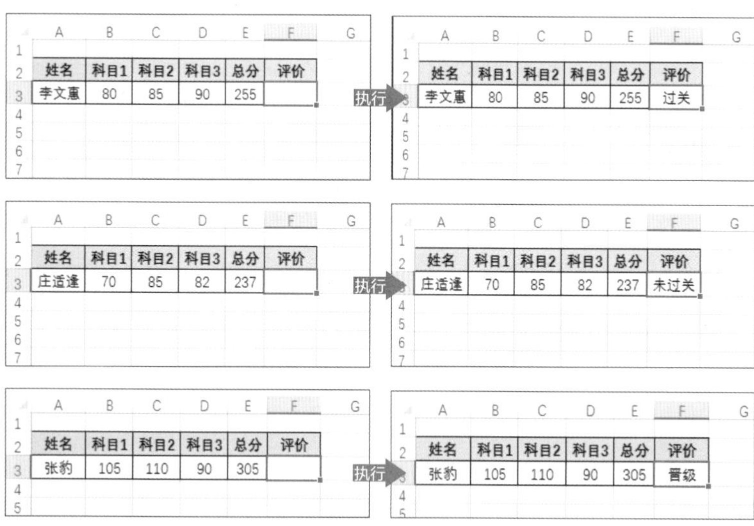

图12　执行程序后，在F3单元格中显示不同的信息

多行条件分支

使用双行条件分支结构语句时，只可以判断条件真假时的条件。如果条件大于2时，就无法实现了，此时可以使用多行条件分支结构语句。应用IF-Then-ElseIF-Else语句，可以实现更多分支结构，在该语句中多了条ElseIF的语句。

下面以评定总分为例介绍多行条件分支语句的用法。当总分小于250分时，评价为“不过关”；当总分大于等于250，小于300时，评价为“过关”；当总分大于等于300时，评价为“晋级”。

新建模块在代码窗口中输入多行分支结构的语句（图10）。使用If判断E3单元格中分数是否小于250，如果条件为真，则执行右侧Then的操作。如果条件为假，则再对E3单元格中的数值进行判断是否大于等于250，小于300，如果条件满足则执行右侧Then的操作。如查条件为假则执行Else右侧的操作。如果还需要分为更多等级，可以通过添加ElseIf判断条件。下面介绍多行分支结构语句的结构（图11）。当执行图10中的程序时，根据E3单元格中的值，在F3单元格中显示不同的信息（图12）。

独自操作画面 制作“猜谜应用程序”

学习了VBA的相关知识后，
通过用户窗体尝试制作原创的应用程序吧！

在VBA中，我们还可以设计窗体和控件，以便于更直观地实现交互。可以将窗体理解为一个交互的窗口，对话框是窗体的一种，对于绝大部分用户来说，更习惯于在窗体中进行相应操作，而不是通过代码完成操作。

VBA可创建称为“用户窗体”的独立画面，辅助Excel的操作作为对话框使用。

要使用用户窗体，一般需要具备以下3个条件。

- **设计窗体画面**
- **创建窗体运行的宏**
- **创建用于显示窗体的宏**

首先通过简单的实例，来介绍窗体的制作方法。

设计窗体画面

要创建窗体，首先进入VBE窗口，执行“插入>用户窗体”命令（图1）。此时自动创建新的窗体，其名称为“UserForm1”，同时打开“工具箱”面板（图2）。创建的窗体为空白状态，工具箱中包含各项窗体控件。在窗体中添加控件时，单击工具箱中需要的控件，本例为单击“标签”控件，然后在窗体中拖动绘制指定大小的控件（图3）。若单击工具箱中的控件，将自动按默认尺寸绘制控件。

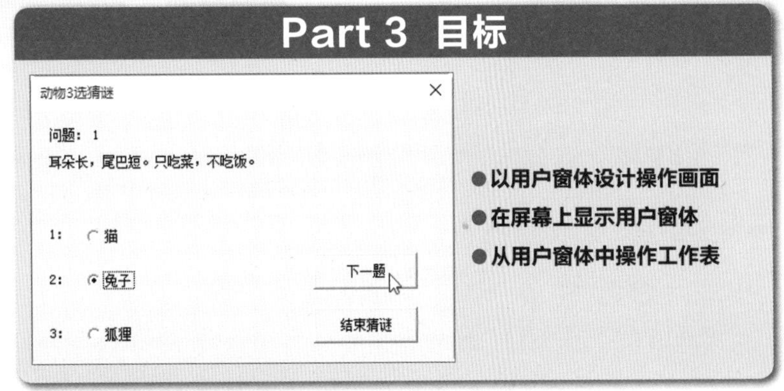

●创建用户窗体

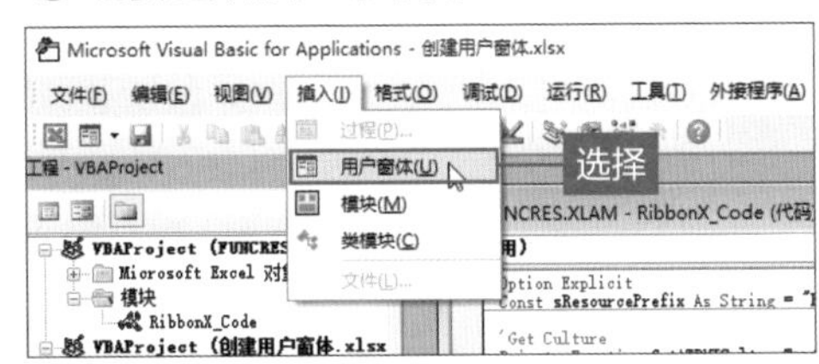

图1 首先进入VBE窗口，然后单击“插入”菜单按钮，在下拉菜单中选择“用户窗体”命令

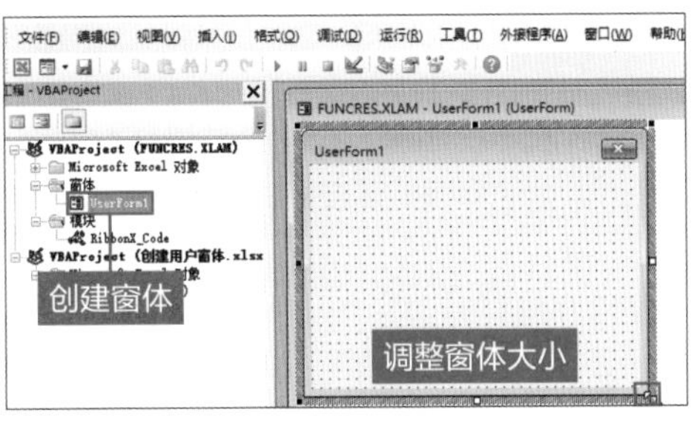

图2 创建空白窗体的同时打开“工具箱”面板。用户可以拖曳窗体控制点调整其大小

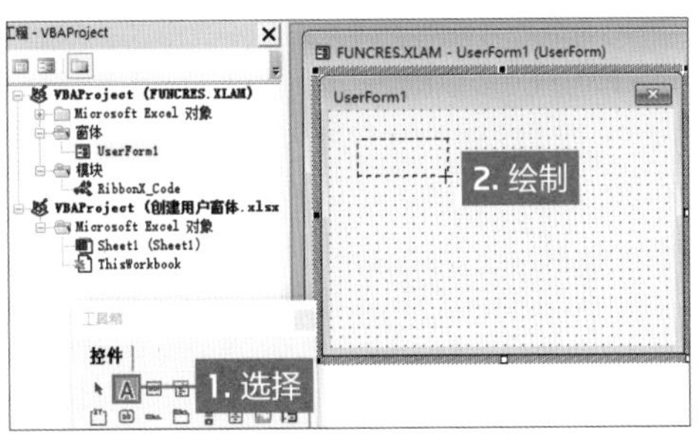

图3 如果需要添加控件，首先在“工具箱”面板中选中某控件，在窗体中拖曳绘制控件

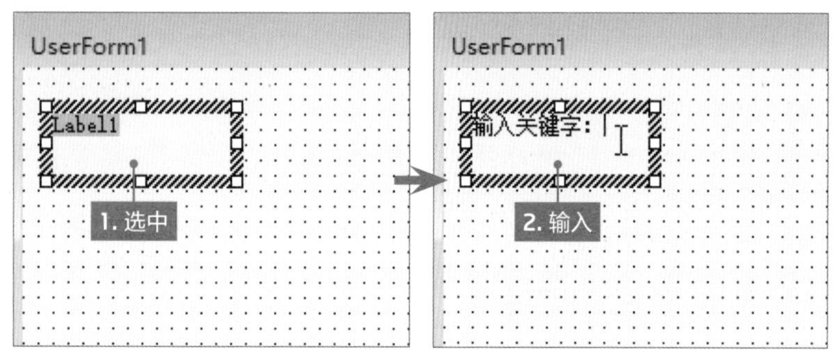

图4　在窗体中绘制标签控件后，显示Label1文本，选中该文本，然后输入相关文本，即可为该控件重命名

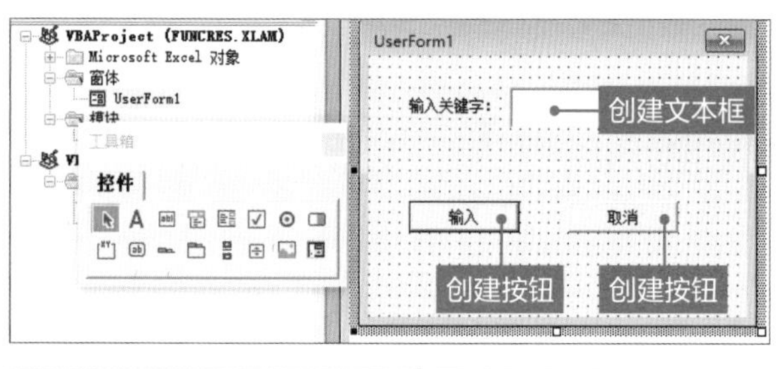

图5　根据相同的方法在窗体中添加一个文本框和两个命令按钮，并重命名，适当调整其位置

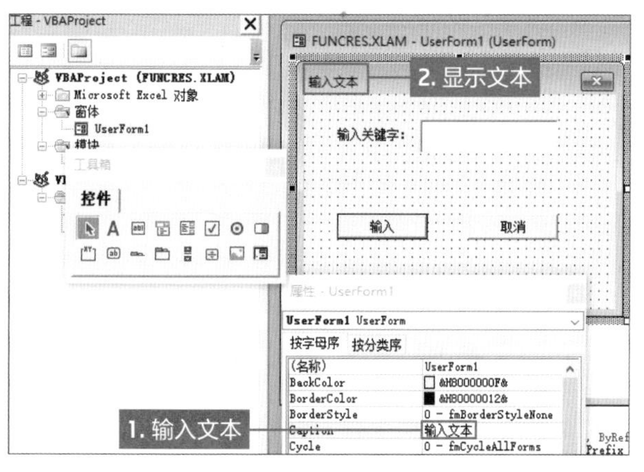

图6　若为窗体重命名，则选中窗体在打开的属性面板中修改Caption属性的内容，即可完成对窗体的命名

在窗体中绘制标签控件后，选中标签中的文本，然后输入相关文字，即可将原文本替换为输入的文本（图4）。根据相同的方法在窗体中创建文本框、命令按钮控件，并将命令按钮控件进行重命名（图5）。将标签和文本框调整位置，使其居中对齐。然后调整两个命令按钮的大小，使其大小一样，水平对齐。其中左侧为“输入”按钮，右侧为“取消”按钮。

窗体中的控件创建完毕后，左上角的名称能修改吗？当然可以选中窗体，在工具栏中单击“属性窗口”按钮，即可打开窗体的属性面板，单击Caption属性右侧的栏中，此时文本呈可编辑状态，然后输入文本，可见窗体的名称已更改（图6）。

其实除了直接对控件重命名之外，还可以通过属性面板调整其属性，如命名、设置字体、颜色等。选中控件，单击“属性窗口”按钮，在打开的属性面板中设置即可。

另外，在图5中创建的控件“Textbpx1”等名称，按照创建控件的先后顺序进行编号。此名称将在稍后创建的程序中使用。因此，创建为与图5相同的名称。也可以在图6中显示的属性面板中修改，但输入程序时必须使用默认的名称。

●设置在调制器窗体中执行的程序

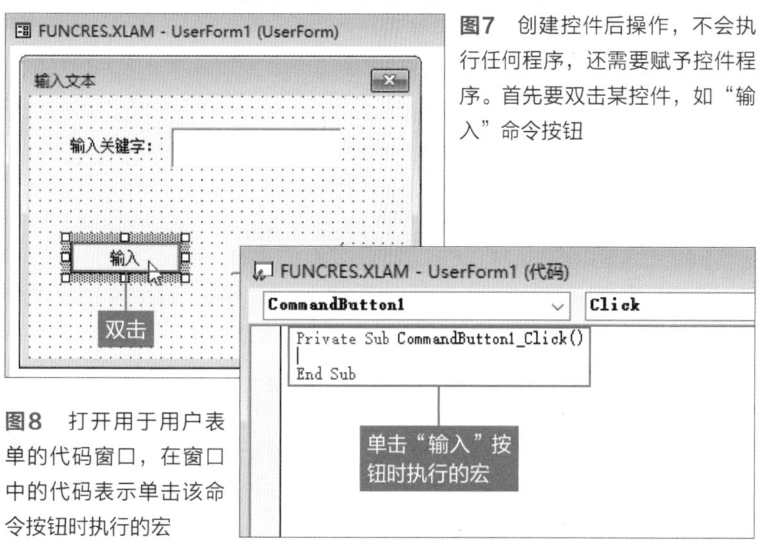

图7　创建控件后操作，不会执行任何程序，还需要赋予控件程序。首先要双击某控件，如“输入”命令按钮

图8　打开用于用户表单的代码窗口，在窗口中的代码表示单击该命令按钮时执行的宏

为按钮执行程序

在窗体中配制的控件，如文本框、单选按钮、命令按钮等通常用于操作的。在操作时，一般在该程序中参照各控制的设定值，进行与之相应的处理。也就是说当操作某个控件时，会触动并运行该控件的程序。

如单击命令按钮时要执行的程序，请参阅与Click事件对应的作为活动宏的记述。直接双击某控件，如“输入”命令按钮控件，在打开的代码窗口中输入相关代码即可（图7、图8）。

在这里打开的代码窗口，是为了记述以Userform1为对象的控件代码，单击“对象”下三角按钮，在列表中选择该窗体中任意控件。此处显示CommandButton1控件，即双击的“输入”按钮。在代码窗口中输入程序，切换至CommandButton2按钮，即“取消”按钮，再输入相关程序（图9）。

在代码窗口设置“输入”按钮的代码，将选择的单元格显示Userform1窗体TextBox1文本框中的内容。显示完成后隐藏调制表格。“Me”表示当前写代码的窗体，“Hide”表示隐藏。最后再为“取消”按钮输入隐藏的代码。

创建打开窗体的宏

以上窗体的画面和控件的代码都制作完成后，接着还需要制作用于显示该窗体的宏。在标准模块中描述其他程序，然后将其调出来。

表单本身可以用“UserForm1”中的对象名称指定，也可以用“Show”表示。新建模块，在打开的代码窗口中输入显示UserForm1用户窗体的代码（图10）。操作完成后，在Excel工作表中选择任意单元格区域，如B4:B8单元格区域。在VBE窗口中运行模块中的代码，则在工作表中弹出用户窗体对应的对话框，在文本框中输入“用户窗体”文本，然后单击“输入”按钮。则在选中的单元格区域中输入文本框中的文本，同时用户窗体隐藏（图11）。

如果在打开窗体对话框中单击“取消”按钮，则隐藏对话框。

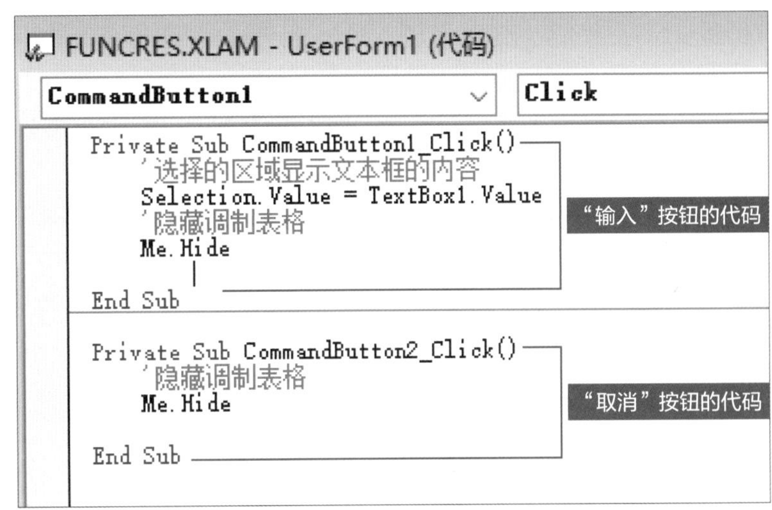

图9 “输入”按钮的代码引用TextBox1文本框中的内容，并隐藏，为“取消”按钮添加隐藏代码

●设置用于打开用户窗体的程序

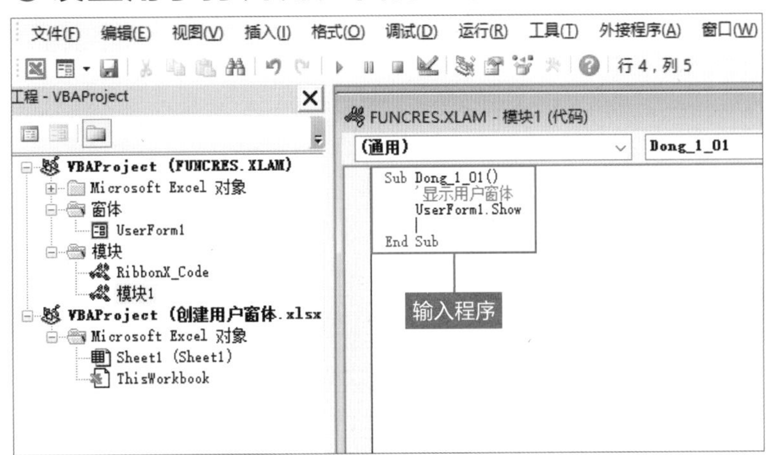

图10 操作至此，只需要添加打开用户窗体的程序。新建模块，在代码窗口中输入显示窗体的程序

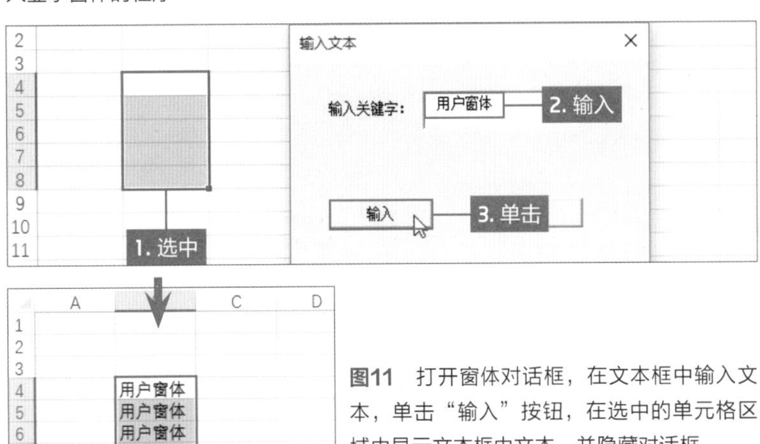

图11 打开窗体对话框，在文本框中输入文本，单击“输入”按钮，在选中的单元格区域中显示文本框中文本，并隐藏对话框

●设置用于打开用户窗体的程序

J17

	A	B	C	D	E	F	G
1	猜谜标题						
2	动物3选猜谜						
3							
4	问题	1	2	3	答案	解答	正误
5	耳朵长，尾巴短。只吃菜，不吃饭。	猫	兔子	狐狸	2		
6	棕子脸，梅花脚。前面喊叫，后面舞刀。	鸭子	猫	狗	3		
7	一支香，地里钻。弯身走，不会断。	蚯蚓	蛇	黄鳝	1		
8	一样物，花花绿。扑下台，跳上屋。	老鼠	猫	狗	2		
9	沟里走，沟里串。背了针，忘了线。	刺猬	狐狸	狼	1		
10	一把刀，顺水漂。有眼睛，没眉毛。	蛇	鳄鱼	鱼	3		
11	脚儿小，腿儿高。戴红帽，穿白袍。	鸳鸯	丹顶鹤	野鸭	2		
12	娘子娘子，身似盒子。麒麟剪刀，八个钗子。	刺猬	穿山甲	蟹	3		
13	进洞像龙，出洞像凤。凤生百子，百子成龙	蚕	老鼠	狗	1		
14	尖尖长嘴，细细小腿。拖条大尾，疑神疑鬼	老鼠	狐狸	狼	2		
15	为你打我，为我打你。打到你皮开，打得我出血。	苍蝇	鸟	蚊子	3		
16						成绩：	0
17							

=IF(F5="","",IF(E5=F5,"+","-"))

标题名称

猜谜范围

成绩

=COUNTIF(G5:G15,"+")

图12　首先将猜谜的问题、谜底、答案等在工作表中输入，然后使用相应的函数判断答题是否正确并统计成绩。为了方便代码的输入，还需要将相应的单元格和单元格区域进行命名

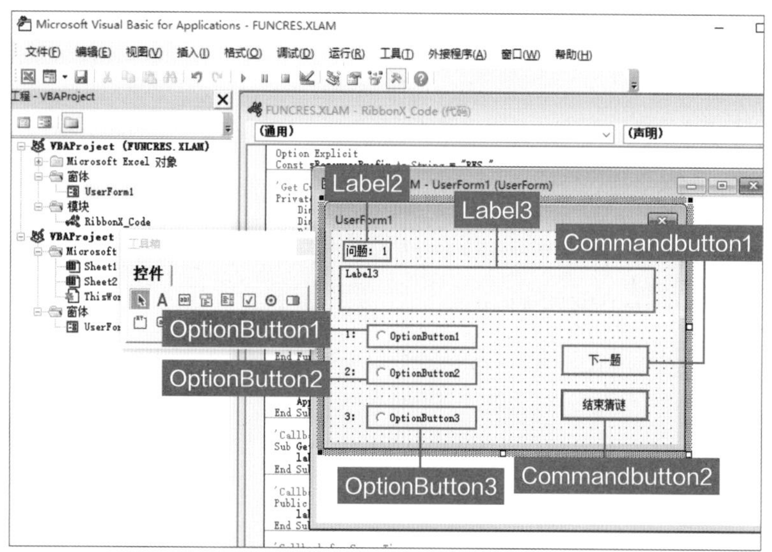

图13　创建用户窗体，并添加标签、选项按钮和命令按钮，适当对其进行排序，使其看起来很协调，最后为相关控件进行命名

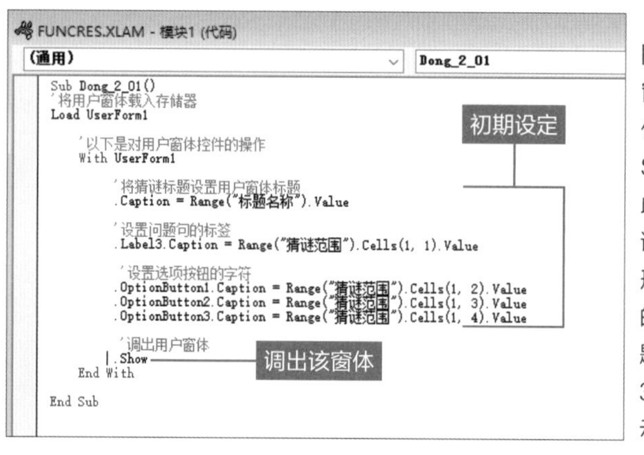

图14　为了调出窗体，在模块的代码窗口中使用Show命令。在此之前使用Load语句做初始设置形式。定义窗体的名称，设置问题的序号，以及3个选项按钮显示的字符串

试题窗体设计

至此，VBA学习差不多了，可独自尝试制作“动物3选猜谜”程序复习下本章内容。

首先需要制作猜谜的问题、3选的答案、正确答案、解答和判断正误等（图12）。在F列“解答”对应的单元格中显示通过程序答题的答案。在“正误”列通过IF函数判断解答的答案与“答案”列的正确答案是否一致，如果一致则表示正确，并返回对应的符号。最后在G16单元格中使用COUNTIF函数统计总成绩，只需要统计正确答案符号的个数即可。

另外，为了之后输入代码方便，将A2单元格、G16单元格、A5:F15单元格区域分别定义名称，将名称分别定义为“标题名称”“成绩”“猜谜范围”。定义名称的方法是选中某单元格区域，在左上角名称框中输入名称按Enter键即可。定义名称的好处在于，输入代码时可直接引用，可避免引用错误。

在新的工作表中进入VBE窗口，插入空白的用户窗体。在工具箱中选中相应的控件，在窗体中绘制。本案例需要标签、选项按钮和命令按钮3种控件，在绘制控件时，注意相同类别的控件的大小一致。调整其位置，使同类型的控件对齐，同时还要注意控件的布局合理，读者可以参照图13的样式。

在添加控件时，需要6个标签、3个选项按钮和2个命令按钮，根据需要对各个控件进行重命名，其中Label3和3个选项按钮不需要重命名。在排列控件时其控件编号从上到下依次增加的。

创建标准模块，在代码窗口中输入调用用户窗体的程序（图14）。调出的窗体程序中，不仅设置显示代码，事先把窗体

读入电脑，进行初始设定之后使其在页面中显示出来。使用Load语句将格式加载到存储器中，然后在With语句中对窗体进行初始设置。

设定时，首先，为窗体应用A2单元格中的内容作为标题，设定Caption属性为A2单元格的名称。然后设置在Label3标签控件中显示问题的内容，引用“猜谜范围”名称的单元格区域中的第一列中的内容，也就是A5单元格中的内容。最后设置3个选项按钮显示对应的答案内容，均通过Caption属性显示内容。

在此，所有引用单元格或单元格区域，无论哪个都为Range属性的参数指定对应的名称获得。如果在工作表中没有应用名称，使用Range属性时，通常以活动的单元格或单元格区域为对象，但将名称设置为Range属性参数，则非活动工作表的单元格，也可直接命名为Range对象。

单击“下一题”按钮跳转问题

接下来设置命令按钮，首先为“下一题”按钮设置程序，单击该按钮，会跳转到下一个问题。为“下一题”按钮添加事件宏程序（图15）。

首先，在“下一题”的代码窗口中变量类型的数据定义为整型的变量。将当前的问题号码替换为qNum，接着再设置3个选项按钮，使用True和False表示该选项按钮为选中或未选中的状态，然后使用多行分支IF语句判断按钮的选中情况。如果选中，则将该题的编号替换为变量aNum。如果选择某一个单选按钮，即可单击“下一题”按钮继续进行猜谜游戏。如果3个单选按钮均未选中，单击“下一题”按钮，则弹出提示对话框，显示未选中答案，单击“确定”按钮继续猜谜。

如果选择了答案，则将该解答号码输

●设置出题窗体的程序

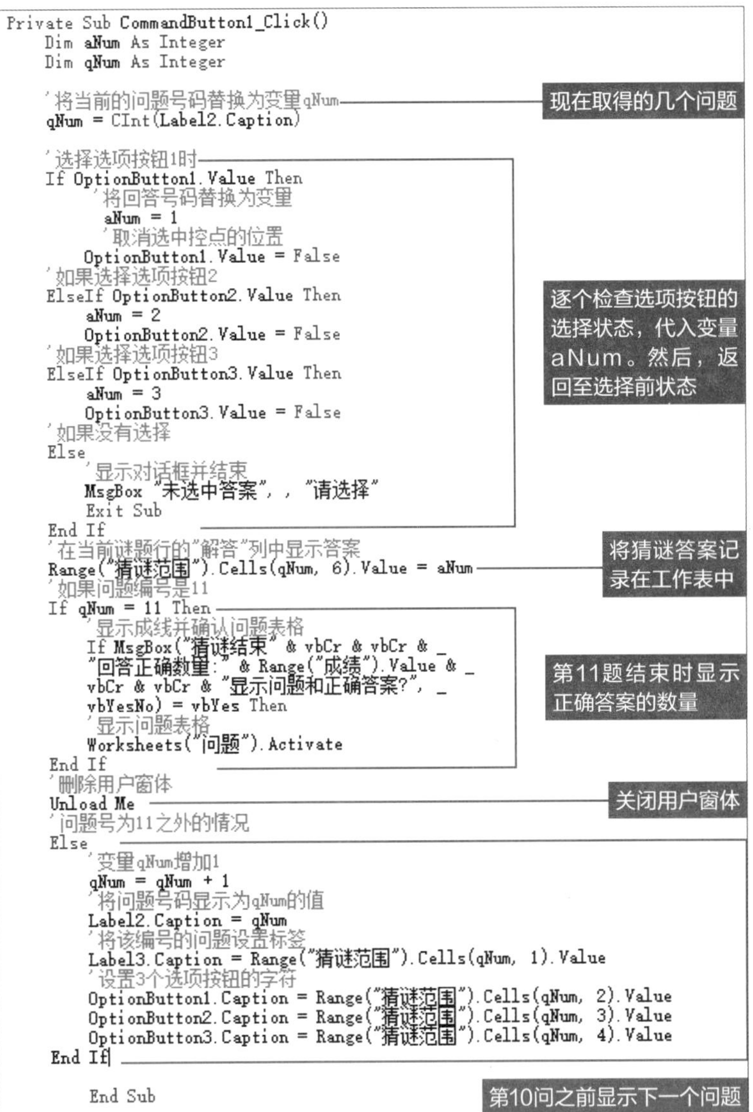

```
Private Sub CommandButton1_Click()
    Dim aNum As Integer
    Dim qNum As Integer

    '将当前的问题号码替换为变量qNum
    qNum = CInt(Label2.Caption)

    '选择选项按钮1时
    If OptionButton1.Value Then
        '将回答号码替换为变量
        aNum = 1
        '取消选中控点的位置
        OptionButton1.Value = False
    '如果选择选项按钮2
    ElseIf OptionButton2.Value Then
        aNum = 2
        OptionButton2.Value = False
    '如果选择选项按钮3
    ElseIf OptionButton3.Value Then
        aNum = 3
        OptionButton3.Value = False
    '如果没有选择
    Else
        '显示对话框并结束
        MsgBox "未选中答案", , "请选择"
        Exit Sub
    End If
    '在当前谜题行的"解答"列中显示答案
    Range("猜谜范围").Cells(qNum, 6).Value = aNum
    '如果问题编号是11
    If qNum = 11 Then
        '显示成线并确认问题表格
        If MsgBox("猜谜结束" & vbCr & vbCr & _
        "回答正确数量:" & Range("成绩").Value & _
        vbCr & vbCr & "显示问题和正确答案?", _
        vbYesNo) = vbYes Then
        '显示问题表格
        Worksheets("问题").Activate
    End If
    '删除用户窗体
    Unload Me
    '问题号为11之外的情况
    Else
        '变量qNum增加1
        qNum = qNum + 1
        '将问题号码显示为qNum的值
        Label2.Caption = qNum
        '将该编号的问题设置标签
        Label3.Caption = Range("猜谜范围").Cells(qNum, 1).Value
        '设置3个选项按钮的字符
        OptionButton1.Caption = Range("猜谜范围").Cells(qNum, 2).Value
        OptionButton2.Caption = Range("猜谜范围").Cells(qNum, 3).Value
        OptionButton3.Caption = Range("猜谜范围").Cells(qNum, 4).Value
    End If

        End Sub
```


图15 在出题窗体中单击“下一题”按钮时，对话框中将显示下一题的问题和3个选项。设置该按钮的事件宏，总题数为11，当问题的号码超过该数字时，则执行结束操作

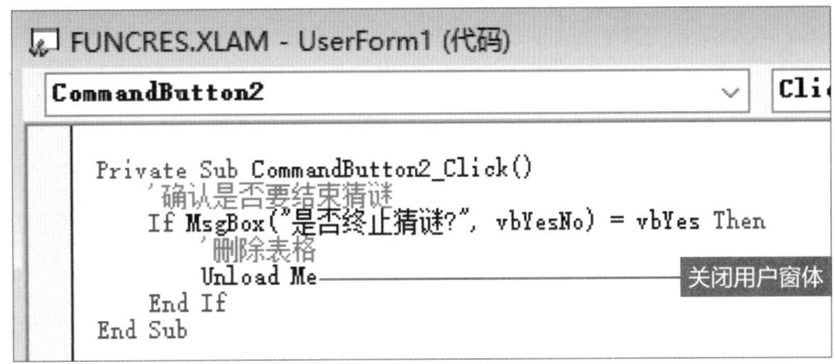

```
Private Sub CommandButton2_Click()
    '确认是否要结束猜谜
    If MsgBox("是否终止猜谜?", vbYesNo) = vbYes Then
        '删除表格
        Unload Me
    End If
End Sub
```


图16 单击“结束猜谜”按钮时，弹出提示对话框，确定是否结束猜谜，单击“是”按钮即可结束

●在工作表中设置按钮准备猜谜

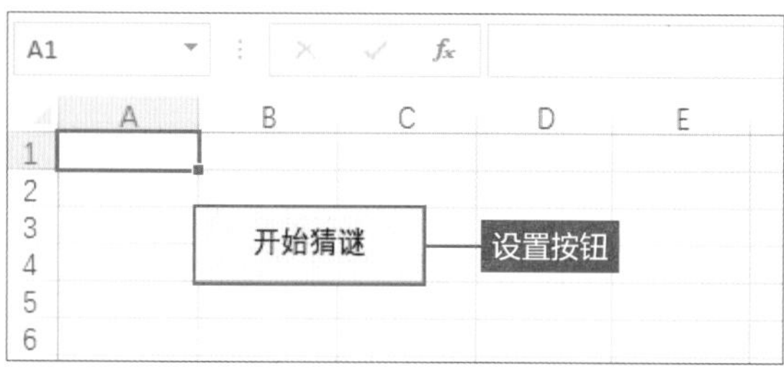

图17　在另一个工作表中创建按钮，并指定宏为图14的名称。在“开发工具”选项卡中单击“插入”下三角按钮，在列表中选择“按钮”控件

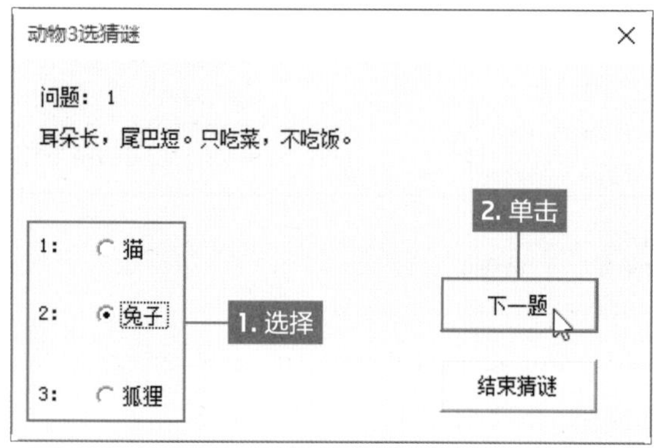

图18　单击图17中的按钮，弹出答题窗体，显示第一题问题和选项，选择后单击“下一题”继续答题

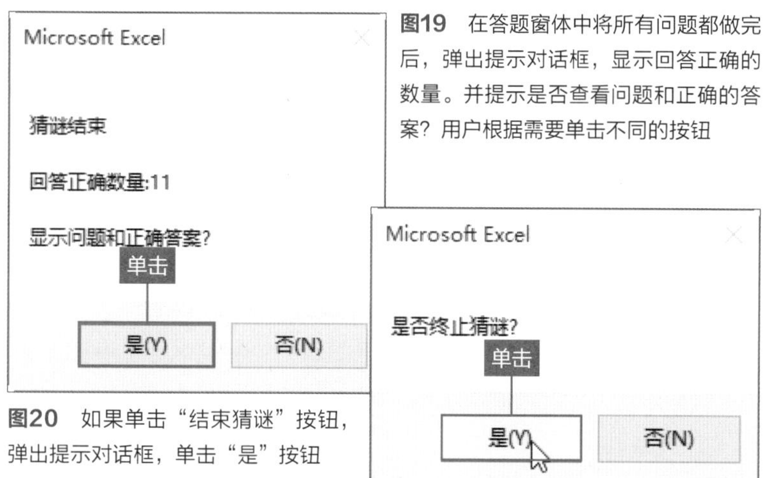

图19　在答题窗体中将所有问题都做完后，弹出提示对话框，显示回答正确的数量。并提示是否查看问题和正确的答案？用户根据需要单击不同的按钮

图20　如果单击“结束猜谜”按钮，弹出提示对话框，单击“是”按钮

	A	B	C	D	E	F	G
1	猜谜标题						
2	动物3选猜谜						
3							
4	问题	1	2	3	答案	解答	正误
5	耳朵长，尾巴短。只吃菜，不吃饭。	猫	兔子	狐狸	2	2	+
6	粽子脸，梅花脚。前面喊叫，后面舞刀。	鸭子	猫	狗	3	3	+
7	一支香，地里钻。弯身走，不会断。	蚯蚓	蛇	黄鳝	1	1	+
8	一样物，花花绿。扑下台，跳上屋。	老鼠	猫	狗	2	2	+
9	沟里走，沟里串。背了针，忘了线。	刺猬	狐狸	狼	1	1	+
10	一把刀，顺水漂。有眼睛，没眉毛。	蛇	鳄鱼	鱼	3	3	+
11	脚儿小，腿儿高。戴红帽，穿白袍。	鸳鸯	丹顶鹤	野鸭	2	2	+
12	娘子娘子，身似盒子。麒麟剪刀，八个钗子。	刺猬	穿山甲	蟹	3	3	+
13	进洞像龙，出洞像凤。凤生百子，百子成龙	蚕	老鼠	狗	1	1	+
14	尖尖长嘴，细细小腿。拖条大尾，疑神疑鬼	老鼠	狐狸	狼	2	2	+
15	为你打我，为我打你。打到你皮开，打得我出血。	苍蝇	鸟	蚊子	3	3	+
16						成绩：	11

用户猜谜的答案

正误判断的结果和成绩

图21　在图19的对话框中，单击“是”按钮，则切换至“问题”工作表，在表格中显示解答的结果和成绩等信息，同时关闭窗口

入“问题”工作表的“解答”列中。对象的行编号 为qNum指定的数量。然后，检查当前猜谜号码是否大于11，如果超出范围，则弹出提示对话框显示答题的情况，如正确的数量。这里数量是引用“问题”工作表中G16单元格中的结果。如果需要查看问题和正确答案，只需要单击“是”按钮，即可打开对应的表格，其中显示每道谜题的解答和成绩，同时关闭答题的窗体。如果猜谜号码为11以外，则增加猜谜号码为下一个号码，将标签的编号表示与问题、解答的选项与该编号一起变更。

接着再设置窗体中“结束猜谜”按钮的事件宏（图16）。如果单击该按钮，则弹出提示对话框，显示是否终止猜谜，单击“是”按钮，则终止并关闭窗体。

为了调出猜谜的窗体，在其他工作表中添加按钮，然后通过指定宏调用图14中的程序（图17）。当单击该按钮，或者在VBE窗口中运行图14的模块程序，在工作表中弹出窗体，如果单击“结束猜谜”按钮，则弹出提示对话框询问是否结束。依次答题并结束后弹出对话框显示猜谜情况。若单击“是”按钮，会打开“问题”工作表中的表格，显示答题结果，同时关闭窗体（图18–图21）。

Q&A “正确使用Excel的方法”是什么

现在工作中，Excel是必不可少的工具之一，是商务人士必须掌握的基本技能之一。有的人误解了Excel，认为它就是一个“魔法棒”，可以实现任何操作，其实Excel就是电子表格的计算软件。

有的人一旦使用Excel，无论如何都希望使用Excel来制作。但是在实际工作中，首先需要考虑“应该使用Excel吗？”。使用Excel制作文件也可以实现，但并不是任何情况都认为Excel是最优选择。Excel是表格工具，但超载表格计算软件的范围，也是会出现弊端的。

Excel包括3个要素，功能、函数和VBA（**图1**）。功能主要是Excel的基本操作，如设置单元格和表格的格式、排序、筛选等数据分析功能。函数主要计算Excel表格中数据。VBA可以根据需要设置自己的画面实现需求。

一些熟练使用Excel的人认为“我不擅长函数，但擅长VBA”，但是在Excel中VBA并不能解决所有问题。

Excel的功能、函数和VBA3大要素，它们并不是独立存在的，它们有各自的使用场合，其并不是层级关系，而是一种互补的关系（**图2**）。

●Excel由3个基本要素构成

功能

根据业务选择Excel所具备的菜单、按钮、设定的对话框

C11 =HLOOKUP(B11,A3:E7,MATCH(A11,A3:A7,0),FALSE)

项目负责人一览表

地区	项目1	项目2	项目3	项目4
北京	朱光济	邹静	杨宣榜	张泽洋
江苏	焦鸿飞	唐元冬	李晨然	卓飞
湖北	赵海超	周妙	吴明	周阳
广州	孙今秋	陈运鹏	吕鹏东	蔡晓明

负责人查询表

地区	项目	负责人
江苏	项目3	李晨然

函数

首先需要理解函数的用法和意义，在单元格中输入公式

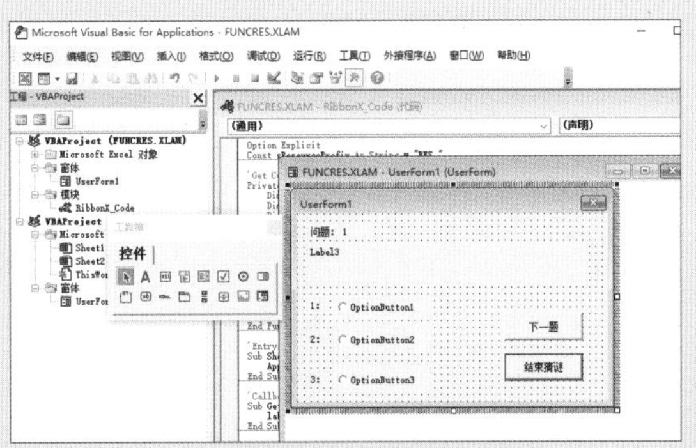

VBA

根据需要设置画面并输入代码、设置格式等，制作原创的程序

图1 Excel的3要素，功能、函数和VBA

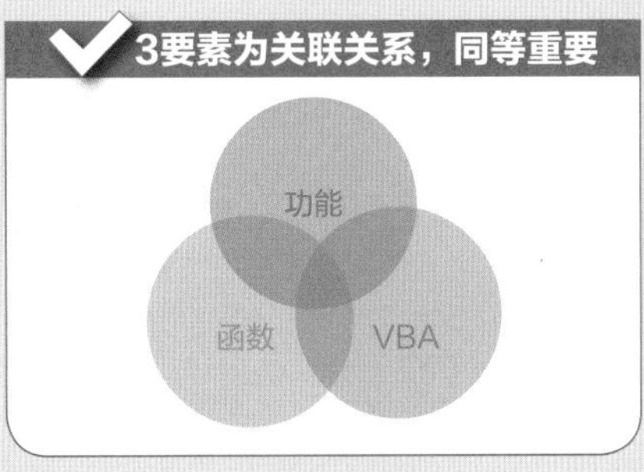

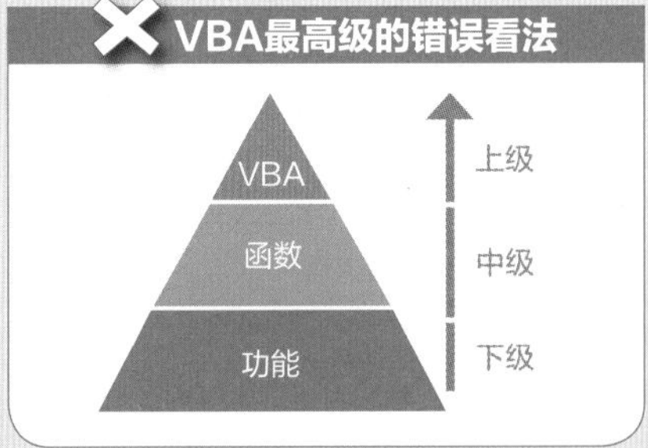

图2 Excel中的3要素是相互关联的关系，都很重要。有些人错误地为3要素排序，认为VBA最高级

VBA不算高级

的确，如果不使用Excel的基本功能，只使用VBA或函数也能得到同样的结果。但其操作没有使用基本功能更快捷、方便。但是，不使用Excel原有的功能，强行使用VBA或函数去处理文件，想不明白要做什么奇怪的东西。

从这个意义上来说，会使用VBA的人就是Excel高手，这种看法也是错误的。因为，Ecxel只是一种工具，能使用VBA并不是最终的目的，而是使用Excel能够很顺畅地服务工作和生活，才是目的。功能、函数和VBA这3个要素分别有它们的优势，只有合理地使用、分配3要素才能称之为Ecxel高手。

当然，3个要素是没有必要完全掌握的，只需要掌握在实际工作中必须使用的功能即可，有效地发挥Excel拥有的能量。

图书在版编目(CIP)数据

"社会人"职场必备秘籍：令人效率倍增的Excel技能/冯涛，辛晨著
. -- 北京：中国青年出版社，2020.1
ISBN 978-7-5153-5904-5

I. ①社… II. ①冯… ②辛… III. ①表处理软件
IV. ①TP317.3

中国版本图书馆CIP数据核字（2019）第282029号

策划编辑 张 鹏
责任编辑 张 军
封面设计 乌 兰

"社会人"职场必备秘籍
——令人效率倍增的Excel技能

冯涛 辛晨 / 著

出版发行：中国青年出版社
地 址：北京市东四十二条21号
邮政编码：100708
电 话：(010)50856188/50856189
传 真：(010)50856111
企 划：北京中青雄狮数码传媒科技有限公司
印 刷：北京瑞禾彩色印刷有限公司
开 本：889 x 1194 1/16
印 张：12.5
版 次：2020年1月北京第1版
印 次：2020年1月第1次印刷
书 号：ISBN 978-7-5153-5904-5
定 价：69.90元（附赠独家秘料，含本书同步案例素材文件+语音教学视频等海量实用资源）

本书如有印装质量等问题，请与本社联系
电话：(010)50856188/50856189
读者来信：reader@cypmedia.com
投稿邮箱：author@cypmedia.com
如有其他问题请访问我们的网站：http://www.cypmedia.com